数据分析与决策
技术丛书

AIGC辅助数据分析与数据化运营

场景化解决方案与案例分析

AIGC-Assisted Data Analysis and Data-Driven Operations: Scenario-Based Solutions and Case Studies

宋天龙 著

机械工业出版社
CHINA MACHINE PRESS

图书在版编目（CIP）数据

AIGC 辅助数据分析与数据化运营：场景化解决方案与案例分析 / 宋天龙著. -- 北京：机械工业出版社，2024. 8. --（数据分析与决策技术丛书）. -- ISBN 978-7-111-75963-8

Ⅰ. TP18

中国国家版本馆 CIP 数据核字第 2024CR0676 号

机械工业出版社（北京市百万庄大街 22 号　邮政编码 100037）
策划编辑：杨福川　　　　责任编辑：杨福川
责任校对：甘慧彤　梁　静　　责任印制：李　昂
河北宝昌佳彩印刷有限公司印刷
2024 年 8 月第 1 版第 1 次印刷
186mm × 240mm · 22.75 印张 · 489 千字
标准书号：ISBN 978-7-111-75963-8
定价：99.00 元

电话服务　　　　　　　　网络服务
客服电话：010-88361066　　机　工　官　网：www.cmpbook.com
　　　　　010-88379833　　机　工　官　博：weibo.com/cmp1952
　　　　　010-68326294　　金　　书　　网：www.golden-book.com
封底无防伪标均为盗版　　机工教育服务网：www.cmpedu.com

Preface 前　言

为何写作本书

在前作《AIGC 辅助数据分析与挖掘：基于 ChatGPT 的方法与实践》取得良好反响后，我再次怀着激动之情与你分享新作。前作侧重于 AIGC 在数据分析和挖掘工作中的工具、技术、产品运用，强调实施层面的数据分析和挖掘工程。本书则聚焦于 AIGC 在数据分析与数据化运营中的实际应用，从业务、方法和场景三个维度深入探讨。也就是说，如何在企业日常运营的各个场景下，充分利用 AIGC 解决实际业务难题。在这个过程中，特别关注以下三个核心方向。

- **AI 延伸业务分析的广度**：探索如何运用 AIGC 技术拓宽业务分析的视野，特别是补充、延伸、拓展、增强人类思维层面的应用，从而发现更多业务机会和风险。
- **AI 拓展业务分析的深度**：详细讨论利用 AI 进行深层数据挖掘的方法，甚至直接利用 AI 获取图片、非结构化数据等领域的数据结论，以提供更加精准、深入的业务洞察。
- **AI 优化业务分析的效能**：详细展示如何充分利用 AIGC 工具，提升在数据采集、处理、分析、报告撰写以及决策支持方面的效率；同时，涵盖基于 AI 的数据结论提取、自动数据洞察与异常发现方法，通过这些方法优化数据分析的效率和效果。

本书着眼于市场及行业分析、竞争分析、客户运营分析、广告分析、商品运营分析、促销活动运营分析等多个关键运营领域，在每个领域中，不仅提供理论框架，更重视实际案例的分析和操作技巧的分享。

本书旨在帮助读者全面理解并掌握 AIGC 在关键业务领域的实际应用，助力其在激烈的市场竞争和个人晋升环境中找到新的突破口。通过深入阅读，读者将能够有效地利用 AIGC 技术，不仅能提升自身在竞争激烈的市场中的地位，也能为企业带来创新的数据运营策略，最终实现企业业务的持续增长和个人的成功。

本书主要特点

- ❑ **灵活运用多元化 AIGC 工具**：本书充分探讨了最流行的 AIGC 工具，涵盖了免费工具如 ChatGPT、Bing Copilot、Clarity Copilot、Edge Copilot，同时深入介绍了付费版本的 ChatGPT-4，展示了其强大的文生图、Data Analysis、GPT 等核心能力。读者可根据需求选择最适合的工具进行业务分析与应用。
- ❑ **聚焦业务分析场景**：本书紧密围绕数据化运营中的关键场景展开，包括市场及行业分析、竞争分析、客户运营分析、广告分析、商品运营分析、促销活动运营分析等，使数据分析和运营主题与实际业务深度融合。
- ❑ **涵盖多种 AI 交互技巧**：本书详细介绍了多种与 AI 交互的方法，不仅包括文本提示指令，还包括对图片、数据文件等多模态信息的综合交互。此外，深入研究了基于 GPT 的复杂 AI 交互逻辑，提供了实用案例。
- ❑ **以案例为导向的业务分析实践**：每个小节都以具体的业务场景和案例为核心，通过详细的步骤拆解和知识介绍，真实展示在实际工作场景中如何解决实际问题。这种以案例为导向的学习方法有助于读者更深入地理解和应用所学内容。
- ❑ **丰富的辅助学习资源**：本书提供了丰富的特色内容，包括示例、图表、代码和输出，以及常见问题汇总和随书附件等。通过这些资源，读者可以更全面地理解书中内容。

本书阅读对象

本书适用于涉足数据领域的各类从业者和爱好者，无论你是初学者还是资深专家，都能在本书中找到有用的信息。具体来说，本书特别适用于以下读者：

- ❑ 业务专家：本书涵盖了 AIGC 技术在业务实践和企业运营等多个方面的应用，为业务专家提供了实用的知识和工具，以便他们更有效地管理和优化运营。
- ❑ 数据分析师：本书为数据分析师提供了提升数据分析技能和提高工作效率的实用方法。
- ❑ 业务分析师：渴望深入理解并利用数据来支持业务决策的业务分析师将从本书中找到关键的业务分析方法和策略。
- ❑ 市场研究人员：本书探索了 AIGC 技术在市场分析中的创新应用，为寻求更深入的市场洞察、趋势分析、竞争分析的市场研究人员提供了指导。
- ❑ 数据科学家：对 AIGC 技术在机器学习和自然语言处理领域的应用感兴趣的数据科学家可从本书中找到实际案例，以更好地应用这些技术。
- ❑ 对数据分析和 AIGC 技术感兴趣的人：无论背景如何，只要对数据分析和 AIGC 技术感兴趣，都可以从本书中获益。

本书不需要读者拥有深厚的编程或数学背景，而是提供了易于理解的实用信息，使读者能够轻松掌握 AIGC 技术并将其应用于实际业务场景。

如何阅读本书

本书共 8 章，按照不同的业务分析场景有序排列，分为以下三个部分。

第一部分：数据分析基础与报告交付。该部分涵盖第 1 章和第 2 章，讲解 AIGC 技术在数据分析和报告撰写方面的应用，为后续章节奠定基础。

- **第 1 章** 介绍 AIGC 技术在数据分析工作中的应用，覆盖辅助数据分析的思路、能力、方法和工具等。
- **第 2 章** 聚焦于 AIGC 在数据分析报告交付中的创新应用，包括思维导图生成、报告材料整理、核心内容撰写以及报告试讲和优化等。

第二部分：外部业务场景分析。该部分包括第 3 章和第 4 章，专注于 AIGC 在外部业务场景分析方面的应用，有助于读者更全面地解决市场和竞争问题。

- **第 3 章** 详细探讨 AIGC 在市场及行业分析中的应用，包括数据采集与宏观分析、行业与市场概况分析、市场细分与目标市场定位分析、市场发展与趋势研究以及市场风险分析。
- **第 4 章** 深入研究 AIGC 在竞争分析中的创新应用，包括收集竞争分析报告与数据、竞品调研、竞争识别与分析、竞争对手分析模型以及竞争对手事件跟踪分析等。

第三部分：企业内部运营分析。该部分包括第 5～8 章，聚焦于 AIGC 在企业内部运营分析方面的实际应用，以提升业务决策的科学性和有效性。

- **第 5 章** 探讨 AIGC 在客户运营分析中的创新应用，包括客户标签体系设计、客户服务与管理分析、客户生命周期分析、社交管理分析、客户舆论与口碑分析、客户调研分析以及利用 AIGC 完成专题性客户与社群分析等。
- **第 6 章** 介绍 AIGC 在广告分析中的应用，包括广告创意生成、广告创意分析、广告的目标受众选择、广告投放时机分析、广告落地页 A/B 测试与假设检验分析、广告效果评估分析以及广告价值因素解读与投放预测等。
- **第 7 章** 聚焦于 AIGC 在商品运营分析中的应用，包括商品选品分析、爆款商品运营分析、商品库存分析、商品定价分析、商品流量运营分析、商品销售分析以及商品序列销售分析等。
- **第 8 章** 详细介绍 AIGC 在促销活动运营分析中的应用，包括优惠券分析、促销活动营销组合与引流分析、促销活动页面的热图分析、促销活动主会场流量来源与导流分析、促销活动内容个性化推荐、促销活动的复盘与总结以及利用 AI 分析竞争对手的促销活动信息等。

你可以根据自己的需求和兴趣，选择相应的部分进行阅读，也可以从头开始阅读。

同时，为了更好地与 AI 进行交互，本书中的 AIGC 交互指令都按照统一规范编写。以下是一个完整的 AIGC 交互示例：

```
[ChatGPT] 3/1/2  用户输入的Prompt提示语指令
```

上述交互提示指令的具体解释和说明如下：

- [ChatGPT] 表示所使用的 AI 产品，默认为 ChatGPT 和 New Bing Chat。
- 3/1/2 中的 3 表示该对话是第几章的对话，该示例中是第 3 章。
- 3/1/2 中的 1 表示该对话是本章的第几个对话，该示例中是第 3 章的第 1 个对话。
- 3/1/2 中的 2 表示当前对话是第几次交互，该示例中是第 3 章第 1 个对话中的第 2 次交互。
- “用户输入的 Prompt 提示语指令”是输入的具体提示指令，该指令可能是一句话、一段话，甚至几个段落。

通过这样的交互规范，我们能够更清晰地呈现 AIGC 与用户之间的对话，包括所使用的产品、上下文信息、内容输入和输出等。

勘误

尽管我努力确保本书的准确性和质量，但限于时间和能力，以及 ChatGPT、Bing Copilot 等 AI 系统的快速迭代，书中难免存在错误和不完整之处。你在阅读过程中发现任何错误或有任何疑问，欢迎随时联系我，我将不遗余力地进行解答。关于本书的勘误、常见问题以及配套资源，你可以通过以下方式获取：

- 可以在链接 https://www.dataivy.cn/article/2022/1/25/3.html 中找到。
- 发送邮件至 517699029@qq.com。
- 搜索“tonysong2013”添加微信，可以更直接地与我联系。

致谢

在创作本书的过程中，我得到了许多人的帮助、支持与鼓励，特此致谢。

- 感谢王晓东先生和柳辉先生。自 ChatGPT 问世以来，我们共同探索了多个落地应用场景，在许多场合取得了令人满意的效果，为 AIGC 的内容输出积累了宝贵的经验。特别感谢触脉团队成员，包括张默宇、张璐、白迪、王奇、许曼、丘岳才、杨思琦、杨晓岳、胡振、张国锋、兰茹等。通过密切合作，我们在不同项目和产品研发中积累了丰富的实践经验。
- 感谢一直支持我的广大读者。自 2014 年以来，有许多读者与我以书会友，其间无论是在内容、主题还是书稿质量等各个方面，他们都提供了宝贵的反馈和建议。正是因为有了他们的支持，我才有了继续写作的动力。

- 感谢我的家人，特别是我的夫人姜丽。在创作本书的过程中，她给予我无限的支持和理解，让我能够坚持不懈地工作。

最后，感谢你选择阅读本书，真诚希望本书能够给你的数据工作带来全新的价值提升并提供实用帮助。祝你阅读愉快！

宋天龙

2024 年于深圳

目　录 *Contents*

第二部分　外部业务场景分析

第三部分 企业内部运营分析

第一部分　*Part 1*

数据分析基础与报告交付

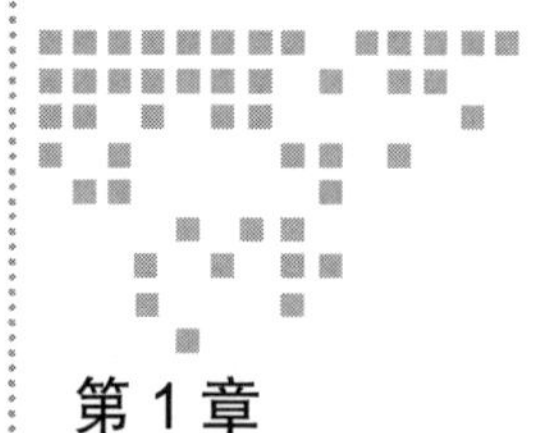

Chapter 1 第 1 章

AIGC 辅助数据分析

人工智能技术在数据分析中的应用日益普及，本章将探讨 AIGC 在数据分析中的关键作用。我们将介绍 AIGC 在因果分析、异常诊断分析、数据分析思维完善以及数据分析工具推荐等方面的应用场景、方法和案例，帮助读者提升数据分析效率和质量，实现更精准的数据驱动决策。

1.1 AIGC 在数据分析中的应用

生成式人工智能（AIGC）是一项引人注目的创新技术，逐渐在数据分析领域崭露头角，其应用背后的核心意义在于，借助最新的机器学习和自然语言处理技术，使数据分析变得更高效、更精确、更具前瞻性。通过将 AIGC 融入数据分析过程，数据分析师能够提升思维水平和工作效率，为业务决策提供更有价值的见解。

1.1.1 应用背景

AIGC 已经在多个领域引起广泛关注，其中之一就是数据分析。在大数据时代，数据分析已经不仅仅是数据的收集和解释，而是演化为一门综合科学，需要更深入的思考、更复杂的方法来解读数据。AIGC 应用于数据分析就是将 AI 的知识、能力、思维、方法、经验，以及跨学科、跨产业、跨行业的综合能力赋能到数据分析的工作流程中。

数据分析一直是决策制定和问题解决的核心步骤，然而，在面对庞大、复杂的数据以及自然语言处理和非结构化信息处理时，传统方法由于受制于有限的时间、资源、技能、工具、知识等而显得力不从心。AIGC 能够辅助数据分析，通过自动化和智能化的方法，加速数据分析过程。特别是在因果分析、思维推理、文本理解和信息生成等方面，AIGC 可以提供前所未有的数据见解。

1.1.2　应用价值

AIGC 在数据分析中的应用主要包括改进和增强分析思维、归纳和优化分析结论、改善分析流程和效率、业务建议和策略制定四个方面。

1. 改进和增强分析思维

数据分析师擅长数据收集、清洗、分析和可视化等方面，但通常缺乏对业务背景的整体理解。全面和有价值的分析框架对于数据驱动的运营至关重要，因为我们的分析工作旨在解决具体的业务问题。例如，在处理虚假订单的问题时，我们可以咨询 AI 以获取专业建议。AI 可以提供多个分析角度以改进我们的分析。

此外，当涉及特定分析主题时，AIGC 可以优化分析方法。例如，我们可以询问 AI 是否有其他方式来定义客户价值，以提升分析的深度和广度。图 1-1 显示了 ChatGPT 对于该问题的回答。

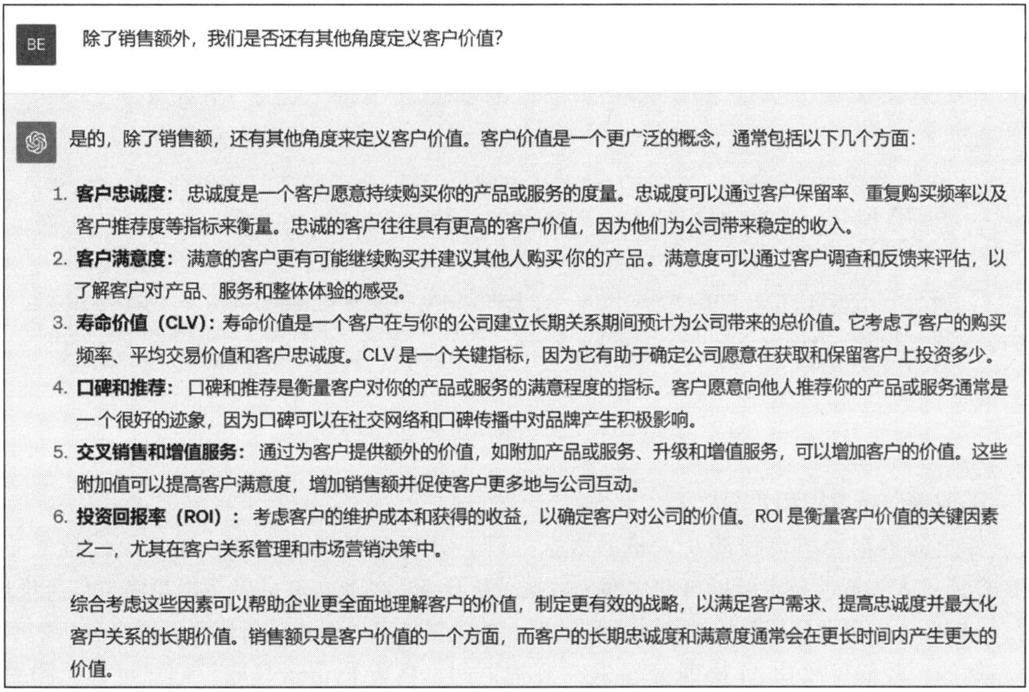

BE　除了销售额外，我们是否还有其他角度定义客户价值？

是的，除了销售额，还有其他角度来定义客户价值。客户价值是一个更广泛的概念，通常包括以下几个方面：

1. **客户忠诚度：** 忠诚度是一个客户愿意持续购买你的产品或服务的度量。忠诚度可以通过客户保留率、重复购买频率以及客户推荐度等指标来衡量。忠诚的客户往往具有更高的客户价值，因为他们为公司带来稳定的收入。
2. **客户满意度：** 满意的客户更有可能继续购买并建议其他人购买你的产品。满意度可以通过客户调查和反馈来评估，以了解客户对产品、服务和整体体验的感受。
3. **寿命价值（CLV）：** 寿命价值是一个客户在与你的公司建立长期关系期间预计为公司带来的总价值。它考虑了客户的购买频率、平均交易价值和客户忠诚度。CLV 是一个关键指标，因为它有助于确定公司愿意在获取和保留客户上投资多少。
4. **口碑和推荐：** 口碑和推荐是衡量客户对你的产品或服务的满意程度的指标。客户愿意向他人推荐你的产品或服务通常是一个很好的迹象，因为口碑可以在社交网络和口碑传播中对品牌产生积极影响。
5. **交叉销售和增值服务：** 通过为客户提供额外的价值，如附加产品或服务、升级和增值服务，可以增加客户的价值。这些附加值可以提高客户满意度，增加销售额并促使客户更多地与公司互动。
6. **投资回报率（ROI）：** 考虑客户的维护成本和获得的收益，以确定客户对公司的价值。ROI 是衡量客户价值的关键因素之一，尤其在客户关系管理和市场营销决策中。

综合考虑这些因素可以帮助企业更全面地理解客户的价值，制定更有效的战略，以满足客户需求、提高忠诚度并最大化客户关系的长期价值。销售额只是客户价值的一个方面，而客户的长期忠诚度和满意度通常会在更长时间内产生更大的价值。

图 1-1　ChatGPT 关于客户价值定义的更多建议

2. 归纳和优化分析结论

数据分析师通常在总结分析结论时依赖固定的方法。然而，在面对大量数据、多个维度和复杂结构时，这种方法的局限性显而易见。AIGC 相较于人类具有优势，能够捕捉数据中的隐藏关联和规律。特别是在涉及逻辑思考、信息推理和数据网络时，AIGC 可以帮助数据分析师快速识别数据中的关键信息，挖掘有价值的洞察，拓展分析结论的深度和广度。

例如，我们可以让 AI 基于数据生成结论以节省时间，或者将现有数据和结论输入给 AI 进行优化，以确保结论的准确性、完整性和客观性。图 1-2 显示了 ChatGPT 基于输入的描述性统计分析结果得到的解读和结论。

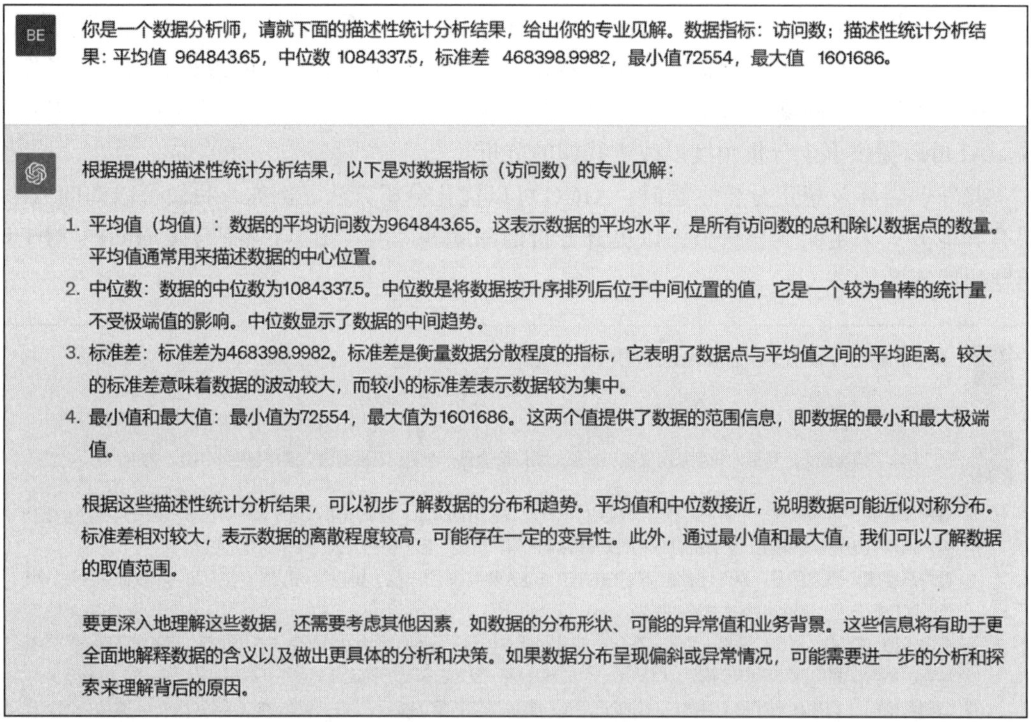

你是一个数据分析师，请就下面的描述性统计分析结果，给出你的专业见解。数据指标：访问数；描述性统计分析结果：平均值 964843.65，中位数 1084337.5，标准差 468398.9982，最小值72554，最大值 1601686。

根据提供的描述性统计分析结果，以下是对数据指标（访问数）的专业见解：

1. 平均值（均值）：数据的平均访问数为964843.65。这表示数据的平均水平，是所有访问数的总和除以数据点的数量。平均值通常用来描述数据的中心位置。
2. 中位数：数据的中位数为1084337.5。中位数是将数据按升序排列后位于中间位置的值，它是一个较为鲁棒的统计量，不受极端值的影响。中位数显示了数据的中间趋势。
3. 标准差：标准差为468398.9982。标准差是衡量数据分散程度的指标，它表明了数据点与平均值之间的平均距离。较大的标准差意味着数据的波动较大，而较小的标准差表示数据较为集中。
4. 最小值和最大值：最小值为72554，最大值为1601686。这两个值提供了数据的范围信息，即数据的最小和最大极端值。

根据这些描述性统计分析结果，可以初步了解数据的分布和趋势。平均值和中位数接近，说明数据可能近似对称分布。标准差相对较大，表示数据的离散程度较高，可能存在一定的变异性。此外，通过最小值和最大值，我们可以了解数据的取值范围。

要更深入地理解这些数据，还需要考虑其他因素，如数据的分布形状、可能的异常值和业务背景。这些信息将有助于更全面地解释数据的含义以及做出更具体的分析和决策。如果数据分布呈现偏斜或异常情况，可能需要进一步的分析和探索来理解背后的原因。

图 1-2 ChatGPT 关于数据结论和解读的信息

3. 改善分析流程和效率

传统的数据分析流程涉及大量的数据处理、分析和可视化工作，通常烦琐且低效。AIGC 通过人工智能技术可以自动化部分数据分析任务。特别是在涉及逻辑思考、信息推理时，AIGC 可以帮助数据分析师快速识别数据中的关键信息，优化分析流程，提高分析效率。

例如，我们可以让 AI 协助编写 SQL 查询语句、生成 Python 代码、创建可视化图表，或者直接连接数据源进行数据清洗，以提高工作效率。甚至在数据分析过程中遇到问题（如数据异常、程序错误或性能优化）时，也可以寻求 AI 的帮助。图 1-3 显示了 ChatGPT 根据文本需求描述撰写的 SQL 执行脚本。

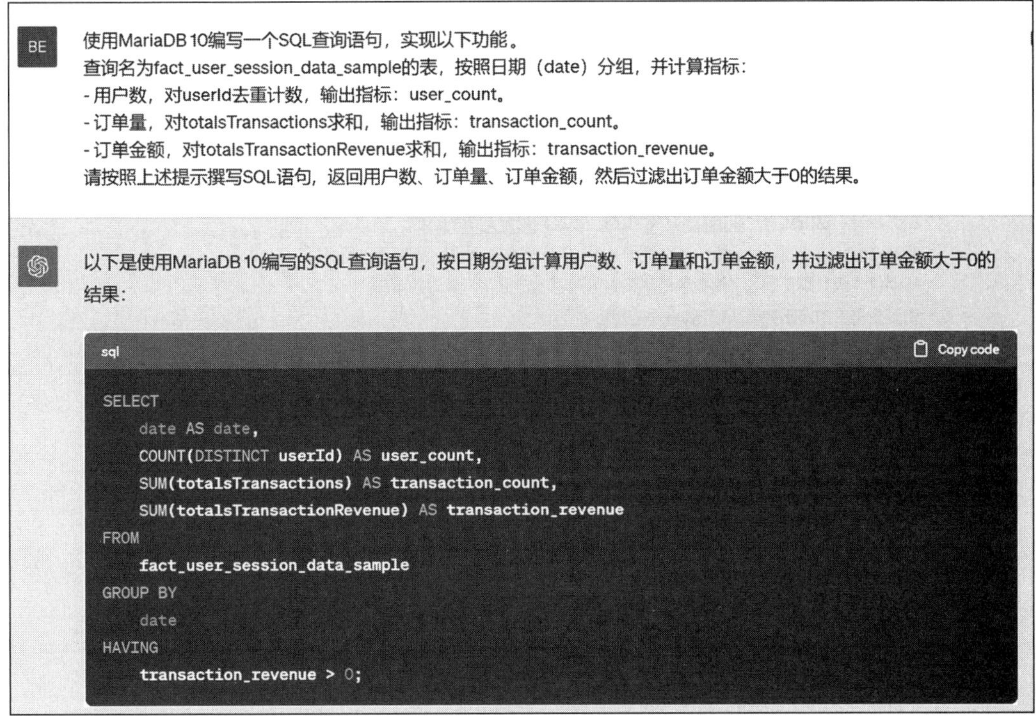
使用MariaDB 10编写一个SQL查询语句，实现以下功能。
查询名为fact_user_session_data_sample的表，按照日期（date）分组，并计算指标：
- 用户数，对userId去重计数，输出指标：user_count。
- 订单量，对totalsTransactions求和，输出指标：transaction_count。
- 订单金额，对totalsTransactionRevenue求和，输出指标：transaction_revenue。
请按照上述提示撰写SQL语句，返回用户数、订单量、订单金额，然后过滤出订单金额大于0的结果。

以下是使用MariaDB 10编写的SQL查询语句，按日期分组计算用户数、订单量和订单金额，并过滤出订单金额大于0的结果：

```sql
SELECT
    date AS date,
    COUNT(DISTINCT userId) AS user_count,
    SUM(totalsTransactions) AS transaction_count,
    SUM(totalsTransactionRevenue) AS transaction_revenue
FROM
    fact_user_session_data_sample
GROUP BY
    date
HAVING
    transaction_revenue > 0;
```

图 1-3　ChatGPT 根据需求撰写的 SQL 执行脚本

4. 业务建议和策略制定

数据分析的最终目标是提高业务决策的效率和效果。然而，许多数据分析结果往往停留在数据层面，缺乏具体的业务建议和战略规划。AIGC 可以辅助数据分析师提供更有价值的业务建议和战略，使数据分析更具实际价值。

例如，当我们发现销售下降的主要原因是电商渠道的复购率下降时，可以请 AI 从竞争研究、营销传播、网站运营、活动运营、客户管理和商品运营等角度提供具体的业务建议，包括业务目标、行动方向、行动优先级和资源支持等，然后我们再结合实际业务和运营背景加以修正，就能快速输出有效的业务行动建议和策略了。图 1-4 展示了 ChatGPT 根据需求提供的详细的业务行动建议。

1.1.3　应用流程

分析师与 AIGC 的互动流程因不同的数据分析情境而异，核心流程包括：

- **明确定义目标和问题**：清晰地定义与 AI 互动的问题和目标是所有互动的起点。它指导了 AIGC 在后续步骤中的应用，例如寻求 AI 对合适的数据分析工具的建议、请求 AI 协助改进分析思维、请求 AI 协助编写分析结论，或请求 AI 提供业务行动建议。

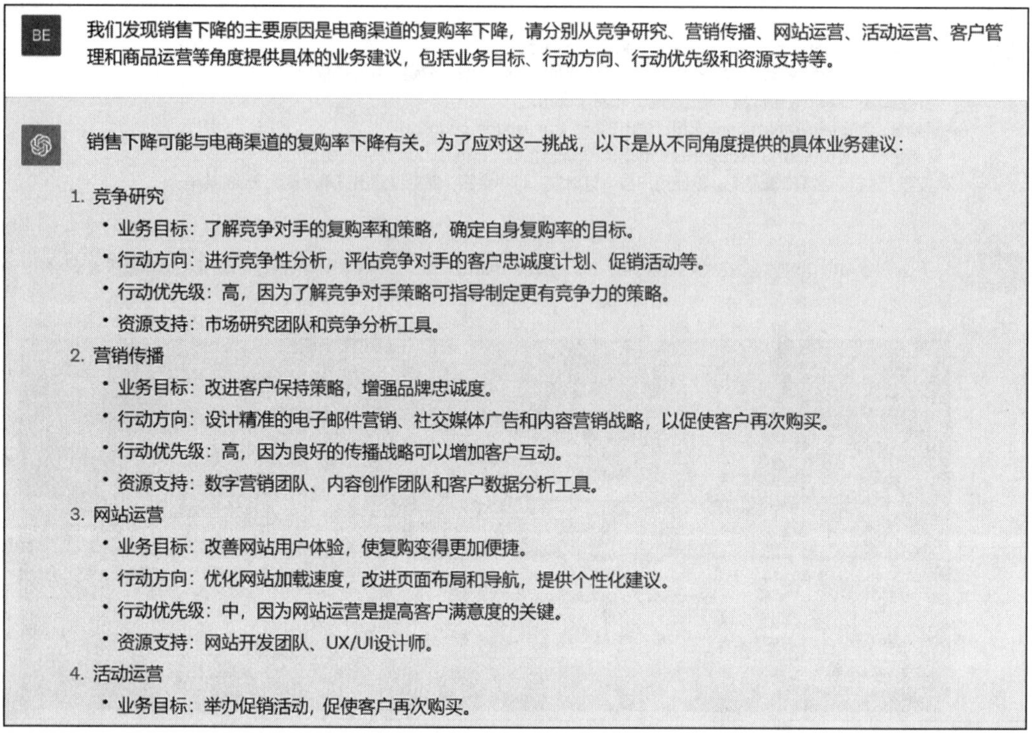

BE 我们发现销售下降的主要原因是电商渠道的复购率下降，请分别从竞争研究、营销传播、网站运营、活动运营、客户管理和商品运营等角度提供具体的业务建议，包括业务目标、行动方向、行动优先级和资源支持等。

销售下降可能与电商渠道的复购率下降有关。为了应对这一挑战，以下是从不同角度提供的具体业务建议：

1. 竞争研究
   - 业务目标：了解竞争对手的复购率和策略，确定自身复购率的目标。
   - 行动方向：进行竞争性分析，评估竞争对手的客户忠诚度计划、促销活动等。
   - 行动优先级：高，因为了解竞争对手策略可指导制定更有竞争力的策略。
   - 资源支持：市场研究团队和竞争分析工具。
2. 营销传播
   - 业务目标：改进客户保持策略，增强品牌忠诚度。
   - 行动方向：设计精准的电子邮件营销、社交媒体广告和内容营销战略，以促使客户再次购买。
   - 行动优先级：高，因为良好的传播战略可以增加客户互动。
   - 资源支持：数字营销团队、内容创作团队和客户数据分析工具。
3. 网站运营
   - 业务目标：改善网站用户体验，使复购变得更加便捷。
   - 行动方向：优化网站加载速度，改进页面布局和导航，提供个性化建议。
   - 行动优先级：中，因为网站运营是提高客户满意度的关键。
   - 资源支持：网站开发团队、UX/UI设计师。
4. 活动运营
   - 业务目标：举办促销活动，促使客户再次购买。

图 1-4　ChatGPT 根据需求提供的业务行动建议

- **编写初始提示语指令**：初始提示语指令在分析师和 AI 的互动中至关重要。AI 根据用户提供的信息理解需求并相应地提供反馈。通常，初始提示语指令包括定义 AI 应扮演的角色、解释角色的目标、描述问题和业务背景、定义 AI 输出目标，以及详细描述输出的各项条件和约束等。如果需要，可以添加示例以明确输出的格式。
- **基于 AI 反馈信息优化提示语指令**：如果初始提示语指令未能完整、准确地表达分析师的需求，或者 AI 对需求指令的理解存在偏差，可以通过持续的对话来完善、改进和纠正指令，直到 AI 能够提供符合预期的内容。
- **根据 AIGC 的信息采取行动**：根据任务目标的不同，AIGC 提供了不同的信息反馈。例如，分析师可以使用 AIGC 提供的 SQL 语句查询数据库并获取查询结果，或者根据 AIGC 的数据结论优化文本表达并粘贴到 PowerPoint 报告中。

1.2　利用 AI 的逻辑推理能力进行因果分析

AI 技术为因果分析提供了全新的视角和强大的工具。本节探讨如何借助人工智能中的逻辑推理能力来进行因果分析，包括因果分析的场景和价值、交互式因果分析过程、设计和实施因果实验等。

1.2.1 因果分析的场景和价值

在数据驱动的业务环境中，我们常常需要确定一个变量对另一个变量的影响程度，或者判断某个因素是否会导致特定现象的变化。因果分析用于从数据中识别和量化因果关系，在数据分析领域扮演着至关重要的角色。通过充分利用 AI 的逻辑推理能力，我们能够更准确、更全面地进行因果分析，剔除属于相关性而非因果性的事实。

因果分析在数据分析领域应用广泛，包括但不限于以下场景。

- 产品改进效果：通过因果分析，我们能够确定产品的哪些功能或特性对用户满意度产生积极影响。
- 营销效果评估：通过对营销活动数据进行因果分析，我们能够确定不同营销策略（例如广告投放、社交媒体营销等）对客户转化率、品牌认知和销售额的实际影响，从而为优化营销策略提供依据。
- 供应链优化：通过应用因果分析来分析供应链数据，我们可以了解各个环节对产品交付时间、库存成本和供应链的稳定性造成的影响，以便更有效地进行供应链管理和成本控制的优化。
- 客户服务改进：针对客户服务数据，如客户反馈、投诉记录和服务质量评估等，企业可以运用因果分析来确定特定改进措施对客户满意度的实际影响，以制定更有效的服务改进策略。

深入理解相关性与因果性

在数据分析中，我们通常关注的是各种指标，而这些指标本质上包含了相关性和因果性两种关系。相关性描述了不同变量之间的关联程度，而因果性则表明一个变量的变化如何影响另一个变量。

- 相关性指标：相关性指标利用统计学方法和相关系数等技术来度量不同变量之间的关联程度和关系方向。例如，在企业中，用户的网站停留时间通常与销售额正相关。这种关联性能帮助我们了解不同变量之间的相互关系趋势，但不能确定其中是否存在因果关系。更重要的是，它不能告诉我们增加网站停留时间将如何提高销售额，因为二者都属于“结果指标”，它们是因受到“其他因素”的影响而发生的，这些因素可能包括网站内容、用户体验、企业品牌、产品质量和企业口碑等。
- 因果性指标：因果性指标关注不同变量之间的因果关系，通过因果分析方法来确定一个变量的变化是否导致另一个变量的变化。例如，我们可以利用因果分析来确定特定促销活动是否直接导致销售额的增加。确定因果关系需要更深入的研究和分析，通常需要采用实验设计或高级统计方法。通常来说，因果关系中的“因”是企业可以直接控制的因素，例如广告预算、投放时间、用户覆盖率、价格折扣等；而“果”是结果类指标，例如转化率、ROI（投资回报率）和销售额等。

在企业运营中，因果关系往往不是一对一存在的。例如：

- 一个“结果”可能是多个“因素”共同引起的，即多因一果。在典型的企业情景中，当企业的营销、网站体验和产品价格等方面表现不佳时，这三个因素可能共同导致市场份额下降。
- 同一个“因素”可能导致多个“结果”，即一因多果。在典型的企业情景中，产品质量问题可能导致投诉率上升、退单率增加、客户满意度下降以及运营成本增加等。

面对这些复杂情况，依赖人工经验常常难以完成，而 AI 的强大逻辑思维能力能够帮助我们更准确、更全面地进行因果分析，发现多个事务之间的复杂因果关系。

1.2.2 交互式因果分析过程

传统的因果分析过程如下。

- 提出因果假设：数据分析师在开始推断时，基于领域知识和数据理解，提出可能的因果假设。
- 收集数据：数据分析师收集相关数据，以验证因果假设。
- 分析数据：使用适当的方法对数据进行分析，以确定因果关系。
- 评估结果：数据分析师评估因果分析的结果，得出相应的结论。

然而，传统方法依赖于数据分析师的经验和直觉，可能导致分析结果出现偏差。

交互式因果分析是一种基于 AI 的分析方法，允许数据分析师与 AI 系统进行对话，通过 AI 系统的智能回答和解释，深入挖掘潜在的因果关系。这种交互式分析方法有助于数据分析师更深入地理解数据，快速发现潜在的因果线索，同时充分结合了数据分析师的领域知识和 AI 系统的计算能力，赋予推断过程更多的动态性和灵活性，从而提供了更准确和更可信的因果分析结果。

在大多数情况下，因果假设应由数据分析师提出，因为他们通常具有领域知识和专业背景，能够理解研究领域的特点和可能的因果关系。他们可以基于自身经验和理解，提出初步猜想，形成初步的因果假设，为后续分析奠定基础。

随着假设的提出，数据分析师可以使用数据进行初步验证和分析。然后，借助 AI 系统的计算能力，可以扩展和深化对这些假设的分析，生成候选因果模型。这种交互式过程有助于更好地理解和推导，并逐步完善因果模型，使其更贴近实际情况。

1.2.3 AI 辅助因果分析案例

以下是某企业的一个实际案例，该企业希望评估其新的营销活动对销售的影响。通过交互式因果分析，完整的互动过程如下。

1. 提出因果假设

在与 AI 互动的过程中，输入企业的具体案例背景，共同提出潜在的因果假设。AI 提供相关数据和趋势，以帮助数据分析师在基础假设上建立更复杂的假设。数据分析师可以在交互中调整假设，以确保假设清晰且有针对性。

例如，数据分析师提出以下可能的因果假设。

- 假设 1：新的营销活动提高了用户的购买意愿，从而导致销售额增加。
- 假设 2：新的营销活动导致了用户的注意力转移，从而导致销售额减少。
- 假设 3：新的营销活动与其他因素（如季节性因素）共同影响了销售额。

2. 收集数据

与 AI 一起讨论所需数据的类型、来源和时间范围。AI 可以针对哪些数据对验证或反驳特定因果假设最为重要给出建议。根据交互的建议，确定数据收集计划和方法，以确保数据的质量。然后设置数据收集任务并开始数据采集。

例如，数据分析师收集了该平台在新营销活动前后的数据，包括销售额、用户数量、商品销量等。这些指标使销售目标更加具体、分析目标更加明确。

- 销售额：销售额是衡量营销活动效果的重要指标。
- 用户数量：用户数量可以反映营销活动的覆盖范围。
- 商品销量：商品销量可以反映营销活动的转化率。

3. 分析数据

与 AI 一起讨论选择何种因果分析方法，如回归分析、A/B 测试、调研问卷等。通过交互让 AI 提供分析方法的细节和步骤，以帮助数据分析师更好地理解如何应用这些方法。与 AI 共同分析数据，互动式地探索结果，发现隐藏的因果关系。

例如，数据分析师可以使用以下三种方式完成因果分析过程：

- 数据分析师使用 A/B 测试方法验证假设 1。在 A 组中，用户参与了新的营销活动，而在 B 组中，用户没有参与新的营销活动。分析发现，A 组的销售额明显高于 B 组的销售额。
- 数据分析师使用调研问卷方法验证假设 2。分析发现，在新的营销活动期间，用户的注意力并没有转移。
- 数据分析师使用多元回归分析方法验证假设 3。分析发现，季节性因素对销售额的影响很小。

4. 评估结果

与 AI 共同讨论分析结果，包括可信度评估和可能存在的不确定性。通过 AI，数据分析师可以更好地解释结果，确保它们与提出的因果假设一致。通过与 AI 系统进行互动，讨论结果对企业决策的潜在影响，例如，如何改进营销策略等。

例如，通过上述分析过程，数据分析师可以总结出以下结论并与 AI 共同探讨：

- 新的营销活动对销售额有显著的正向影响。这项活动提高了用户的购买意愿，从而导致销售额增加。
- 在结果解释阶段，与 AI 互动以获得更详细的解释和洞察，帮助企业更好地理解因果分析的结果。

- 使用交互式工具来探索数据、可视化趋势和模式，以帮助识别新的因果假设。
- 与 AI 合作验证新假设，以了解它们是否与业务情况相关。

1.2.4 设计和实施因果实验

实验和观察研究是获取因果关系的重要途径。因果分析需要使用大量的数据来进行分析，但在现实世界中，往往很难获得理想的数据集。AI 可以辅助设计实验方案和观察研究的流程，优化样本选择、实验设计，以确保数据的质量和实验的可信度。AI 能够基于现有知识和数据提供建议，使得实验设计更具针对性，效率更高。

AI 可以帮助数据分析师在以下方面进行设计。

- **确定实验或观察研究的目标**：AI 系统可以分析研究的目的和问题，提供对目标设定的建议。根据研究的目标，AI 能够推荐合适的实验或观察方法以及需要收集的数据类型。
- **选择合适的实验或观察方法**：基于问题的特性，AI 可以提供各种实验或观察方法的优缺点，帮助数据分析师选择最合适的方法。这种智能选择能够确保研究的方法与问题相匹配，提高研究效率和准确性。
- **控制实验或观察中的干扰因素**：AI 可以识别可能影响实验结果的干扰因素，并提供如何控制或排除这些因素的建议。AI 的智能辅助可以最大限度地保持实验内外部的有效性。
- **收集有效的数据**：AI 可以提供如何收集高质量、有效的数据的建议，包括样本规模、数据采集方式、数据处理方法等方面的建议。这有助于确保数据的可靠性和适用性，从而提高研究的可信度。
- **检验和分析结果**：AI 系统能够分析实验或观察研究收集到的数据，利用适当的统计分析方法对实验结果进行检验和分析。这包括假设检验、回归分析等，以确定实验结果的显著性和相关性。
- **解释验证结果**：AI 不仅能帮助分析师解释实验结果，还能提供验证结果的方法。通过与现有知识和数据的对比，AI 系统可以验证实验结果的合理性和一致性，进一步增强研究结论的可信度。如果有必要，AI 还可以生成直观、清晰的可视化图表，以展示实验结果。这有助于分析师向其他利益相关者展示研究结论，使复杂的分析结果更易于理解。
- **因果关系判定与业务建议**：基于分析的数据和模型，AI 可以帮助分析师推断因果关系。AI 能识别可能的因果路径，通过对因果关系进行建模和分析，进一步加深分析师对研究结果的理解。同时，AI 可以基于结果对实验的业务给出具体结论和实施建议。

1.2.5　AI 辅助因果实验案例

在电商平台的日常运营中，频繁进行实验以评估新功能和策略的效果是常见的做法。为了验证不同促销活动对销售的影响，企业决定采用实验方式来论证。

1. 确定关键指标

数据分析师与 AI 一同明确评估实验结果的关键性能指标。在此案例中，关键指标可能包括销售额、利润额、转化率等与销售相关的指标，具体视企业关注的角度而定。

- **销售额**：聚焦于企业销售规模和市场份额。通过分析销售额，企业可以了解促销活动期间的总销售额，有助于评估促销活动对整体销售的影响。数据分析师与 AI 协商计算销售额的方式，包括总销售额、每日销售额、销售额趋势等。
- **利润额**：关注销售所带来的实际利润。通过分析利润额，企业可以了解促销活动对盈利能力的影响。数据分析师与 AI 讨论计算利润额的方法，包括销售成本、销售费用和税费等因素，以确定实际的净利润。
- **转化率**：衡量用户从访问电商平台到最终购买的比率。通过分析转化率，企业可以了解促销活动是否影响用户的购买决策。数据分析师与 AI 一同讨论如何计算转化率，包括浏览次数、点击率、加入购物车次数和最终购买次数。

在确定这些关键绩效指标时，数据分析师需要和 AI 深入讨论，以确保所选指标与电商平台的实际业务目标一致。

2. 确定实验方法

数据分析师可以与 AI 合作，讨论实验方法。AI 可以提供建议，例如采用随机 AB 组对照实验，以确保对照组和实验组的比例相似。数据分析师与 AI 共同讨论实验周期、样本选择和干扰因素的控制策略。以下是讨论后的主要内容。

- **实验策略**：采用随机 AB 组对照实验，其中 A 组为对照组，B 组为实验组。对照组将保持现有的促销策略，而实验组将应用新的促销活动策略。用户被随机分配，以确保两组在关键特征上的比例相似。
- **实验周期**：设定实验周期为 7 天，这个周期足够长，可以反映促销活动的影响并减少周期内的随机波动。
- **样本选择**：随机选择一定数量的用户作为实验样本，分为 A 组和 B 组。考虑样本的代表性和样本量的合理性，以确保覆盖不同的用户群体和行为习惯。
- **干扰因素控制**：确保商品、渠道、客户、网站体验等运营策略的稳定性，选择非假期进行测试，以确保实验结果主要受促销活动的影响。

3. 收集数据

数据分析师可以与 AI 讨论如何进行数据收集，包括数据源、数据收集工具、数据采集粒度和数据采集维度等，以确保数据的准确性和完整性。

- **数据源**：数据源通常包括销售系统、网站分析工具、订单管理系统、用户数据库等。
- **数据收集工具**：流量数据使用企业已有的流量分析工具（如 Google Analytics）作为数据源，销售数据则使用企业的销售管理系统作为数据源。
- **数据采集粒度**：在实验中，通常需要采集每个用户的每个互动行为，因此粒度是基于每次事件生成的。后续可以根据需求进行每日、每小时汇总等。
- **数据采集维度**：指定采集哪些数据，包括数据维度和数据指标。数据维度通常包括用户属性、用户设备、地域信息、用户访问行为、商品信息、订单信息、来源渠道等，而数据指标主要包括各个行为和事件的次数（例如提交订单次数）、价值（例如提交订单金额）、时间（例如浏览时长）等。

在数据收集期间，数据分析师可以定期与 AI 交互，报告实验进展，解决潜在的问题或挑战，以确保实验按计划进行。

4. 检验和分析数据

一旦数据收集完成，分析师可以与 AI 一同讨论数据检验和分析过程，包括数据清洗和预处理、描述性统计分析以及核心的假设检验。

- **数据清洗和预处理**：数据分析师可以与 AI 讨论数据清洗和预处理的步骤，以确保数据的质量，包括去除异常值、处理缺失值以及统一数据格式等。
- **描述性统计分析**：数据分析师可以借助 AI 进行描述性统计分析，了解实验组和对照组的销售额数据的基本特征，包括计算偏度、数据中心性、数据分布、数据异常等。
- **假设检验**：数据分析师可以与 AI 讨论采用哪种假设检验方法，如 T 检验或 ANOVA。AI 可以协助解释假设检验的过程，包括设置零假设和备选假设，然后根据数据进行评估，得出评估指标，包括显著性水平 P 值以及验证结果。具体验证过程可以由 AI 辅助完成或提供操作步骤。

5. 解释验证结果

基于假设检验的结果，数据分析师与 AI 讨论结果的含义以及如何呈现结果，以便业务人员更容易地理解整个过程。

- **分析指标和结果解释**：数据分析师可以与 AI 一同讨论所选显著性水平（例如 $\alpha=0.05$）和 P 值的计算方式。AI 可以协助解释实验结果，判断在何种情况下应拒绝或接受零假设，并得出新促销活动对销售额是否有显著影响的结论。
- **数据可视化**：数据分析师可以与 AI 探讨如何通过数据可视化方法呈现实验结果，例如创建图表、折线图和柱状图，以帮助决策者更好地理解实验结果。

6. 因果关系判定与业务建议

最后，数据分析师可以与 AI 一同分析实验结果，讨论对电商平台运营策略和效果的影响，并提出建议，例如是否继续采用新促销活动策略。

- **当新促销活动对销售产生影响时**，业务方应考虑如何继续该促销活动。此外，可以进一步分析促销活动的各个因素（例如价格、产品选择、活动策略、折扣策略、爆款运营、渠道平台等），以优化和提升效果。
- **当新促销活动对销售没有显著影响时**，数据分析师、业务方和 AI 可以一同深入分析为何新促销活动未对销售产生明显的影响。这可能涉及多个因素，如市场竞争、产品定价、促销策略的执行等。数据分析师和 AI 可以检查实验的执行细节，确保实验组和对照组之间没有干扰因素，并确保实验设计合理。如发现问题，可以改进实验设计以提高有效性。当获得初步结果时，可以提出改进策略，包括重新调整促销活动的定价、更有针对性地定位特定目标受众、改善宣传和广告策略等。

1.3 利用 AI 的智能思维进行异常诊断分析

在日常工作中，数据分析师常常需要进行异常数据分析，高效准确地识别和解释异常对于确保数据分析的质量和效率至关重要。AI 具备快速准确地识别异常数据并提供合理解释和建议的能力，可以节省数据分析师的大量时间和精力。

1.3.1 异常诊断的场景和价值

在企业运营过程中，异常数据的出现是常态，其表现包括异常的数据点、数据波动，或者与预期趋势不符的现象。

异常诊断的目的就是识别数据集中的异常行为、异常数据点或者异常模式。这些异常可能源自数据采集或处理中的错误，或者可能预示着潜在的系统问题。

AIGC 能够协助数据分析师快速识别数据中的异常，提供高效的异常检测和诊断。借助 AI 的模型训练和算法优化，AIGC 能够识别多种异常情况，包括数值异常和模式异常等。

以下是企业中常见的异常场景示例。

- **数值异常检测**：在销售数据分析中，可能存在由于数据输入错误或系统故障导致的销售额异常升高或下降的数据点。AIGC 可以通过分析历史销售数据，识别与历史数据相比明显异常的销售额数据点，帮助分析师定位并排除异常原因。
- **模式异常识别**：市场研究数据可能出现与预期行为模式不符的情况，如市场突然波动或异常的消费行为。AIGC 能够分析市场行为模式，检测突破常规的行为模式，及时提供市场波动的警示和潜在解释。
- **趋势异常检查**：数据分析中通常需要监测某些指标的趋势，以确保业务正常运行。然而，突然的趋势变化可能预示着问题。AIGC 能够自动监测数据趋势，识别不符合预期趋势的情况，并为分析师提供警示和解释，以便分析师及时调整分析策略或业务方向。

1.3.2 发现和识别异常问题

发现和识别异常问题是异常诊断分析的第一步。在企业中，一些异常可以直接基于特定规则检测出，例如：销售额下降超过15%被视为异常。而其他异常可能无法直接显现，需要借助算法、模型等方法才能发现，例如：通过异常检测算法或模式识别找到当前用户行为中的异常。

对于后者，AI可以分析大规模数据集，自动检测异常值、异常模式或异常趋势，协助数据分析师识别这些潜在的复杂异常。此外，AI还能够发现隐藏在庞大数据背后的模式，甚至微小的异常信号，这对于人工分析师来说几乎不可能完成，或者需要耗费大量时间才能完成。

- **欺诈客户检测**：在金融领域，及时识别可能涉及欺诈的客户交易至关重要。AIGC可以通过分析交易模式、金额、频率、对象等数据，识别与典型交易行为不符的异常模式，帮助金融机构及时识别潜在的欺诈交易。
- **广告点击率异常**：市场营销团队需要监控广告点击率的变化趋势，以及时调整营销策略。AIGC可以分析广告点击率数据，检测异常的点击率趋势，提供可能的原因和建议，帮助团队调整营销策略。

在与AI交互时，分析师需要使用关键词如“发现”“识别”“检测”和“检查”。以下是一些用于执行异常发现与识别任务的提示指令示例：

- 请分析广告流量数据，检测异常的点击频率，并提供可能的异常IP地址列表。
- 请识别广告观看数据中的异常设备类型，并标记可能的作弊行为。
- 请识别销售数据中的异常值并进行标注。
- 请分析用户行为模式数据，识别不符合常规模式的用户列表。
- 请检测销售额指标的趋势，并提醒是否存在异常趋势。

1.3.3 构建和完善分析思路

构建和完善分析思路是解决异常问题的关键步骤。一个清晰、系统的分析思路能够帮助分析师更好地理解异常的根本原因，为采取合适的解决方案奠定基础。AI可以协助完善分析思路，提供有益的洞察、可能的影响因素、建议或方向，使分析师能够迅速形成异常分析思路。这一过程主要包括两类场景。

- **AI提供初始分析思路**：AI可以辅助分析师构建初始的分析思路，提供关键指引，以帮助分析师快速建立起分析框架。
- **AI基于分析师的思路提供启示和方向**：AI不仅可以提供初步思路，还可以根据分析师的输入提供有益的启发和进一步的分析方向，加速解决异常问题。

在与AI交互时，分析师需要强调关键词如“分析思路”“角度”“因素”等，以准确引导AI辅助提供思路信息。以下是一些用于执行异常发现与识别任务的提示指令示例。

- 当发现某仓库的库存异常升高，分析师需要 AI 的协助来构建初始化分析思路时，可以使用如下提示指令：我想分析导致库存异常增加的原因，你建议我从哪些角度展开，以便我更好地理解库存异常并制定解决方案？
- 当公司接到大量客户投诉，投诉率升高，分析师需要 AI 的支持来完善分析思路时，可以使用如下提示指令：我需要识别投诉率异常升高的影响因素，除了产品外，还有哪些影响角度？
- 当销售额突然下降，分析师需要 AI 的帮助来完善分析思路时，可以使用如下提示指令：请帮助我识别销售额异常下降的时间段和产品类别，提供可能的影响因素，例如市场需求变化、竞争情况、季节性因素等，以完善我的分析思路。
- 当公司的用户流失率升高，分析师需要 AI 辅助来构建更全面的分析框架时，可以使用如下提示指令：请协助我识别高流失率的用户群体，提供可能的分析方向，例如用户满意度、产品质量、市场竞争等。

注意　我们希望 AI 扩展我们的思维，强调的是思考的广度，而非提供具体原因的解释。

1.3.4 定位和解决异常根源

定位和解决异常根源是异常诊断分析的最终目标。一旦异常被发现，分析师需要进行深入分析，迅速而准确地找到异常根源，以便采取正确的纠正措施。这对于维护业务正常运营至关重要，可能涉及对多种数据源的综合分析、业务流程的审查，以及领域专业知识的应用。

AI 具备多领域、跨学科的广泛知识背景，结合分析师对企业的理解，可以使异常根源的定位和分析变得非常简单且高效。在与 AI 交互时，分析师需要强调关键词如“分析”“解释”“说明”“阐述”等，以准确引导 AI 就具体问题进行解释和说明。以下是一些用于执行异常根源定位任务的提示指令示例。

- 当发现某仓库的库存异常升高，分析师需要 AI 的协助来深入分析原因时，可以使用如下提示指令：导致库存异常增加的可能原因有哪些？
- 当公司接到大量客户投诉，投诉率升高，分析师需要 AI 的支持来给出分析过程时，可以使用如下提示指令：我需要你帮我分析投诉率异常升高的可能原因，如质量问题、客服服务、产品说明不清晰等。
- 当销售额突然下降，分析师需要 AI 的帮助来深入分析原因时，可以使用如下提示指令：请帮助我分析销售额异常下降的原因，包括但不限于市场需求变化、竞争情况、季节性因素等，请提供这些角度的详细解释以及说明它们是如何导致销售额下降的。
- 当公司的用户流失率升高，分析师需要 AI 辅助来深入分析问题时，可以使用如下提示指令：请协助我分析用户群体高流失率的原因，例如用户满意度、产品质量、市场竞争等，以帮助我更好地理解异常现象。

提示 由于AI缺乏企业运营的背景信息，因此它主要提供通用性的可能导致特定问题的原因解释。分析师可以在与AI交互时，将企业的特定背景信息纳入讨论范围，以便AI进一步深入分析和探讨异常的根本原因。

1.3.5 分享同类型问题的解决思路

在处理异常情况时，企业通常会面对多种不同类型的问题。除了可以依赖数据分析师的经验之外，还可以借助人工智能来分享同类型问题的解决思路。这种方法既高效又有助于快速、精准地解决相似的异常情况。

在这个过程中，AI的价值主要体现在以下两个方面。

- ❑ **案例查找**：人工智能能够通过分析大量案例和数据，辨别相似的问题以及它们的解决思路，然后将这些宝贵的经验分享给数据分析师。
- ❑ **案例总结**：人工智能还可以利用自然语言处理技术，整理并呈现这些解决思路，以供数据分析师学习和参考。

在与人工智能进行互动时，数据分析师应该强调一些关键词，如“分享”“总结”“归纳”“整理”等动词，以及“方案”“案例”“参考”“材料”“链接”“经验”“建议”“思路”“方法”“最佳实践”等名词，以明确引导人工智能提供相关案例和类似的解决方案。以下是完成此类任务的提示指令示例：

- ❑ 请整理并分享销售额下降问题的解决思路，包括市场变化、产品质量等方面的解决方法和经验。
- ❑ 请总结用户流失率问题的解决方案，包括产品改进、客户服务等方面的经验分享，以及如何应对这些问题的建议。
- ❑ 请总结广告流量作弊问题的解决方案，分享不同领域的解决思路，以及相应的实施方法，以帮助营销部门处理类似情况。
- ❑ 请整理类似情况下的历史案例，提供解决思路和成功经验。
- ❑ 请分享其他企业类似问题的解决方案，尤其是应对策略和最佳实践。
- ❑ 请汇总过去处理类似问题的经验，特别是解决方法和执行步骤，以便我们能更好地处理当前的情况。
- ❑ 请整理类似异常情况的案例，从中学习解决问题的方法和策略，以便我们能够更快速地应对当前的异常情况。
- ❑ 请分享全球大型企业处理类似异常的经验，特别是成功解决问题的关键因素和行动方案。

1.4　利用 AI 的资深经验完善数据分析思维

在本节中，我们将探讨如何充分利用 AI 的丰富经验，逐步完善数据分析思维，从业务需求转化为数据分析目标，然后到分析框架、分析方法，最终得出数据分析结论和业务解释。

1.4.1　从业务需求到数据分析目标

将业务需求有效地转化为清晰的数据分析目标是数据分析的基础。这个过程包括深入理解业务需求、分析业务目标，并将它们转化为可量化和可实施的数据分析目标。

AI 在此过程中发挥着主要作用，具体包括以下几个方面。

- **模糊需求的明确化**：通过多次交互式沟通，AI 可以帮助业务方从模糊、宽泛、不明确的需求状态转化为明确、具体和清晰的状态。
- **业务理解和问题定位**：AI 可以帮助分析师理解业务背景、问题、挑战和改进的关键点，以确定分析的焦点和未来数据应用的实施点。
- **目标确定和指标分解**：AI 可以协助分析师确定分析主题，并根据可量化和可操作性原则制定数据分析目标和进行指标分解。

以下是使用 AI 辅助分析师实现这些目标的提示指令示例：

- 假如你是一名数据分析师，市场部门需要你分析广告渠道的效果数据，你将如何与业务方沟通以明确定义他们的具体需求？
- 基于市场部门的业务目标，请给出明确的数据分析目标，以满足业务需求。
- 如果你是数据分析师，围绕“广告效果是否有明显提升”这一主题，你打算使用哪些可以量化的数据指标来进行后续分析工作？请列出至少 5 个指标并进行解释。

1.4.2　从数据分析目标到数据分析框架

在确定数据分析目标后，企业需要将这些目标转化为具体的分析框架，以便有序、系统地进行数据分析工作。

AI 可以通过分析数据分析目标，协助分析师建立相应的分析框架。AI 提供有关分析步骤和方法的建议，以帮助分析师更有效地规划分析工作。AI 的价值主要体现在如下几个方面。

- **提供完整的分析框架**：从零开始提供一套完整的分析框架。
- **补充和完善现有框架**：基于现有框架进行完善和补充。
- **多套分析思路和框架**：生成多套数据分析思路和框架供选择。

以下是针对不同需求，分析师与 AI 互动的提示指令示例：

- 你是一名资深数据分析专家，你的任务是提高产品销售转化率，请设计一个综合的数据分析框架，分析影响产品销售转化率的各个因素，以优化销售转化率。

- ❑ 请协助我设计一个分析框架，以提高网站用户留存率。框架可能包括网站体验分析、用户行为分析、个性化推荐优化、用户反馈分析、在线客户服务分析等。
- ❑ 我需要三套不同的数据分析框架来优化供应链管理。请设计这三套框架，分别从不同的角度入手。

1.4.3 从数据分析框架到数据分析方法

在确定了数据分析框架后，企业需要选择适当的分析方法和技术来实现这些框架。选择分析方法是数据分析过程中的重要步骤。

AI 可以通过分析数据分析目标和框架，提供关于合适的分析方法的建议。具体涉及如下方面。

- ❑ **分析技术**：包括统计学、机器学习、数据挖掘等分析技术。
- ❑ **分析方法**：提供关于具体分析方法的建议，如统计学中的假设检验以及其他具体的检验方法。
- ❑ **分析工具**：根据分析师的技能、系统环境、数据量和分析需求等因素，提供关于分析工具的建议，如 Excel、Python、R、Spark 等，以及相关应用库的使用建议。
- ❑ **实施过程**：根据不同场景，提供关于实施过程的建议，例如数据建模过程或数据分析流程的建议、调查研究过程的建议等。

以下是适用于该场景中不同情境的提示指令示例：

- ❑ 假设你是一名数据分析专家，需要对 A/B 测试的两组结果进行假设检验。你会选择使用哪种检验方法？请详细说明。
- ❑ 请帮助我设计 Excel 中的数据归一化处理公式：如何将 Excel 表格中的 A 列数据归一化，使得归一化后的数值在 0 到 1 之间？
- ❑ 假设我们要进行 RFM 分析，请提供完整的实施过程。我是一名分析师，基于客户订单数据，需要进行 RFM 分析，能提供具体步骤和实施方法吗？
- ❑ 假设我要进行客户流失预测，你会建议使用哪些工具、算法或模型，实施流程是什么？需要注意什么？

1.4.4 从数据分析方法到数据分析结论

在选择了适当的数据分析方法后，分析师便能够将数据结果转化为分析结论。这一步涉及分析结果的解释和关键结论的提取。

AI 可以通过分析方法和结果，协助分析师解释分析结果、提取关键结论，并提供建议以确保结论准确。AI 在信息汇总和总结方面具有明显的优势。

以下是在提取分析结论方面，分析师可以使用的提示指令示例：

- ❑ 基于市场细分分析的结果，请帮助我确定新产品的最佳市场定位和定价策略，并提供详细输出。

- ❑ 请根据用户反馈和产品销售数据，协助我识别影响产品满意度和销售的主要特征，并提供相关结论。
- ❑ 基于广告效果数据，协助我分析广告渠道的影响，以确定哪些渠道最有效。
- ❑ 请基于客户调查数据，协助我分析客户满意度，并提供改进建议。

1.4.5　从数据分析结论到业务落地

得出数据分析结论并非数据分析的终点，实际的关键在于将这些结论转化为具体行动，制订实施计划，并确保分析结果对业务产生实质性影响。

AI 可以通过分析结论、业务需求和现实约束，提供可行的业务落地方案，建议实施步骤，并评估实施效果。AI 的跨学科知识在此环节尤为有用。

以下是分析师在获得定制化的业务落地计划和建议时可以使用的提示指令示例：

- ❑ 请协助我将市场调研和竞品分析的结论转化为新产品上线的实际实施计划，包括定价策略、推广策略和销售目标等。
- ❑ 请你扮演客户管理部门经理，基于客户反馈和调研结果，制订客户满意度改进计划，包括解决方案、沟通策略、跟进措施、资源支持、部门协调、时间表、优先级等。
- ❑ 请你扮演广告部门总监，撰写一份广告投放优化方案，以提升广告渠道效果。该方案需要包括目标用户、广告和媒介策略、预算分配、广告排期、广告内容、落地页设计、测试与优化、效果评估等方面的内容。

1.5　利用 AI 知识推荐合适的数据分析工具

为了更有效地进行数据分析工作，AI 可以为你推荐最合适的数据分析工具。从市场分析到竞争分析，再到数据分析、挖掘与建模，以及数据可视化，通过 AI 提供的个性化工具建议，你可以轻松获取深刻的数据洞察。

1.5.1　市场分析类工具推荐

市场分析在企业中具有至关重要的地位，但市场数据多种多样且不断变化。市场分析师常常需要快速选择适当的工具，以获得准确的市场见解。AI 借助自然语言理解和数据处理能力，能够帮助市场分析师在不同市场研究项目中选择最合适的工具，提高分析精度，降低时间成本。

市场分析类工具可以根据其功能和应用领域进行不同的分类。以下是一些常见的市场分析工具类型。

- ❑ **市场趋势分析工具**：这些工具帮助用户监测和分析市场趋势，如市场规模、增长率、关键驱动因素等。示例包括 Statista、Nielsen、Google Trends、MarketResearch、SimilarWeb、Gartner 等。

- ❑ **舆情分析工具**：这些工具帮助分析市场中的舆情和文本信息，如社交媒体帖子、评论、新闻文章等，以了解公众情感和市场反应。示例包括 Brandwatch、Talkwalker、Meltwater、NetBase、LexisNexis。
- ❑ **AIGC 工具的市场分析功能**：某些 AIGC 工具本身就带有市场数据采集和分析功能。例如，你可以在 Bing 中直接通过 New Bing Chat 让 AI 收集特定市场信息，然后汇总并提炼概要，从你需要的角度进行分析，从而直接得到分析结果。
- ❑ **带有市场分析功能的数据工具**：很多工具都带有市场分析功能。例如，在 Google Analytics 中，可以基于行业信息形成不同指标的 Benchmark，供用户参考。

由于市场上存在众多市场分析工具，数据分析师可以通过与 AI 互动，针对不同需求获得合适的工具建议。例如：

- ❑ 我需要跟踪特定市场关键字，以发现一些行业热点信息。你能否建议一个工具帮助我实现这一目标？
- ❑ 我计划进行市场舆情分析，主要监控我们的产品 / 品牌在社交媒体和新闻（例如 Twitter、Meta）中的评价和情感。你可以推荐适用的工具以及分析方法吗？
- ❑ 我要进行全球市场用户需求分析，以确定市场在不同地区的趋势和差异，并为企业市场拓展提供参考。你认为应该选择什么样的市场分析工具？

1.5.2 竞争分析类工具推荐

竞争分析旨在识别市场竞争对手，了解其市场份额、定位、产品、服务、营销、市场策略等。选择适当的工具对于竞争分析至关重要，因为它有助于更有针对性地了解竞争对手的优势和劣势，从而制定更有效的业务战略。

以下是一些用于进行竞争分析的工具和方法。

- ❑ SEMrush：SEMrush 是一款广泛使用的竞争分析工具，主要用于搜索引擎优化（SEO）和搜索广告竞争分析。它提供了关键词研究、排名监测、广告分析和竞争对手比较等功能。
- ❑ Ahrefs：Ahrefs 是一种强大的 SEO 和竞争分析工具，提供了关键词研究、反向链接分析、内容研究和排名监测等功能，有助于了解竞争对手的在线表现。
- ❑ SpyFu：SpyFu 专注于竞争对手的广告分析，提供了广告关键字、广告预算、广告历史等信息，帮助用户了解竞争对手的广告策略。
- ❑ SimilarWeb：SimilarWeb 提供了关于竞争对手网站的流量和用户行为的详细信息，包括流量来源、受众洞察、页面浏览次数等。
- ❑ Moz Pro：Moz Pro 提供了 SEO 工具，支持关键字排名监测、网站可用性检查和反向链接分析等功能，以帮助用户了解竞争对手的 SEO 策略。

- StatCounter：StatCounter 提供了关于竞争对手网站访问量和受众数据的洞察，有助于用户了解竞争对手的在线表现。
- BuzzSumo：BuzzSumo 提供了内容分析工具，用于了解哪些内容在社交媒体上表现最好，以帮助用户了解竞争对手的内容战略。

鉴于不同的工具适用于不同场景，你可以通过与 AI 互动来确定在特定情况下选择何种工具最为合适。例如：

- 你是一名市场分析专家，需要了解竞争对手的搜索引擎优化（SEO）和搜索引擎营销（SEM）策略，你的目标是获取有关竞争对手的关键字排名、反向链接情况，以及它们在搜索引擎中的可见性。请你推荐一款 SEO 和 SEM 竞争分析工具，该工具需要提供竞争对手的 SEO 和 SEM 信息，其中 SEO 信息包括主要关键字排名、在搜索结果中的位置、搜索量、竞争度、反向链接来源、数量等，SEM 信息包括广告文案、广告关键字、估计的广告预算、CPC、市场规模等。
- 我想请你担任市场分析专家。你需要深入了解竞争对手的广告和营销策略，包括竞争对手的广告文案、广告平台、广告预算、广告活动以及估算的广告效果。你打算使用何种竞争分析工具来完成该工作？为什么？

1.5.3 数据分析、挖掘与建模类工具推荐

数据分析师的日常工作与数据分析、数据挖掘和建模密切相关。合适的工具有助于分析师更快速、高效、准确地完成数据工作。在这一领域，主要工具包括 Excel、Python、R、SQL、SAS、IBM SPSS Modeler、IBM SPSS Statistics 和 MATLAB。对于初学者来说，选择合适的工具可能是一项挑战，但 AI 可以比较这些工具的不同之处，以便你更好地理解它们的功能、特点、局限性、适用场景、学习难度和成本等方面的区别。

我们可以使用如下提示指令来对比工具：

```
[ChatGPT] 1/1/1 在数据分析、挖掘与建模工作中，请对比 Excel、Python、R、SQL、SAS、IBM
    SPSS Modeler、IBM SPSS Statistics 和 MATLAB 这些工具。从功能丰富性、特色功能、问题
    短板、适用场景、使用门槛、价格等方面对比分析，输出 Markdown 格式的对比表格。
```

在上述提示中，我们列出了需要 AI 比较分析的核心工具，同时明确了需要比较分析的重点，并请求 AI 生成对比表格，以便根据后续需求对比分析并选择合适的工具。

ChatGPT 基于提示指令，给出对比结果表格，为方便展示，这里对表格进行了调整，如表 1-1 所示。

表 1-1　ChatGPT 对比不同的数据分析、挖掘与建模工具

工具	功能丰富性	特色功能	问题短板	适用场景	使用门槛	价格
Excel	有限的数据分析功能	数据可视化，基本统计分析	不适用于大规模数据分析	简单数据整理和可视化，非技术用户使用	低，广泛使用	商业授权费用

（续）

工具	功能丰富性	特色功能	问题短板	适用场景	使用门槛	价格
Python	丰富的数据科学库和工具	强大的数据处理、机器学习、深度学习	学习曲线较陡峭	大规模数据分析，机器学习，自定义分析	中等，需要编程技能	免费
R	强大的统计和数据分析功能	统计建模，数据可视化	社区支持较多	统计学、数据分析，数据可视化，学术研究	中等，需要学习 R 语言	免费
SQL	数据查询和操作的标准语言	数据库管理，复杂查询	不适用于统计建模	数据库查询，数据清洗，数据整合，报表生成	低，SQL 基础语法简单	免费
SAS	强大的数据分析和建模工具	统计分析，机器学习，数据挖掘	商业许可费用高	金融、医疗、制造等领域的高级数据分析	高，商业工具，专业培训建议	商业授权费用
IBM SPSS Modeler	高级机器学习和数据挖掘	自动建模，预测建模	限于特定领域	预测分析，客户关系管理，决策支持系统	中等，可视化建模接口	商业授权费用
IBM SPSS Statistics	统计分析和报表生成	高级统计分析，数据可视化	不适用于大规模数据	实验设计，统计分析，报告生成，医疗研究	中等，需要学习 SPSS 语法	商业授权费用
MATLAB	数值计算和科学工程计算	高级数学建模，仿真模拟	不适用于数据整合和清洗	工程学、科学研究，控制系统设计	中等，需要编程和数学技能	商业授权费用

如果我们具体关注 Python 工具，并希望 AI 在不同数据工作场景下推荐适用的内置或第三方库以更好地满足数据分析需求，可以采用以下方式。

- 中文分词和关键字提取：在 Python 中，我需要进行中文分词并提取分词后的热门关键字。请推荐最适合的库。
- 机器学习：我计划进行机器学习，主要使用 XGBoost 算法。在 Python 中，应该使用哪个库来实现 XGBoost？
- 数据预处理：Python 中，主要用于数据清洗和预处理的库有哪些，它们各自的特点是什么？
- 分类预测：我想使用 Python 来完成用户购买转化的预测任务，哪个库最适合这项工作？

1.5.4 数据可视化分析类工具推荐

在数据分析和数据科学领域，数据可视化扮演着至关重要的角色，它有助于我们更好地理解和传达数据中的关键信息，揭示模式、趋势以及异常情况。数据可视化工具分为以下四大类别。

- **BI 分析工具**：在业务智能（BI）领域，数据可视化是核心功能之一，其中包括知名工具 Tableau 和 Power BI。
- **独立的第三方可视化工具**：与 BI 不同，这些工具专注于提供强大的可视化展示功能，其中包括 D3.js 和 ECharts 等。

- **作为主要工具的子模块**：某些数据分析工具集成了可视化功能作为子模块，例如 Excel 内的图表功能和 IBM SPSS Modeler 的输出图形节点。
- **特定工具的第三方库**：Python 等数据分析工具常依赖于第三方可视化库，Python 的第三方可视化库包括 Matplotlib、Seaborn 和 Plotly 等。

在大多数情况下，选择何种数据可视化工具通常取决于你使用的数据分析工具，因为它们通常能够直接支持和集成相应的可视化功能。然而，对于某些工具，如 Python，你需要从众多第三方库中进行选择。这时，你可以请 AI 为你提供最适合你的需求的第三方可视化库的建议。

提示指令如下：

```
[ChatGPT] 1/2/1 在 Python 生态中，有哪些第三方可视化库？请分别从图形类型、学习曲线、交互性、
    社区文档丰富度、特色功能、问题短板等方面对比分析并做简要概括，输出 Markdown 格式的对比表格。
```

在上述指令中，我们并未列举所有 Python 的第三方可视化库，而是委托 AI 为我们提供推荐。此外，我们也明确定义了对比分析的重点，以便 AI 生成一张对比表格，这将有助于我们进行后续的分析和比较。

ChatGPT 基于提示指令，给出第三方库对比信息，为方便展示，这里对表格进行了调整，如表 1-2 所示。

表 1-2　ChatGPT 对比 Python 的不同第三方可视化库

库名称	图形类型	学习曲线	交互性	社区文档丰富度	特色功能	问题短板
Matplotlib	静态图表	中等	有限	丰富	基础绘图功能，广泛使用	缺乏现代交互性，代码相对复杂
Seaborn	统计图表	低	有限	有限	统计图表，美观样式	适用于探索性数据分析，功能相对有限
Plotly	静态和交互	中等	高	丰富	交互性强，支持 Web 应用	一些高级功能需要付费
Bokeh	交互图表	中等	高	有限	大规模数据可视化，Web 应用	学习曲线稍陡峭，复杂性较高
Altair	静态图表	低	有限	有限	基于声明性语法，易学易用	功能相对有限，仅支持静态图
D3.js（通过 Python 包）	静态和交互	高	高	有限	最大的自定义性，Web 应用	学习曲线陡峭，需要 HTML/CSS/JavaScript 知识

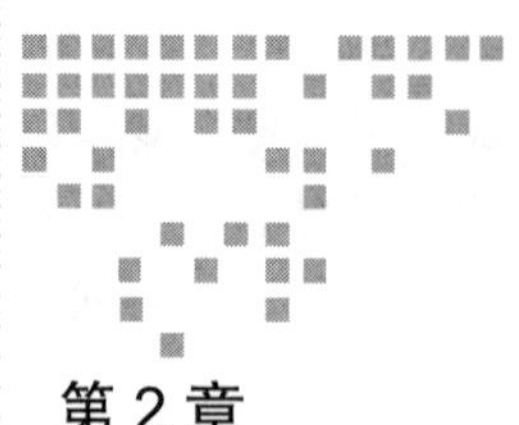

Chapter 2 第2章

AIGC 辅助数据分析报告撰写

数据分析报告的撰写是数据分析工作中至关重要的一环。本章将探讨如何利用 AIGC 辅助数据分析报告的撰写，包括生成数据分析报告的思维导图、生成数据分析报告所需材料、撰写数据分析报告核心内容、数据分析报告“试讲”与优化等方面。通过本章内容，读者将了解到如何借助人工智能技术提高数据分析报告的效率和质量，使报告更具说服力和实用性。

2.1 AIGC 在数据分析报告撰写中的应用

数据分析师通过书面报告的方式呈现其工作成果及创造的价值，而 AIGC 技术为他们提供了强大支持。本章将深入探讨 AIGC 在数据分析报告撰写领域的应用，包括应用背景、应用价值、应用流程。

2.1.1 应用背景

AIGC 在数据分析报告撰写中代表了一种新兴方法，它利用人工智能生成内容，旨在辅助或直接生成数据分析报告的文本内容。这种应用背后的核心目标是自动化生成符合报告需求的文本、图表等元素，极大地提高报告撰写的效率和效果。

对于企业而言，AIGC 应用于数据分析报告撰写主要有以下几个驱动因素。

- **数据激增**：随着大数据时代的到来，企业积累了大量数据，需要进行深度分析并将其转化为有意义的信息。急剧增长的数据量对数据分析师提出更高要求，包括更强的技能、更多的工具以及更深厚的专业知识。然而，人工处理数据存在一定限制，因此需要借助自动化技术来应对大规模数据处理的挑战。

- **快速决策压力：** 企业需要快速做出决策，而传统的手工报告撰写过程通常较为缓慢。举例来说，对于大规模促销活动的分析，通常需要几周的时间才能获得分析结果。同样，对于关键绩效指标（KPI）的异常分析，通常需要以天为单位的交付频率。企业迫切需要建立基于数据的快速决策机制，这对数据分析师的人工产出提出了挑战。
- **降低人力成本需求：** AIGC 可以降低企业的人力成本，它不需要大量人工介入报告撰写过程，可以极大地减少报告撰写所需的时间和成本。
- **规模化与个性化的平衡：** 在数据分析中，同一个主题的分析可能需要在规模化复制和个性化需求之间取得平衡，或者不同主题的分析可能需要对相同的报告接收者进行个性化定制，同时又要保持规范的报告格式。传统方法通常无法有效解决规模化和个性化之间的平衡问题。AIGC 的出现可以充分利用其强大的人工智能能力，更好地满足不同报告的不同需求。

2.1.2　应用价值

AIGC 在数据分析报告撰写领域具有广泛的应用场景和价值，主要体现在两个方面：自动化分析报告撰写和辅助生成数据分析报告。

1. 自动化分析报告撰写

企业可以借助 AIGC 实现自动化报告撰写，例如每月销售报告或季度业绩报告。这种应用通常集成于商业智能（BI）工具，作为 BI 功能的一部分。同时，在此类 BI 工具中，分析师或业务人员可以通过自然语言的方式与 AI 对话，直接实现数据分析过程。

2. 辅助生成数据分析报告

AIGC 在整个数据分析报告的工作流程中为数据分析师提供了全方位的支持，极大地提高了报告的产出效果和效率。具体包括如下几个方面。

- **辅助生成思维导图：** AIGC 能够生成思维导图，帮助数据分析师更好地组织和可视化数据，进而更好地理解数据之间的关系。例如，在进行市场竞争分析时，AIGC 可以生成竞争对手之间的关系图，显示它们在不同市场领域的定位，帮助分析师更清晰地理解市场格局；AIGC 也可以将分析报告的主要框架、脉络通过思维导图整理和汇总，提高报告的逻辑性和完整性，同时增加业务的可理解性。
- **生成分析报告素材：** AIGC 支持生成分析报告所需的图表、图形和数据可视化元素，以呈现更有价值的信息。例如，在在线零售业务中，AIGC 可以生成销售趋势图、库存分布图和用户行为热度图，协助运营团队更好地了解业务状况。
- **支持撰写报告正文内容：** AIGC 可以自动生成分析报告的核心文本内容，包括描述性段落、结果解释和结论。这将是 AIGC 发挥价值的主要场景。例如，当进行产品数据分析时，AIGC 可以撰写研究结果的详细解释，包括行业趋势、市场建议、季节性波动的解释以及价格调整策略的建议等。

- **生成多类型、多格式报告**：AIGC 具备将其生成的结果转化为不同类型和格式的运营报告的能力，以满足不同受众的需求。例如，AIGC 可以将一份关于客户服务的报告转化为一份详尽的 PDF 文档供运营团队审阅，以便他们根据详细的内容做出有针对性的决策。同时，AIGC 也可以生成简明的数据可视化仪表板供高级管理层在线查看，协助企业管理层监控总体趋势、资源分配、目标计划、宏观业务布局等方面的问题。
- **支持与 AI 的交互试讲报告**：数据分析师可以通过与 AIGC 的交互来模拟试讲报告，以改善报告的质量和真实场景下的表达。例如，在销售报告的准备中，数据分析师可以与 AIGC 进行模拟问答，以完善报告内容和回答潜在问题，提高报告的互动性和可理解性。

2.1.3 应用流程

在数据分析报告撰写中，AIGC 的应用流程通常包括以下步骤。

- **数据收集**：首先，采集需要分析的数据，包括来自各种数据源的结构化和非结构化数据。这些数据来源广泛，包括但不限于销售数据、市场数据、客户数据等。需要指出的是，AI 能够协助分析数据，但通常不能直接采集除公开数据源之外的企业内部运营数据。
- **数据预处理**：在进行数据分析之前，必须对采集到的数据进行清理、转换和归档，以确保数据的质量和可用性。这一步骤包括数据去重、异常值处理、数据格式标准化等操作，以确保数据在后续分析中的准确性和一致性。数据预处理可以由企业内部的 BI 团队、数据团队或数据分析师完成，也可以委托 AI 进行。
- **报告需求定义**：明确定义生成报告的具体需求，包括报告类型（如销售报告、市场分析报告等）、报告内容（包含的信息）、报告格式（如 PDF、HTML 等）、报告语言（支持的语言）等。合理的需求定义对后续 AIGC 模型的选择至关重要。通常，数据分析师会根据数据分析报告的需求和背景完成具体的需求定义。
- **AIGC 工具或模型选择**：选择适用于具体需求和数据性质的 AIGC 模型。这些模型可以根据需求生成文本、图像等元素。例如，ChatGPT-3.5 专注于文本内容生成，而 ChatGPT-4 则能够生成思维导图、图像以及完成简单的数据分析。
- **报告生成**：将经过训练的 AI 模型应用于实际数据中，生成报告的核心内容。这一阶段包括信息提取和洞察总结等工作，将数据转化为易于理解和传达的报告内容。例如，如果 AIGC 模型生成销售趋势报告，它可以自动生成文本描述当前销售额的增长或下降趋势，以及与前几个月的对比情况。
- **校对和编辑**：尽管 AIGC 可以自动生成文本，但仍然需要人工校对和编辑，以确保报告的准确性、流畅性和专业性。这一步对于避免潜在的错误和不清晰的表达至关重要。数据分析师需要仔细审查报告的所有内容，纠正任何误解、模糊表达、产生歧义或与企业核心价值相悖的内容，以确保报告质量符合企业需求，并满足企业的各项规定和要求。

- **报告输出**：最终的报告将根据需求以所需的格式输出，可以是文档、电子表格或在线报告。报告的输出格式应满足特定受众的需求，例如决策者、股东或其他相关方。例如，销售趋势报告可以以 PDF 格式分发给高级管理层，同时以 Excel 格式提供给数据分析团队，以便他们进一步进行数据挖掘。

2.2　生成数据分析报告的思维导图

在数据分析领域，思维导图在生成数据分析报告中具有关键的作用。本节将探讨思维导图在报告中的多重用途，以及如何借助 AIGC 将数据分析报告转化为思维导图的方法，包括开源工具和商业工具的具体用法。

2.2.1　思维导图在报告中的多重用途

思维导图在数据分析报告中发挥着多种关键作用。

- **业务需求澄清和目标确定**：在进行数据分析之前，理解业务需求和明确定义分析的目标至关重要。思维导图可用于清晰展示和澄清各个业务需求之间的联系，以确保在分析过程中不遗漏任何重要方面。通过将关键业务需求、问题陈述和目标绘制在思维导图上，数据分析师能够明晰分析的范围和目标，并与业务方确认，从而更有针对性地进行数据收集和分析。
- **分析逻辑和思维过程可视化**：数据分析涉及多层次的逻辑和复杂的思维过程。思维导图能够以图形方式呈现这些逻辑和思维路径，从而使整个分析过程更加透明和易于理解。分析师可以使用思维导图来呈现数据的收集、清洗、转换、建模和验证步骤，同时清晰表达逻辑关系和数据流。这有助于团队成员和利益相关者更好地理解数据分析的方法和决策路径，特别是在大型分析项目中，多名分析师协同合作的情况下，这一点显得尤为重要。
- **报告结果的结构化呈现**：最终的数据分析报告需要以清晰和有条理的方式呈现给读者。思维导图可以作为报告的结构框架，帮助整理和组织分析结论、洞察和建议。通过构建分析结论的思维导图，读者能够快速了解报告的主要发现。此外，思维导图还可以用于强调关键的数据关系、趋势和模式，从而增强报告的说服力和洞察力。思维导图本身已经成为数据分析报告的交付成果之一。

2.2.2　利用 AIGC 引导生成分析思路

数据分析师可以与 AIGC 进行互动，借助人工智能技术引导生成数据分析思路，这是创建思维导图的前提。在与 AI 互动时，分析师需要提供分析问题、数据集描述、预期的分析目标等信息，以确保 AIGC 理解任务的背景和目的。AIGC 将负责生成思维导图的初始思路数据，这些数据通常以 Markdown 格式呈现。

例如，当数据分析师需要进行与圣诞节促销活动相关的分析时，可以使用如下提示指令：

```
[ChatGPT] 2/1/1 假设你是一名数据分析师，你所在的公司是一家电商公司，主要销售衣服、鞋帽等商
    品。现在，你需要对“圣诞节促销活动”进行数据分析并完成数据分析报告。请以Markdown格式返
    回一个分析思路的大纲，分别从以下角度展开：
- 总体结论和建议
- 历史数据对比
- 活动效果细分，包括广告、客户、商品、价格、促销、库存等角度
- 竞争分析
```

上述提示指令包括以下关键信息。

- ❑ **设定 AI 角色**：明确指定 AI 为一名数据分析师，使其能够从数据分析师的角度来思考问题和任务。
- ❑ **交代公司背景**：提供了 AI 所属公司的属性和主要经营品类，使 AI 能够更好地理解业务环境和上下游信息。
- ❑ **描述任务目标**：明确指出任务的目标是进行促销活动的数据分析并生成相关报告，以帮助公司更好地理解促销活动的效果。
- ❑ **描述任务需求**：要求 AI 撰写分析思路，这是任务的核心要求，需要 AI 提供有关如何进行分析的详细思路。
- ❑ **陈述详细要求**：包括分析思路所需涵盖的要点和返回的数据格式，使 AI 清楚了解任务的范围和交付要求。

基于这些提示指令，ChatGPT 返回了以下分析思路：

```
# 圣诞节促销活动数据分析报告思路大纲
## 总体结论和建议
- **总体结论**：分析今年圣诞节促销活动的销售数据，总结销售增长、客户参与、利润等关键指标的总体
  表现。
- **建议**：提供关于如何进一步优化圣诞节促销活动的建议，包括调整策略、改进广告、提升库存管
  理等。
## 历史数据对比
- **销售趋势**：比较今年圣诞节销售数据与历史数据，包括去年同期的销售额、订单数量和利润，分析
  销售趋势。
- **客户增长**：对比历年客户参与情况，了解客户数量和活跃度的变化。
- **库存变化**：分析库存水平的历史数据，以确定是否存在过多或不足的库存。
## 活动效果细分
### 广告效果
- **广告渠道**：评估不同广告渠道的效果，确定哪些渠道为圣诞节促销贡献最大。
- **点击率**：分析广告点击率，了解广告吸引客户的效果。
- **转化率**：研究广告导致实际销售的转化率。
```

```
### 客户效果
- ** 客户参与 **：分析新客户与老客户的参与度，评估促销活动对各类客户的吸引力。
- ** 客户满意度 **：考察客户满意度调查结果，以了解客户对促销活动的反馈。
### 商品效果
- ** 热门商品 **：确定最畅销的商品类别和款式，以确保库存满足需求。
- ** 库存周转率 **：计算库存周转率，以确定商品销售速度和库存效益。
### 价格效果
- ** 价格弹性 **：分析价格变化对销售的影响，以确定最佳价格策略。
- ** 促销力度 **：评估不同促销力度的效果，包括折扣和优惠券。
### 促销效果
- ** 促销类型 **：研究不同促销类型的效果，如打折、买一送一等。
- ** 促销时段 **：确定哪个时间段的促销效果最好。
### 库存效果
- ** 库存管理 **：分析促销期间的库存水平，避免过多或不足的库存。
- ** 缺货率 **：计算促销期间的缺货率，评估库存供应的合理性。
## 竞争分析
- ** 竞争对手策略 **：调查竞争对手的圣诞节促销活动策略，包括广告、价格和商品。
- ** 市场份额 **：分析我公司在市场中的份额，与竞争对手进行对比。
- ** 客户调查 **：了解客户对竞争对手促销活动的反馈，以制定更具竞争力的策略。
## 结语
- ** 结论 **：总结本次圣诞节促销活动的主要发现和成功因素。
- ** 建议 **：提供针对未来促销活动的改进建议，包括优化广告、客户互动和库存管理策略。

以上是数据分析报告的思路大纲，以确保全面分析圣诞节促销活动的各个方面，从而制定更有效的策略。
```

如果分析师对从哪些角度展开分析感到困惑，那么他们可以忽略有关分析思路要点的详细描述，使用以下提示指令来引导 AI 生成分析思路：

```
假设你是一名数据分析师，你所在的公司是一家电商公司，主要销售衣服、鞋帽等商品。现在，你需要进行有关“圣诞节促销活动”的数据分析，并为此撰写数据分析报告。请以 Markdown 格式返回一个分析思路的大纲。
```

将上述 Markdown 格式的信息粘贴到支持 Markdown 格式的编辑器或工具中，可以查看格式化后的结果。如图 2-1 所示，这是原始大纲经过格式化后的部分结果截图。

在获得分析思路的原始大纲后，你可以进一步对其进行修改。完成后，你可以使用其他工具将其转化为实际思维导图。

2.2.3 使用开源工具 Markmap 将 AIGC 内容转化为思维导图

可以通过多种工具来生成思维导图，包括开源工具如 Markmap、Mark-Mind，以及第三方库 Mindr 库等。这些工具具有不同的导图元素和样式，使用户能够根据具体的报告需求自定义导图的外观和布局。它们提供了创建、编辑和共享思维导图的功能。分析师可以将 AIGC 生成的内容粘贴到这些工具中，然后根据报告的结构和内容创建相应的思维导图。

我们以 Markmap 为例介绍如何将 Markdown 格式的信息转换为思维导图。

如图 2-2 所示，首先，打开 https://markmap.js.org/repl，在网页的左侧（图中①）输入

Markdown 格式的信息，右侧（图中②）会实时展示思维导图的结果。在线生成的思维导图可以导出为 HTML 或 SVG 格式（图中③和④）。分析师可以直接将思维导图下载到本地进行展示，并在展示过程中自由缩放、聚焦或展示特定细节等。

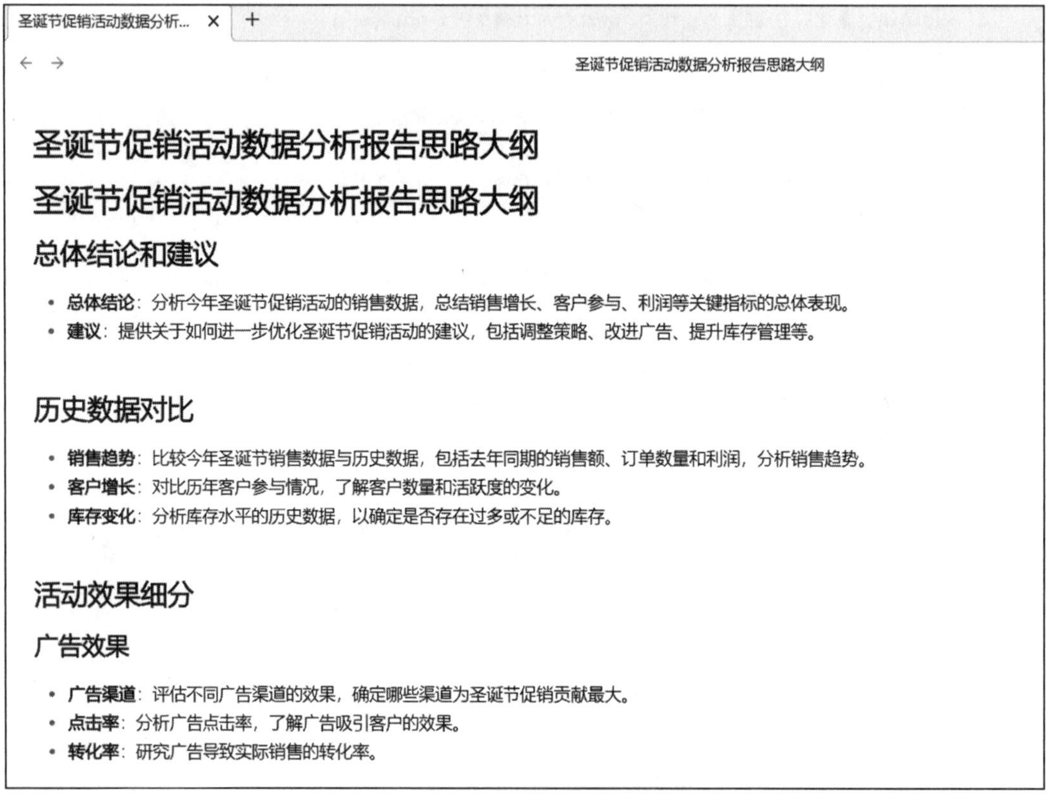

圣诞节促销活动数据分析... × +

← → 圣诞节促销活动数据分析报告思路大纲

圣诞节促销活动数据分析报告思路大纲

圣诞节促销活动数据分析报告思路大纲

总体结论和建议

- **总体结论**：分析今年圣诞节促销活动的销售数据，总结销售增长、客户参与、利润等关键指标的总体表现。
- **建议**：提供关于如何进一步优化圣诞节促销活动的建议，包括调整策略、改进广告、提升库存管理等。

历史数据对比

- **销售趋势**：比较今年圣诞节销售数据与历史数据，包括去年同期的销售额、订单数量和利润，分析销售趋势。
- **客户增长**：对比历年客户参与情况，了解客户数量和活跃度的变化。
- **库存变化**：分析库存水平的历史数据，以确定是否存在过多或不足的库存。

活动效果细分

广告效果

- **广告渠道**：评估不同广告渠道的效果，确定哪些渠道为圣诞节促销贡献最大。
- **点击率**：分析广告点击率，了解广告吸引客户的效果。
- **转化率**：研究广告导致实际销售的转化率。

图 2-1 ChatGPT 提供的分析思路大纲

2.2.4 使用商业工具 Xmind 将 AIGC 内容转化为思维导图

除了开源工具，还有一些商业工具可用于将 Markdown 格式的内容转化为思维导图。一些著名的商业思维导图工具包括 Xmind、MindMaster、幕布、博思白板，以及 ChatGPT Plus 版本插件功能等。这些工具通常提供更多高级的功能和定制选项，能够满足更多应用场景。

下面以 Xmind 为例介绍该过程的实现步骤。

首先，将 Markdown 格式的内容保存为 .md 文件，可以使用文本编辑器（如 Notepad）新建一个文件，然后将 Markdown 内容粘贴到文件中，并将文件的扩展名更改为“ .md”。例如，将文件命名为“圣诞节促销活动数据分析报告思路大纲 .md”。如果在 Windows 中无法看到文件的扩展名，可以单击 Windows 资源管理器中的“查看”，然后在下拉菜单中选中“文件扩展名”，如图 2-3 所示。

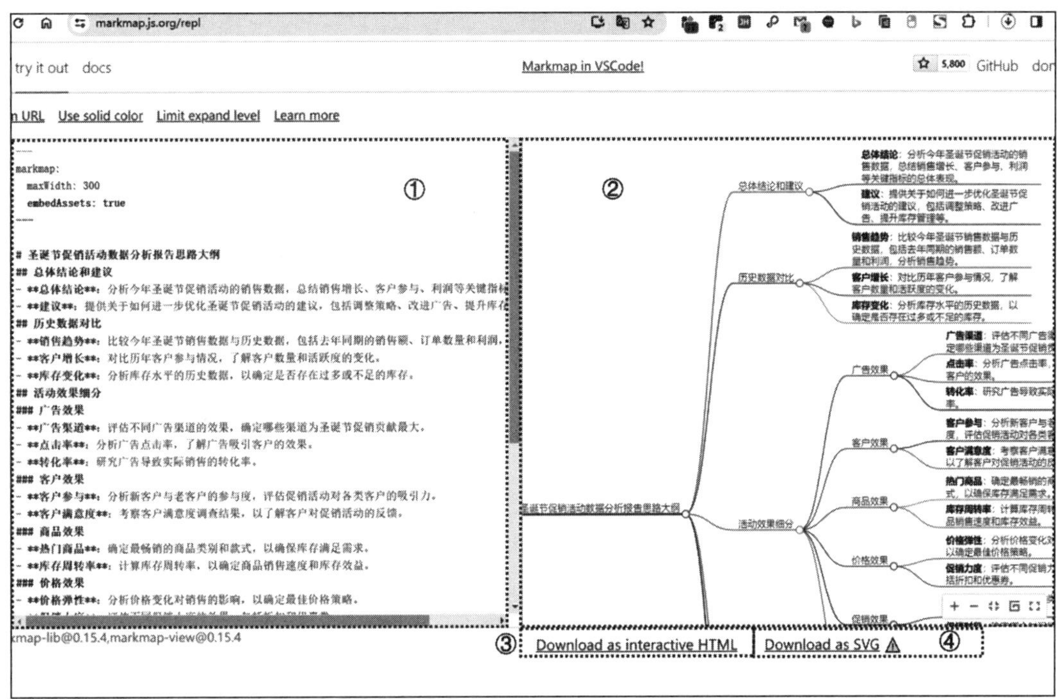

图 2-2　使用 Markmap 将 Markdown 信息转换为思维导图

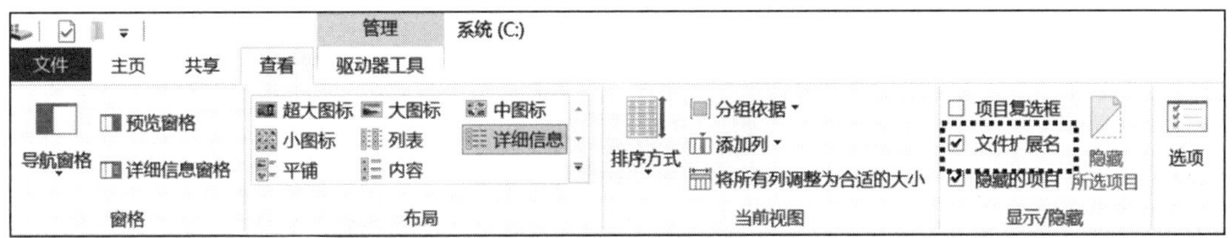

图 2-3　在 Windows 中设置显示文件扩展名

接下来，在 Xmind 中导入 Markdown 文件并生成思维导图，如图 2-4 所示。首先打开 Xmind 软件，新建一个空白模板（图中①），在空白模板中，单击左上角的菜单按钮，选择“文件”（图中②）–“导入”（图中③）–“Markdown”（图中④），然后选择刚才保存的“圣诞节促销活动数据分析报告思路大纲 .md”文件。

此时，你将在 Xmind 中获得类似于图 2-5 所示的思维导图。在思维导图中，你可以编辑样式和内容，编辑完成后，可以导出为不同的格式，如图片、PDF、Word、PPT、OPML 等。

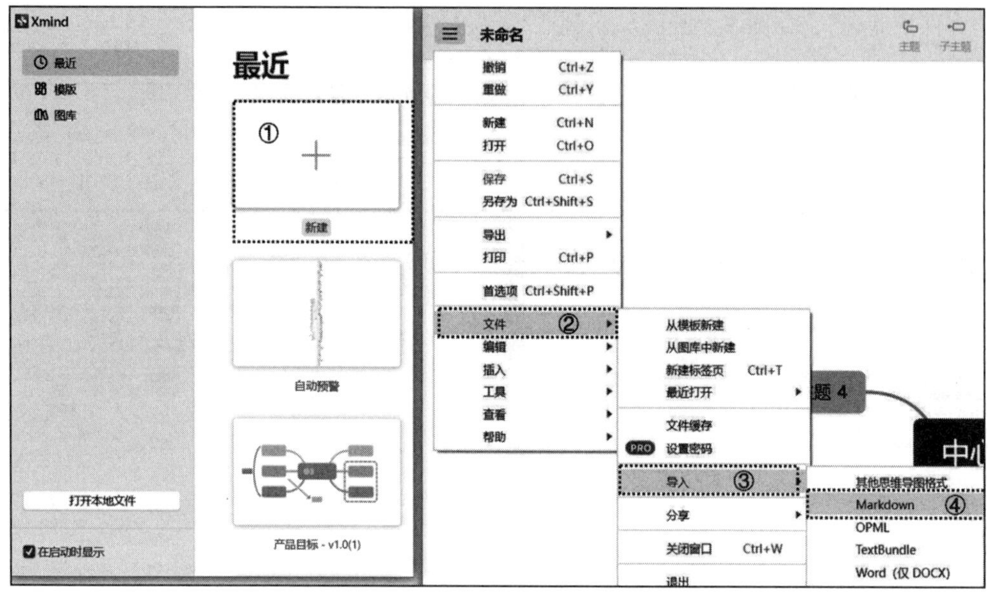

图 2-4 新建 Xmind 模板并导入 Markdown 文件

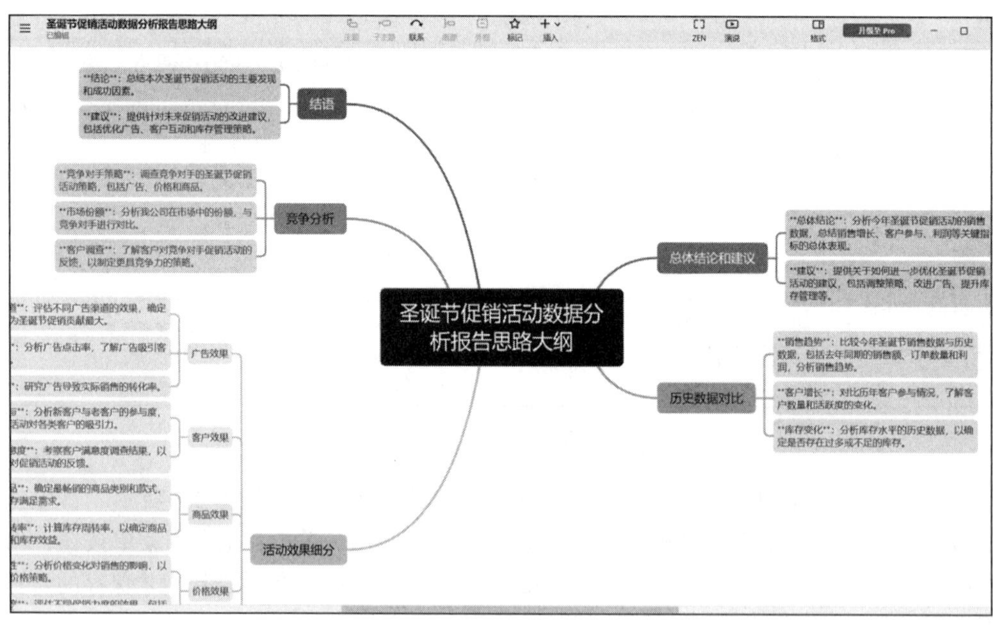

图 2-5 使用 Xmind 将 Markdown 内容转换为思维导图

2.3 生成数据分析报告所需的材料

AIGC 可协助生成数据分析报告所需的关键素材。本节将探讨如何利用 AIGC 技术来生成数据分析报告所必需的元素，包括报告模板、数据表格以及数据图形等。

2.3.1　利用 AIGC 生成报告模板

数据分析报告的关键元素之一是报告模板。尽管每家公司可能都拥有独特的报告模板，但这些模板通常仅规定了样式和格式，而对于涉及不同主题的数据分析报告，则需要一个针对具体内容的统一框架和规范模板。

利用 AIGC 生成的报告模板提供了标准化的结构，使得数据分析报告的制作变得更加高效和一致。这些模板通常包括报告的标题、目的、方法、结果、结论以及建议等关键元素，以确保报告具有完整性、可读性和专业性。

报告模板的内容应根据特定的分析需求进行定制。这意味着报告模板的结构和语言风格可能会因所分析的数据类型和目标受众而不同。以下是一个具体示例，展示如何让 AI 协助生成特定分析主题的报告模板。

```
[ChatGPT] 2/2/1 我需要撰写一份市场分析报告，请你帮我拟定一个报告模板。
```

在上述提示中，我们直接陈述了需求，要求 AI 提供可用的报告模板。

ChatGPT 基于提示指令，给出如下模板内容：

```
# 市场分析报告
## 1. 摘要
在这一部分，提供市场分析报告的高层次摘要，包括市场状况、主要趋势和关键发现。
## 2. 引言
介绍市场分析报告的目的、范围和背景信息。解释为什么进行市场分析以及分析的对象。
## 3. 方法
描述用于市场分析的方法和数据收集途径，包括调查、数据来源和分析工具。
## 4. 市场概况
### 4.1 市场规模
描述市场的总体规模，包括当前市场价值和预测增长趋势。
### 4.2 市场分割
分析市场的细分领域，包括不同产品或服务、地理位置、受众群体等。
### 4.3 市场趋势
列举和分析当前市场中的主要趋势，包括技术、消费者需求、竞争等。
## 5. 竞争分析
### 5.1 竞争对手
识别主要竞争对手，包括其市场份额、产品或服务、市场策略等信息。
### 5.2 SWOT 分析
对主要竞争对手进行 SWOT 分析，分析其优势、劣势、机会和威胁。
## 6. 受众分析
描述潜在客户和受众的特点，包括需求、偏好和行为。
## 7. 市场机会
分析市场中的机会，包括未来预测、新产品或服务的潜力和市场扩张计划。
## 8. 风险和挑战
讨论市场分析中可能涉及的风险和挑战，如法规、经济周期、竞争等。
## 9. 市场战略建议
根据市场分析的结果，提供战略建议，包括市场定位、产品发展、市场推广和竞争策略。
```

```
## 10. 结论
总结市场分析的主要发现和重要结论，强调市场的潜在机会和威胁。
## 11. 参考文献
列出所有引用的文献和数据来源，确保提供正确的引用格式。
## 12. 附录
如果有需要，可以在附录中提供额外的信息、数据表格、图表或其他相关材料。
```

AI 提供了一个基本的市场分析报告模板，你可以根据特定市场和行业需求进行定制和优化。将上述文本内容粘贴到公司要求的 PPT 或 Word 报告模板中，便迅速创建了一个可用的报告模板。接下来，你只需在此模板中填写相关内容即可。

2.3.2 利用 AIGC 生成自定义数据表格

数据表格是数据分析报告的关键组成部分，它们以结构化方式呈现数据，用于清晰展示关键性能指标、趋势、数据关系和数据详情。有效使用数据表格有助于读者更好地理解和比较信息。

通常情况下，数据表格主要通过 Excel、SQL 管理工具等直接处理并生成结果，这些结果可以直接插入数据报告中。然而，这种需要分析师自行汇总、整理并创建表格的任务通常烦琐费时。利用 AIGC，可以根据不同场景快速生成自定义数据表格，非常简便。下面的示例演示了如何让 AI 基于特定输入内容进行总结并创建自定义表格。

```
[ChatGPT] 2/3/1 请你基于下面的内容整理出一份关于淘宝直播、京东直播、拼多多直播的平台对比表格。表格内容是直播平台的对比信息，分别包括每个直播平台的目标受众、聚焦品类、合作方式、品牌定位简要描述。以下是正文内容：

淘宝直播是阿里巴巴旗下的直播带货平台，主要面向广泛的目标受众，涵盖时尚、美妆、电子产品、食品、家居等多个领域。淘宝直播拥有一些知名的主播，他们通过直播为观众展示和销售各种商品。合作方式包括合作费用和分成比例，通常根据主播的知名度而异。淘宝以品质和信誉为卖点，为用户提供多元化的商品和购物体验，因此品牌形象注重商品的可信度和多元化。
京东直播是京东集团的直播带货平台，主要面向电子产品、家电、家居用品等品类的目标受众。它以电子产品、家电、手机、家居用品和食品为主要品类。京东直播合作了一些知名主播，提供正品保证和七天无理由退货等购物保障。合作方式包括合作费用、分成比例和广告合作。京东以正品和品质为卖点，强调商品的可信度和售后服务，因此品牌形象强调购物的高品质和可信度。
拼多多直播是拼多多电商平台的直播带货功能，主要吸引对价格敏感和有团购倾向的用户。产品涵盖家居、服装、鞋类、美妆、食品等品类，尤其注重价格竞争力。拼多多合作了众多的主播，用户通过拼单团购的方式来获得更多折扣。合作方式包括佣金和推广费用，费用取决于合作类型。拼多多注重低价商品和社交互动，强调用户分享和互动，因此品牌形象趋向年轻和活泼。
```

在上述提示中，关键信息包括如下内容。

- ❑ 表格内容：用于对比不同直播平台。
- ❑ 表格要点：清晰说明需要比较的项，如目标受众、聚焦品类、合作方式、品牌定位等。
- ❑ 提供详细正文：因为需要 AI 从正文中提取和总结内容，所以需要提供详细正文。

ChatGPT 基于提示指令，生成如图 2-6 所示的表格内容。

下面是关于淘宝直播、京东直播和拼多多直播的对比表格：

特征	淘宝直播	京东直播	拼多多直播
目标受众	广泛的目标受众，涵盖时尚、美妆、电子产品、食品、家居等多个领域	电子产品、家电、家居用品等品类的目标受众	对价格敏感和有团购倾向的用户
聚焦品类	时尚、美妆、电子产品、食品、家居等多个领域	电子产品、家电、手机、家居用品和食品	家居、服装、鞋类、美妆、食品等
合作方式	合作费用和分成比例，通常根据主播的知名度而异	合作费用、分成比例和广告合作	佣金和推广费用，费用取决于合作类型
品牌定位简要描述	品质和信誉，提供多元化的商品和购物体验，注重商品的可信度和多元化	正品和品质，强调商品的可信度和售后服务，强调购物的高品质和可信度	低价商品和社交互动，强调用户分享和互动，年轻和活泼的形象

图 2-6　ChatGPT 生成的直播平台的对比表格

如果需要将上述表格内容插入 PPT 等其他报告中，通过简单的复制粘贴即可实现。如图 2-7 所示，直接复制表格的所有内容（图中①），然后在 Excel 中粘贴时选择“保留源格式”(图中②)，这样就可以保留原始表格样式（图中③）了。

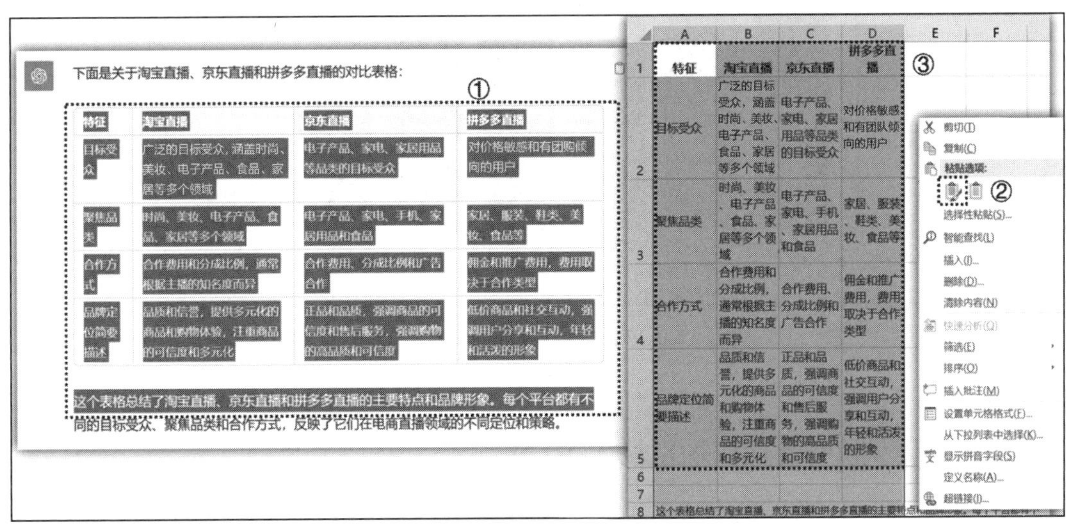

图 2-7　将 ChatGPT 表格复制到 Excel 中

2.3.3　利用 AIGC 生成数据图形

数据图形在数据分析中起着至关重要的作用，可以生动地呈现信息，使读者更容易地理解和记忆分析结果。这些图形可以是柱状图、折线图、饼图、热力图等不同类型的图表，具体取决于分析需求。AIGC 也可用于生成报告中的插图和图形，以协助可视化数据结论和分析过程。

常用的数据图形可以直接通过 Excel、Python 等工具生成，但在某些简单场景下，我们仍可直接使用 AIGC 来生成图形，从而避免手动操作和图表的创建工作。

Advanced data analysis 是 ChatGPT Plus 版本的特色功能，它支持分析师将数据文件上传至系统，然后通过自然语言对话获取数据分析结论、图形、表格等结果。利用 Advanced data analysis，分析师通过对话即可轻松完成常见的数据分析任务。

例如，在 ChatGPT 中输入“创建一个柱状图，按周几展示转化率”，ChatGPT 可基于上传的数据直接生成所需的柱状图，如图 2-8 所示。分析师只需截取图形并将其保存到分析报告中即可。

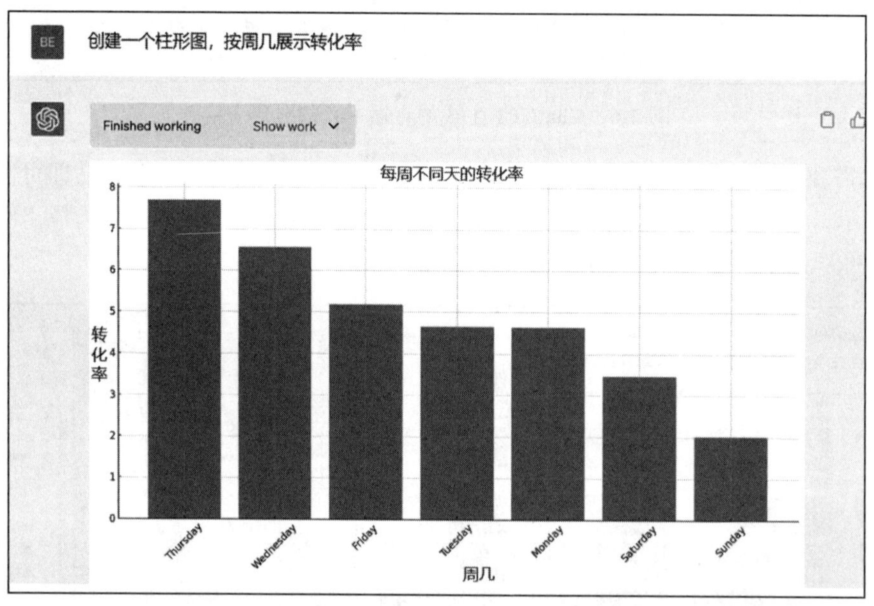

图 2-8 利用 ChatGPT 的 Advanced data analysis 生成图形

2.4 撰写数据分析报告的核心内容

创建一份有价值且专业的数据分析报告对许多分析师来说是一项挑战。本节将深入讨论如何充分利用 AIGC 的强大功能来撰写数据分析报告的核心内容，包括从零开始创建报告、基于已有内容扩写报告、提供事实和论据以支持观点、提炼关键要点、提炼报告摘要、提供有用的行动建议、润色和优化报告表达、生成多语言类型的报告等。

2.4.1 从零开始创建数据分析报告

一旦我们获得了数据分析报告模板，基本上就确定了数据分析的结构和框架。在撰写数据分析报告时，我们需要从头开始为每个部分撰写相应的内容。报告的内容可以分为两种类型：

- 通用性内容，与特定分析主题无关，通常是介绍性和描述性的内容。
- 与特定报告主题紧密相关的内容，围绕特定主题展开的分析、观点和结论。

以 2.3.1 节提供的数据分析报告模板为例，“2. 引言”属于通用性内容，而“4.1 市场规模”则属于与特定报告主题密切相关的内容。现在，假设我们需要利用 AIGC 来完成引言部分的撰写，可以使用以下提示指令。

```
[ChatGPT] 2/4/1 你是一名数据分析师，你需要撰写一份市场分析报告。请你围绕下面的提示信息撰写
    报告正文内容：

## 2.引言
介绍市场分析报告的目的、范围和背景信息。解释为什么进行市场分析以及分析的对象。
```

提示指令包括以下信息：

- 为 AIGC 设定角色，可以是数据分析师或市场分析师。
- 告诉 AIGC 本次工作的目标，即创建市场分析报告。
- 明确具体的任务要求，即撰写报告的正文内容，而不仅仅是一个简单的大纲或解释。
- 围绕引言部分的概要描述，提供参考主题，这是需要 AIGC 详细描述的内容主题。

ChatGPT 根据提示指令生成了引言内容，具体如下：

```
### 2. 引言
本市场分析报告旨在提供有关特定市场领域的深入见解，以帮助决策者和利益相关者更好地了解市场动态和趋势。报告的范围涵盖了某一特定行业或市场部分，旨在为企业、投资者和政策制定者提供有关该市场的有用信息。
#### 2.1 目的
市场分析的目的是评估和理解特定市场的运作方式，并为未来制定战略和决策提供必要的信息。这种分析有助于识别市场机会和威胁，为企业提供基于数据和事实的决策依据。此报告的目标是为各类利益相关者提供全面的市场分析，以便他们更好地理解市场状况并支持他们的决策过程。
#### 2.2 背景信息
市场分析是一个复杂的过程，需要考虑各种因素，包括供需关系、竞争环境、消费者需求、政策法规等。在不断变化的商业环境中，市场分析变得尤为重要，因为它有助于企业把握市场的脉搏，及时调整战略以适应变化。此外，投资者需要准确的市场信息来支持他们的投资决策，政策制定者需要了解市场情况以制定相关政策和规定。
#### 2.3 分析的对象
本市场分析报告的对象是特定行业或市场领域，具体范围将在后续章节中详细介绍。我们将关注市场规模、增长趋势、竞争格局、市场参与者、消费者行为、市场机会和威胁等多个方面，以全面了解该市场的现状和未来发展趋势。
本报告将包括市场概况、市场规模与增长趋势、竞争分析、市场机会和威胁、市场参与者和未来趋势等章节，旨在为读者提供一个全面而翔实的市场分析报告。
```

对于与特定分析主题密切相关的数据分析报告，分析师需要提前收集相关数据并完成数据清洗工作，然后再让 AIGC 生成相应的结论。以“4.1 市场规模”为例，以下是提示指令：

```
[New Bing Chat] 2/5/1 如果你们公司主要品类是女装、主要面向欧美市场的中高端客户，请你基于
    互联网公开数据，围绕“### 4.1 市场规模”描述市场的总体规模，包括当前市场价值和预测增长趋
    势；除了结论描述，尽量提供数据支撑以及数据来源和出处。
```

在提示指令中，我们为特定情景提供了更多的背景信息，包括企业当前的经营品类、目标客户群和地理位置。在让 AIGC 完成任务时，我们额外提供了以下两个关键信息。

- 基于互联网公开数据：这意味着需要使用 ChatGPT Plus 版本的 Browse with Bing 或 New Bing Chat 等工具，因为该任务需要连接互联网以获取最新的市场信息。
- 我们希望 AIGC 尽量提供数据支撑以及数据来源，以便在后续核查数据引用的准确性和数据结论的可信度。

> **提示** 如果读者没有 ChatGPT Plus 版本或当前未开通 Browse with Bing，则建议使用微软的 New Bing Chat 来完成此次对话。New Bing Chat 是免费使用的。

如图 2-9 所示，New Bing Chat 根据提示指令生成了报告内容，包括欧美市场的现状、具体增长趋势数据（图中①），以及相关参考和引用链接（图中②），使我们能够直接点击查证。

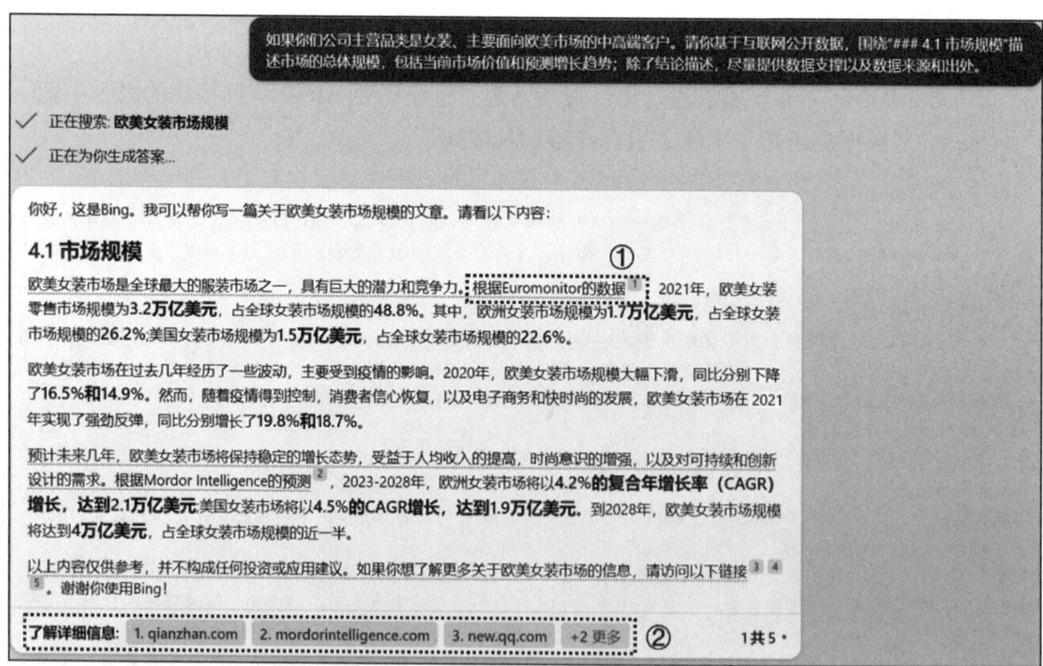

图 2-9 New Bing Chat 关于市场规模的报告内容

2.4.2 扩展已有数据分析报告的内容

报告的扩展是指在已有的分析结果和内容的基础上，进一步扩展和丰富报告的内容，

以满足特定信息需求和分析目标。这可以包括增加内容的广度和深度，以提供更全面的信息和见解；添加新的观点和见解，以更详细地解释分析结果；或者补全已有的内容和信息，让报告内容更加完整。

在要求 AI 进行报告扩展时，通常有两种方式：

- 不约束 AI 的思维，允许 AI 自由撰写。这种方式有助于拓宽思维广度，增加报告内容的全面性，挖掘新的思维模式甚至得出新的观点。
- 按照预先设计的逻辑路线和思维模式，引导 AI 补充和扩展已有的信息。这要求我们对现有分析报告有全面的理解，然后根据新的分析需求选择合适的信息和观点来扩展，可能包括添加新的数据可视化、详细的数据分析、更多的解释性文字或额外的参考资料。

以下是完成此类任务的提示指令的示例。

```
[ChatGPT] 2/6/1 你是一名数据分析师，你需要撰写一份客户分析报告。请你在下面报告内容的基础
    上，扩写更多内容，300 字以内。

我们发现客户的留存在 2023-12-28 这一日异常低，经过排查发现，当日网站在 0 点发布新功能，而功能
的发布，网站产品部门并未与数据部门沟通，导致数据没有跟踪，从而
```

上述提示指令除了定义了 AI 的角色和任务之外，还提供了有关扩展报告的现有信息，因为扩展的前提是在已有报告的基础上继续进行。在已有的报告内容中，我们描述了一个数据异常情景：特定日期下的留存率异常低，以及初步发现的问题，即由于缺乏沟通，网站产品部门和数据部门未能及时跟踪新功能的问题。

基于这两个问题，我们希望 AI 能够进一步完善后续的内容，但在这里不会对 AI 做出任何限制，先看看 AI 如何继续撰写报告。

ChatGPT 根据提示生成了扩展内容，涵盖了提示中描述的问题，提供了原因分析、改进建议和总结，以帮助我们快速形成完整的结论。具体如下：

```
客户留存率分析：
在对客户留存率进行分析时，我们发现了一个异常低的留存率情况，特别是在 2023 年 12 月 28 日。经过仔
细排查，我们发现了一个潜在的原因，该日当网站在凌晨发布了新功能时，产品部门并未与数据部门进行充分的
沟通和协作，导致新功能的发布未被及时跟踪和分析。

原因分析：
1. 缺乏协作：产品部门和数据部门之间未进行充分沟通和协作是这一问题的根本原因。数据分析团队需要
   提前了解产品发布计划，以便能够适时地制定数据跟踪和监控措施。缺少协作可能会导致数据丢失或不完
   整。
2. 数据追踪问题：由于缺乏沟通，数据分析团队无法及时更新数据跟踪代码，导致新功能的用户行为没有被
   准确记录。这给了我们错误的客户留存数据。

建议和改进措施：
1. 提前沟通：产品部门和数据部门应建立定期的沟通渠道，确保数据分析团队了解将要发布的新功能，以便
   及时进行数据跟踪。
2. 自动化数据跟踪：自动化数据跟踪工具可以帮助我们减少人为错误，并准确记录用户行为数据。
```

```
3. 数据修复：我们需要分析和修复受影响的日期的数据，以准确反映客户留存情况。

总结：
客户留存率的异常下降通常是由多个因素引起的。在本例中，缺乏协作和数据跟踪问题共同导致了问题的发生。通过建立更好的协作机制，改进数据跟踪策略，我们可以避免未来发生类似的问题，并确保进行准确的客户留存率分析。
```

2.4.3 提供支撑观点的事实论据

在数据分析报告中，事实和论据是至关重要的，因为它们能够确保决策和建议是基于可靠的信息的。提供支持观点的事实和论据适用于几乎所有数据分析报告，尤其是在提供决策支持和解释复杂现象时。这些事实和论据的价值在于增强报告的可信度，使读者更容易接受和理解分析结果。

在提供事实和论据时，必须确保引用的数据和信息来源是可靠和准确的。这可能包括引用已有的研究、数据来源、采样方法和数据分析技术。此外，还需要清晰地将这些事实和论据与分析的观点和结论相联系，以便读者能够理解为什么某些结论是合理的。

例如，如果通过数据分析发现商品价格过高，希望业务方考虑采用低价策略来应对市场时，可以要求 AI 提供相关的论据或事实。这些论据可以包括市场竞争情况、类似策略的成功案例、消费者反馈等。如下是提示指令示例：

```
[ChatGPT] 2/7/1 低价格切入细分品类市场的商品销售策略，被哪些企业证明是有效的？
```

ChatGPT 基于提示指令，给出如下参考事实：

```
超低价格切入细分品类市场的商品销售策略通常被一些企业证明是有效的，尤其是初创企业或市场新进入者。以下是一些示例：
1.** 亚马逊 **：亚马逊在早期以低价销售图书和其他商品，建立了自己的在线零售帝国。他们采用低价策略来吸引客户，然后通过增加产品范围和提供增值服务来实现盈利。
2.** 沃尔玛 **：沃尔玛以“每日低价”战略而闻名，他们以低价销售各种商品，并通过优化供应链来降低成本。
3.** 奥特莱斯 **：奥特莱斯是一家全球性的低成本零售商，以提供折扣商品而著名。他们通常在购物中心附近设立店铺，提供特定品类的折扣产品。
4.** 阿尔迪 **：阿尔迪是一家德国超市连锁店，以低价销售食品和日用品而闻名。他们专注于高效的库存管理，从而能够提供更低的价格。
5.** 捷克航空 **：这是一个在航空领域成功采用低价策略的例子。他们通过提供廉价机票，吸引了预算有限的旅客。

需要注意的是，采用低价策略的企业通常需要在其他方面实现高效率，如成本控制、供应链管理、精细定价和市场营销等。此外，低价策略可能不适用于所有市场和行业，因此在选择此策略时需要谨慎考虑市场竞争和目标客户的需求。
```

然而，需要注意的是，AIGC 等工具生成的结论可能存在偏颇或错误导向，因此即使获取了带有引用链接的报告结论，也必须再次确认引用数据源或论据的准确性。这可以通过搜索引擎、专业市场研究公司或直接查看相关网站、店铺等方式来进行确认。确保所提供的事实和论据是可信的，对报告的可信度至关重要。

2.4.4 提炼核心要点

提炼核心要点是指从大量信息中筛选出最重要、最关键的内容，以便报告更易于理解和消化。通常，数据分析报告的每一页都应包含一句话观点，用于概括该页的核心要点，这可以让 AIGC 来提炼。这种方法的价值在于节省读者的时间，同时确保突出重要信息。

提炼报告核心要点的过程包括识别报告中的关键结论、关键数据、主要见解和建议。这些要点应当清晰明了地呈现在每页报告的开头或摘要部分，以便读者首先获得关键信息。

如下是一个提炼报告核心要点的提示指令示例：

```
[ChatGPT] 2/8/1 你是一名数据分析师，你现在需要基于下面的内容提炼观点，50 字以内，请不要直接陈列数据，需要体现对数据的洞察和结论。

社交分析
在马来西亚，社交媒体平台的使用时间不断增加，普及率已达 56% 左右。一些备受欢迎的社交媒体，如 WhatsApp、Facebook、FB Messenger、Google+、WeChat 和 Twitter，活跃度分别为 38%、32%、29%、21%、19% 和 18%。
与 Facebook 用户相比，马来西亚的微信用户更加年轻和富裕。75% 的马来西亚微信用户对旅行和电影有浓厚兴趣，60% 的用户喜欢美食和音乐，而 15% 以上的用户对时尚感兴趣。此外，微信在马来西亚的奋斗群体中很受欢迎。
在视频分享社交方面，马来西亚有三个备受欢迎的网站。YouTube 是最受欢迎的视频分享网站，因为它为马来西亚用户提供了最快速和便捷的观看国内视频的途径。从 2012 年起，马来西亚成为全球第 42 个拥有 YouTube 官方主页的国家。Metacafe 是马来西亚的第三大视频分享网站，它的内容主要来自短视频创作者，平均视频长度约为 90 秒。ManggaTV 则被视为马来西亚的类似 YouTube 的平台，它的界面设计与 YouTube 相似，允许用户上传和分享在线视频。
```

在提示指令中，我们提出了 AI 需要遵守的规则。

- ❑ 字数限制：要点字数限制为 50 字以内，但可以根据需求进行调整。
- ❑ 结论性内容：要点应强调结论而非直接列举数据，以提供洞察和概括报告的关键信息。

ChatGPT 基于提示指令，提炼出如下要点：

```
马来西亚社交媒体普及率高达 56%，微信吸引年轻、富裕用户，YouTube 是首选视频分享平台，Metacafe 和 ManggaTV 也备受欢迎，呈现出多样化的社交媒体市场，满足不同用户需求。
```

接下来，我们只需将这些要点复制并粘贴到报告的相应位置即可。如果发现 AIGC 的输出与预期不符，可以通过多次输入提示来进行修正或者可以直接让 AI 重新生成内容，以确保输出内容满足要求。

2.4.5 提炼报告摘要

报告摘要在数据分析中扮演着关键的角色，它位于报告开头，用以概括整个报告的内容和结论，帮助读者快速了解核心信息。撰写报告摘要时需要总结报告的关键信息，包括问题陈述、研究方法、主要结果和结论，以确保简明扼要但又不失信息完整性。同时，摘要也需要引起读者的兴趣，促使他们深入阅读完整的报告。

提炼报告摘要的方法类似于提炼关键信息的方法，不同之处在于报告摘要需要综合整个报告的内容，因此信息量相对较大。由于通常 AI 工具对每次输入的信息量都有所限制，因此处理大量信息时通常需要进行多次互动。

以下是四次交互的内容，用于提炼报告摘要。

第一次提示指令

```
[ChatGPT] 2/9/1 你是一名数据分析师，你需要基于后续对话输入的内容完成提炼报告摘要的工作。请
    你在收到 [ 报告内容输入完毕 ] 提示后，汇总 3 次输入的报告内容并生成一份提炼报告摘要。摘要
    要求：
1. 归纳每次输入内容的核心概要信息，每个概要信息 50 字左右；
2. 增加基于整体内容的数据洞察以及结论，100 字左右。
3. 增加基于总体数据洞察的行动建议，100 字左右。
如果你明白任务目标，请你回答【我明白】。
```

上述提示指令除了设定了 AI 的任务和明确了报告摘要的要求之外，还提到以下几点：

- 明确总体任务目标，要求基于 3 次输入的信息提炼报告摘要。
- 明确本次对话任务模板，本次任务的目标在于确认 AI 对完整需求的理解并做出响应。
- 明确交互式对话的原则：需要分 3 次输入信息，然后在收到特定提示信息后开始提炼摘要。

ChatGPT 基于上述提示指令，回复如下内容。

```
    我明白。收到 [ 报告内容输入完毕 ] 提示后，我将汇总 3 次输入的报告内容并提供摘要、数据洞察，以及行
动建议。
```

第二次提示指令

接下来，按照上述对话规则，我们需要分 3 次逐步输入内容。以下是输入报告的第 1 部分内容的提示指令：

```
    [ChatGPT] 2/9/2 [ 以下是报告内容第 1 部分 ]
    财务表现上，我们发现在过去一年内，公司取得了令人印象深刻的财务增长。
    首先，公司的总收入增长了 15%，这表明市场对我们的产品和服务有着强烈的需求，而我们成功地满足了这
些需求。这种增长不仅仅是数量上的增加，还包括了收入的多元化，即来自不同产品线和客户的收入均有所增加，
降低了风险集中度。
    其次，净利润增长了 20%，这表明公司不仅增加了收入，还有效地控制了成本。成本管理的改进是财务表现
优越的一个重要因素，它提高了公司的盈利能力，增强了财务稳健性。这种双重增长的情况使公司在竞争激烈的
市场中处于有利地位。
```

在提示指令中，我们直接输入了报告的第 1 部分，不需要额外介绍任务的目标或背景信息。因为处于同一个对话区间内，AI 会基于当前的对话背景自动关联上下文。指令的开头“[以下是报告内容第 1 部分]”明确指示了报告内容的开始，同时也表明这是第一次输入。

通常情况下，AI 会确认已接收到第 1 部分内容并等待我们继续输入后续内容。如果 AI

有其他反馈，例如开始提炼摘要，我们可以提醒 AI 需等待我们将 3 次报告内容都输入完毕后再开始提炼摘要。

第三次提示指令

我们继续按照类似的输入方式，输入后续报告内容。以下是输入报告的第 2 部分内容的提示指令：

```
[ChatGPT] 2/9/3 [以下是报告内容第 2 部分]
市场份额方面，数据揭示了公司在市场上的竞争力和增长潜力。当前，公司已经成功地占据 20% 的市场份额，这意味着我们在竞争激烈的市场中已经占据了相当大的份额。
首先，我们的市场定位调整取得了显著成功。通过更深入的市场研究和客户洞察，我们成功地调整了产品和服务，以更好地满足客户需求。这一调整导致我们在过去一年内实现了市场份额的增长，从 15% 增加到 20%。
其次，市场营销活动的加强对市场份额的增长起到了关键作用。我们增加了市场营销预算，用于广告宣传和线上宣传。这一举措使我们的品牌知名度增加了 25%，并带来了更多的客户。在过去一年内，我们成功吸引了来自新客户的市场份额增长，这部分市场份额占总市场份额的 10%。
另一个成功的数据是我们与合作伙伴的战略合作。通过建立战略伙伴关系，我们能够获得更多的市场机会，拓展市场份额。合作伙伴关系带来的市场份额增长约为 5%。
```

第四次提示指令

以下是输入报告的第 3 部分内容的提示指令：

```
[ChatGPT] 2/9/4 [以下是报告内容第 3 部分]
运营效率优化上，公司的运营效率提高为业务带来了显著的好处。以下是更详细的数据和见解：
首先，生产过程的改进导致产品质量的提高。我们的内部质量控制措施导致产品缺陷率下降了 30%。这意味着更少的产品退货和客户投诉，提高了客户满意度。产品质量改进直接转化为客户忠诚度的增长，有助于维护和扩大市场份额。
其次，公司成功降低了生产成本。优化后的成本管理措施使生产成本降低了 10%，提高了公司的盈利能力。这些成本削减也有助于在市场中提供更具竞争力的价格，吸引更多客户。
另一个令人鼓舞的数据是我们的供应链管理得到了改善。库存周转率提高了 15%，这意味着我们能够更有效地管理库存，并减少不必要的资本占用。这项改进帮助我们释放了资本以投资于其他关键领域，如研发和市场推广。

[报告内容输入完毕，请你基于上面 3 部分报告内容提炼摘要]
```

在最后一次提示指令中，我们在最后一行添加了描述：“[报告内容输入完毕，请你基于上面 3 部分报告内容提炼摘要]”，这一描述的目的是确保 AI 清晰地了解需要开始提炼报告摘要的指令，并正式开始工作。

经过多次交互式输入，ChatGPT 综合了这些信息后提炼出如下的报告摘要：

```
报告摘要：
- 财务表现：公司过去一年取得令人印象深刻的财务增长，包括总收入增长 15% 和净利润增长 20%。这表明市场需求旺盛，且成功的成本管理提高了盈利能力和财务稳健性。
- 市场份额：公司目前市场份额为 20%，得益于成功的市场定位调整、市场营销活动的强化以及战略合作伙伴关系。这些举措帮助提高了品牌知名度，吸引了新客户，增加了市场份额。
- 运营效率：公司的运营效率提高为业务带来显著好处。产品质量提高，产品缺陷率下降 30%，客户满意度提高。生产成本降低 10%，提高了盈利能力。供应链管理改善提高了库存周转率，释放了资本来进行其他关键领域的投资。

数据洞察：公司的成功来自市场需求、成本控制、品牌知名度提升以及供应链管理的改善。
```

> **行动建议**：继续满足市场需求，保持成本管理效率，加强市场营销，以维护和扩大市场份额。继续优化产品质量，提高客户满意度。继续降低生产成本以提供有竞争力的价格。持续改进供应链管理，释放资本以投资于研发和市场推广。

接下来，只需对上述内容进行轻微润色和修饰，然后将其粘贴到报告的摘要页即可。

2.4.6 给出有价值的行动建议

行动建议是报告的末尾部分，它的主要任务是指导读者如何在实际操作中应用报告的信息并采取具体行动。实用的行动建议要明确说明应采取的具体步骤，以响应报告中的结论和见解。这些建议应具备操作性、具体性和实用性。

在数据分析报告工作中，提炼出实用的行动建议对分析师来说通常是一个挑战，因为这不仅涉及对数据的解释，还需要将数据转化为实际可操作的策略和措施，这个过程需要分析师深入理解业务环境和需求。利用 AI 技术，这个过程将变得简化。

以下是使用 AI 来支持我们提供实用行动建议的指令示例：

> [ChatGPT] 2/10/1 我们是一家电子商务公司，最近的销售数据显示我们的销售额在上一个季度下降了10%，尤其是在移动应用上。这是一个紧急问题，我们的目标是提高销售额并恢复增长。请提供一些具体的市场推广策略建议，包括适用的推广渠道、广告媒体，以及应用商店的优化策略，以增加销售额并实现季度销售目标

在上述提示指令中，我们提供了以下背景信息和关键细节，以便 AI 能够在提供建议时了解全面的背景知识：

- ❑ 公司性质：电商公司。
- ❑ 问题反馈：销售额下降。
- ❑ 问题焦点：主要涉及移动应用。
- ❑ 业务目标：提高销售额、恢复增长，实现季度销售目标。
- ❑ 任务需求：提供市场推广策略建议。
- ❑ 任务要求：包括适用的推广渠道、广告媒体，以及应用商店的优化策略等。

ChatGPT 基于提示指令，给出如下行动建议：

> 1.** 市场调查与竞争分析 **：首先，进行市场调查以了解你的目标市场和受众需求。同时，进行竞争分析，识别竞争对手的优势和劣势。
> 2.** 移动应用优化 **：优化你的移动应用，确保它易于使用、导航简单、加载速度快，同时提供个性化的用户体验。考虑用户反馈来改进应用功能。
> 3.** 社交媒体广告 **：利用社交媒体广告来推广你的产品。广告投放在平台如 Facebook、Instagram、Twitter 等，根据受众特征进行广告的定向投放，增加曝光和互动。
> 4.** 搜索引擎优化（SEO）**：优化你的网站和移动应用以在搜索引擎中获得更高排名。使用相关关键词，改进网站结构，确保页面加载速度快，以吸引有机流量。
> 5.** 电子邮件营销 **：定期发送电子邮件给现有客户，提供独家促销和产品更新信息。激励客户通过电子邮件营销购买更多产品。
> 6.** 内容营销 **：制作有吸引力的内容，如博客文章、视频、用户案例研究等，与你的产品或服务相关。通过内容传播知识并吸引潜在客户。
> 7.** 合作伙伴关系 **：寻找与你相关但不是直接竞争对手的合作伙伴。可以通过合作共同推广产品或提供互惠互利的促销活动。

```
8.**付费广告**：考虑使用 Google Ads 等付费广告平台，以在搜索引擎结果页和其他网站上进行广告
  投放。精确定位广告以吸引潜在客户。
9.**应用商店优化**：优化应用商店页面，包括标题、关键词、应用图标、屏幕截图和描述。鼓励现有用
  户给应用好评，以提高可信度。
10.**数据分析与迭代**：使用分析工具追踪广告效果、转化率和用户行为。根据数据来调整策略，不断
   改进市场推广活动。
11.**客户支持与满意度**：提供出色的客户支持，以满足客户需求，增强客户满意度，鼓励口碑传播。
12.**促销活动**：定期推出限时促销活动，如折扣、特价和促销活动，以刺激销售。
```

尽管我们已经提供了大量业务背景信息，但 AI 提供的策略可能仍然相对宽泛，缺乏具体落地细节。因此，我们可以继续给 AI 提出更具体的需求，例如希望 AI 就“应用商店优化”这个主题提供更详细的建议：“你是否可以详细介绍有关应用商店优化的具体行动方案和建议？”所有这些信息可以作为扩展信息点，以便在与业务方进行深入沟通时明确方向和行动计划的轮廓。

2.4.7 润色和优化报告表达

润色和优化报告表达是指在报告撰写完成后，进行最后的修订和改进，以确保报告的语言清晰、结构合理、风格统一。润色和优化报告表达适用于任何数据分析报告，因为它有助于提高报告的可读性和吸引力，减少歧义和误解。

例如，以下示例展示了如何利用 AI 来润色和优化报告表达。

优化前的报告

```
    销售数据显示，公司的销售额在上一个季度下降了 10%，尤其是移动应用上的销售。我们现在正面临一个紧
急的问题，我们的目标是提高销售额并恢复增长。这是一个很大问题，我们需要立即采取措施。
    截至到 9 月底，公司的销售额从之前的 500 000 美元降至 450 000 美元。这是一个明显的下降趋势，需要
我们关注。我们的移动应用销售额下降了 20%，从 150 000 美元下降到 120 000 美元。
    在市场方面，竞争也变得更加激烈。其他竞争对手加大了市场推广力度，这对我们构成了竞争压力。
    面对这个问题，我们需要采取一些措施来应对。我们建议优化移动应用。此外，我们还需要增加市场推广活
动，包括社交媒体广告和搜索引擎优化。这将有助于提高销售额增长，恢复增长。
```

优化前的报告存在以下问题：

- 存在明显的语法和拼写错误，例如，“截至到 9 月底”中的“截至到”应改为“截至”或“截止到”。
- 存在表达不清晰的句子，如“这将有助于提高销售额增长，恢复增长”，缺乏具体的细节和背景信息；报告提到“我们建议优化移动应用”，但没有提供具体的细节或实施该建议的措施。
- 存在口语化表达，如“这是一个很大问题”，不符合书面表达规范。
- 数据未充分解释，虽然报告提到了销售额下降，但没有提供足够的上下文信息，例如上一季度的销售额是多少，或导致下降的原因是什么。
- 报告的格式问题，缺乏明确的标题、段落和编号，使得信息难以阅读和理解。

我们可以借助 AI 直接优化上述问题。以下是相关提示指令：

[ChatGPT] 2/11/1 请你优化和润色下面的数据分析报告，要求：
1. 避免语法错误、拼写错误等，保障报告专业性、准确性。
2. 使用书面表达语言和风格，不能出现口语化信息。
3. 重新组织语言和内容，使得语言流畅、观点清晰、逻辑合理，并合理划分段落。
4. 上下文内容连贯、事实清晰、观点完整。

[下面是需要优化的分析报告内容]

销售数据显示，公司的销售额在上一个季度下降了 10%，尤其是移动应用上的销售。我们现在正面临一个紧急的问题，我们的目标是提高销售额并恢复增长。这是一个很大问题，我们需要立即采取措施。

截至到 9 月底，公司的销售额从之前的 500 000 美元降至 450 000 美元。这是一个明显的下降趋势，需要我们关注。我们的移动应用销售额下降了 20%，从 150 000 美元下降到 120 000 美元。

在市场方面，竞争也变得更加激烈。其他竞争对手加大了市场推广力度，这对我们构成了竞争压力。

面对这个问题，我们需要采取一些措施来应对。我们建议优化移动应用。此外，我们还需要增加市场推广活动，包括社交媒体广告和搜索引擎优化。这将有助于提高销售额，恢复增长。

在上述提示指令中，关键信息集中在对报告的润色要求方面的描述：

- 前两点关于报告中的错误修正和消除口语化表达是书面文案的基本要求。
- 后两点强调了对逻辑、观点、语言和事实等方面的要求，这些要求与数据分析报告的特性密切相关。

ChatGPT 基于这些提示指令对报告进行了优化和润色，结果如图 2-10 所示。如果我们对 AI 的输出不满意，可以单击图中的“Regenerate”来重新生成结果。

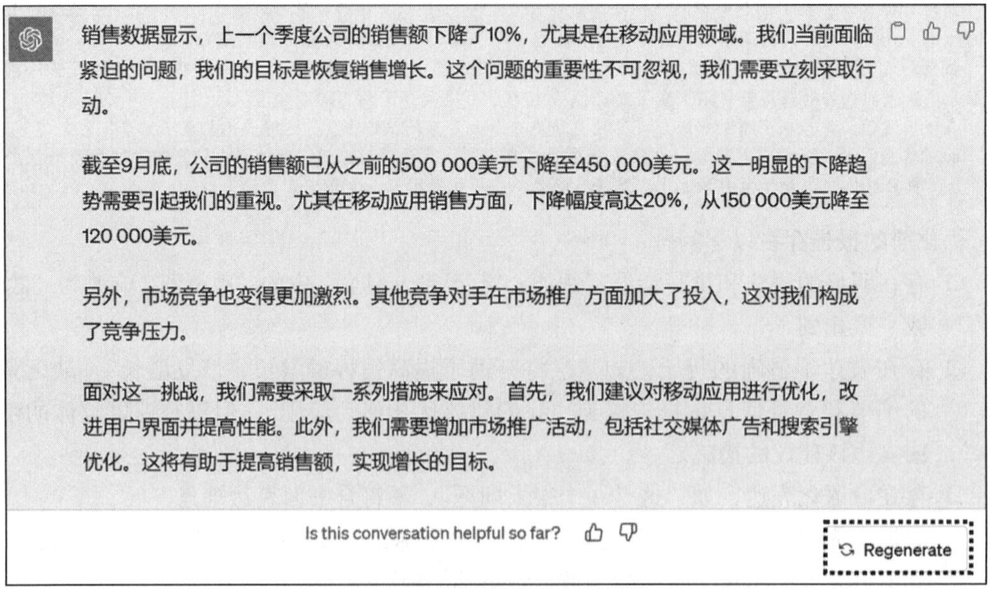

销售数据显示，上一个季度公司的销售额下降了10%，尤其是在移动应用领域。我们当前面临紧迫的问题，我们的目标是恢复销售增长。这个问题的重要性不可忽视，我们需要立刻采取行动。

截至9月底，公司的销售额已从之前的500 000美元下降至450 000美元。这一明显的下降趋势需要引起我们的重视。尤其在移动应用销售方面，下降幅度高达20%，从150 000美元降至120 000美元。

另外，市场竞争也变得更加激烈。其他竞争对手在市场推广方面加大了投入，这对我们构成了竞争压力。

面对这一挑战，我们需要采取一系列措施来应对。首先，我们建议对移动应用进行优化，改进用户界面并提高性能。此外，我们需要增加市场推广活动，包括社交媒体广告和搜索引擎优化。这将有助于提高销售额，实现增长的目标。

Is this conversation helpful so far?

Regenerate

图 2-10 ChatGPT 优化和润色后的报告内容

如图 2-11 所示，ChatGPT 重新生成了文本。我们可以通过单击图中①来切换两次生成的结果，并使用图中②的按钮来向 AI 提供反馈，以使 AI 能够根据我们的偏好调整后续的输出内容。

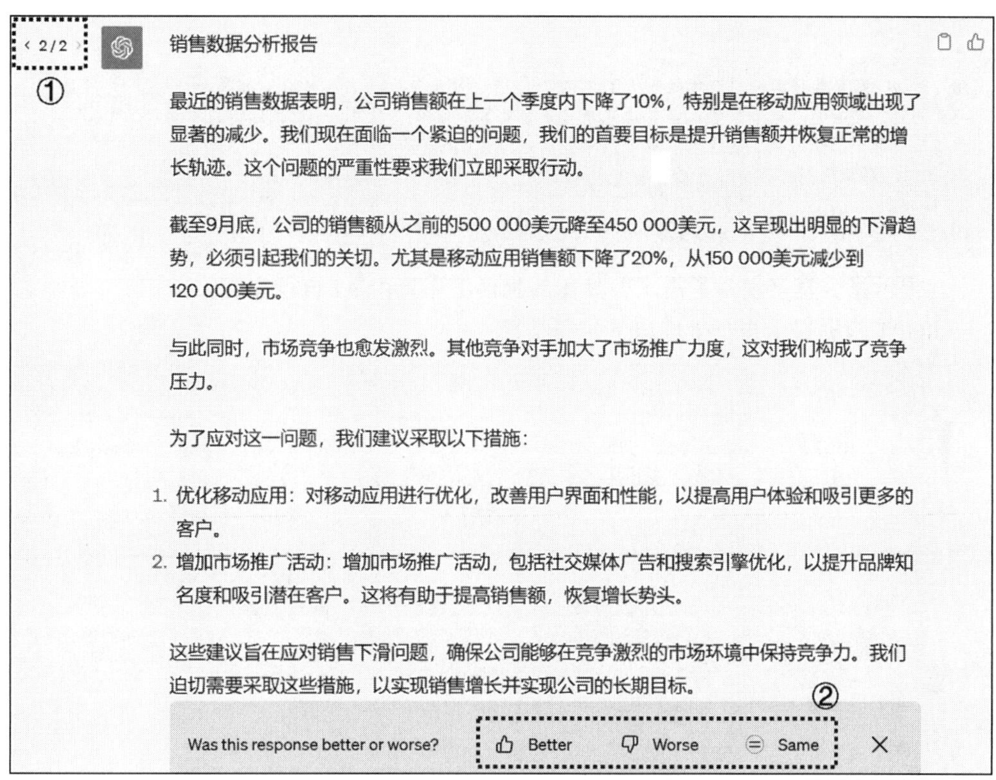

图 2-11　ChatGPT 重新生成的内容

2.4.8　生成多语言类型的报告

生成多语言类型的报告是指将一份报告翻译成不同国家或地区的语言，以满足各种受众的需求。这不仅有助于扩大受众范围，还有助于促进全球合作和交流。

多语言类型的报告适用于跨国公司或国际组织，以便向各种语言背景的利益相关者传达重要信息。这在跨国企业中非常常见，例如，将一份关于黑五销售分析的报告分别发送给中东、非洲、欧盟、北美、东南亚市场的领导者。在这种情况下，我们需要将相同主题的分析报告翻译成不同类型的语言，生成多份分析报告。

传统的生成方式是分析师利用企业内部资源或第三方翻译软件，将一种语言的分析报告翻译为其他语言。AI 在生成多语言类型的报告方面非常有用，因为它不仅能高效地解决纯翻译问题，还能确保翻译的准确性，考虑文化敏感性。

例如，我们需要将下面的分析报告翻译成英语，可以使用以下提示指令：

```
[ChatGPT] 2/12/1 请将下面的数据分析报告的内容翻译为英语。

最近的销售数据表明，公司销售额在上一个季度内下降了 10%，特别是在移动应用领域出现了显著的减少。我们现在面临一个紧迫的问题，我们的首要目标是提升销售额并恢复正常的增长轨迹。这个问题的严重性要求我们立即采取行动。
截至 9 月底，公司的销售额从之前的 500 000 美元降至 450 000 美元，这呈现出明显的下滑趋势，必须引起我们的关切。尤其是移动应用销售额下降了 20%，从 150 000 美元减少到 120 000 美元。
与此同时，市场竞争也愈发激烈。其他竞争对手加大了市场推广力度，这对我们构成了竞争压力。
为了应对这一问题，我们建议采取以下措施：
1. 优化移动应用：对移动应用进行优化，改善用户界面和性能，以提高用户体验和吸引更多的客户。
2. 增加市场推广活动：增加市场推广活动，包括社交媒体广告和搜索引擎优化，以提升品牌知名度和吸引潜在客户。这将有助于提高销售额，恢复增长势头。
```

上述提示指令直接说明了需求，具体的翻译工作将由 AI 自行完成。

ChatGPT 根据提示指令生成以下翻译结果：

```
The recent sales data indicates that the company's revenue has decreased by 10% in the recent quarter, with a significant decline, particularly in the mobile app sector. We are currently facing an urgent issue, and our top priority is to boost sales growth and get back on a normal growth trajectory. The severity of this problem requires immediate action.
As of the end of September, the company's revenue has decreased from $500,000 to $450,000, showing a noticeable downward trend that demands our attention. Specifically, mobile app sales have decreased by 20%, going from $150,000 to $120,000.
Meanwhile, market competition has become increasingly fierce. Other competitors have intensified their marketing efforts, putting competitive pressure on us.
To address this issue, we recommend the following actions:
1. Optimize the Mobile App: Improve the user interface and performance of the mobile app to enhance user experience and attract more customers.
2. Increase Marketing Activities: Boost marketing activities, including social media advertising and search engine optimization, to enhance brand awareness and attract potential customers. This will help increase revenue and restore growth momentum.
```

上述案例仅展示了汉语和英语这两种语言，ChatGPT 也支持其他类型的语言，包括日语、韩语、阿拉伯语、拉丁语、德语、法语、俄语等。如果读者对支持的语言有疑问，可以直接向 ChatGPT 提问："ChatGPT 支持翻译哪些语言？"

2.5 数据分析报告试讲与优化

本节首先探讨数据分析报告试讲的价值，以及报告试讲的主要应用场景。随后，我们将深入介绍如何利用 AI 进行报告试讲，包括为 AI 定义目标受众角色、准备报告试讲的腹稿、模拟报告试讲的过程等内容，并讨论如何处理试讲中出现的问题和不足之处。

2.5.1 报告试讲的价值和主要应用场景

报告试讲在数据分析交付中扮演着关键的角色。分析师在完成数据分析报告后，与业务部门的沟通和讲解通常是不可或缺的一环。特别是在与高级管理层交流时，报告的实际讲解能够有效传达报告的价值，展示分析师的能力，因此分析师应当高度重视报告试讲环节。

报告试讲和优化是一种模拟讲解的过程，通过与 AI 进行互动，模拟与实际受众进行报告讲解的情境，以获取 AI 的反馈并改进报告讲解效果。报告试讲可以帮助数据分析师提升多方面的能力。

- **选择适当的数据可视化方式**：帮助分析师确定何时以何种方式，如图表、图形、动画等，呈现数据分析的结果和洞察。
- **生成清晰、简洁、有说服力的报告文本**：有助于分析师优化报告中的标题、摘要、结论等文本，以阐述数据分析的目的、方法和意义。
- **接收 AI 的反馈和建议**：通过与 AI 互动，分析师可以改进报告的风格、用词、表达清晰度等方面。
- **模拟不同受众和场合**：帮助分析师满足不同报告的需求，实现受众的期望，模拟面对领导、客户、同事等不同角色和场合的演讲。

报告试讲已广泛应用于多种场景，列举如下。

- **自我练习**：帮助分析师在正式讲解之前识别并改进问题，提高讲解的质量。
- **讲解技巧培训**：对于缺乏讲解经验的人，报告试讲有助于提高他的讲解和沟通能力。
- **提前处理问题和准备应对**：通过模拟不同场景，报告试讲使分析师能够提前归纳和总结可能遇到的问题，提高应对能力。
- **新员工培训**：提供报告试讲相关的知识点以及好的试讲方法，帮助新员工适应公司文化，了解公司的业务需求。

2.5.2 如何通过与 AI 交互试讲报告

分析师通过 AI 进行报告试讲的方式主要有两种：文本信息的交互和语音信息的交互。

- **文本信息的交互**：这是本书重点介绍的方式。在文本信息的交互中，分析师通过与 AI 的文本对话来进行报告试讲。分析师通过输入文本内容与 AI 模拟演讲，收到 AI 的反馈和建议。
- **语音信息的交互**：这是通过语音输入和输出进行的交互方式。虽然形式上有差异，但它在核心内容传递方面与文本信息的交互相似。当分析师使用语音与 AI 交互时，AI 通常会首先将语音信息转化为文本信息，然后理解文本信息并作出相应的回应。

目前，许多 AI 工具都提供语音输入和输出的功能。例如：

- ChatGPT 提供了语音交互功能，但仅适用于 Plus 和 ChatGPT 企业版用户。此外，借助 Chrome 插件 VoiceWave: ChatGPT Voice Control，你也可以在 ChatGPT 免费版中使用语音交互功能。

- New Bing Chat 和 Google Bard 等工具在交互时同时提供文本、图像和语音三种输入方式供用户选择，使用户可以根据需求选择最适合的输入方式来与 AI 进行交互。

图 2-12 分别展示了使用 Chrome 插件 VoiceWave：ChatGPT Voice Control（图中①）让 ChatGPT 具备的语音输入功能（图中②），以及 New Bing Chat、Google Bard 自带的语音交互功能（图中③）。

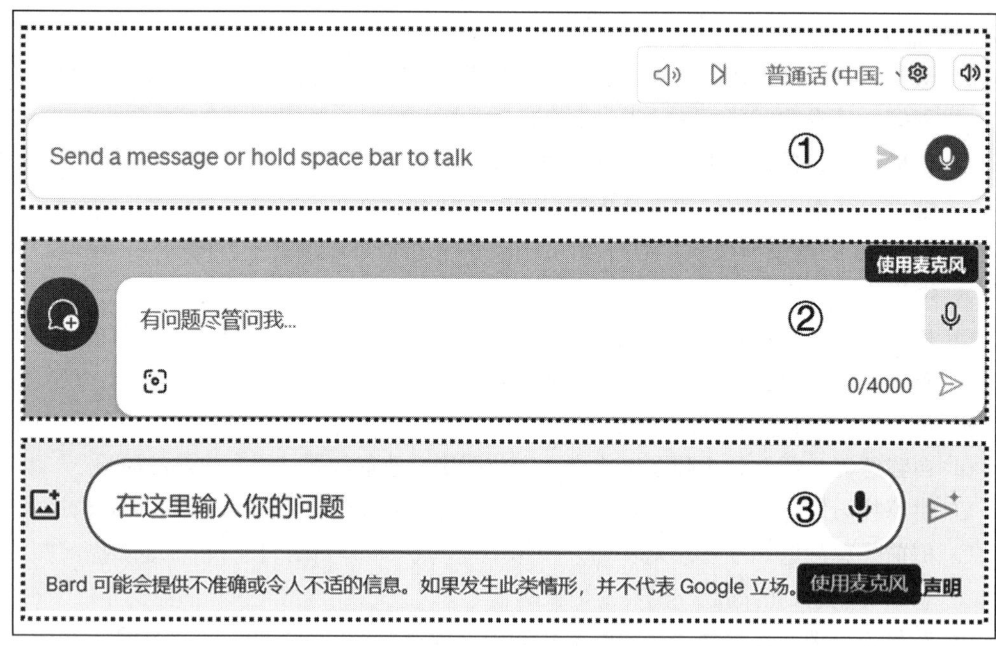

图 2-12 不同 AI 工具提供的语音交互功能

分析师与 AI 进行报告试讲的主要流程如下。

- **定义目标受众角色：**在与 AI 交互之前，分析师首先需要明确定义报告的目标受众，包括受众的身份、等级、特征以及他们的期望。这一步有助于 AI 理解传达信息的目的和内容。
- **准备试讲报告的“腹稿”：**提前整理所有需要交互和演示的文字信息。你可以将所有要表达的信息以文字形式完整呈现出来；也可以只整理核心关键内容点，以便在试讲时根据这些关键内容点进行实时讲解。
- **通过语音或文本进行试讲：**分析师可以选择使用语音或文本与 AI 进行报告试讲。通过语音试讲时，分析师需要模拟讲解情境，与 AI 互动，解释报告的各个方面，回答可能出现的问题，以确保 AI 理解并能够适应实际讲解场景。通过文本试讲时，分析师需要提供报告文本内容，并通过文本对话与 AI 互动以获得反馈。

试讲结束后，分析师将根据在试讲中发现的问题或缺陷进行改进。这一过程涵盖了对报告内容本身的修正以及对分析师的讲解和表达方式的调整。试讲的交互和完善是一个反复进行的迭代过程，每一次都可以专注于不同方面的改进，直至达到预期的标准。

2.5.3　为 AI 定义目标受众角色

在与 AI 进行交互试讲之前，需要明确 AI 所扮演的关键受众角色，以确保交互的有效性。这一步包括以下方面的定义：受众角色、受众等级、角色特征，以及 AI 的具体任务和目标。

- **受众角色**：根据数据分析报告的受众群体，可能涉及的受众角色包括业务部门、IT 技术部门、产品开发部门等。可以根据具体工作职责来进一步细分，例如，促销活动分析报告可能面向的业务部门主要包括营销和广告部门、网站运营部门、活动运营部门；而用户体验报告可能主要针对产品研发部门，包括前端产品开发部门、用户体验部门、UI 和 UE 部门等。
- **受众等级**：在实际的分析报告场景中，除了需要考虑受众部门角色外，还需要考虑目标受众的等级分布。例如，在业务部门中，参与报告的角色可能包括总监、经理和业务执行人员。不同等级的角色对于报告的定位、出发点、关注角度等都有所不同。
- **角色特征**：尽管不同的角色和等级可能具有通用性特征，但企业内的员工（特别是领导层）通常具有个性化特征和明显的个人需求。例如，分析师通过之前的交流发现营销总监特别关注某些广告渠道的转化效果，如新投放渠道、高成本渠道、社交渠道等，因此，在 AI 扮演这一角色时，分析师需要明确要求 AI 增加对这些渠道或关注点的重点考虑，为更多的交互细节设计提供支持。
- **AI 的具体任务和目标**：我们需要明确说明，在报告试讲过程中，AI 应完成哪些任务。例如，如果数据分析师准备向活动运营经理进行促销活动分析报告的试讲，那么 AI 需要完成的任务可能包括为分析师的输入提供点评、发现可能存在的问题、提供语言表达用词是否适当的建议，以及以所扮演的角色提出活动运营经理可能关注的问题。

以下是两个为 AI 定义目标受众角色的提示指令示例。

示例 1　数据分析师准备向活动运营经理进行一场促销活动分析报告的试讲。

```
我是数据分析师，我想请你扮演活动运营经理的角色，听取我对“圣诞节促销活动分析报告”的讲解。在讲解过程中，请你按照以下要求完成任务：
  1. 指出报告中的问题、不足以及待改进的地方，并给出原因说明和改进建议。
  2. 就我的讲解语言、技巧、方法提出建议，以便你更好地理解报告的核心观点和主要内容。
  3. 作为活动运营经理，请准备至少 10 个问题，围绕报告内容进行提问。
```

示例 2　数据分析师准备向营销总监进行一场促销活动分析报告的试讲。

> 我是数据分析师，我想邀请你扮演营销总监的角色，听取我对“圣诞节促销活动分析报告”的讲解，你会重点关注广告推广渠道的促销活动效果，尤其是各个渠道的转化率和ROI。在讲解过程中，请你按照以下要求完成任务：
>
> 1. 在报告开始时，你可以提出一些营销总监会关注的问题，例如“本次促销活动的目标是什么？”“活动的效果如何？主要体现在哪些方面？”等，这样可以帮助营销总监更好地理解本次报告的背景和总体概况。
> 2. 在报告过程中，你可以根据分析师的输入，提出一些建议，例如“报告的结构可以再改进一下，把重点内容放在前面。”“结论部分可以再详细说明一下，为什么得出这样的结论。”等，以帮助营销总监更好地理解本次报告的内容和关键结论。
> 3. 在报告结束时，你可以提出一些问题，例如“活动的效果是否达到预期？”“有哪些可以改进的地方？”等，以便我更好地了解营销总监的需求并给出符合预期的回答。

2.5.4 准备报告试讲的腹稿

有效的报告试讲并不仅仅是机械地朗读数据报告，而是注重内容的逻辑性、清晰性，语言表达的生动性和感染力，以及与听众的互动和交流。为了实现这一目标，提前准备一个试讲的腹稿是非常有效的方法。所谓腹稿是指在正式讲解之前，事先构思试讲的主要框架和内容，以便在正式的报告讲解中更流畅地表达观点和思想。

腹稿的优势在于它有助于分析师更好地理解和掌握报告的主题内容，从而更自信地进行讲解，避免卡壳或忘词等尴尬情况。

通常，试讲的腹稿需要回答以下问题：

- 报告的目的和目标：明确报告的宗旨是什么，希望通过报告达到什么目标。
- 报告的结构和关键要点：报告将按照什么结构展开，关注的重点是什么。
- 数据分析的结果：数据分析产生了什么结果，这些结果具有什么意义。
- 数据分析的建议：基于数据分析的结果，提出相应的建议。

因此，在试讲的开头、中间和结尾，都需要围绕以上思路来准备腹稿。例如：

- 在试讲开始前，通常需要介绍试讲的背景、目标，以及报告的主要结论，以帮助听众快速了解试讲的背景和主要内容。
- 在试讲过程中，根据报告的结构逐一介绍内容，并在讲解重点内容时，提供外部信息、参考链接、历史对比、竞争对比等，以使观点更加生动和有说服力。对于关键结论和论证，可以与听众展开讨论，以了解他们对这些内容的理解和认同程度，同时解决可能出现的问题。
- 在每个小节和试讲结束时，总结和回顾前面的观点，以强化听众对报告内容的印象，重要信息的重复传达是非常有效的。

在准备腹稿时，我们可以利用AI来帮助我们。下面是一个使用AI的指令示例，以让AI指导我们如何准备腹稿。

> [ChatGPT] 2/13/1 假如你是一名数据分析师，你已经撰写完成“圣诞节促销活动分析报告”。你现在要将此报告对你的企业的营销部门、运营部门进行讲解。你现在要准备一些腹稿，来帮助你更好地讲解报告，你会怎样准备？

在上述提示指令中，我们描述了AI的角色、背景，以及此次工作的目标，让AI告诉我们如何准备腹稿。

ChatGPT基于提示指令，给出如下实施建议：

试讲准备对于成功地向企业的营销部门和运营部门讲解“圣诞节促销活动分析报告”至关重要。以下是一些帮助你准备试讲的腹稿：

1. 开场白：
   - 介绍自己：首先，介绍自己，提供自己的背景和角色，以确保听众了解你的资历和经验。
   - 引言：以一个引人入胜的方式开始讲解，可以使用一个有趣的统计数据、问题或引用来吸引注意力。
2. 报告概述：
   - 提供试讲的整体结构：简要概述你将在试讲中讨论的主要部分，例如数据分析方法、结果和建议。
3. 数据分析方法：
   - 解释你在分析中使用的方法和工具，例如数据采集、数据清理、数据可视化等。
   - 强调数据的可靠性和完整性，以确保听众知道你的分析基础。
4. 促销活动结果：
   - 详细介绍促销活动的关键结果，如销售额、客户参与度、产品销售量等。
   - 使用图表和图形来可视化结果，以使数据更具吸引力和易于理解。
5. 变化和趋势分析：
   - 分析数据中的变化和趋势，例如不同年份的比较、促销活动期间的高峰和低谷等。
   - 针对关键趋势提供深入见解，以便听众了解促销活动的成功和失败因素。
6. 客户反馈和满意度：
   - 分享客户反馈和满意度调查的结果，以了解他们对促销活动的看法。
   - 强调客户满意度对于企业的重要性。
7. 建议和下一步行动：
   - 提供建议，根据分析结果提出改进促销活动的具体方案。
   - 明确列出下一步行动计划，包括需要哪些部门合作来实施这些建议。
8. 问题和讨论：
   - 鼓励听众提问或分享他们的见解。准备回答可能出现的问题。
9. 总结：
   - 总结试讲的主要内容，重申建议和下一步行动。
   - 鼓励听众积极参与和支持实施建议。
10. 结语：
   - 结束试讲时，感谢听众的参与，强调你的承诺，以确保促销活动的成功。

在试讲前，确保熟悉你的报告，对可能提出的问题有充分的准备，并使用图表、图形和例子来支持你的观点。此外，保持自信和清晰的表达，以确保你的听众能够理解并支持你的建议。

2.5.5 模拟报告试讲的过程

在完成前面的工作后，我们已经准备好了一个试讲的腹稿，以及一份完整的PPT报告。接下来，我们需要与AI进行演练，以模拟报告试讲的过程。

我们可以使用文本或语音两种方式与AI进行交互，这两种方式都能够满足试讲和正式报告讲解的需求，可以根据个人偏好和情境进行选择。如果我们希望演练内容与实际讲解内容完全一致，那么将所有腹稿信息完整书写出来是一种不错的选择。但如果我们希望在讲解中增加一些临场发挥的空间，那么基于腹稿的大纲信息，结合当时的情感和状态，进行语音输入是更适合的选择。

以下是一个文本输入方式的试讲交互过程示例：

> [ChatGPT] 2/14/1 我是数据分析师，我想请你扮演活动运营经理的角色，听取我对“圣诞节促销活动分析报告”的讲解。在讲解过程中，请你按照以下要求完成任务：
> 1. 指出报告中的问题、不足以及待改进的地方，并给出原因说明和改进建议。
> 2. 就我的讲解语言、技巧、方法提出建议，以便你更好地理解报告的核心观点和主要内容。
> 3. 作为活动运营经理，请准备至少 5 个问题，围绕报告内容进行提问。
>
> 如果你明白你的角色和工作目标，请回复【我明白】。然后我们正式进入报告试讲过程。

ChatGPT 基于该提示指令，给出如下回复：

> 我明白你的角色和工作目标，我们可以开始报告试讲过程。请继续你的讲解，我将尽力扮演活动运营经理的角色，听取你的讲解，并提供问题和反馈。

接下来，我们正式进入报告讲解阶段，下面是输入的提示指令内容：

> [ChatGPT] 2/14/2 大家下午好，我是数据分析师宋天龙。今天，我来跟大家汇报“圣诞节促销活动”的数据结果。在报告讲解过程中，大家有任何疑问，可以随时提出，我们随时讨论。
>
> 今年，我们的圣诞节促销活动从 11 月 3 日开始到 12 月 25 日结束，历时 52 天。本次我们的圣诞节活动的主题为“圣诞奇遇记”。该主题是希望消费者在我们的圣诞节促销活动中，能够体验到圣诞节的欢乐和惊喜。我们将通过一系列的促销活动，为消费者带来不一样的圣诞节体验。主要方式包括：
> - 全场商品打折：所有商品均可享受折扣，折扣力度最高可达 70%。
> - 圣诞礼物：消费满一定金额，即可获得圣诞礼物。
> - 圣诞派对：在圣诞节当天，我们将举办圣诞派对，为消费者提供欢乐的节日氛围。
>
> 本次的数据分析报告也将围绕促销主题的不同方式展开。该报告的销售数据主要来自销售系统，流量、营销、用户行为的数据源是 Google Analytics。圣诞节的效果统计周期是 2023-11-03 到 2023-12-25，对比周期为去年同期。
>
> 在详细介绍促销活动效果前，我们先来看一个有意思的数据：尼尔森对美国电商用户的满意度的调查显示，在消费者对电商平台促销活动的满意度调查中，我们公司的满意度达到 75%，位居第一；而其他竞争对手最高的满意度仅有 48%。
>
> 为什么我们会有如此高的满意度，通过我们对活动期间消费者的调研分析，总结有以下几点：
> - 主题鲜明，吸引眼球：我们的促销活动主题“圣诞奇遇记”新颖独特，能够吸引消费者的注意力，激发消费者的参与热情。
> - 内容丰富，满足需求：我们推出了全场打折、圣诞礼物、圣诞排队礼物等多种促销活动，满足了不同消费者的需求；同时，简洁的方式避免了消费者在决策时可能由于选择过多而产生的疑惑。
> - 宣传力度大，触达广泛：我们通过线上线下多渠道进行宣传，提升了活动的知名度和影响力。
> - 服务周到，保障体验：我们在活动期间提供周到的服务，保障了消费者的购物体验。
>
> 接下来，我们重点看一下，在如此高的消费者满意度下，我们取得了哪些成绩：
> - 销售额。促销活动期间，我们的销售额同比增长了 200%。这说明，我们的促销活动有效地促进了销售额的增长，同时，据我们的合作伙伴 X 显示，我们的市场份额已经占到 61.8%，同比提升 3.7 个百分点。
> - 客单价。促销活动期间，我们的客单价同比增长了 10%。这说明，我们的促销活动有效地提高了消费者的购买力，我们的复购策略、产品组合策略以及优惠券刺激策略是有效的。
>
> 我们拆分不同业务线对销售的贡献情况：
> - 从品类销售贡献看，促销活动期间，服装、家电、数码产品等品类的销售额增长显著，其中服装品类的销售额同比增长了 300%，家电品类的销售额同比增长了 250%，数码产品品类的销售额同比增长了 200%。这说明，我们的促销活动有效地满足了不同消费者的需求。尤其是服装品类推出了“圣诞奇遇记”主题服装系列，该系列服装采用了圣诞节的元素，设计新颖，款式多样，受到了消费者的追捧。该系列的退货率仅为 1.9%，远低于服装品类均值 24%。
> - 从销售渠道贡献看，促销活动期间，线上营销渠道的销售额占比为 60%，线下营销渠道的销售额占比为 40%。这说明，我们的线上线下营销策略取得了良好的效果。值得一提的是，本次活动首次实现了线上到线下的导流，并且导流成功的销售占比达到 16%。该策略通过线上线下联动，吸引了消费者到线下门店体验产品。

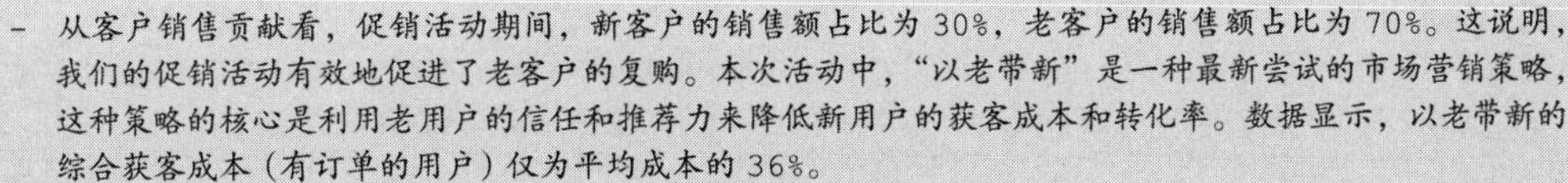

- 从客户销售贡献看，促销活动期间，新客户的销售额占比为 30%，老客户的销售额占比为 70%。这说明，我们的促销活动有效地促进了老客户的复购。本次活动中，“以老带新”是一种最新尝试的市场营销策略，这种策略的核心是利用老用户的信任和推荐力来降低新用户的获客成本和转化率。数据显示，以老带新的综合获客成本（有订单的用户）仅为平均成本的 36%。

与此同时，我们也发现此次促销活动中出现了一些需要改进的地方，主要包括：

- A 商品的预期销量为 1300 件，但实际仅销售 98 件，销售达成率为 7.5%。这导致商品库存大量积压，形成滞销。
- 我们分析发现，在关键促销资源中，福利型商品基本被大客户抢占，占比达 68%。这导致了原本应该让利于 C 端消费者的福利没有按预期到达消费者手中，导致部分用户反馈根本抢不到福利资源，降低了部分客户满意度。

因此，我们建议针对上面发现的成功经验和关键问题，采取以下几个关键业务动作：

- 打造围绕场景化促销、文化属性的 IP 活动，并推出相关生态产品。后续我们可以围绕现有客户的地域、喜好、兴趣、价格接受度等进行分析，为 IP 活动策划提供数据支撑。
- 基于“以老带新”策略，继续研究老带新的时效性和周期性，增加该策略的持续性贡献。
- 重新回顾和分析商品销售预测模型，并与商品实际运营结合，改进模型以减少预测误差。
- 增加新的促销活动规则和订单审核规则，降低福利性商品被大客户集中占用的问题。

接下来，就上面的数据和结论，先听一下大家的想法或反馈，再进行深入讨论。

上述提示指令已经包含了报告讲解的核心内容，以“圣诞节促销活动”为主题展开报告演练。在这部分内容中，我们涵盖了以下几个重要方面。

- **个人介绍和会议目标介绍**：这部分包括对个人和会议目标的介绍。分析师应当简要介绍自己的背景和角色，同时明确阐述本次会议的目标，即为什么要进行这个报告试讲。
- **促销活动简要汇总**：这部分需要概括圣诞节促销活动的主题、时间周期，以及主要的促销方式，以帮助听众快速了解活动的基本情况。
- **报告数据源和数据周期**：这部分介绍了报告所使用的数据源，以及数据的评估周期和对比周期。这有助于明确数据的来源和时间范围。
- **有趣的数据引入故事**：引入一个有趣的数据故事，通常可以是第三方公司的调查结果或者特定客户的一个反馈等，然后将这个结果与本次活动联系起来，阐明为什么我们会得出这一结果。这个过程应该基于实际的调查分析来得出结论。
- **此次活动取得的成绩**：这部分应该介绍圣诞节促销活动所取得的成绩，包括销售数据、客单价等关键数据指标。同时，需要从品类、渠道、客户等多个角度对这些数据进行细分分析。
- **活动中的问题**：提出圣诞节促销活动中出现的问题，如特定商品滞销问题或促销资源非预期占用等问题。这有助于识别活动的挑战和难点。
- **改进的重点方向和建议**：最后，列出改进的重点方向和建议，包括总结和继承取得的成绩的经验，以及解决已识别问题的具体方法和落地细节。

以上这些内容是一个完整的报告讲解的核心要点，它们将帮助确保报告演练的有效性和内容的完整性。ChatGPT 基于上述信息，给出如下反馈：

非常感谢你的讲解，提供了非常详细的圣诞节促销活动的数据分析和报告。在听取了你的报告后，我有一些问题和建议，以便更好地理解和优化报告内容：

问题和建议：

1.** 绩效指标的选择：** 你提到了销售额和客单价等绩效指标，但是否考虑到更多的绩效指标，如客户转化率、营销渠道效益、用户留存率等？这些指标有助于更全面地评估促销活动的成功度。

2.** 用户满意度调查细节：** 你提到了高满意度率，能否分享更多用户满意度调查的具体细节和结果，以便更好地了解用户满意度的根本原因？

3.** 促销活动效果的持续性：** 你提到"以老带新"策略，是否有计划在未来的促销活动中持续采用这一策略？如何确保它的长期有效性？

4.** 库存问题解决方案：** 针对库存问题，你提到了重新回顾和分析商品销售预测模型，能否提供更多有关如何改进模型以减少预测误差的详细信息？

5.** 福利型商品分配问题：** 对于福利型商品的分配问题，是否有具体的改进计划，以确保更多的消费者能够获得这些福利？

6.** 更多数据细节：** 报告中可以考虑加入更多的数据细节，例如渠道、品类和时间段的详细数据，以帮助更好地分析和理解促销活动的效果。

作为活动运营经理，我想进一步了解促销活动的战略方向和下一步行动计划。有关这方面的信息，能否提供更多细节？

同时，我认为你的报告在结构和表达方面非常清晰，但可以考虑在报告中加入图表或其他可视化方式，以更生动地展示数据结果。这将有助于更好地传达核心观点和数据趋势。

请分享更多信息和回答我提出的问题，以便深入讨论和进一步优化促销活动策略。

从 AI 的反馈中，我们可以看到它主要包括以下几个方面的内容。

在"问题和建议"部分，AI 提出了 6 个关键信息点：

- "绩效指标的选择""用户满意度调查细节""更多数据细节"：这些建议的重点是需要增加更多、更详细的数据解释和补充信息，特别是关于绩效指标和用户满意度调查的细节，以更好地保证数据分析报告的完整性。
- "库存问题解决方案"：这一建议与数据分析师的具体工作相关，包括重新与商品部门沟通促销实施细节、增加商品特征、选择和测试不同的模型组合以及调整模型参数等。这方面的细节在实际讲解中也可能会被问到，因此需要提前准备。
- "促销活动效果的持续性""福利型商品分配问题"：这两个问题不仅仅是数据问题，还需要业务部门的决策。如果业务部门提出这些问题，那么数据分析师应该协助业务部门在这些方面提供建议。首先，需要确定业务部门是否有意采取行动，因为这个决策由他们制定；其次，如果业务部门决定采取行动，那么数据分析师应该能提供在这些方面的建议和指导。

另外，关于"促销活动的战略方向和下一步行动计划"的部分属于业务部门主要考虑的事项，因此我们可以忽略该信息；"在报告中加入图表或其他可视化方式"这一建议也可以根据报告的实际情况加以采纳和丰富。

对于上述每个问题，如果分析师认为难以回答，可以采用让 AI "自问自答"的方式，由分析师提出问题，然后让 AI 来回答。例如：

[ChatGPT] 2/14/3 假如你是一名数据分析师。在"圣诞节促销活动"分析报告中，你发现在关键促销资源中，福利型商品基本被大客户抢占，占比达 68%。这导致了原本应该让利于 C 端消费者的福利没有按预期到达消费者手中，导致部分用户反馈根本抢不到福利资源，降低了部分客户满意度。

> 你认为，应该如何改进促销计划或规则以确保更多的消费者能够获得这些福利？同时，数据分析师在这个过程中，能够提供哪些帮助？

在上述提示指令中，我们重新定义了AI的角色，提供了特定问题的背景信息，并要求AI从数据分析师的视角来提出解决方案。这涉及两个关键方面的解决思路。

- **总体改进方向**：这部分提供了业务改进的方向，以指导下一步主要的行动计划或策略，重点关注业务层面的问题解决。
- **数据分析师在特定情境下的价值发挥**：这部分提前考虑了如何在特定情景中最大限度地发挥数据分析师的价值，以实现数据驱动的决策或行动，重点关注数据分析师在解决问题中的具体作用。

ChatGPT基于上述提示指令，给出如下实施建议：

```
在这种情况下，作为数据分析师，可以提供以下建议和帮助来改进促销计划或规则，以确保更多的消费者能够获得福利资源：
**1. 优化促销规则：**
    - ** 抢购机会公平分配：** 考虑采用随机分配或抽签方式，以确保每位消费者都有平等的机会获得福利资源，而不仅仅是大客户。这种方式可以降低排队或争夺的情况，提高公平性。
    - ** 限购规则：** 实施限购规则，限制每位消费者在一定时间段内购买的数量，以确保更多的人有机会参与，而不是被少数人垄断。
**2. 实时库存管理：**
    - ** 实时库存监控：** 使用实时库存监控系统来跟踪福利型商品的库存情况。当库存接近耗尽时，系统可以自动关闭或限制购买，以防止大客户垄断。
**3. 数据驱动的策略：**
    - ** 用户行为分析：** 分析用户购买行为和历史数据，以识别具有高购买潜力的用户群体，并为他们提供更多的福利。这可以通过个性化的促销策略来实现。
    - **A/B 测试：** 进行A/B测试，测试不同的促销规则和策略，以找到最有效的方法来满足客户需求，同时维护库存平衡。
**4. 沟通和透明度：**
    - ** 明确通告：** 在促销活动前，明确告知消费者福利资源的分配方式和规则，以减少混淆和不满。
    - ** 客户支持：** 提供有效的客户支持渠道，让消费者可以向你反馈问题并得到解决。这有助于提高客户满意度。

作为数据分析师，你可以为这些改进提供支持：
- ** 数据分析：** 分析消费者行为数据，包括购买历史、购买频率、购买金额等，以确定最佳的促销规则和分配策略。
- ** 实时监控：** 帮助建立实时库存监控系统，以确保福利资源的及时分配和库存管理。
- **A/B 测试设计和分析：** 协助设计A/B测试，收集和分析数据，以确定哪种规则和策略最适合解决问题。
- ** 报告和建议：** 提供清晰的数据报告和建议，以便决策者可以基于数据做出改进促销规则和策略的决策。

上述方法和数据分析的支持可以更好地满足消费者的需求，提高客户满意度，同时保持库存平衡，确保促销活动的成功。
```

通过上述交互方式，我们不仅能够获得信息反馈，了解在报告讲解时应该准备哪些内容，还能够让AI帮助我们直接提供相关答案。这会让整个试讲过程的准备和完善工作更加高效和顺利。

第二部分 *Part 2*

外部业务场景分析

Chapter 3 第 3 章

AIGC 辅助市场及行业分析

市场及行业分析是企业制定战略和决策的重要依据。本章将介绍如何利用 AIGC 进行市场及行业分析，包括数据采集与宏观分析、行业与市场概况分析、市场细分与目标市场定位分析、市场发展与趋势研究、市场风险分析等内容。通过阅读本章内容，读者将学习到如何借助人工智能技术更全面、更准确地了解市场及行业情况，为企业决策提供可靠支持。

3.1 AIGC 在市场及行业分析中的应用

本节旨在探讨 AIGC 在市场及行业分析领域的应用背景和应用价值。此外，将解析 AIGC 的应用流程。

3.1.1 应用背景

伴随着大数据的急速增长和科技的迅猛发展，AIGC 在市场及行业分析中的应用变得愈发重要。它能够协助数据分析师和数据运营人员更快速、更准确地处理庞大的数据集，提供深刻见解，以支持战略决策和业务运营。

AI 工具在生成内容时，除了会基于已有的训练资料之外，还支持接入外部信息，通常包括两种方式：

- AIGC 工具能够实时获取互联网上的最新数据、新闻、社交媒体内容和网站信息。这些数据可用于生成最新的市场分析和行业趋势报告。例如，New Bing Chat 默认提供了这种功能。

- AI 工具自身或通过生态内的插件提供特定信息录入功能，如提供访问链接、文件上传等功能。AIGC 工具可以访问公开的学术论文、市场报告、政府统计数据等资源，从而支持人工数据源的接入与信息提取。ChatGPT Plus 支持通过插件来实现第三方文件和数据的上传。

这种直接访问互联网资源的能力有助于 AIGC 工具不断地学习和提高，因为其能够根据更新的信息和数据源不断改进模型和分析能力。这为企业决策者和分析师提供了更可靠、更及时和更全面的信息，有助于他们更好地应对市场及行业变化。

3.1.2　应用价值

AIGC 可以在各种市场及行业分析场景中广泛应用，包括市场趋势分析、行业报告生成、市场细分分析、目标市场定位分析等。

- **市场趋势分析**：AIGC 可基于互联网上的公开信息自动生成趋势分析报告，以帮助相关人员及时了解市场动向并制定相应战略。
- **行业报告生成**：AIGC 可直接汇总特定行业的大量数据，生成详尽的行业报告，包括市场规模、竞争格局、未来预测等信息，为决策者提供有力的支持。
- **市场细分分析**：AIGC 可以帮助企业进行市场细分分析，自动生成市场细分报告，确定目标市场，并优化产品定位和营销策略。
- **目标市场定位分析**：基于 AIGC 生成的内容，分析师可以更准确地定位目标市场，识别关键受众和细分市场，提高市场营销的精准度。

因此，AIGC 在市场及行业分析场景中的核心价值主要体现在以下几个方面。

- **自动化信息生成**：AIGC 能够自动生成大量分析报告、市场趋势分析报告和竞争对手情报，从而使数据分析师显著提高工作效率。
- **快速更新数据**：AIGC 可以随时利用公开的互联网数据以及企业的第三方资源更新数据，确保分析信息的时效性。
- **解放人力资源**：AIGC 可以把分析师和决策制定者从大量的数据收集、处理、分析、建模等细节工作中解放出来，使他们能够更专注于战略性任务和决策制定。
- **跨行业比较**：AIGC 擅长利用海量知识对不同行业进行比较，提供更全面的视角。
- **大规模分析**：AIGC 有能力处理大量数据，尤其是企业外部互联网数据、行业数据以及社交媒体数据，从而提供更全面的见解。

3.1.3　应用流程

要在市场及行业分析中应用 AIGC，需按照以下流程进行。

- **定义分析目标**：明确市场及行业分析的目标，确定需要 AIGC 技术生成的内容类型。
- **数据采集和准备**：收集相关的原始数据，包括市场及行业的数据、报告等内容，以供 AIGC 使用。若使用支持直接联网的 AIGC 工具，则数据采集和准备过程可由 AI 自动完成。

- **内容生成和分析**：利用选定的 AIGC 工具生成所需的分析内容，例如市场趋势报告、行业分析报告等。
- **验证与优化**：验证 AI 生成的内容，确保准确性和相关性，必要时可优化提示指令重新生成相关内容，直到满足应用需求，该过程可能需要重复多次。
- **集成与呈现**：将 AIGC 生成的内容整合到分析报告中，同时呈现给利益相关者。

3.2 数据采集与宏观分析

在市场及行业分析中，首要步骤是获得宏观数据。传统方法是市场分析师凭借经验结合企业购买的外部工具来获取数据。AI 技术使我们可以更广泛、更全面地获取数据源，它的互联网访问能力支持直接获取目标市场数据并完成初步的数据清洗工作。

3.2.1 寻找可靠的宏观分析数据源

宏观分析数据源是指涵盖大规模宏观经济、市场和行业数据的多种渠道和来源，包括政府发布的统计数据、商业报告、金融市场数据和其他公开信息源。

寻找可靠的宏观分析数据源对市场和行业分析至关重要。数据源的选择不仅需要考虑数据的全面性和权威性，还需要考虑数据的及时性和准确度。

市场分析师通常有自己获取宏观市场分析所用的数据源，例如政府数据机构、行业协会、金融市场数据供应商、商业数据库、社交媒体和互联网等。

AI 在特定分析场景中能协助梳理数据源和来源。以下是一个示例，用来说明 AI 在该场景中的具体用法：

> [New Bing Chat] 3/1/1 假如你是一名市场分析师，你现在需要针对西欧的手机市场做宏观市场分析并完成《西欧手机市场宏观分析报告》，你会从哪些渠道来获取数据？

提示指令中定义了如下关键信息。

- **AI 角色**：定义 AI 为市场分析师的角色。
- **目标市场**：按地理位置划分的特定市场，这里设置为西欧，你也可以根据企业需求定义为其他不同区域或不同层级，例如欧洲、北美、印度等。
- **经营类目**：围绕收集类目展开的市场分析，你也可以根据企业的实际类目需求，定义为其他类目，例如快消品、3C、服饰等。

这里我们选择使用 New Bing Chat 进行市场分析，原因是它能提供文本内容和参考链接，便于查找信息来源。

New Bing Chat 基于提示指令，给出如图 3-1 所示的数据源参考信息。

图 3-1　New Bing Chat 宏观分析数据来源的回复

在图 3-1 中，①呈现了原始文本，而②则指向该原始文本的引用链接，可通过直接点击链接来查阅引用页面。若认为 AI 提供的数据源较为有限，可要求 AI 进一步补充信息。例如：

```
[New Bing Chat] 3/1/2 关于西欧手机市场的市场调查机构的报告和数据，还有其他来源渠道吗？如
    果有，请至少提供 3 个不重复的来源渠道。
```

在该指令中，我们引述了先前对话中提及的“市场调查机构的报告和数据”，并请求 AI 提供更多的来源渠道。根据该指令，AI 给出的回复如图 3-2 所示。我们可以结合多次 AIGC 提供的数据源来综合分析，并梳理出可用的数据源线索。

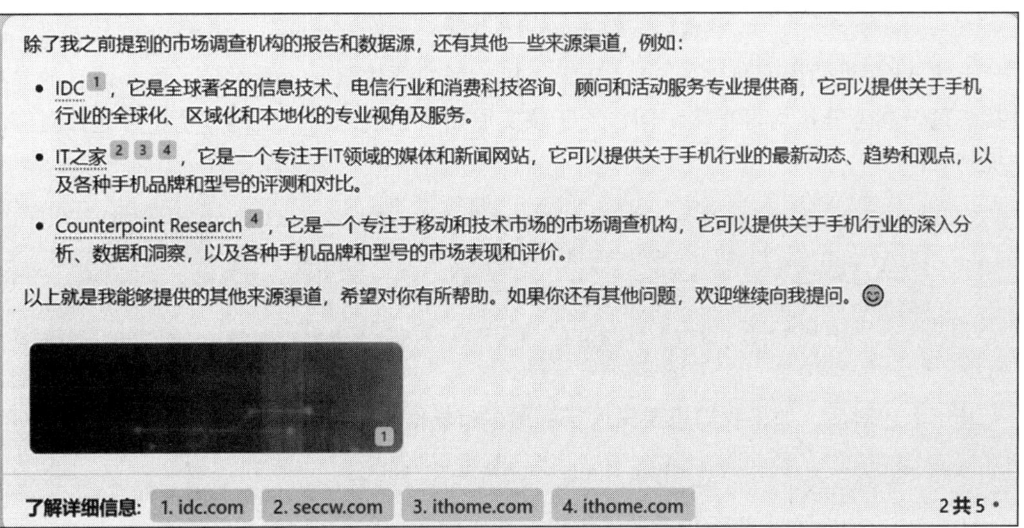

图 3-2　New Bing Chat 提供的更多数据源

3.2.2 有效收集宏观分析数据

有效收集宏观分析数据是指采用合适的方法和工具，从多样化的数据源中搜集宏观经济和市场数据，以支持深入的分析和研究。

AI 在获取宏观数据方面具备独特优势，它可以直接访问公开互联网，实现宏观数据的收集，是强大的宏观数据收集利器。

如下是一个让 AI 完成宏观数据收集的场景示例：

```
[New Bing Chat] 3/2/1  请告诉我有关 2024 年全球无人机市场的信息。
```

在该提示指令中，重点信息涉及目标市场的收集需求描述。

- ❑ 目标区域和市场：全球无人机市场。
- ❑ 数据范围：无限制，AI 首先提供一些信息，随后我们可基于 AI 提供的信息进一步追问。
- ❑ 时间范围：2024 年。

New Bing Chat 依照提示指令返回以下信息：

```
你好，这是 Bing。我可以为你提供一些有关 2024 年全球无人机市场的信息。☺

根据 Frost&Sullivan 的数据，到 2024 年，预计工业级无人机市场规模将达到约 1500 亿元，其中农林植保约 318 亿元，警用安防市场约 200 亿元，电力巡检约 200 亿元，快递物流约 255 亿元，地理测绘约 448 亿元¹。目前工业无人机已广泛应用于航空测绘、资源勘探、农业植保、油气管网巡检、海洋监测等领域，同时在建筑施工、物流货运、边境巡逻、治安反恐、救灾抢险等方面也加速落地²。
中国作为全球最大的机器人（含无人机）市场，预计 2024 年的市场规模将达到 1211.2 亿美元³，占全球总量的 44%。中国的无人机研发投入持续增加，千亿元级产业蓄势待发¹。
如果你想了解更多详情，请点击以下链接：
- [ 无人机研发投入持续增加 千亿元级产业蓄势待发 ](^1^)
- [ 无人机行业深度报告：市场空间、竞争格局、商业模式分析 ](^2^)
- [IDC：中国机器人与无人机市场规模 2024 年将达到 1211.2 亿美元 ](^3^)
```

上述 AI 提供的内容呈现了 2024 年无人机市场的预估概况，并附带了更多信息的参考链接。每个参考链接均可直接访问，便于核实原始数据信息。以下是各个参考链接对应的地址列表：

```
(1) 无人机研发投入持续增加 千亿元级产业蓄势待发 - 新华网 . http://www.news.cn/fortune/2023-04/24/c_1212170924.htm.
(2) 无人机行业深度报告：市场空间、竞争格局、商业模式分析 - 腾讯新闻 . https://new.qq.com/rain/a/20220627A05NSC00.
(3) IDC：中国机器人与无人机市场规模 2024 年将达到 1211.2 亿美元 . https://baijiahao.baidu.com/s?id=1665508951124617979.
```

基于上述对话，如果我们想要深入了解更多市场信息，可继续追问。例如：

```
[New Bing Chat] 3/2/2  哪些公司在无人机市场占据主导地位？
```

New Bing Chat 根据提示指令，提供以下补充信息：

```
无人机市场是一个非常广阔和多元化的市场，涵盖了军用、民用和商用等不同的应用场景。根据不同的细分市场，无人机市场的领导者也有所不同。
在军用无人机市场上，美国和以色列是世界领先者，分别占 45% 和 24% 的份额。美国拥有诸如泰雷兹集团、诺斯罗普格鲁曼公司和 BAE 系统公司等知名的无人机制造商，以及一些专注于无人机技术研发的创新企业，如 Skydio 和 AeroVironment。以色列则以其先进的无人机系统和出口能力而闻名，其主要的无人机企业包括埃尔比特系统有限公司和以色列航空航天工业有限公司。
在民用和商用无人机市场上，中国企业占据了主导地位，其中大疆创新是全球消费级无人机市场的龙头企业，市场占有率达 70%。大疆创新提供了多种类型的无人机产品和影像系统，覆盖了电子消费、摄影器材、户外运动、物流货运等多个领域。除了大疆创新之外，还有一些其他的中国无人机企业，如联合飞机、亿航智能、零度智控等，也在各自的细分领域展现了较强的竞争力。
```

注意　若依赖 AI 收集数据源，请务必确保所得内容的准确性。数据的可信度是 AI 收集信息的最大挑战。即便借助 AI 获得的数据和参考链接，也需人工参与以验证信息。这个过程需要结合多方数据源来确保数据的准确性和可信度。

3.2.3 利用 AIGC 清洗宏观数据

清洗宏观数据是指识别、修正和清理数据中的错误、重复或不一致之处，或者对文本进行去噪、标准化、符号处理、拼音或字母检查等操作，以确保数据的质量和可用性。

AI 的高智能水平使得我们能够直接委托其完成这些技术性的工作。ChatGPT 在处理自然语言方面表现出色，因此在这里我们选择 ChatGPT 来完成此类任务。下面提供了两个与该场景相关的提示指令示例。

示例 1：去除宏观数据中的特殊符号。

```
[ChatGPT] 3/3/1　请去除下面文本内容中的特殊字符，让文本内容流畅、无符号错误。

根据 *&#8203;``【 oaicite:5】``&#8203; 年报披露的信息，2022 年，极米科技 *!(营业)收入规模达到 42.22 亿元，同比增长 4.57%。# 总体来看，2019—2022 年，极米科技的营业收入规模呈现 +++ 逐年上升 %%% 趋势，2022 年增速放缓的主要原因包括外汇环境的不利变动 @、国内销售 &#8203;``【 oaicite:4】``&#8203; 端以及需求端都面临挑战。
极米科技的 *! 主营业务包括三个部分：& 智能投影产品的研发 @、生产及销售 ;&#8203;``【oaicite:3】``&#8203; 投影的配件产品；互联网增值服务。其中，智能投影产品包括 &#8203;``【 oaicite:2】``&#8203; 微投、创新产品和激光电视。2022 年，智能投影产品业务创造营业收入 39.38 亿元、占整体营业收入的 93.97%，其中智能微投的营收规模为 36.63 亿元、占智能投影产品业务的 93%!%。
```

在上述提示指令中，我们要求 AI 移除特殊字符，确保没有符号错误，并在提示指令中提供了需要清理的原始文本数据。

根据该指令，ChatGPT 给出以下清理后的结果，可见所有异常符号已得到处理，内容可被正常阅读：

```
根据年报披露的信息，2022 年，极米科技营业收入规模达到 42.22 亿元，同比增长 4.57%。总体来看，2019—2022 年，极米科技的营业收入规模呈现逐年上升趋势，2022 年增速放缓的主要原因包括外汇环境的不利变动、国内销售物流端以及需求端都面临挑战。
极米科技的主营业务包括三个部分：智能投影产品的研发、生产及销售，智能投影的配件产品，互联网增值服务。其中，智能投影产品包括智能微投、创新产品和激光电视。2022 年，智能投影产品业务创造营业收入 39.38 亿元、占整体营业收入的 93.97%，其中智能微投的营收规模为 36.63 亿元、占智能投影产品业务的 93%。
```

示例 2：将宏观文本数据整理为二维表格。

```
[ChatGPT] 3/3/2 请将下面的内容整理成一个对比表格。

公司A在2022年的销售额为50亿元，市场份额为10.2%。公司B的销售额为45亿元，市场份额为9.2%。公司C表现最佳，销售额达到60亿元，市场份额为12.3%。公司D销售额为35亿元，市场份额为7.1%。这些数据提供了关于各公司在市场中的相对地位和销售表现的重要见解。
```

在给定的指令中，我们仅通过简单描述让 AI 完成了文本整理成表格的任务。

ChatGPT 根据该指令正确提取了对比的公司主体和相应的数据指标，将它们整合成一个平面表格，如图 3-3 所示。使用时，我们只需将完整表格复制到 Excel 中，然后再进行格式化处理（例如设置表格宽度、边框、字体、字号、对齐样式等）即可。

下面是一个对比表格，显示了公司A、公司B、公司C和公司D在2022年的销售额和市场份额：

公司	2022销售额（亿元）	市场份额（%）
公司A	50	10.2
公司B	45	9.2
公司C	60	12.3
公司D	35	7.1

图 3-3 ChatGPT 整理的对比表格

3.3 行业与市场概况分析

在进行行业与市场概况分析时，我们首先需要全面了解行业与市场的情况，从行业概况、竞争格局、消费者洞察到市场 PEST，以更好地理解市场环境并抓住商机。

3.3.1 行业概况分析

行业概况分析是对目标行业的基本情况、市场规模、增长趋势、细分市场等方面进行系统的描述和评估，旨在深入了解特定行业的整体情况。

行业概况分析可以帮助我们了解行业的整体状况、发展潜力、市场需求、主要特征等，为进入行业、选择细分市场、定位产品、制定策略等提供参考和依据。

行业概况分析主要包括以下几个方面。

- **行业概貌**：介绍行业的定义、分类、特点、历史和发展阶段。
- **市场规模**：分析行业的总体市场规模、历史变化、增长预测、区域分布和国际比较等。
- **增长趋势**：探讨行业的增长动力、增长速度、增长潜力、增长障碍和增长预测。
- **细分市场**：分析行业的主要细分市场的定义、规模、增长、特点、竞争和机会。

以下是一个基于 AI 完成跨境出口行业概况分析的示例。

```
[New Bing Chat] 3/4/1  请你作为一名市场分析师，对中国的跨境出口行业做概况分析，分别从下面
    四个角度分析并返回 Markdown 格式的报告。
- 行业概貌：介绍行业的定义、分类、特点、历史、发展阶段。
- 市场规模：分析行业的总体市场规模、历史变化、增长预测、区域分布、国际比较（重点是北美和欧盟市
  场）等。
- 增长趋势：分析行业未来 3 年的增长动力、增长速度、增长潜力、增长障碍、增长预测等。
- 细分市场：分析行业的主要细分市场的定义、规模、增长、特点、竞争、机会等。
```

上述提示指令除设定了 AI 的角色外，重点信息是关于行业分析的需求描述。

- **目标行业**：我们明确定义了研究目标为中国的跨境出口行业，包括区域和行业两个方面的信息。
- **市场规模**：在进行国际比较时，我们特别关注了北美和欧盟市场，将其视为主要市场。如果你需要对其他市场保持特别关注，可以进行替换，如东南亚等。
- **增长趋势**：我们着重强调了行业未来 3 年的增长趋势，以便更加聚焦于特定经营周期。
- **输出格式**：我们要求结果以 Markdown 格式呈现，以便后续对数据进行清洗和整理。

我们通过 New Bing Chat 完成上述宏观分析。在获取分析结果时，由于内容项较多且每次输出的长度有限，因此存在输出不完整的问题，如图 3-4 所示。

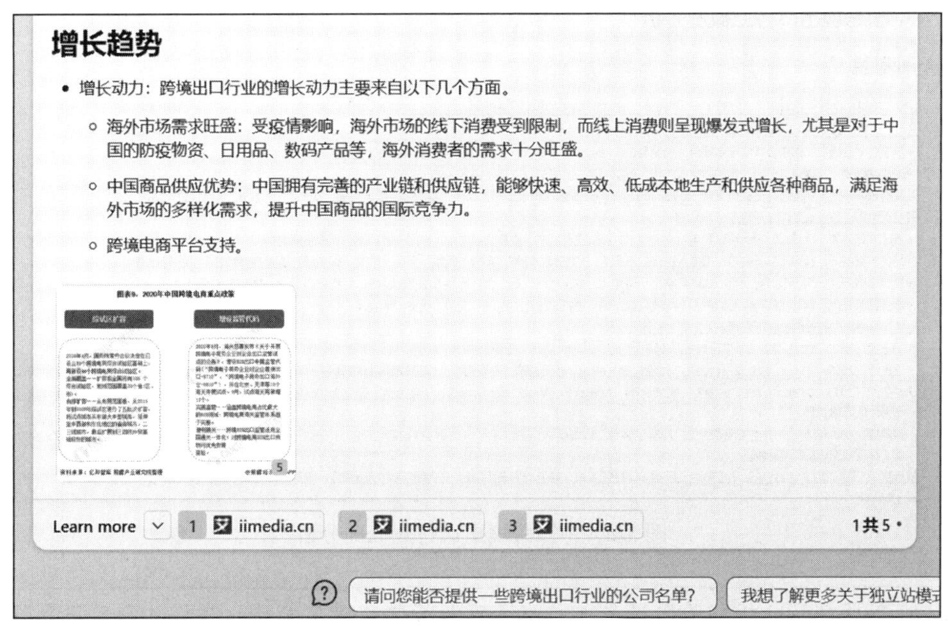

图 3-4　New Bing Chat 未输出完整内容

为了解决这个问题，我们需要再次输入提示指令来让 AI 继续输出剩余内容。例如，输入“请继续写下去”或者“请从‘增长趋势’开始继续写下去”。

在多次提示AI输出内容后，我们得到多个New Bing Chat的输出结果。随后，我们需要将这些结果整合到一个文档中。操作方法如图3-5所示，将鼠标指针移至AI的输出内容上，单击右上角的“复制”按钮（图中①），将AI的输出内容复制下来。

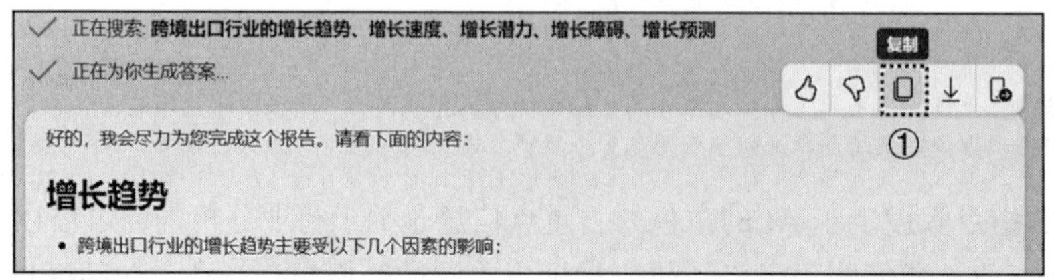

图3-5 复制New Bing Chat的输出内容

将每次复制的内容粘贴到Markdown文档工具（例如Obsidian）中。删除无用的重复对话信息和AI回复，以得到一份包含完整信息的Markdown格式文档。文档的部分内容参见图3-6，完整文档请查看本章附件“中国跨境出口行业概况分析.md”。

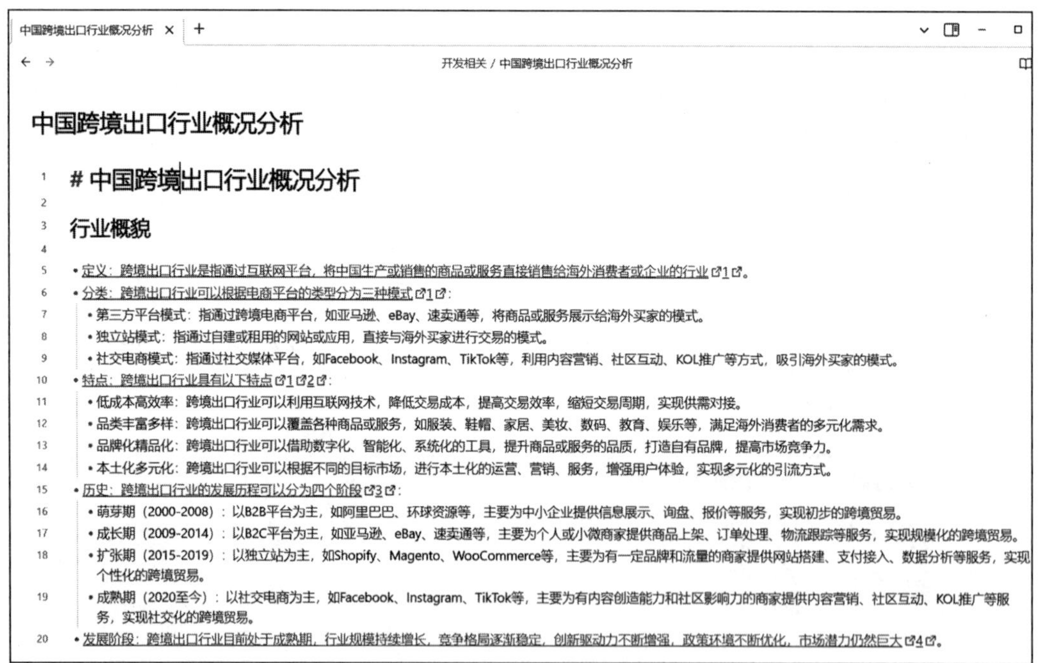

图3-6 中国跨境出口行业概况分析

提示 在市场调研分析相关的报告中，为了确保获取的信息完整，我们可以采用分阶段获取数据的策略，以确保每次获取的信息主题更为集中。举例来说，在此案例中，可将行业概况、市场规模、增长趋势、细分市场作为不同主题分别输入，让AI在每个对话中专注于输出每个主题的内容。这样有助于确保获得的内容更为完整。

3.3.2 竞争格局分析

竞争格局分析旨在系统描述与评估目标行业的关键竞争对手、市场份额、竞争策略以及核心竞争优势。这种分析有助于深入了解行业的竞争态势、力量对比、优势、劣势及潜在机会，为制定有效的竞争策略、提升竞争实力、获取优势地位提供重要依据。

竞争格局分析主要涵盖以下几个方面。

- **主要竞争对手**：详细分析行业内主要竞争对手的名称、背景、规模、产品组合、市场定位、财务状况以及战略方向。
- **市场份额**：分析主要竞争对手在市场中的地位、持有的市场份额、历史变化趋势、预期增长走向，以及地域与细分市场分布。
- **竞争策略**：探究主要竞争对手采取的策略，包括市场、产品、价格、渠道、促销、品牌以及创新等多个方面。
- **核心竞争优势**：分析主要竞争对手的核心优势，如资源、技术、品质、服务、口碑以及供应链等各方面的优势。

以下是一个基于 AI 实现跨境出口行业竞争格局分析的示例。

```
[New Bing Chat] 3/5/1 请你作为一名市场分析师，对中国的跨境数码类（电脑、平板电脑、手机、
    智能手表）出口行业在北美市场的主要竞争对手进行分析，包括名称、市场地位、市场份额，并返回
    Markdown 格式的报告。
```

针对上述提示指令，我们需注意以下几点：

- 在进行竞争格局分析时，应关注特定的类目和区域市场，确保分析更为精准，以避免得出泛泛的结果。这种聚焦应与企业的战略部署密切相关。
- 此处我们仅分析竞争格局中竞争对手的名称、市场地位和市场份额。这一做法旨在先识别主要竞争对手，随后根据实际情况展开其他内容，逐一研究，等各点内容都分析完整后，再手动合并内容。

New Bing Chat 基于提示指令，给出如下结果：

```
# 中国的跨境数码类出口行业在北美市场的主要竞争对手
## 摘要
- 中国的跨境数码类出口行业在北美市场面临着来自美国、日本、韩国等国家的强劲竞争，主要竞争对手包
  括苹果、三星、索尼、LG、惠普、戴尔等知名品牌。
- 根据艾媒咨询的数据，2023 年中国跨境电商出口规模达到 1.1 万亿元，其中数码类产品占比约为 20%，
  即 2200 亿元。而根据前瞻网的数据，2023 年北美市场的数码类产品消费规模为 2.4 万亿元，中国占比
  约为 9.2%。
- 中国的跨境数码类出口行业在北美市场的优势在于价格低廉、品类丰富、创新能力强，但也存在品牌知名
  度低、质量参差不齐、售后服务不完善等问题。

## 主要竞争对手分析

### 苹果
- 苹果是全球最大的数码类产品生产商和销售商之一，其产品包括 iPhone、iPad、Mac、Apple Watch 等，
  以高端、时尚、创新而闻名。
```

```
- 苹果在北美市场的市场地位极为稳固，根据 Counterpoint Research 的数据，2023 年第二季度，苹果在美国智能手机市场的份额为 53.4%，远超三星的 24.9% 和 LG 的 9.6%。
- 苹果的主要竞争优势在于其强大的品牌影响力、忠实的用户群、完善的生态系统、优质的产品设计和性能，以及不断创新的技术。
- 苹果的主要竞争劣势在于其产品价格过高、更新周期较长、多样化的选择较少，以及面临着来自中国等新兴市场的挑战。
### 三星
- 三星是全球最大的智能手机生产商和销售商之一，其产品包括 Galaxy S、Galaxy Note、Galaxy Tab、Galaxy Watch 等，以中高端、多样化、创新而闻名。
- 三星在北美市场的市场地位仅次于苹果，根据 Counterpoint Research 的数据，2023 年第二季度，三星在美国智能手机市场的份额为 24.9%，位居第二，但远低于苹果的 53.4%。
- 三星的主要竞争优势在于其广泛的产品线、高性价比的产品、领先的屏幕和相机技术、灵活的营销策略，以及在新兴市场的强势表现。
- 三星的主要竞争劣势在于其品牌形象不如苹果、用户忠诚度较低、软件体验不佳、创新能力不足，以及面临着华为等中国品牌的竞争。
### 索尼
- 索尼是全球最大的数码类产品生产商和销售商之一，其产品包括 PlayStation、Xperia、Walkman、Alpha 等，以高端、专业、创新而闻名。
- 索尼在北美市场的市场地位较为稳定，根据 Statista 的数据，2023 年第一季度，索尼在美国平板电脑市场的份额为 6.3%，位居第四，仅次于苹果、三星和亚马逊。
- 索尼的主要竞争优势在于其强大的品牌影响力、专业的产品质量和性能、独特的产品设计和功能，以及在游戏和影像领域领先的市场地位。
- 索尼的主要竞争劣势在于其产品价格过高、更新周期较长、多样化的选择较少，以及智能手机市场的萎缩。
### LG
- LG 是北美市场中另一个来自韩国的跨境数码类产品竞争对手，拥有 LG、Nexus 等知名品牌，主要涉及手机、平板电脑等领域。
- LG 的跨境数码类产品以时尚、多功能、性价比高为特点，具有较强的创新能力和市场敏感度，能够迅速适应和满足用户的需求和喜好。
- LG 的跨境数码类产品也面临着一些困境，如产品质量问题、品牌形象受损等，需要加强品牌建设和质量管理，提高用户的信任度和满意度。

## 其他竞争对手
- 除了来自上述三个国家的竞争对手外，中国的跨境数码类出口行业在北美市场还面临来自其他国家和地区的竞争，如新加坡、欧洲等。
- 这些国家和地区的跨境数码类产品各有特色和优势，如新加坡的创维、Razer 等以电视、游戏设备等产品受欢迎，欧洲的诺基亚、华为、小米等以手机、智能手表等产品占据一定市场份额。
- 这些国家和地区的跨境数码类产品也有其不足，如新加坡的产品价格较高、市场覆盖率较低，欧洲的产品受到美国的制裁和限制等。
```

上述 AIGC 信息存在一些显著性的常识错误，主要集中在最后关于“其他竞争对手”的描述中：

- 创维、华为和小米均为中国品牌，而非来自新加坡或欧洲。
- 主要受到制裁和限制的是中国的产品，而非欧洲的产品。

3.3.3 消费者洞察分析

消费者洞察分析旨在系统描述与评估目标行业的目标受众、购买行为、消费需求以及需求趋势。这种分析有助于深入了解消费者的特征、需求、偏好、动机以及满意度，为产品设计、定价策略、渠道选择、促销方式以及品牌策略提供重要参考和依据。

消费者洞察分析主要涵盖以下几个方面。

- **目标受众**：详细分析目标行业的目标受众的定义、规模、分布、特征以及分类情况。
- **购买行为**：分析目标受众的购买行为，包括购买过程、频率、量度、时间、地点、方式、偏好以及决策过程。
- **消费需求**：探究目标受众对产品或服务的需求特点与诉求，包括表面需求如产品性能、品质、价格范围、外观、功能，以及深层次需求涉及的社交、品牌价值和个人诉求等。
- **需求趋势**：分析目标受众的需求变化、驱动因素以及走向。

以下是一个基于 AI 实现跨境出口行业消费者洞察分析的示例。

```
[New Bing Chat] 3/6/1  请你作为一名市场分析师，对中国的跨境数码类（电脑、平板电脑、手机、智
    能手表）出口行业在北美市场的高端产品的目标消费者进行分析，主要包括目标消费者的定义、规模、
    分布、特征、分类等，并返回 Markdown 格式的报告。
```

上面的提示指令除了指定 AI 角色、地域市场、行业的定义之外，还重点强调了对产品目标消费者的深入细分，特别指出针对高端产品的受众。这个精准定位不仅有助于集中观察目标，还有助于高端产品的研发和推广。

New Bing Chat 基于提示指令，返回了如下洞察结果：

```
# 中国的跨境数码类高端产品在北美市场的目标消费者分析
## 摘要
- 中国的跨境数码类高端产品主要指电脑、平板电脑、手机、智能手表等具有高性能、高品质、高价格的数
  码产品，主要面向北美市场的高收入、高教育程度、高品位的消费者群体。
- 中国的跨境数码类高端产品在北美市场的目标消费者的规模较大，根据艾媒咨询的数据，2020 年，中国
  的跨境数码类产品卖家在北美亚马逊平台上的商品交易总量同比增长约 60%，是所有地区中增长最快的，
  美国占据了最大的市场份额。
- 中国的跨境数码类高端产品在北美市场的目标消费者的分布较广，主要集中在美国的西海岸、东北部和中
  西部等地区，以及加拿大的安大略省、不列颠哥伦比亚省等地区，这些地区具有经济发达、科技创新、人
  口密集等特点，对高端数码产品的需求较高。
- 中国的跨境数码类高端产品在北美市场的目标消费者的特征较明显，主要包括以下几个方面。
  - 年龄：主要为 25~44 岁的中青年，这部分人群的收入水平、消费能力较高，消费意愿较强，对数码产
    品的更新换代和功能性有较高的要求。
  - 性别：男性消费者占比较高，根据知乎的数据，男性消费者在跨境电商平台上购买数码产品的比例高
    达 70% 以上，女性消费者则更倾向于购买服饰鞋包、美妆个护等产品。
  - 教育：主要为本科以上的高学历人群，这部分人群的知识水平、信息敏感度较高，品牌意识较强，对
    数码产品的品质和性能有较高的标准。
  - 职业：主要为 IT、金融、教育、媒体等行业的从业者，这部分人群的工作性质、生活方式和兴趣爱好
    与数码产品的使用场景和功能相匹配，对数码产品的创新和多样化有较高的追求。
- 中国的跨境数码类高端产品在北美市场的目标消费者的分类较细，主要可以分为以下几种类型。
  - 技术爱好者：这部分消费者对数码产品的技术参数、性能指标和功能特点有较深入的了解和较大的兴
    趣，喜欢尝试新的数码产品和技术，对数码产品的品牌忠诚度较低，更看重产品的创新性和差异化。
  - 品牌追随者：这部分消费者对数码产品的品牌有较强的认同感和信赖感，喜欢购买知名品牌的数码产
    品，对数码产品的品牌忠诚度较高，更看重产品的品质和信誉。
  - 实用主义者：这部分消费者对数码产品的功能性和实用性有较高的要求，喜欢购买能够满足自己工作
    和生活需求的数码产品，对数码产品的品牌忠诚度中等，更看重产品的性价比和稳定性。
```

```
- 时尚潮人：这部分消费者对数码产品的外观设计和流行趋势有较高的关注，喜欢购买能够展示自己个
  性和品位的数码产品，对数码产品的品牌忠诚度较低，更看重产品的时尚性和多样性。
```

消费者洞察分析不仅可用于深入洞察目标受众，还可用于深入洞察购买行为、消费需求以及需求趋势，从而全面理解市场动态和消费者行为。

3.3.4 市场 PEST 分析

市场 PEST 分析是指对目标市场的政治、经济、社会和技术等宏观环境因素进行系统描述与评估，其目的在于评估这些因素对市场的影响，为进入市场、选择细分市场、产品定位和策略制定提供重要依据。

除了 PEST 分析外，常用的宏观市场分析工具还包括：

- PESTEL 分析：考虑了环境和法律因素，扩展了 PEST，使其更全面。比如，汽车排放标准直接驱动汽车行业发展，而《通用数据保护条例》（GDPR）等法规对数字产业影响深远。
- SCOT 分析：侧重于社会、文化、组织和技术因素，尤其适用于技术驱动的市场。以可穿戴设备为例，SCOT 分析可以深入洞察社会和文化因素对设备接受程度的影响，包括个人隐私观念、健康意识和时尚趋势。

市场 PEST 分析能够帮助了解市场状况、潜力、需求和特征，为进入市场、选择细分市场、定位产品和制定策略提供依据。其内容包括：

- **政治环境**：政治制度、政府方针、法律法规、国际关系等对市场的影响。
- **经济环境**：经济发展水平、结构、通货膨胀、消费水平、国际贸易等对市场的影响。
- **社会环境**：人口、文化、教育水平、消费习惯、价值观念等对市场的影响。
- **技术环境**：科技发展水平、创新能力、政策、商品化对市场的影响。

以下是一个基于 AI 完成跨境出口行业 PEST 分析的示例。

```
[New Bing Chat] 3/7/1 请你作为一名市场分析师，对中国的跨境数码类（电脑、平板电脑、手机、智
    能手表）出口行业在北美市场的情况做 PEST 分析，并返回 Markdown 格式的报告。
```

上述提示清晰地阐明了任务要求。New Bing Chat 基于这一提示指令得出以下分析结果。

```
# 中国的跨境数码类出口行业在北美市场的情况的 PEST 分析
## 政治因素
- 北美市场是中国跨境数码类出口行业的最大目标市场，市场体量领先。但是，近年来，中美贸易摩擦导致
  双方加征关税，影响了中国数码产品的出口竞争力。
- 2020 年 7 月，美国、加拿大和墨西哥签署了《北美自由贸易协定》（USMCA）的修订版，取代了原有的
  《北美自由贸易协定》(NAFTA)。该协定对跨境电商行业有利，降低了贸易壁垒，提高了市场准入条件，增
  加了消费者的选择。

## 经济因素
- 北美市场的消费能力强劲，网购渗透率高，对数码产品的需求旺盛。2020 年，美国的电子商务零售额达
  到 7910 亿美元，同比增长 32.4%，占总零售额的 14%。加拿大和墨西哥的电子商务市场也呈现出快速
  增长的趋势。
```

```
- 由于疫情的影响，北美市场的“宅经济”兴起，推动了数码产品的消费升级。消费者更加注重数码产品的功能、品质和创新，对于智能手机、平板电脑、笔记本电脑、智能手表等产品的需求增加。
- 中国的跨境数码类出口行业在北美市场面临着来自发达国家的高质量消费品和发展中国家劳动密集型低价产品的双重竞争。中国的数码产品需要在价格、品牌、服务等方面提升自身的核心竞争力，以适应北美市场的多元化需求。

## 社会因素
- 北美市场的消费者对于数码产品的偏好和习惯有所不同。美国消费者更倾向于购买知名品牌的数码产品，对于新兴品牌的接受度较低。加拿大消费者更注重数码产品的环保性和社会责任，对于可回收和可降解的数码产品有更大的需求。墨西哥消费者更看重数码产品的性价比和实用性，对于廉价和功能齐全的数码产品有更大的兴趣。
- 北美市场的消费者对于跨境电商的信任度和满意度有待提高。根据调查，北美消费者在跨境电商平台购买数码产品时，最关心的问题是产品质量、物流速度、售后服务和税收政策。中国的跨境数码类出口行业需要在这些方面提供更好的保障和体验，以增强消费者的信心，提升消费者的忠诚度。

## 技术因素
- 北美市场是数码产品的创新中心，拥有众多的科技巨头和创业公司，不断推出新的技术和产品，引领着全球的数码潮流。中国的跨境数码类出口行业需要紧跟北美市场的技术发展趋势，加强自主研发和创新，提升产品的附加值和差异化，以应对激烈的竞争和变化的需求。
- 北美市场的跨境电商平台和服务体系完善，为数码产品的出口提供了便利和支持。例如，亚马逊、eBay、Shopify 等平台提供了丰富的流量、数据和工具，帮助卖家开拓和管理北美市场。万里汇、Payoneer、PayPal 等服务商提供了便捷的跨境支付和汇款服务，降低了卖家的资金成本和风险。中国的跨境数码类出口行业需要充分利用这些平台和服务，提高自身的运营效率和市场拓展能力。

# 总结
中国的跨境数码类出口行业在北美市场面临着机遇和挑战，需要从政治、经济、社会和技术四个方面进行全面的分析和应对，以实现可持续的发展。
```

3.4 市场细分与目标市场定位分析

市场细分与目标市场定位分析对于市场战略至关重要，有助于企业更精准地满足不同消费者群体的需求。本节将进行市场细分分析、目标市场定位分析以及目标市场生命周期分析，以助力企业更有效地规划战略与市场定位。

3.4.1 市场细分分析

市场细分是将市场根据特征或需求分成相对均衡的子市场，以满足不同市场需求并提供量身定制的产品、定价和市场推广策略。

市场细分分析旨在识别市场中的不同消费者群体，洞察他们的需求、偏好和购买行为，以便提供更贴近其需求的产品或服务。市场细分方法多种多样，涵盖地理、人口统计、心理、行为等因素。例如，按年龄、性别、收入、教育、职业等因素细分市场，如青年市场、女性市场、高收入市场等。

市场细分分析主要包括以下几个方面。

- **确定细分标准**：确定市场细分的依据和标准，选择适当的细分方法和变量，如地理位置、年龄、性别、兴趣、购买力等。

- ❑ **细分市场描述**：将市场划分为多个细分市场，描述各细分市场的需求、规模、利润率、潜力、增长率等。
- ❑ **竞争状况评估**：评估各细分市场的竞争状况，分析主要竞争对手、竞争强度和市场份额。
- ❑ **市场特征描述**：描述各细分市场的特征，包括用户需求、偏好、生活方式，有助于个性化市场定位和产品开发。

接下来，我们将以一个场景为例，展示如何借助 AI 完成市场细分分析任务。

```
[New Bing Chat] 3/8/1 你是一名市场分析师，你所在的公司是一家智能手表的跨境电商企业，目标
    市场主要是北美。你要针对北美市场进行市场细分分析，以确定公司的细分市场和竞争策略。
请按照消费者的心理和行为因素进行市场细分，市场细分变量包括：消费者的生活方式、价值观、购买动机、
购买频率、品牌忠诚度等。请根据市场细分变量，将北美市场划分为多个不同的细分市场，并分别描述如下信息：
- 细分市场的需求、规模、市场增长、利润情况等。
- 细分市场的主要竞争对手及其市场份额。
最后返回 Markdown 格式的报告。
```

上述指令除了设定 AI 角色、指定市场区域和产品类目之外，还主要涵盖以下两点关键内容。

- ❑ 细分市场方法：介绍了细分因素（心理和行为）和细分变量（如生活方式、价值观）。
- ❑ 分析报告内容：包括细分市场的需求、规模、增长趋势、利润状况以及竞争对手情况。

New Bing Chat 基于提示指令，返回如下信息：

```
# 北美智能手表市场细分分析
## 市场概述
- 智能手表是一种手表形状的可穿戴计算机，可以与智能手机配对，提供通知、健康监测、健身跟踪、个人
  助理等功能。
- 北美智能手表市场规模预计将从 2023 年的 397.5 亿美元增长到 2028 年的 857.1 亿美元，在预
  测期间（2023—2028 年）的复合年增长率为 16.61%。
- 该地区的一些消费者因素和人口统计数据变化，例如居住在城市的人口越来越多，以及对具有新功能（如
  时间表和多种功能）的高科技产品的需求不断增长，使智能手表在美国更受欢迎。
- 美国等国家的千禧一代每天都在使用高科技智能手表，以及苹果、亚马逊、Fitbit、谷歌等大型公司都
  推出了智能手表，这一事实也有助于研究市场的增长。
- 消费者健康意识的提高是推动智能手表市场增长的关键因素。智能手表使他们能够根据自己的健康状况采
  取必要的预防措施。此外，医生可以轻松地远程监控患者的健康状况，并可以根据需要开处方或提供治疗。
## 市场细分
根据消费者的心理和行为因素，北美智能手表市场可以划分为以下三个细分市场：

### 高端奢侈品消费者
- 这一细分市场的消费者是对高端奢侈品有强烈需求和偏好的人，他们愿意为品牌、设计、质量和功能付出
  高昂的价格。
- 这一细分市场的需求主要来自富裕的消费者，他们追求时尚、个性和社会地位，以及热衷新技术。
- 这一细分市场的规模相对较小，但利润较高，市场增长较快，在预测期内预计会保持稳定的增长率。
- 这一细分市场的主要竞争对手是苹果、三星、华为和 Fossil 等品牌，它们提供了各种款式、功能和价格
  的智能手表，以满足不同消费者的需求和喜好。
```

```
- 根据 2021 年第一季度的数据，苹果在这一细分市场中占据了最大的市场份额，为 36.1%，其次是三星
  和华为，分别为 10.1% 和 7.2%。

### 健康和健身爱好者
- 这一细分市场的消费者是对健康和健身有较高关注度和兴趣的人，他们使用智能手表来监测自己的身体状
  况，如心率、血压、睡眠质量、卡路里消耗等。
- 这一细分市场的需求主要来自年轻的消费者，他们有着积极的生活方式，参与各种运动来锻炼身体，如跑
  步、游泳、骑自行车、瑜伽等。
- 这一细分市场的规模较大，利润较低，市场增长较慢，在预测期内预计会受到新产品和功能的刺激而有所
  提升。
- 这一细分市场的主要竞争对手是 Fitbit、Garmin、Huami 和 Apple 等品牌，它们提供了专为健康和健
  身目的而设计的智能手表，具有高精度的传感器、长久的电池寿命和多样的运动模式。
- 根据 2021 年第一季度的数据，Fitbit 在这一细分市场中占据了最大的市场份额，为 24.3%，其次是
  Garmin 和 Huami，分别为 18.2% 和 15.4%。

### 个人助理和生活方式改善者
- 这一细分市场的消费者是对个人助理和生活方式改善有需求和期望的人，他们使用智能手表来提高自己的
  工作效率、时间管理能力，进行社交互动，提升娱乐享受。
- 这一细分市场的需求主要来自忙碌的消费者，他们需要通过智能手表来接收和回复通知、安排日程、设置
  提醒、控制音乐和其他设备、使用语音助手等。
- 这一细分市场的规模适中，利润适中，市场增长适中，在预测期内预计会受到人工智能和物联网技术的推
  动而有所增长。
- 这一细分市场的主要竞争对手是苹果、三星、谷歌和 Fossil 等品牌，它们提供了具有强大的操作系统、
  丰富的应用程序、易用的界面和兼容性好的生态系统的智能手表。
- 根据 2021 年第一季度的数据，苹果在这一细分市场中占据了最大的市场份额，为 28.7%，其次是三星和
  谷歌，分别为 14.5% 和 12.3%。
```

AIGC 输出的内容中涉及大量数据，我们需要核实每个数据的来源和准确性。举例来说，在图 3-7 中，①展示了市场规模的预测结果，源自参考链接“2”(图中②)。

图 3-7　复制 New Bing Chat 数据的事实出处

我们在网页中打开链接并验证数据的准确性，确保其与 AIGC 的结果一致，如图 3-8 所示。

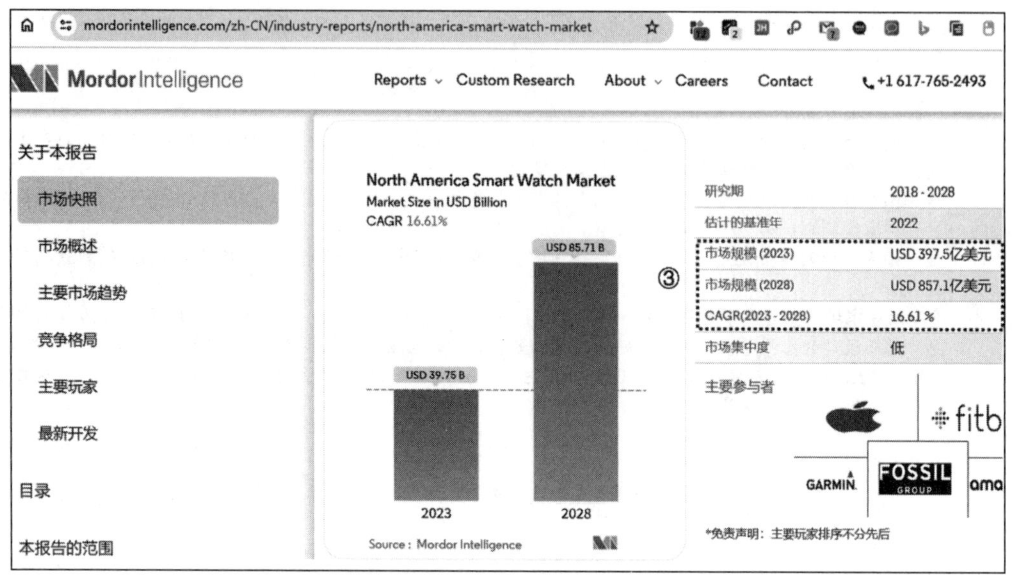

图 3-8 检查网页中数据事实是否准确

如果经核实发现引用的数据错误，需要予以纠正；对于无法直接论证的引用，说明这些数据已过时或由 AI 生成，需要谨慎使用。

3.4.2 目标市场定位分析

目标市场定位是在市场细分的基础上，选择潜力及吸引力较高的子市场作为企业关注的重点，从而确定产品或服务在市场中的独特位置和形象，并突出与竞争对手的差异和优势。

常用的目标市场定位因素包括产品属性、价格、质量、使用场景以及用户群体等。例如，针对产品的功能和性能，将其定位为高端、专业、创新的智能手表。

目标市场定位分析的基本内容包括：

- **市场细分选择**：选定最适合企业产品或服务的潜力细分市场。
- **差异化竞争分析**：分析目标市场的竞争情况，识别竞争对手的产品、特点、优势和劣势，明确产品或服务的相对优势和差异。
- **市场定位策略**：制定市场定位策略，包括定位陈述、市场地位、品牌形象和定价策略等。

接下来，我们将以一个场景为例，展示如何借助 AI 完成目标市场定位分析任务。

```
[New Bing Chat] 3/9/1 你是一名市场分析师，你所在的公司是一家智能手表的跨境电商企业，目标
    市场主要是北美。请你针对北美市场的健康型手表，完成如下分析工作：
1. 请先分析该细分市场（苹果、三星、华为）的核心产品及其主要特点、优势和劣势。
2. 然后为你的公司制定市场定位策略，包括定位陈述、市场地位、品牌形象、定价策略等。
最后返回 Markdown 格式的报告。
```

在提示指令中，我们先让AI梳理细分市场的竞争对手及其产品的主要特点、优势和劣势，然后制定市场定位策略；在细分市场中，我们特别强调围绕苹果、三星和华为进行竞争分析，因为这三家是该细分市场的主要竞争者。

New Bing Chat基于指令提供了以下分析结果（仅提供华为相关内容，并以此为例说明后续AI交互和应用过程）。

一、健康型手表的市场分析

根据我使用的搜索工具，我发现北美市场上主要的健康型手表品牌有苹果、三星、华为等，下面我将分别介绍它们的核心产品及其主要特点、优势和劣势。

1. 苹果

…

2. 三星

…

3. 华为

华为是全球智能手表市场的第三大品牌，其最新的健康型手表产品是HUAWEI Watch GT 3，它具有以下特点：

- 搭载了鸿蒙系统，支持eSIM卡，可以独立于手机进行通话、上网等。
- 配备了1.43英寸[㊀]的OLED屏幕，分辨率为466×466，支持全天候显示（Always-on Display）功能，可以随时查看时间、通知等信息。
- 拥有多种健康监测功能，包括心率、血氧、血压、睡眠、压力、女性健康等，还可以进行心电图检测，及时发现心脏异常。
- 提供了多种运动模式，包括跑步、游泳、骑行、瑜伽等，可以记录运动数据，提供运动建议，还可以同步华为健康的在线课程。
- 支持华为钱包，可以实现无接触支付，还可以作为公交卡、门禁卡等使用。
- 支持小爱同学语音助手，可以通过语音控制手表的各种功能，还可以与华为智能家居设备进行互动。
- 具有防水、防尘、防摔等特性，可以适应各种环境，还有多种表带和表盘可供选择，可以满足不同的个性化需求。

华为的优势在于：

- 具有较强的品牌影响力，拥有广泛的用户群体，可以形成稳定的市场需求。
- 具有较高的技术和创新能力，可以不断推出新的功能和服务，保持市场竞争力。
- 具有较好的生态系统，可以与鸿蒙、Android、Windows等设备无缝连接，提供一致的用户体验。
- 具有较低的价格，对于一般消费者来说，更加容易接受，拓展了市场的扩张空间。

华为的劣势在于：

- 受到制裁和限制，对于北美市场来说，可能面临法律和政治的风险，影响了市场的信任度和稳定性。
- 缺乏个性化和差异化，对于追求个性和创新的用户来说，可能缺乏吸引力。
- 缺乏高端的设计和质量，对于高收入人群来说，可能不太符合其消费需求，降低了市场的溢价空间。

二、市场定位策略

根据上述市场分析，我为你的公司制定了如下市场定位策略。

- 定位陈述：我们的公司是一家从事智能手表的跨境电商企业，我们的目标是为北美市场提供一款创新和个性的健康型手表，让用户享受健康和时尚的生活方式。
- 市场地位：我们的公司的市场地位是一个挑战者，我们的目标是挑战苹果、三星、华为等品牌的市场份额，通过提供更有创意和个性化的产品和服务，吸引更多的用户。
- 品牌形象：我们的公司的品牌形象是一个创新者，我们的产品和服务都是基于最新的技术和趋势，我们的设计和质量都是高端的，我们的价格和性价比都是合理的，我们的用户都是有品位和追求的人群。
- 定价策略：我们的公司的定价策略是渗透式的，我们的目标是通过提供低于竞争对手的价格但高于成本的价格来吸引更多的用户，增加市场份额，同时保证利润空间，实现市场的渗透。

㊀ 1英寸=0.0254米。——编辑注

在上述AI输出内容中，有几个关键点需要注意。

要点1 校验AI输出的事实准确性。我们打开华为官网（https://consumer.huawei.com/cn/wearables/watch-gt3/），逐项核对AI提供的信息，发现如下事实错误：

- HUAWEI WATCH GT 3采用1.43英寸AMOLED高清彩屏，而非AI提到的OLED。
- HUAWEI WATCH GT 3可通过蓝牙与智能手机连接，而非AI提到的支持eSIM卡，可以独立于手机进行通话、上网等。
- HUAWEI WATCH GT 3不支持小爱同学，小爱同学是小米的AI助手。
- HUAWEI WATCH GT 3不支持与Windows等设备的无缝连接，实际上市场上很少有Windows系统的智能手表。

要点2 让AI继续输出中断的内容。如果AI的输出内容过长而自动停止，可使用指令"请继续写下去"来要求AI继续输出上次中断的内容，如图3-9所示。

图3-9 New Bing Chat继续输出的市场定位分析内容

通过上述操作，我们成功完成了目标市场定位分析。此外，我们还可以要求AI继续提供更多有关营销组合策略的内容。以下是具体的提示指令示例：

```
[New Bing Chat] 3/9/2 请你基于市场定位策略，输出贵公司有关营销组合策略方面的建议。
```

3.4.3 目标市场生命周期分析

目标市场生命周期分析涉及研究市场的发展阶段，包括市场的引入、成长、成熟和衰退阶段，其目的在于了解目标市场所处的发展阶段，以及随时间的推移，市场需求、竞争和机遇的变化情况。

这种分析能够让企业了解市场的发展趋势，并及时调整战略以适应变化。它有助于延长产品生命周期、发现新机会、降低风险，并更好地满足市场需求。

目标市场生命周期的划分涉及的因素多种多样，包括市场增长率、容量、集中度和创新度等。

目标市场生命周期分析内容涵盖以下方面：

- **市场阶段识别**：确定市场当前所处的生命周期阶段。
- **竞争状况分析**：分析竞争对手在不同市场生命周期阶段的策略，了解其优势和劣势。
- **产品策略调整**：根据市场生命周期，调整产品或服务的特点、定价、市场推广和分销策略。
- **新市场机会**：探索可能的新市场机会，包括拓展到新地理区域或针对新市场细分。

接下来，我们将通过示例指令展示如何借助 AI 进行目标市场生命周期分析，特别是市场阶段的识别。

```
[New Bing Chat] 3/10/1 你是一名市场分析师，你所在的公司是一家智能手表的跨境电商企业，目标
    市场主要是北美。贵公司想要进入北美市场的健康型手表细分市场。请你分析该细分市场当前所处的生
    命周期阶段。
```

上述指令表明仅需要 AI 帮助分析该细分市场的生命周期阶段。

New Bing Chat 根据指令提供了以下分析结论：

```
根据我使用的搜索工具，我发现北美市场的健康型手表细分市场目前处于 ** 成长期 **，它具有以下特征。
- 市场需求：健康型手表的市场需求在不断增长，主要受以下因素的驱动。
  - 健康意识的提高，越来越多的消费者关注自己的身体状况，希望预防疾病，提高生活质量。
  - 技术的进步，健康型手表的功能和性能不断提升，可以支持更多的健康监测和运动记录，提升用户的
    体验和满意度。
  - 趋势的影响，健康型手表的设计和风格不断创新，可以满足不同的个性化需求，提升用户的品位和时
    尚感。
- 竞争程度：健康型手表的竞争程度在不断加剧，主要表现在以下方面。
  - 品牌的增多，除了苹果、三星、华为等知名品牌外，还有许多新兴品牌进入该细分市场，如 Fitbit、
    Garmin、Amazfit 等，增加了市场的多样性和选择性。
  - 产品的差异化，不同品牌的健康型手表在功能、性能、设计、价格等方面有不同的特点和优势，增加
    了市场的竞争力和吸引力。
  - 服务的创新，不同品牌的健康型手表提供不同的服务，如在线课程、健康报告、支付方式等，增加了
    市场的附加值和效益。
- 利润水：健康型手表的利润水平在不断提高，主要原因如下。
  - 销量的增加，由于市场需求的增长，健康型手表的销量不断增加，增加了收入和利润。
  - 成本的降低，由于技术的进步，健康型手表的成本不断降低，降低了支出和风险。
  - 价格的优化，由于竞争的加剧，健康型手表的价格不断优化，提高了性价比和利润率。
- 创新活动：健康型手表的创新活动在不断增加，主要表现在以下方面。
  - 技术的突破，健康型手表的技术不断突破，可以提供更多的功能和性能，如监测心电图、血压、血氧
    等，提高用户的安全感。
  - 设计的变革，健康型手表的设计不断变革，可以提供更多的风格和个性，如表带、表盘、颜色等，提
    高用户的审美水平。
  - 服务的拓展，健康型手表的服务不断拓展，可以提供更多的便利和效益，如支持无接触支付，可作为
    公交卡、门禁卡等，提高用户的生活质量。
```

不同角色对市场生命周期的理解存在差异。为深入分析，New Bing Chat 可模拟多种角色，生成多轮内容，然后进行综合分析。以下为可尝试的提示指令。

尝试 1：市场总监角色。

```
你是一家智能手表的跨境电商企业的市场总监，贵公司的目标市场主要是北美市场的健康型手表细分市场。请你分析该细分市场当前所处的生命周期阶段。
```

尝试 2：企业 CEO 角色。

```
你是一家智能手表的跨境电商企业的CEO，你的目标市场主要是北美市场的健康型手表细分市场。请你从市场规模和增长情况两个角度分析该细分市场当前所处的生命周期阶段。
```

尝试 3：第三方专业咨询顾问角色。

```
你是麦肯锡北美市场的资深咨询顾问，你现在正在给一家智能手表的跨境电商企业提供专业咨询服务。该公司的目标市场主要是北美市场的健康型手表细分市场。请你分析该细分市场当前所处的生命周期阶段。
```

当我们获得以不同角色得出的生命周期阶段结果后，可以结合多方观点提供更全面的分析。我们也可以利用 AI 来整合多次分析结果，从而得到综合的输出结果。

3.5 市场发展与趋势研究

在变幻莫测的市场环境中，深入洞察市场的发展与趋势对企业至关重要。本节将探讨市场发展与趋势研究，包括分析市场影响因素、掌握行业最新趋势、发现行业热点话题、持续追踪行业热点。

3.5.1 分析市场影响因素

市场影响因素指影响产品、服务和技术发展的多重因素，涵盖供需关系、政策法规、技术创新、竞争格局和消费者偏好等。这些因素共同影响着市场的方向和规模。

深入分析市场影响因素有助于企业预测市场动向、制定战略、减少风险、提高竞争优势。企业通过这种洞察，能更精准地定位产品和服务，以满足市场需求，并提前应对变化。

分析市场影响因素时，需综合评估政治、经济、消费者行为、行业政策和技术变革，包括经济增长、利率波动、政策调整、社会趋势、技术创新和竞争格局等方面。

市场影响因素主要包括以下几个方面。

- **政策法规**：政府政策、行业监管、法律变化等会对市场格局和企业运营产生直接影响，如税收政策、贸易政策、环保法规等。
- **宏观经济**：经济增长率、通货膨胀水平、利率变化、货币政策等直接影响着消费能力、投资状况以及整体经济环境。举例来说，在经济萧条时期，消费者可能更倾向于购买实用而廉价的产品，而在经济繁荣时期，则消费者更愿意购买高端产品。
- **技术创新**：新技术的涌现和演进可能会改变产品生命周期、生产方式和市场需求，包括人工智能、区块链、物联网等。例如，AIGC 技术在多个行业的创新式应用、汽车领域基于 AI 的自动驾驶技术等都在驱动市场变革。

- **社会文化**：社会文化观念、价值观的变化会对市场需求和企业发展产生直接影响。例如，消费者对可持续发展和环保日益关注，导致对绿色产品和服务的需求增加。
- **竞争格局**：市场上其他竞争者的策略、产品创新、市场份额变化等会直接影响企业在市场上的地位和竞争力。举例来说，华为进入高端手机市场以来迅速崛起，迫使其他品牌调整定价或推出更具竞争力的产品。
- **消费者需求**：消费者对产品和服务的需求变化，如品牌喜好、购买习惯变化等会对市场需求产生直接影响。举例来说，智能家居设备市场快速增长，部分归因于消费者对生活便利性和连接性的追求。

下面通过一个示例说明如何让 AI 帮助我们快速完成市场影响因素分析。

```
[New Bing Chat] 3/11/1 你是一名市场分析师，贵公司是一家智能手表跨境电商企业，主要目标市场
    位于东南亚。最近印尼关停 TikTok 电商业务，请你对这一事件进行分析。分析要点如下：
- 事件原委：请简要介绍该事件的前因后果，方便我们了解事件全貌。
- 影响分析：该事件对公司在东南亚市场的智能手表业务会有哪些影响，包括但不限于对产品研发、销售渠
  道、市场推广、支付结算、物流运输等方面的正面和负面影响，以及潜在风险和机会。
- 策略建议：你有哪些建议来帮助企业更好地利用其中的机会点，最大限度地降低企业运营风险。
```

在上述提示指令中，我们要求 AI 完成印尼的市场政策变化对当地市场的影响的研究。指令中除了指定 AI 的角色、公司主营业务和目标市场之外，重点在于让 AI 调查、分析和提供建议，特别是介绍印尼对 TikTok 电商业务的关停事件。在影响分析部分，我们突出了几大业务模块的影响面，以帮助 AI 有重点地进行分析。

New Bing Chat 根据提示指令提供了以下调研和分析结果。

```
**1. 事件原委**
印尼贸易部于 9 月 27 日宣布，包括 TikTok 在内的社交平台不得从事电商服务，且仅给出一周时间做出
调整。这是印尼新出台的电子商务法案的一部分，旨在保护印尼的中小微企业和本土电商平台，如 GoTo 集团的
Tokopedia。10 月 4 日，TikTok 关停在印尼市场的电商业务，并表示将继续遵守当地法律法规。此次封禁让
很多依靠 TikTok 电商的印尼本地商家措手不及，也给 TikTok 电商业务在印尼的发展带来巨大阻力。

**2. 影响分析**
该事件会对贵公司在东南亚市场的智能手表业务有以下影响：

** 正面影响 **：
- TikTok 是印尼唯一支持在线购物并直接付款的社交媒体平台，其在印尼电商平台的激烈竞争中拿下了 5%
  的市场份额。TikTok 的关停将减少贵公司在印尼市场的竞争对手，提高贵公司的市场占有率和品牌知
  名度。
- TikTok 的关停也将刺激印尼消费者寻找其他的电商平台和购物渠道，这为贵公司提供了一个吸引和留
  住新客户的机会。贵公司可以利用自身的产品优势和服务质量，与消费者建立信任关系，提升他们的忠
  诚度。

** 负面影响 **：
- TikTok 的关停可能会令印尼电商行业整体降温，影响消费者的购买意愿和信心。贵公司可能会面临销量
  下降、利润缩水、库存积压等问题，需要加大市场推广和促销的投入，以维持和扩大市场份额。
- TikTok 的关停也可能会引发印尼政府对外资电商的更多限制和监管，增加贵公司在印尼市场的运营风险
  和成本。贵公司需要密切关注印尼的法律法规变化，及时调整自身的电商策略和合作模式，以避免触犯当
  地的规定和引起民众的反感。
```

```
**3. 策略建议 **
针对上述影响，我有以下建议来帮助贵公司更好地利用其中的机会点，最大限度地降低企业运营风险：
- 加强与印尼本土电商平台的合作，如Shopee、Tokopedia和Lazada等，利用它们的流量、支付、物
  流等资源，提高贵公司的智能手表的曝光度和销售量。同时，也可以借鉴它们的电商模式和运营经验，提
  升贵公司的电商能力和水平。
- 加强与印尼消费者的互动和沟通，了解他们的需求和喜好，定制更符合印尼市场的智能手表产品和服务。
  同时，也可以利用社交媒体、网红、KOL等方式，提升贵公司的品牌形象和口碑，增加消费者的信任和忠
  诚度。
- 积极应对印尼政府的政策变化，遵守当地的法律法规，尊重当地的文化和习俗，维护贵公司的社会责任和
  公信力。同时，也可以寻求与印尼政府和行业协会的对话和沟通，表达贵公司的诉求和建议，争取更多的
  政策支持和市场空间。
```

总体看来AI的分析结论是合理的。除了前面提到的观点，印尼作为东南亚主要市场是否会带来其他相关影响值得探讨，我们可以让AI尝试回答。以下是一些可以参考的扩展思考场景：

- 其他东南亚国家是否也有类似政策？
- 这一政策是否会影响印尼市场的智能手表竞争格局？
- 请分析这一政策是否可能影响印尼消费者的行为，例如是否会改变他们的在线购物偏好或对特定产品的需求。
- 请评估这一政策将如何影响印尼的关联产业，比如物流、广告、数字营销等，以及是否会对合作伙伴关系产生影响。
- 请分析这一政策变化是否会限制新技术在印尼市场的发展，尤其是在电子商务领域或其他数字化领域。

3.5.2 掌握行业最新趋势

行业最新趋势是指当前行业发展的方向和倾向，包括但不限于新技术、市场需求变化、消费者偏好、市场合并、法规变化以及竞争格局。

对企业而言，掌握行业最新趋势意味着具备把握市场变化的能力。这种洞察力有助于预测市场需求，快速调整产品策略以取得市场领先地位。同时，了解行业趋势有助于提前准备和规划未来的技术发展方向，确保持续创新。通过追踪新技术、消费者需求和竞争动态，企业能够快速调整产品或服务，应对市场变化，甚至抓住新机会。

掌握行业最新趋势需要跟踪新技术、消费者需求变化、市场竞争格局演变等，这可能涉及数据分析、市场调研、产业报告研究，并与专业人士合作，从而构建一个全面的趋势洞察系统。

下面我们将介绍如何让AI帮助我们了解行业的最新趋势。

```
[New Bing Chat] 3/12/1 你是一名资深市场分析师，请你围绕欧洲智能手机市场调研互联网的所有公
    开数据，并归纳总结该行业的5个最新趋势。
```

在上述提示指令中，关键信息包括：

- ❑ 明确欧洲智能手机市场为信息收集主体：这是因为市场具有明显的地域和品类特征。
- ❑ 结合互联网公开数据进行归纳总结：这是 AI 收集信息的方式之一。
- ❑ 输出 5 个最新趋势，保持内容适中：避免信息过多或过少。

我们未明确指示 AI 应该从哪些角度分析趋势。初始阶段，可以让 AI 以其发散思维回答问题。如果 AI 的观点偏离或太过狭隘，那么我们可以通过追问的方式引导 AI，提示其从更多角度探索趋势，例如新技术、市场需求变化、消费者偏好、市场合并、法规变化以及竞争格局等。

New Bing Chat 基于此提示指令，给出以下分析结果。

```
根据你的问题，我为你准备了以下关于欧洲智能手机市场的 5 个最新趋势的总结：

- **5G 手机的普及 **：随着欧洲各国的 5G 网络建设和覆盖的加速，5G 手机的需求和销量也呈现出爆发式
  的增长。在 2023 年第一季度，欧洲 5G 手机的出货量达到了 **2100 万 ** 部，占智能手机总出货量的
  **42%**，同比增长了 **458%**。
- ** 中高端手机的增长 **：欧洲消费者对于中高端手机的偏好和购买力也在不断提升，尤其是对于 5G 手
  机、大屏手机、高性能手机等。在 2023 年第一季度，欧洲中高端手机（售价在 300 欧元以上）的出货量
  占智能手机总出货量的 **65%**，同比增长了 **55%**。
- ** 本土品牌的崛起 **：欧洲本土的智能手机品牌，如诺基亚、摩托罗拉、Wiko 等，也在借助 5G 手机和
  中高端手机的机遇，实现较快的增长和市场份额的提升。在 2023 年第一季度，欧洲本土品牌的智能手机
  出货量达到了 **800 万 ** 部，占智能手机总出货量的 **16%**，同比增长了 **53%**。这些品牌主
  要依靠其在本土市场的品牌认知度、渠道优势、产品创新和价格竞争力等。
- ** 折叠屏手机的创新 **：折叠屏手机作为智能手机市场的一种新形态，也在欧洲市场引起了消费者的关
  注和兴趣。在 2023 年第一季度，欧洲折叠屏手机的出货量达到了 **50 万 ** 部，占智能手机总出货量
  的 **1%**，同比增长了 **150%**。目前，欧洲折叠屏手机的主要供应商是三星、华为和摩托罗拉，它
  们都在不断推出更轻薄、更耐用、更实用的折叠屏手机产品，以满足消费者的多样化需求。
- ** 环保手机的兴起 **：欧洲消费者对于智能手机的环保性能和社会责任也越来越重视，尤其是消费者
  更加关注智能手机的可持续性和循环性。在 2023 年第一季度，欧洲环保手机的出货量达到了 **100
  万 ** 部，占智能手机总出货量的 **2%**，同比增长了 **100%**。欧洲环保手机的主要供应商是
  Fairphone、Shift 和 Teracube，它们都在致力于提供更环保、更耐用、更易维修的智能手机产品，
  以减少电子垃圾的产生和资源的浪费。
```

AI 提供的趋势总结中涵盖了新技术，如 5G 和折叠屏手机，消费需求方面涉及中高端手机和环保手机，还涵盖了欧洲本土品牌在市场竞争格局中的崛起。对这些趋势不仅提供了定性描述，还给出了量化参考意见，有助于评估和分析。

3.5.3 发现行业热点话题

行业热点话题是指当前引发广泛关注和讨论的特定话题或事件，可以是新技术、政策法规、市场变化、社会事件、产品创新或行业变革等方面的焦点。

发现行业热点话题对于深入了解行业内正在发生的重要变化至关重要。这有助于企业及时调整策略，抓住商机，甚至引领未来的发展方向。同时，参与话题讨论和分享见解有助于提升企业在行业内的声誉和影响力，使企业在竞争激烈的市场中保持领先地位。

发现行业热点话题需要持续监测市场和舆论，同时对消费者和行业趋势进行敏锐观察。针对不同行业，这可能包括社交媒体分析、行业新闻、行业报告研究、关键人物观点、专

业论坛和学术研究等。

以下是一个示例，用于展示如何让 AI 来帮助我们发现并分析热点话题。

```
[New Bing Chat] 3/13/1 最近中东市场的电子消费品行业有哪些热点话题?
```

首先，我们尝试让 AI 探索特定地区的市场热门话题。但是，图 3-10 所示的回复却表明 AI 无法提供相关内容。

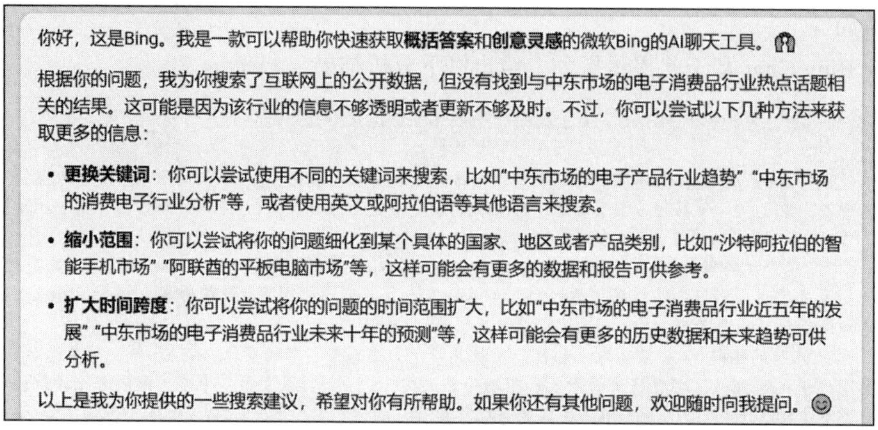

你好，这是Bing。我是一款可以帮助你快速获取**概括答案**和**创意灵感**的微软Bing的AI聊天工具。

根据你的问题，我为你搜索了互联网上的公开数据，但没有找到与中东市场的电子消费品行业热点话题相关的结果。这可能是因为该行业的信息不够透明或者更新不够及时。不过，你可以尝试以下几种方法来获取更多的信息：

- **更换关键词**：你可以尝试使用不同的关键词来搜索，比如"中东市场的电子产品行业趋势" "中东市场的消费电子行业分析"等，或者使用英文或阿拉伯语等其他语言来搜索。
- **缩小范围**：你可以尝试将你的问题细化到某个具体的国家、地区或者产品类别，比如"沙特阿拉伯的智能手机市场" "阿联酋的平板电脑市场"等，这样可能会有更多的数据和报告可供参考。
- **扩大时间跨度**：你可以尝试将你的问题的时间范围扩大，比如"中东市场的电子消费品行业近五年的发展" "中东市场的电子消费品行业未来十年的预测"等，这样可能会有更多的历史数据和未来趋势可供分析。

以上是我为你提供的一些搜索建议，希望对你有所帮助。如果你还有其他问题，欢迎随时向我提问。

图 3-10 New Bing Chat 无法给出回复内容

遵循 AI 的建议，我们尝试修改提示指令。

尝试 1：将区域市场从"中东"更改为"沙特"，因为沙特是中东最重要的市场之一。同时，去除"最近"以扩大时间跨度。新的提示指令为："沙特的电子产品行业有哪些热点话题？"然而，这一提示指令同样未能获得所需内容。这表明导致信息获取失败的原因不在于中东或沙特，也不在于时间跨度，而是其他关键字影响了内容生成。

尝试 2：修改"电子产品"为"智能手机"，使类目更加明确。新的提示指令为："最近中东市场的智能手机行业有哪些热点话题？"这次，我们获得了预期的回复结果，具体内容如下。

```
根据你的问题，我为你搜索了互联网上的公开数据，发现以下几个与中东市场的智能手机行业相关的热点话题:

- **5G 手机的普及 **：随着中东地区的 5G 网络建设和覆盖的加速，5G 手机的需求和销量也呈现出爆发式的增长。在 2023 年第一季度，中东地区 5G 手机的出货量达到了 **1100 万 ** 部，占智能手机总出货量的 **35%**，同比增长了 **300%**。预计到 2023 年底，中东地区 5G 手机的出货量将占智能手机总出货量的 **60%** 以上。
- ** 华为的挑战与机遇 **：由于美国的制裁和禁令，华为在中东地区的智能手机市场份额受到了严重的冲击，从 2020 年的 **24%** 下降到 2023 年第一季度的 **9%**。但华为并没有放弃中东市场，而是通过推出自己的鸿蒙操作系统、加强与当地伙伴的合作、提供更多的本地化服务等方式，试图重振旗鼓。
- ** 苹果的领先地位 **：苹果在中东地区的智能手机市场一直保持着领先的地位，其市场份额在 2023 年第一季度达到了 **40%**，远高于其他品牌。苹果的成功主要得益于其在中东消费者中的高品牌认知度、高用户忠诚度、高产品质量和高创新能力。
```

- **本土品牌的崛起**：中东地区的本土智能手机品牌，如 Infinix、Tecno、Itel 等，也在借助低价策略、产品多样化、广泛分销等方式，实现较快的增长和市场份额的提升。在 2023 年第一季度，中东地区本土品牌的智能手机出货量达到了 **400 万 ** 部，占智能手机总出货量的 **13%**，同比增长了 **50%**。
- **折叠屏手机的创新**：折叠屏手机作为智能手机市场的一种新形态，也在中东市场引起了消费者的关注和兴趣。在 2023 年第一季度，中东地区折叠屏手机的出货量达到了 **20 万 ** 部，占智能手机总出货量的 **0.6%**，同比增长了 **100%**。目前，中东地区折叠屏手机的主要供应商是三星、华为和摩托罗拉，它们都在不断推出更轻薄、更耐用、更实用的折叠屏手机产品，以满足消费者的多样化需求。

提示 在与 AI 的交互过程中，提示指令的关键字是 AI 理解内容的核心。当提示指令无法获得预期输出结果时，需尝试替换关键字，类似于使用搜索引擎时不断修改搜索词以获得更精准的结果。

3.5.4 持续追踪行业热点

持续追踪行业热点是指对先前发现的行业热点话题进行长期跟踪和分析，以深化对其发展演变的了解。持续追踪行业热点话题有助于企业了解当前话题的状态，预测未来可能的走向。这种洞察力可用于制定长期战略，持续调整企业的发展方向，并灵活应对潜在风险。

持续追踪行业热点话题需要建立信息搜集和分析机制，跟进话题的发展动向、相关事件的演变，以及专家和业内人士的见解，不断更新洞察，形成对话题发展的全面认识。

基于 3.5.3 节的内容，假设我们对中东地区的本土品牌崛起这一话题感兴趣，想要持续了解和跟踪该事件的进展，可以直接利用 New Bing Chat 这类能直接获取互联网最新信息的 AI 工具来实现。

以下是追踪该话题的提示指令：

```
[New Bing Chat] 3/14/1 请你搜集有关中东市场 Infinix 手机品牌的新品发布的主要事件，并按时
    间倒序输出。
```

在提示指令中，我们请 AI 围绕 Infinix 手机品牌收集最新的产品发布事件，并按时间倒序输出。这可以帮助我们清晰地了解该品牌新品发布的时间线。

下面是 New Bing Chat 基于提示指令给出的内容：

你好，这是 Bing。我可以帮你找到一些有关中东市场 Infinix 手机品牌的新品发布的主要事件的信息。以下是我从网上搜索到的一些结果，按时间倒序排列：

- **2023 年 10 月 22 日 **，Infinix 宣布将在中东市场推出 GT 10 Pro，这是一款针对游戏玩家的手机，拥有 2.05GHz 的八核处理器、360Hz 的触控响应率，以及双扬声器。
- **2023 年 9 月 6 日 **，Infinix 在威尼斯举办了一场盛大的发布会，推出了 Zero 30，这是一款专为自拍和视频拍摄而设计的手机，拥有 4K/60fps 的前置摄像头，以及 128GB 的存储空间。
- **2022 年 10 月 13 日 **，Infinix 在全球发布了 Hot 20S，这是一款搭载 Android 12 系统，配备 6.78 英寸 120Hz 屏幕、50MP 后置摄像头、8GB 内存和 5000mAh 电池的中端手机。

AI 提供了最近 1～2 年 Infinix 手机品牌的产品发布事件。我们可以进一步要求 AI 列出

更多的手机发布情况，比如从 2020 年开始的手机产品。以下是提示指令示例：

```
[New Bing Chat] 3/14/2 你能收集并整理 Infinix 手机从 2020 年开始到现在的所有手机发布事件吗?
```

New Bing Chat 基于此提示指令，提供了更加详尽的手机发布信息。

```
你好，这是 Bing。我可以帮你收集并整理 Infinix 手机从 2020 年开始到现在的所有手机发布事件。以下是我根据网上的信息，按时间倒序排列的一些手机发布事件的列表：

- **2023 年 10 月 22 日 **，Infinix 宣布将在中东市场推出 GT 10 Pro，这是一款针对游戏玩家的手机，拥有 2.05GHz 的八核处理器、360Hz 的触控响应率，以及双扬声器。
- **2023 年 9 月 14 日 **，Infinix 在中国发布了 Note 30 VIP Racing Edition，这是一款与赛车主题相关的手机，拥有 108MP 的后置摄像头、8GB 的内存，以及 5000mAh 的电池。
- **2023 年 9 月 6 日 **，Infinix 在威尼斯举办了一场盛大的发布会，推出了 Zero 30，这是一款专为自拍和视频拍摄而设计的手机，拥有 4K/60fps 的前置摄像头，以及 128GB 的存储空间。
- **2022 年 10 月 13 日 **，Infinix 在全球发布了 Hot 20S，这是一款搭载 Android 12 系统，配备 6.78 英寸 120Hz 屏幕、50MP 后置摄像头、8GB 内存和 5000mAh 电池的中端手机。
- **2022 年 9 月 17 日 **，Infinix 在印度发布了 Zero 5G 2023，这是一款支持 5G 网络，拥有 6.67 英寸 90Hz 屏幕、64MP 后置摄像头、6GB 内存和 4500mAh 电池的旗舰手机。
- **2022 年 8 月 12 日 **，Infinix 在尼日利亚发布了 Note 12 系列，包括 Note 12、Note 12 Pro、Note 12 5G、Note 12i 等多款手机，分别针对不同的用户需求。
- **2022 年 7 月 15 日 **，Infinix 在印度尼西亚发布了 Hot 12，这是一款拥有 6.6 英寸屏幕、13MP 后置摄像头、3GB 内存和 5000mAh 电池的入门级手机。
- **2022 年 6 月 30 日 **，Infinix 在埃及发布了 Zero X 系列，包括 Zero X、Zero X Neo、Zero X Pro 等多款手机，这是专为拍摄星空而设计的手机，拥有 160MP 的后置摄像头、8GB 的内存以及 4500mAh 的电池。
- **2022 年 5 月 18 日 **，Infinix 在印度发布了 Hot 11 系列，包括 Hot 11、Hot 11S、Hot 11 Play 等多款手机，这是拥有 6.82 英寸屏幕、50MP 后置摄像头、4GB 内存和 6000mAh 电池的中端手机。
- **2022 年 4 月 19 日 **，Infinix 在肯尼亚发布了 Note 11 系列，包括 Note 11、Note 11 Pro、Note 11S、Note 11i 等多款手机，这是拥有 6.95 英寸屏幕、64MP 后置摄像头、6GB 内存和 5000mAh 电池的中高端手机。
- **2022 年 3 月 25 日 **，Infinix 在巴基斯坦发布了 Smart 7，这是一款拥有 6.52 英寸屏幕、8MP 后置摄像头、2GB 内存和 6000mAh 电池的低端手机。
- **2022 年 2 月 11 日 **，Infinix 在菲律宾发布了 Smart 6 HD，这是一款拥有 6.1 英寸屏幕、5MP 后置摄像头、2GB 内存和 5000mAh 电池的低端手机。
- **2022 年 1 月 8 日 **，Infinix 在印度发布了 Smart 5 Pro，这是一款拥有 6.82 英寸屏幕、13MP 后置摄像头、3GB 内存和 6000mAh 电池的入门级手机。

以上是我收集并整理的 Infinix 手机从 2020 年开始到现在的所有手机发布事件，希望对你有帮助。☺
```

基于这种操作方式，若我们对特定热点话题感兴趣，可以定期（例如每日）要求 AI 输出与该话题相关的事件，以便系统地跟踪和更新话题的进展。

3.6 市场风险分析

在掌握了市场动态和发展趋势的基础上，必须评估行业内外的因素，以识别潜在的风险。详尽评估行业内部风险和跨行业风险能够协助企业更有效地制定战略、规避危机、减少不确定性，预测风险并采取相应对策，降低风险造成的不利影响。

3.6.1 分析行业内的潜在风险

在企业运营中，了解和预测行业内的潜在风险至关重要。这些风险指特定行业可能对企业运营产生负面影响的因素，例如市场动态、技术创新、法规变更、需求变化以及竞争态势调整等。这类风险分析提供了关键见解，为企业领导者制定风险规避和应对策略提供支持。它涵盖了市场趋势和竞争态势的演变。

深入分析行业内的潜在风险需要全面了解特定行业，包括市场结构、主要参与者、技术发展趋势以及政策法规变化对行业的深远影响。这种分析涵盖了多个内容层面，如市场趋势预测、竞争态势分析、技术革新风险以及政策法规变化对行业格局的影响评估。

以手机行业为例，诺基亚手机的失败很大程度上源于同行业内其他手机厂商智能手机技术的创新和飞速发展。诺基亚未能跟上时代的变革步伐，最终失去了市场主导地位。这个案例突显了了解行业内潜在风险的重要性，行业内部的技术变革和竞争态势调整可能对企业造成不利影响。

利用人工智能技术，企业能更全面地理解并应对行业内的潜在风险，提高预警能力和风险应对效率。具体来说，AI 能协助企业完成以下工作。

- **情报收集与整合**：利用 AI 在互联网信息检索方面的能力，自动搜集和整合各种数据源，包括新闻、社交媒体、行业报告等，以识别潜在风险信号。
- **数据预测**：基于市场核心影响因素的建模分析，识别行业内不同要素的趋势、模式和潜在风险，包括市场趋势、竞争态势和技术发展，帮助企业做出更准确的预测。
- **自动监控与预警**：利用 AI 持续跟踪核心市场影响因素的相关事件和新闻，自动识别新机会、新技术、新课题以及潜在风险点，并提供预警，使企业能更及时地采取应对措施，降低风险带来的影响。
- **定制化解决方案**：基于 AI 的强大思维能力，为特定行业提供个性化解决方案，根据行业特点和历史数据进行分析，为企业提供定制化的风险管理建议。

3.6.2 分析跨行业的潜在风险

跨行业的潜在风险不局限于特定行业，可能涉及多个领域，引发不同行业间相互影响和交叉影响的风险。这种风险可能源自全球性变化、跨领域技术整合、产业链变化、全球经济波动和政策法规的调整。深入分析这些风险有助于企业更全面地预见并应对风险，降低不确定性的影响。

这种分析能够帮助企业洞察产业链变化、全球经济趋势和政策调整对企业的影响，为制定战略决策提供支持，并制定相应的风险应对方案。

分析跨行业的潜在风险需要全面了解不同行业之间的相互联系，包括供应链、市场依赖和政策风险等方面。这种分析通常包括了解产业链演变趋势、全球经济形势对不同行业的影响，以及评估政策调整对跨行业关系的影响。

举例来说，相机长期以来一直专注于拍照功能，然而，手机行业的崛起却颠覆了相机行业。手机的拍照功能已经能够满足日常用户的基本拍照需求，并且在便利性、价格以及拍摄场景化等方面具备了更大的优势。这个案例清晰地展示了跨行业竞争所带来的影响，证明了是跨行业的手机行业打败了传统相机行业，而非另一部相机。

具体来说，AI 能协助企业完成以下工作：

- ❑ **整合多领域数据**：利用 AI 海量的知识收集能力，并结合企业自有的数据，整合来自不同行业的信息，帮助企业理解不同行业间相互影响的关键因素，尤其是识别跨行业风险，如全球经济变化、政策调整等对企业的影响。
- ❑ **预测模型与趋势分析**：基于大量数据、私有化模型部署以及通用模型的微调，AI 可以在特定企业和行业内部更好地创建预测模型，分析不同行业的发展趋势并预测其可能的交叉影响。AI 可以从多个行业的数据中提取关键趋势，帮助企业预见可能出现的潜在风险。
- ❑ **交叉影响评估**：基于 AI 强大的逻辑推理能力，分析不同行业之间的相互联系，包括供应链、市场依赖、政策调整等，帮助企业识别潜在的跨行业风险因素。
- ❑ **情报整合与预警系统**：将 AI 分析结果与企业 BI 结合，持续监控多个领域信息，并提供实时的预警系统，帮助企业及时发现并应对可能的跨行业风险。
- ❑ **多领域数据分析与模拟**：针对跨行业业务场景，单独构建分析模型，借助 AI 能够处理多领域数据的能力，企业可以进行模拟分析，从而更好地理解和预测可能的跨行业影响。

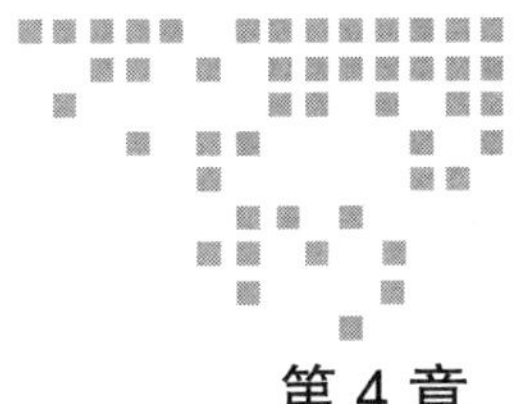

第 4 章 Chapter 4

AIGC 辅助竞争分析

竞争分析对企业制定竞争策略至关重要。本章将介绍如何利用 AIGC 辅助进行竞争分析，包括收集竞争分析报告与数据、利用 Edge 浏览器的 Copilot 进行竞品调研、竞争识别与分析、竞争对手分析模型以及竞争对手事件跟踪分析等内容。通过阅读本章内容，读者将学习到如何借助人工智能技术深入了解竞争对手情况，发现竞争优势和劣势，并制定相应的应对策略。

4.1 AIGC 在竞争分析中的应用

竞争分析是企业了解市场动态和竞争对手的重要手段，也是制定有效战略的基础。在当今商业环境中，竞争分析的难度和复杂度不断增加，需要处理的数据量和信息源也越来越多。为了提高竞争分析的效率和质量，AIGC 作为一种基于人工智能的竞争分析工具，为企业提供了强大的支持。

4.1.1 应用背景

AIGC 能够帮助企业快速、全面和准确地了解市场状况和竞争对手的行为，从而为商业决策提供数据支持和智能建议。AIGC 在竞争分析中的应用目的是提升企业的竞争力和战略规划能力。

AIGC 不仅是一个数据提供者，更是一个智能分析者和信息呈现者。它能够自动收集和整合多源数据，利用人工智能技术进行深度分析和挖掘，发现数据中的模式和趋势，提炼出关键的信息和见解，并以易于理解的方式展示给决策者。这样，企业就能够更好地认识和应对竞争环境，制定更合理和有效的战略。

4.1.2 应用价值

AIGC 在竞争分析中扮演着关键的角色，可帮助企业收集和分析竞争对手信息，深入了解其优势和劣势，从而制定更有效的竞争策略。具体体现在以下几个方面。

- 产品优化：AIGC 通过深入分析消费者需求和竞争对手产品的特点，帮助企业理解市场需求趋势，指导产品设计和优化，提升产品的市场竞争力。
- 品牌建设：AIGC 通过分析消费者对品牌的认知和评价，帮助企业了解品牌在消费者心中的形象，指导品牌塑造和推广，提升品牌影响力和市场份额。
- 营销策略：AIGC 通过分析消费者行为和偏好，帮助企业制定更有效的营销策略，包括了解消费者的购买习惯和偏好，制定针对性方案，提升营销效果和销售额。
- 新产品开发：AIGC 在新产品开发中起着关键作用。通过分析市场和消费者反馈，帮助企业发现新的需求，开发符合市场需求的新产品，并调整设计和开发方向，提高市场竞争力。
- 价格策略：AIGC 通过分析竞争对手的定价策略和消费者的价格敏感度，指导企业制定合理的价格策略，提升产品竞争力，理解价格趋势，灵活调整，以更好地满足消费者需求。
- 供应链优化：AIGC 通过分析市场和竞争对手的供应链情况，帮助企业优化自己的供应链，降低成本，提高效率，调整布局和管理方式，提高灵活性和响应能力，降低运营成本。
- 市场定位：AIGC 通过分析市场细分和目标消费群体，指导企业找准市场定位，提升品牌吸引力，更准确地把握市场需求，制定针对性策略，提升竞争力。
- 风险管理：AIGC 通过分析市场和竞争风险，指导企业制定风险管理策略，降低经营风险，制定全面计划，及时应对市场变化和竞争挑战，保障稳健经营。

4.1.3 应用流程

AIGC 在竞争分析中的应用流程如下。

- **确定竞争对手和目标市场**：这是竞争分析的第一步，也是竞争分析的基础。企业需要根据自身的产品和服务，精准地识别出主要的竞争对手和目标市场。这需要结合行业经验和人工智能的分析结果来确定。这一步为后续的数据收集和分析提供了方向和范围，也为最终的定位分析提供了依据。
- **数据收集与整理**：这是竞争分析的第二步，也是最耗时的一步。企业需要从多个来源收集数据，包括市场数据、竞争对手的行动和消费者反馈等。这些数据可能是结构化数据，也可能是非结构化数据，企业需要对它们进行清洗、分类和归纳，形成一个完整和一致的数据集，为后续的分析奠定基础。这一步可以借助 AIGC 的自动化和智能化能力，大大提高数据收集和整理的效率与质量。

- **数据分析与挖掘**：这是竞争分析的第三步，也是最核心的一步。企业需要利用 AIGC 技术和传统分析方法，对数据进行深入的分析和挖掘，识别数据中的模式和趋势，发现数据中的隐藏信息和见解，为企业提供有价值的市场洞察和竞争对手分析。这一步可以充分发挥 AIGC 的智能分析和信息提炼能力，大大提高数据分析和挖掘的效果与价值。
- **结果解释与应用**：这是竞争分析的第四步，也是体现数据价值的最终步骤。企业需要将分析结果转化为可操作的见解和策略，以易于理解的方式呈现给决策者。企业需要根据不同的决策目标和场景，提供不同的分析报告和建议，支持企业的战略规划和执行。这一步可以利用 AIGC 的智能呈现和信息展示能力，大大提高结果解释和应用的效果与影响。

4.2 收集竞争分析报告与数据

商业决策的首要步骤是收集竞争分析报告与数据，包括寻找数据源和获取公开报告。

4.2.1 寻找竞争分析的数据源

竞争分析的数据源是整个分析过程的起点，它来自多个渠道。以下是竞争分析的多种数据源类型。

- **第三方工具**：诸如 SimilarWeb、SEM Rush 等第三方工具能够提供关键的行业和竞争对手信息，包括广告策略、提炼关键词、社交媒体活动和网站流量等。通过这些工具，企业能深入了解竞争对手的在线活动，并与自身数据进行对比分析，以优化营销和推广策略。
- **第三方咨询公司的报告和分析**：国际知名的咨询公司，如麦肯锡（McKinsey）、波士顿咨询集团（BCG）等，提供全球范围内的行业报告，涵盖市场趋势、预测和竞争策略分析，为企业提供权威和专业的市场数据支持。
- **行业协议报告**：行业组织、协会或专业团体发布的深度分析报告，涵盖特定行业的发展趋势、政策变化和前景预测。这些报告有助于全面了解行业发展态势。
- **消费者调研数据**：通过调查和研究消费者的行为、偏好和购买习惯等信息，直接洞察消费者需求，为产品开发和市场定位提供有力支持。
- **竞争对手的公开信息**：包括竞争对手的新闻发布、财务报表、市场行动等。这些信息揭示了竞争对手的策略、产品推出计划和市场活动，为企业了解市场动态提供实时参考。
- **社交媒体信息**：企业广泛重视社交媒体运营，因此社交媒体是获取竞争对手活动信息的主要途径之一。国内常见的平台如哔哩哔哩、微信公众号、小红书、知乎，国外常见的平台如 Meta、X、Snapchat 等。通过第三方数据服务公司或企业自有 IT

团队，企业也可以获取相关竞争对手信息。

- **供应链和合作伙伴**：在一个行业内，竞争对手的供应链和合作伙伴通常保持相对稳定的合作关系。因此，在特定场景下，可以通过其供应链和合作伙伴获取相关信息，这对于获取新产品、新技术、新产品设计思路等关键信息非常有价值。
- **其他公开途径**：包括新闻媒体、路演活动、人员招聘信息、员工个人分享信息等。

由于竞争分析可能涉及不同的场景和主题，我们可借助AI寻找特定领域内可靠的数据源。以下是一个示例：

```
[New Bing Chat] 4/1/1 我计划对小米手机在东南亚市场的营销推广进行分析，有哪些工具或数据源可以提供相关数据?
```

提示指令中的主要信息包括目标竞争对手（小米）、目标品类（手机）、区域市场（东南亚市场）和主题场景（营销推广分析）。AI基于这些信息给出以下建议：

```
针对小米手机的东南亚市场做营销推广分析，你可以使用以下工具或数据源：

- ** 小米官方网站 **：你可以从小米官方网站获取小米手机的产品信息、价格、优惠活动、客户评价等，以了解小米手机的市场定位和竞争优势。
- **Google Analytics**：你可以使用Google Analytics来分析小米手机的网站流量、用户行为、转化率、来源渠道等，以评估小米手机的网站表现和用户满意度。
- **Statista**：你可以使用Statista来查询小米手机在东南亚市场的销量、市场份额、增长率、品牌知名度等，以比较小米手机和其他品牌的市场表现和竞争力。
- **SurveyMonkey**：你可以使用SurveyMonkey来设计和发放在线问卷，收集目标用户的意见、需求、偏好、反馈等，以优化小米手机的营销策略，提高用户忠诚度。
```

在AI提供的竞争分析数据源中，Google Analytics的数据源仅限小米内部员工使用，其他数据源包括小米官网、第三方调研工具和调研问卷都有可行的数据收集途径。企业可根据具体需求决定获取途径。

假如我们认为AI提供的数据源渠道太少，可以继续追问以便AI提供更多信息。

```
[New Bing Chat] 4/1/2 还有其他工具可以提供数据源吗？请再提供至少5种途径。
```

在这个提示指令中，我们让AI再推荐至少5种途径，以汇总更多可参考的建议。New Bing Chat回复如下：

```
除了我刚才提到的工具或数据源，你还可以使用以下途径来获取小米手机的东南亚市场营销推广分析的相关数据：

- ** 社交媒体 **：你可以通过Meta、Twitter、Instagram等社交媒体平台，观察小米手机的官方账号和用户的动态、评论、点赞、转发等，以了解小米手机的社交媒体影响力和用户口碑。
- ** 电子商务 **：你可以通过Amazon、Lazada、Shopee等电子商务网站，查看小米手机的销售数据、用户评分、评论、问答等，以了解小米手机的销售情况和用户满意度。
- ** 媒体报道 **：你可以通过Google News、Bing News、Yahoo News等新闻聚合网站，搜索小米手机在东南亚市场的相关新闻、报道、评论、分析等，以了解小米手机的媒体曝光度和舆论态度。
- ** 行业报告 **：你可以通过Counterpoint Research、IDC、Canalys等专业的市场研究机构，下载或购买小米手机在东南亚市场的相关行业报告、数据、预测信息等，以了解小米手机的行业地位和发展趋势。
```

```
- **竞品分析**：你可以通过 SimilarWeb、SEMrush、Ahrefs 等竞争情报工具，分析小米手机的主要
  竞争对手，如三星、华为、OPPO 等的网站流量、关键词、外链、广告等，以了解小米手机的竞争优势和
  劣势。
```

这次的回复提供了更多可用的数据源，包括社交媒体、电子商务、媒体报道、行业报告和竞品分析等方面。这些数据源中，有些是公开直接可用的，例如新闻媒体数据、电商网站数据；有些是需要付费购买的，例如 SimilarWeb、SEMrush 等。企业可根据自身需求决定数据源采购方式和获取途径。

4.2.2　寻找公开的竞争分析报告

公开的竞争分析报告是指由行业机构、独立机构或行业专家发布的关于市场竞争格局、趋势和竞争对手表现的分析报告。这些报告可在行业论坛、学术期刊、专业协会网站、政府机构报告以及公司年度报告中找到。

这些报告通常包括行业发展趋势、市场规模、关键参与者的策略、产品和服务特点、未来预测等宏观内容，以及关键竞争对手的战略动向、市场份额和产品性能数据等微观内容。

这些报告为企业提供了在投入大量资源之前快速获取关于竞争环境的见解的机会。同时，企业可以利用这些公开报告与竞争对手进行比较，评估自身优势和不足，从而调整策略、产品或服务，更好地满足市场需求。

通过能够获取互联网公开数据的 AI 工具，我们可以迅速找到公开的竞争分析报告。以下是一个示例：

```
[New Bing Chat] 4/2/1  请提供有关苹果全球手机市场的分析报告和链接。
```

在这个提示指令中，我们直接让 AI 提供有关苹果全球手机市场的分析报告和链接，方便我们直接获取现有的公开分析报告结果。New Bing Chat 基于此中文提示指令未找到相关信息，如图 4-1 所示。

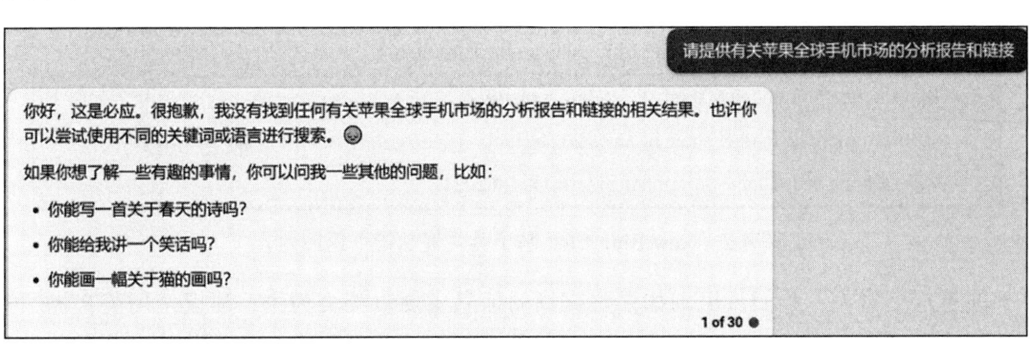

图 4-1　New Bing Chat 基于中文提示指令无法找到内容

然而，作为行业从业人员，我们了解苹果已经在全球智能手机市场占有重要地位，是

全球最大的高端智能手机厂商之一。因此，针对苹果手机的市场分析应该是存在的。由于苹果手机是美国品牌，对其进行研究的主体可能主要使用英文，而使用中文研究的分析报告可能较少，导致未能找到相关结果。因此，我们尝试使用英文提示指令。

首先，我们先让 ChatGPT 帮我们将上面的中文提示指令翻译为英文。

```
[ChatGPT] 4/2/2  请将下面的文本翻译为英文"请提供有关苹果全球手机市场的分析报告和链接"
```

ChatGPT 给出如下翻译后的结果：

```
Please provide analysis reports and links related to the global smartphone
    market of Apple
```

接着，我们将上述英文提示指令输入 New Bing Chat 中：

```
[New Bing Chat] 4/2/3 Please provide analysis reports and links related to the
    global smartphone market of Apple
```

这次，基于英文提示指令，New Bing Chat 成功找到了相关结果，具体如图 4-2 所示。

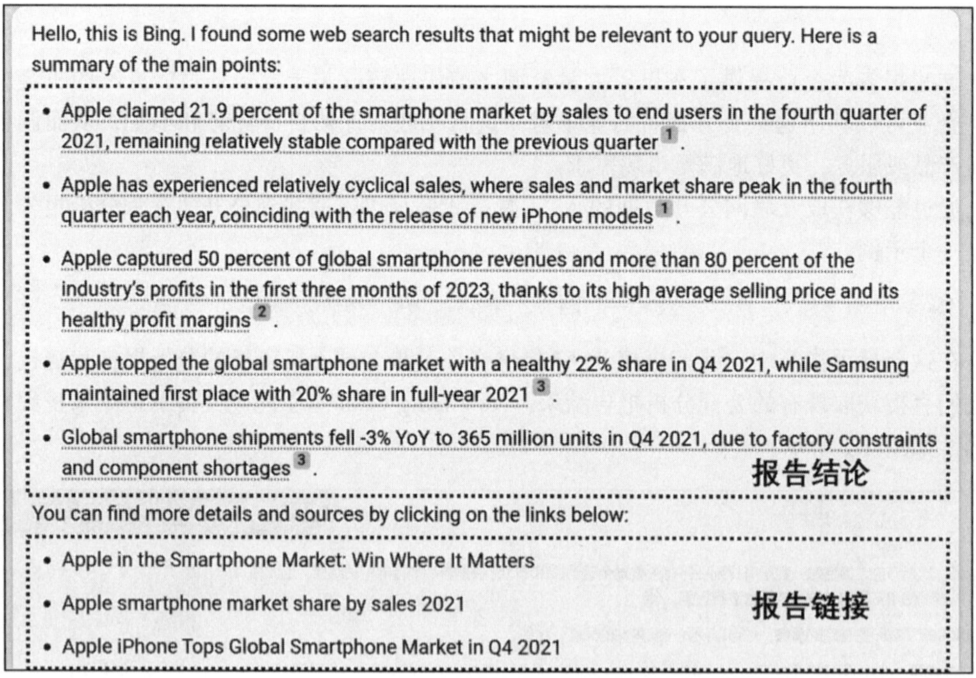

Hello, this is Bing. I found some web search results that might be relevant to your query. Here is a summary of the main points:

- Apple claimed 21.9 percent of the smartphone market by sales to end users in the fourth quarter of 2021, remaining relatively stable compared with the previous quarter [1].
- Apple has experienced relatively cyclical sales, where sales and market share peak in the fourth quarter each year, coinciding with the release of new iPhone models [1].
- Apple captured 50 percent of global smartphone revenues and more than 80 percent of the industry's profits in the first three months of 2023, thanks to its high average selling price and its healthy profit margins [2].
- Apple topped the global smartphone market with a healthy 22% share in Q4 2021, while Samsung maintained first place with 20% share in full-year 2021 [3].
- Global smartphone shipments fell -3% YoY to 365 million units in Q4 2021, due to factory constraints and component shortages [3].

报告结论

You can find more details and sources by clicking on the links below:

- Apple in the Smartphone Market: Win Where It Matters
- Apple smartphone market share by sales 2021
- Apple iPhone Tops Global Smartphone Market in Q4 2021

报告链接

图 4-2 New Bing Chat 基于英文提示指令返回内容

通过这个案例，我们认识到如果要查找的信息主要以英文为主，建议使用英文提示指令。事实上，在 ChatGPT 和 New Bing Chat 的底层训练物料库中，大部分信息都以英文为主。因此，若使用中文提示指令时未能找到相关信息，尝试使用英文提示指令会有助于 AI 更好地返回预期内容。这种做法在寻找国外的一些新技术、新概念、新方法等最新出现的内容，以及以英文为主要语言的国家的相关内容时可能更加有效。

4.3　利用 Edge 浏览器的 Copilot 进行竞品调研

Edge 浏览器的 Copilot 功能可以让你在浏览网页的同时利用 Bing 的 AI 功能进行搜索、聊天、撰写和获取见解等。在侧边栏输入想要搜索或咨询的内容，可以查看相关信息和建议，也可以阅读当前网页或文档的内容，或者让 Bing 帮你撰写文案或文章等。本节将使用 Edge 浏览器的 Copilot 功能进行竞品调研与分析。

提示　如果在 Edge 浏览器中找不到 Copilot 按钮，请确保你位于 Edge 可以使用 Copilot 的地理区域，并在浏览器的“设置”中找到“应用和通知设置”-“Discover”，启用“显示 Copilot”。

4.3.1　利用“聊天”功能提炼网页报告概要

提炼网页报告概要是指概括和提炼已有网页报告的核心内容，以便快速了解竞争对手的分析结果。这可以通过文献综述、摘要工具和信息抽取技术来实现。

微软 Edge 浏览器的 Copilot 侧边栏中的“聊天”功能支持用户在侧边栏中输入问题、建议、意见等，单击“聊天”按钮或按下回车键，即可启动 Bing 的 AI 聊天功能。用户可以与 Bing 进行自然对话，获取相关的信息和建议。

这个功能允许用户基于当前网页进行信息交互，非常便于用户与 AI 围绕网页内容展开相关交互。在这里，我们让 New Bing Chat 帮助我们提炼网页中分析报告的内容。

以下是一个示例，展示了如何基于网页报告生成一份关于苹果手机的分析报告概要的过程。假设原始网页报告地址为 https://www.statista.com/chart/29925/apples-share-of-the-global-smartphone-market/。具体操作过程如下。

第一步　按照图 4-3，打开 Edge 浏览器，在图中①输入上述网页地址。

第二步　在图中②点击顶部工具栏右侧的 Copilot 按钮，打开图中③所示侧边栏。

第三步　如图 4-4 所示，在侧边栏的“聊天”窗口中，输入如下提示指令，如图中①：

```
[New Bing Chat] 4/3/1 请概括当前网页报告内容，并返回中文概要。
```

New Bing Chat 将从当前已打开的网页获取信息，然后基于提示指令完成提炼概要任务。由于当前网页内容是英文的，因此我们需要在提示指令中让 AI 将结果翻译为中文。AI 根据提示指令，返回中文报告概要结果，结果如图 4-4 中的②所示。

从图 4-4 中可以看到，我们已获得当前网页报告的概要信息。接下来，我们需要验证该信息是否准确。由于原始内容是英文的，核对和校验信息时不太方便，因此我们需要让 AI 先帮我们翻译为中文，以便对照原始内容和概要信息是否一致。

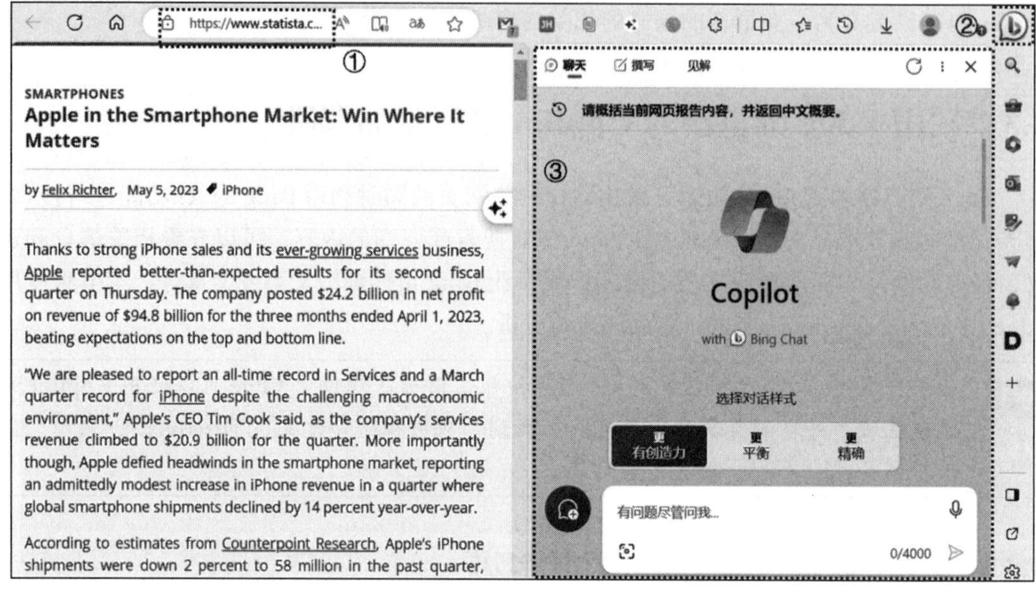

图 4-3 打开 Edge 浏览器 Copilot 侧边栏中的“聊天”功能

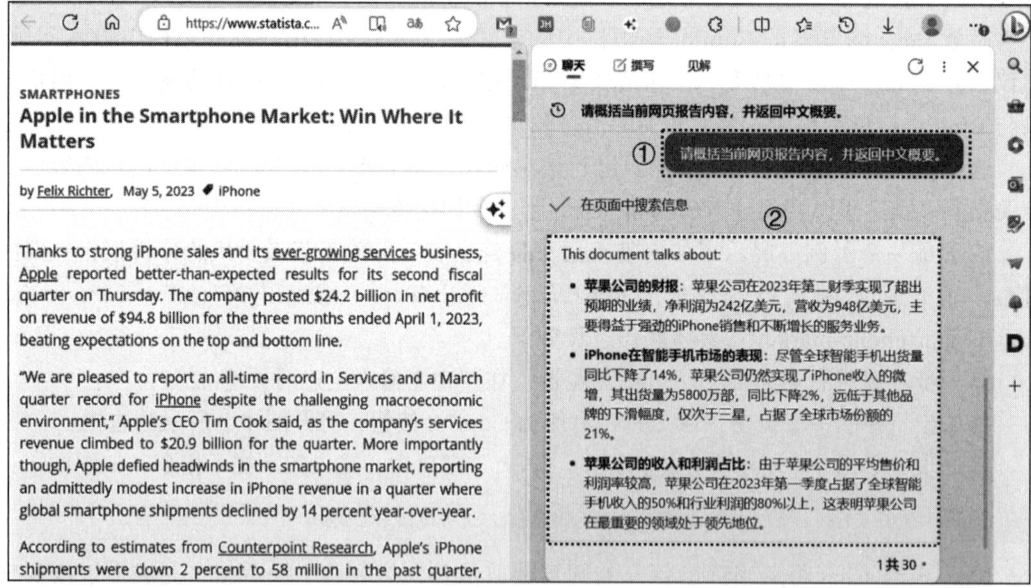

图 4-4 在 Edge 侧边栏输入提示指令并获得返回内容

第一步 选中要翻译的英文文本并发送到聊天窗口。如图 4-5 所示，我们先选中左侧原始网页中要查看和翻译的原始英文内容（图中①）。此时右侧 Copilot 侧边栏会自动检测到当前已选择的内容，并提示“是否将所选或复制的文本发送到聊天？”，我们选择“发送”（图中②）。

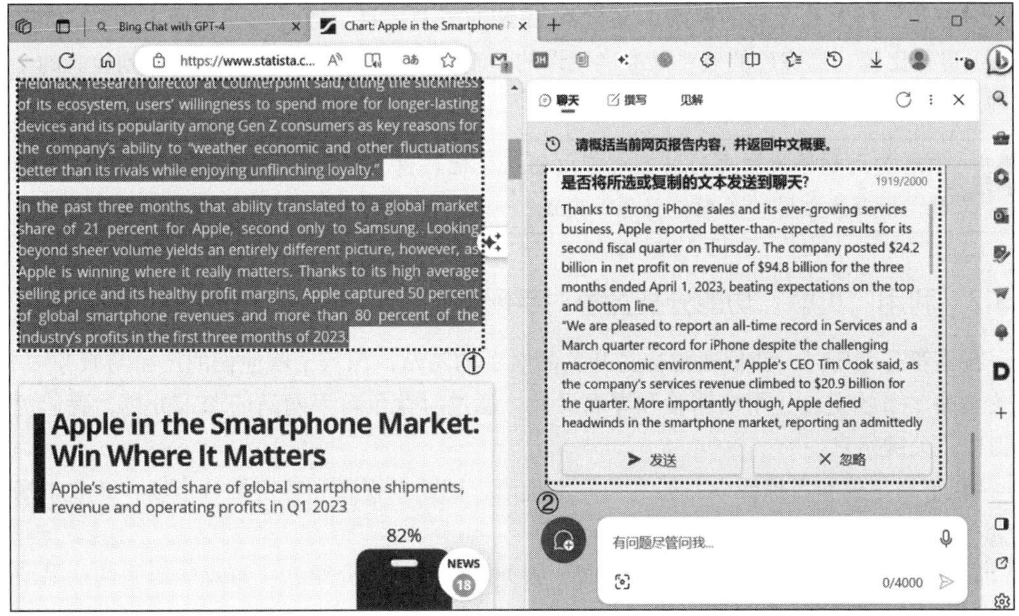

图 4-5　将选中的网页内容发送到 AI 聊天窗口

第二步　输入提示指令让 AI 将英文文本翻译为中文文本。如图 4-6 所示，当所选文本内容发送到侧边栏后，AI 会询问“你希望如何处理文本?”（图中①）。我们输入如图中②所示的提示指令：

```
[New Bing Chat] 4/3/2　请翻译成中文。
```

AI 在收到提示指令后，会将第一步选择的文本内容翻译为中文，如图中③所示。

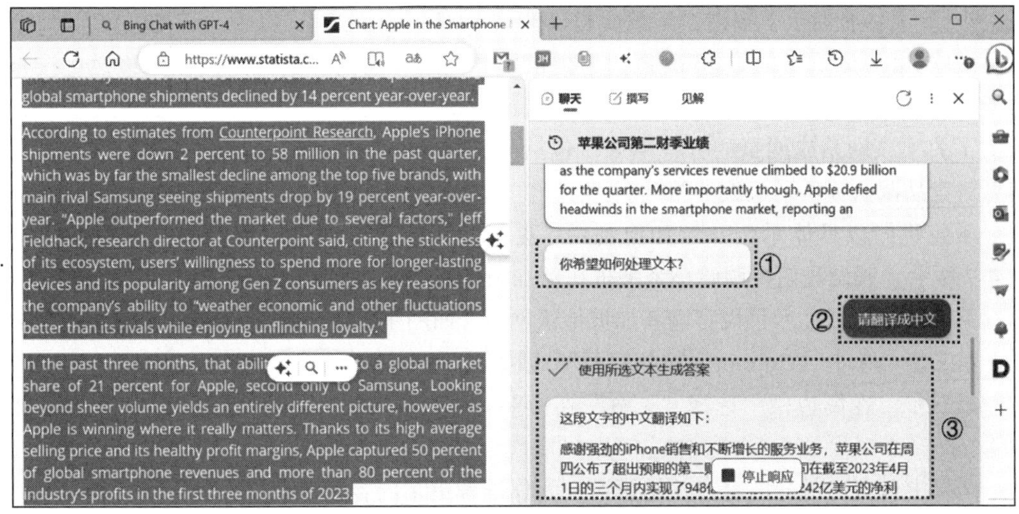

图 4-6　New Bing Chat 将英文翻译为中文

第三步 核对翻译后的原始中文与 AI 提炼的概要信息。通过与原始网页信息（尤其是数据）进行比较，提炼后的概要是准确无误的，至此，我们完成了从报告提炼到检验的全部过程。

提示 上述英文翻译为中文的任务也可以使用其他任意 AI 工具（例如 ChatGPT）或翻译软件（如百度翻译、谷歌翻译等）完成。

4.3.2 利用“见解”功能分析竞争对手网站

在做竞品调研时，我们通常会打开竞品对手的网站，深入了解他们的产品与服务细节、定价策略、市场定位、用户体验和界面设计。通过对竞争对手网站的深入分析，我们可以获得以下关键信息。

- **市场定位和目标受众**：通过关注定位语、图片、视频和特定细分市场，获取市场定位和目标受众定位策略的线索。
- **产品与服务特点**：通过产品页面、服务说明或功能介绍，了解竞争对手的产品或服务的主要特点和卖点。
- **定价策略和销售信息**：获取竞争对手的定价策略、优惠和销售信息，例如是否提供折扣、特别优惠或订阅模式等。
- **用户体验和界面设计**：通过浏览竞品网站，了解其用户界面和用户体验设计，包括网站导航、页面布局、色彩选择和交互元素等。
- **市场趋势和新功能**：观察竞争对手网站的更新和发布的新功能，了解竞争对手的经营新趋势和发展方向。
- **社交媒体和用户互动**：如果竞争对手在其网站上集成了社交媒体，观察用户互动和反馈，有助于了解用户满意度和口碑。

微软 Edge 浏览器的 Copilot 侧边栏提供了“见解”功能，支持用户在侧边栏直接查看与当前网页相关的分析和洞察信息，包括关键短语、摘要、社交评分等。更重要的是，它提供了关于该网站或网页的分析结果，包括流量趋势、用户地域分布、来源渠道等。这些信息对竞品调研提供了极大的帮助。

下面我们以具体示例介绍如何利用“见解”功能更好地进行竞争对手网站调研，如图 4-7 所示。假设我们要调研小米手机在新加坡地区的情况。

第一步 打开小米手机官网新加坡地区网页（如图中①）：https://www.mi.com/sg/。

第二步 单击“Copilot”按钮打开侧边栏（如图中②）。

第三步 在侧边栏中选择“见解”切换窗口（如图中③），即可看到相应的结果（如图中④）。

结果中包含四部分内容：关键短语、为你推荐更多内容、对此站点评分、分析。

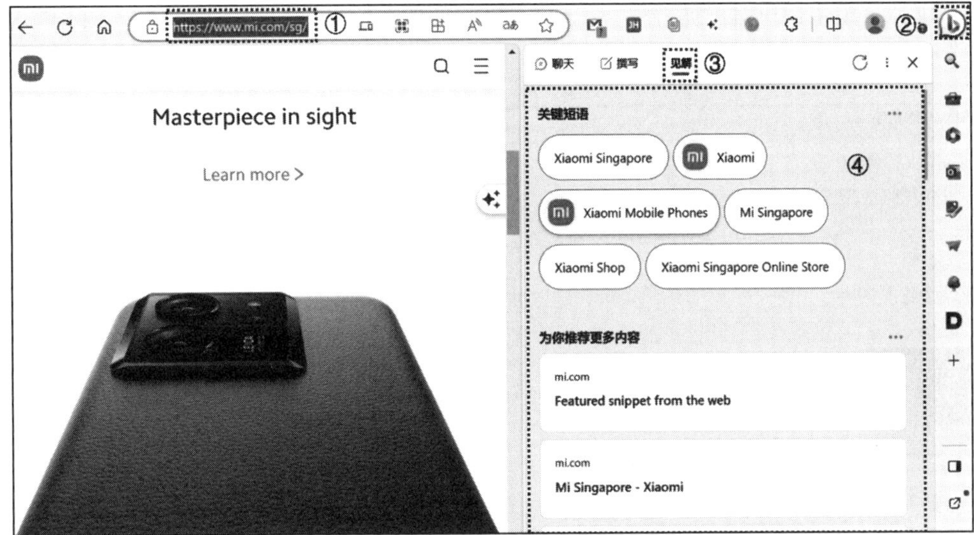

图 4-7　打开 Edge 浏览器 Copilot 侧边栏中的“见解”功能

1. 关键短语

这部分提供了当前网页的主要关键字信息，如图 4-8 所示。它在提取网站产品、服务、社交评论、用户口碑等方面非常有用。例如，我们可以通过“关键短语”查看小米手机的主要特定关键字，或者查看特定手机的用户评论页面，以了解用户关注的重点。

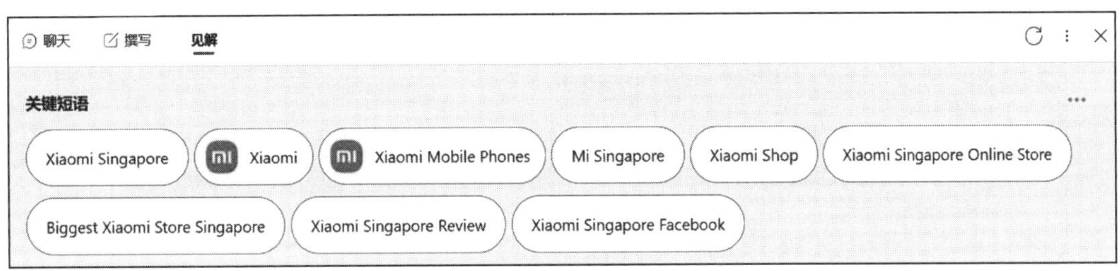

图 4-8　Edge Copilot 侧边栏提供的“关键短语”功能

2. 为你推荐更多内容

这部分展示了用户查看该网页后可能还会查看的页面，如图 4-9 所示。这对于调研网页导航和结构非常有帮助。可以按照 AI 推荐的内容路径或者沿着网页的导航和结构逐个查看各个页面，以确保不会遗漏关键网页内容。

3. 对此站点评分

这部分展示了用户对该网站的好评率，如图 4-10 所示。该评分基于用户在侧边栏中的投票结果统计。高的好评率表示用户对 Edge 浏览器的满意度较高，这对于分析用户满意度、口碑和情感色彩具有参考价值；同时还可以基于用户的好评率在不同竞争对手网站之间直接比较，用于量化口碑评分结果。正面评价包括“值得信任”“信息量大”“有用”“高质量”，负面评价则包括“不安全”“冒犯”。

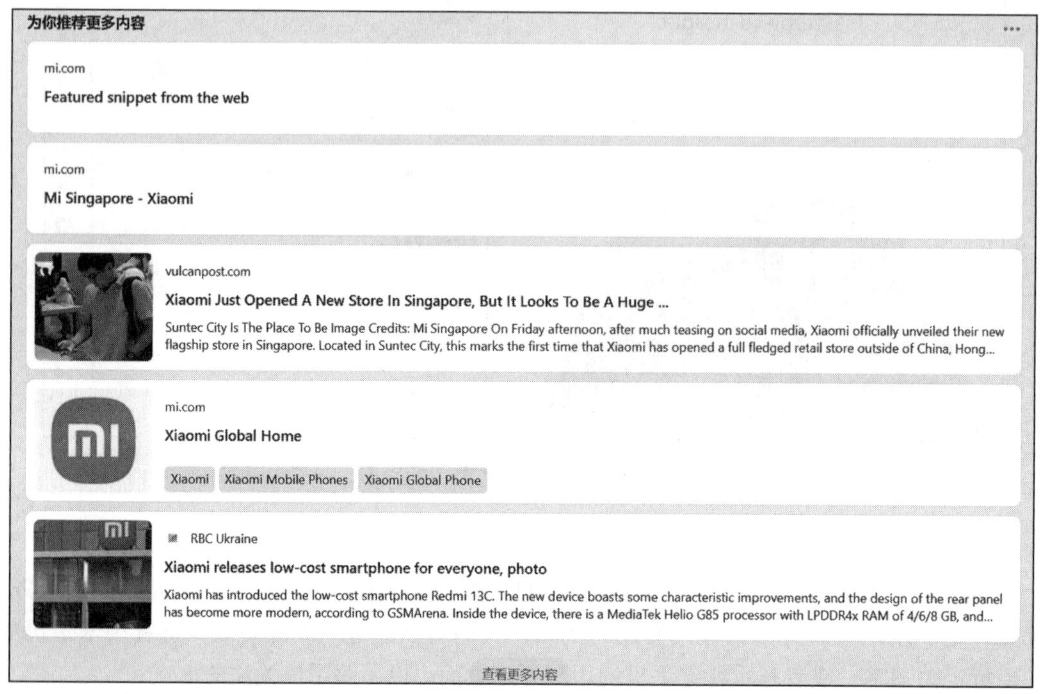

图 4-9　Edge Copilot 侧边栏提供的“为你推荐更多内容”功能

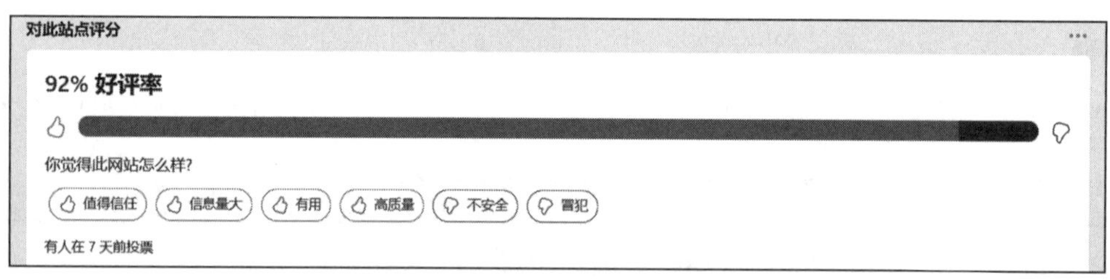

图 4-10　Edge Copilot 侧边栏提供的“对此站点评分”功能

4. 分析

分析功能提供了网站和网页两个维度的流量信息，如图 4-11 所示。这些信息包括每月流量、用户地域分布、访问来源渠道以及用户还查看了哪些其他网站。这些信息对于免费调研竞争对手网站流量非常有用。

- **每月流量**：展示最近几个月的流量状况，尽管未提供具体流量指标，但能够观察到总体流量趋势。当鼠标悬停在流量柱状图上时，还可查看相对上月的流量变化百分比，为流量预估提供了具有量化参考价值的信息。

- **多数访问来自**：基于浏览器用户 IP 判断用户地域分布的情况，可用于深度分析用户地理位置的分布情况。
- **访问者如何找到此网站**：用于分析网站流量的来源渠道。单击“其他网站”可查看更多引荐来源地址，这一信息对于制定营销渠道和广告推广策略具有重要的参考价值。
- **用户还查看了**：显示用户在浏览该网站后可能会查看哪些其他“竞争对手”网站。这一功能在寻找竞争对手的竞争对手时具有关键的参考价值。尤其在进入新市场时，它可以帮助企业更全面地了解竞争对手在市场中的地位和竞争环境。

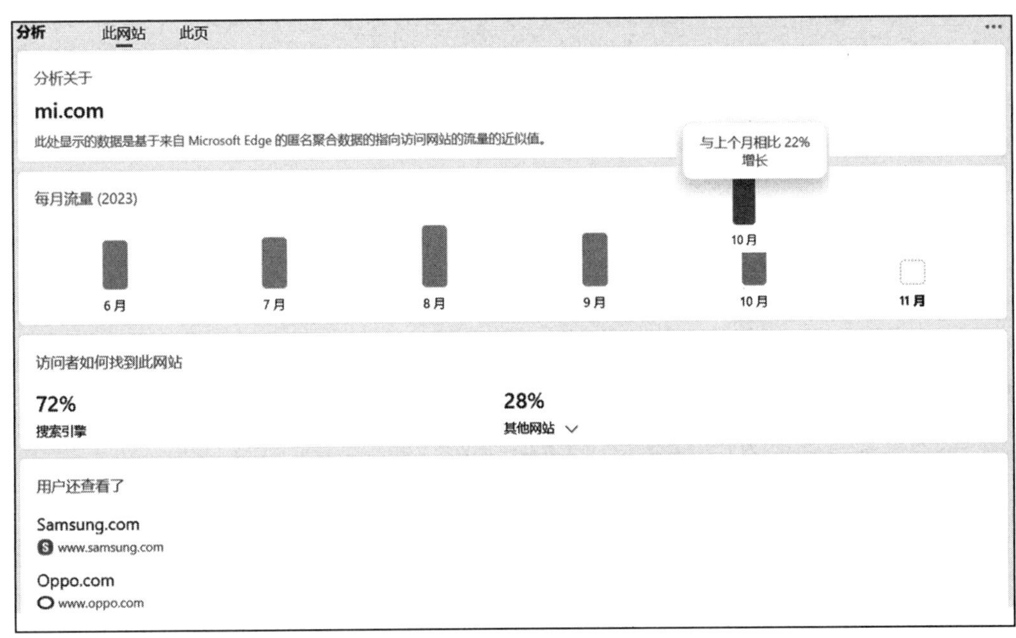

图 4-11　Edge Copilot 侧边栏提供的“分析”功能

4.4　竞争识别与分析

竞争识别是竞争分析的基础。本节旨在介绍确定竞争对手和竞争产品或服务矩阵的方法，以便企业更好地理解市场竞争格局、优化产品定位并维持竞争力。

4.4.1　识别并分析竞争对手

确定竞争对手是指在特定市场领域内识别与企业竞争的其他公司或实体。这些竞争对手可能拥有类似的产品、服务或对企业的市场份额和业务增长构成挑战。了解竞争对手的优势、劣势和战略动向对制定竞争策略和定位至关重要。

通常，企业能够容易地识别行业标杆，但这并不一定意味着它们就是直接的竞争对手。真正的竞争对手应该在多个层面上具备以下特征：

- 首先，竞争对手应该具备类似产品或服务的竞争属性，不仅在功能和特点上有竞争性，还直接影响企业的市场份额和商业战略。
- 其次，目标细分市场和市场定位接近，这些竞争对手在市场上的活动直接影响着企业的目标客户群。
- 最后，竞争对手的体量和规模与企业基本在一个层级上，这才能构成相互间的直接竞争关系。

例如，在全球范围内，奔驰被普遍视为汽车行业的豪华品牌的代表。一家新兴汽车制造公司可能将奔驰视为行业标杆，但并不会将其视为直接竞争对手。因为这家新兴公司的产品线可能主要集中在经济型汽车或智能电动汽车领域，与奔驰的豪华车市场定位存在明显的差异。所以这家新兴公司真正的竞争对手可能是其他专注于同一车型或价格范围的汽车制造商。

在探索新兴市场时，AI 技术可以快速而准确地分析市场情况，为企业提供全面的竞争信息，助力企业定位和识别潜在的真正竞争对手。

下面以一个具体示例介绍该场景的实现过程。假设你是一家中国国内某手机厂商的数据分析师，你们今年计划在墨西哥开展手机销售业务。在该场景下，你可以向 AI 提出如下问题：

```
[New Bing Chat] 4/4/1 请提供墨西哥主要的手机品牌（包括当地和国际品牌）信息，包括：
- 概要介绍：包括品牌名称、发展历史、企业规模等，100 字以内。
- 市场份额：最近 3 年内的市场份额、增长情况等，50 字以内。
- 市场定位：目标客户、细分市场、品牌形象、产品或服务定位等，100 字以内。
请介绍最主要的 5 个手机品牌，并返回 Markdown 格式内容。
```

在这些指令中，重点在于对竞争对手基本信息的有序整理。鉴于我们将进入新兴市场，首要任务是充分了解墨西哥市场的基本情况，因此，我们期望 AI 提供 5 个主要竞争对手的概要介绍、市场份额和市场定位等关键信息，以协助我们确立市场的主要竞争者和参与者。

New Bing Chat 基于提示指令，给出如下竞争对手信息：

```
- **Samsung**：三星是一家韩国的跨国企业，成立于 1938 年，是全球最大的电子产品制造商之一。三
  星在墨西哥的手机市场份额在 2020 年达到了 **35.5%**，是墨西哥最受欢迎的手机品牌。三星的市场
  定位是提供高品质、高性能、高创新的智能手机，以满足不同层次消费者的需求，从高端的 Galaxy S
  和 Note 系列，到中端的 Galaxy A 和 M 系列，再到低端的 Galaxy J 系列。
- **Motorola**：摩托罗拉是一家美国的通信设备公司，成立于 1928 年，是全球最早的移动电话制造商
  之一。摩托罗拉在墨西哥的手机市场份额在 2020 年达到了 **15.8%**，是墨西哥第二大手机品牌。摩
  托罗拉的市场定位是提供性价比高、功能齐全、设计简洁的智能手机，主要针对中低收入的消费者，其主
  要产品线包括 Moto G、Moto E 和 Moto One 系列。
- **Huawei**：华为是一家中国的信息与通信技术公司，成立于 1987 年，是全球最大的电信设备供应商
  之一。华为在墨西哥的手机市场份额在 2020 年达到了 **10.6%**，是墨西哥第三大手机品牌。华为的
  市场定位是提供高端、高品质、高技术的智能手机，主要针对对性能和拍照有较高要求的消费者，其主要
  产品线包括 Mate、P 和 Nova 系列。
```

```
- **LG**：LG 是一家韩国的跨国企业，成立于 1947 年，是全球最大的家电和电子产品制造商之一。LG
  在墨西哥的手机市场份额在 2020 年达到了 **9.1%**，是墨西哥第四大手机品牌。LG 的市场定位是提
  供多样化、创新性、个性化的智能手机，主要针对对设计和功能有较高兴趣的消费者，其主要产品线包括
  V、G、K 和 Q 系列。
- **Apple**：苹果是一家美国的科技公司，成立于 1976 年，是全球最有价值的品牌之一。苹果在墨西
  哥的手机市场份额在 2020 年达到了 **7.9%**，是墨西哥第五大手机品牌。苹果的市场定位是提供高
  档、高品质、高体验的智能手机，主要针对对品牌和生态系统有较高忠诚度的消费者，其主要产品线是
  iPhone 系列。
```

基于上述 AI 提供的辅助信息，我们可基于企业战略需要，与当前主要竞争对手进行全面比较，依据上述提到的产品与服务相似性、目标客户群体的交集、企业规模和体量的相近性，以及市场细分和目标市场定位等原则，全方位确定竞争对手。

4.4.2　识别并分析竞争产品或服务

确定竞争产品或服务意味着分析市场上与本企业产品或服务直接竞争的其他产品或服务，形成横向和纵向的竞争对比矩阵。这有助于企业了解其产品或服务在市场上的定位、与其他产品或服务的差异以及竞争优势。通过比较同类产品或服务的特点和定价策略，企业可以调整自身产品或服务的特色，并设定更具竞争力的价格。

虽然竞争对手和竞争对手的产品或服务有一定的关联，但它们并不是完全相同的概念。竞争对手是指竞争者本身，而竞争对手的产品或服务是指这些竞争对手所提供的具体产品或服务。

- **竞争对手**：专注于与企业直接竞争的其他公司或实体。这些竞争对手可能提供与你的产品或服务类似的产品或服务，并争夺相似的客户群和市场份额。对手之间的竞争可能涉及产品、服务、市场定位、定价策略、供应链、投资机会等。
- **竞争对手的产品或服务**：更加微观，特指这些竞争对手所提供的产品或服务。分析竞争对手的产品意味着研究、比较和评估这些竞争对手的产品或服务的特点、功能、定价、市场表现等方面。

在行业中，对于生命周期较长的标品（例如手机、电脑、汽车等），若市场上存在标杆产品，在产品研发初期基本确定了对标产品，这便是竞争产品；而对于新研发的产品，属于创新性质、行业内首创、非标准化或围绕市场热点研发的产品，则在短期内可能没有直接竞争产品。

当前，国内 3C（计算机、通信、消费电子）、汽车、航空、电信等领域，市场竞争激烈，市场饱和度高，属于典型的红海市场。在这些行业中，产品同质化程度较高，竞争者众多，企业间竞争主要集中在价格、功能、品质和服务等方面。因此，对竞争产品或服务的识别和分析变得尤为重要，它能帮助企业了解市场情况、定位自身产品，并寻找差异化竞争优势，以在激烈的市场竞争中脱颖而出。

接下来，我们以一个具体示例来介绍如何基于 AI 完成竞争产品识别任务。假设你是一家中国国内的手机厂商的数据分析师，公司今年计划在国内上市一款价格为 1500～2000 元

的新手机。在新品发布之前，你可以如下提示指令来做竞品分析：

```
[New Bing Chat] 4/5/1  请收集2023年中国市场上售价为1500-2000元的手机信息，包括：
- 产品特点和性能：手机的硬件规格、功能、性能表现等。
- 定价策略：手机的定价和折扣策略等。
- 市场占有率：手机在市场中的份额。
- 品牌形象和营销：包括品牌形象、营销策略和广告宣传等。
- 用户体验和口碑：用户对手机品牌的使用体验和口碑评价等。
- 生态系统和附加服务：不同品牌的生态系统，如应用商店、附加服务、售后支持等。
请汇总热度最高的5款手机信息，并整理输出对比表格。
```

在提示指令中，目标市场和价格区间与本企业产品的定位密切相关。了解竞品信息时，除了基本了解产品特点和性能外，重点在于调研竞品识别相关的信息，包括定价策略、市场占有率、品牌形象和营销、用户体验和口碑等关键方面。最后，生态系统和附加服务则与手机行业的特性紧密相连，因为当前手机的竞争已不局限于硬件，也包括生态系统和附加服务的角逐。

New Bing Chat 基于上述提示指令，提供了如图 4-12 所示的行业内竞品分析结果（为了简便展示，这里将原始文本整理为表格形式）。

品牌型号	产品特点和性能	定价策略	市场占有率	品牌形象和营销	用户体验和口碑	生态系统和附加服务
真我GT Neo5 SE	高通骁龙7+ Gen2处理器，144Hz七档刷新率1.5K直屏，100W有线快充和5500mAh大电池，红外遥控、NFC、X轴线性马达、杜比全景声双扬声器等功能配置齐全	1999元起，双十一期间有优惠券和秒杀活动	2023年第三季度，真我在中国市场的出货量为1020万台，市场份额为8.9%，排名第五	真我以年轻人为目标用户，主打高性价比、高性能、高颜值的品牌形象，通过线上线下多渠道的营销策略，提升品牌知名度和影响力	真我GT Neo5 SE的用户评价普遍较高，主要称赞其性能强悍、屏幕清晰、续航持久、功能全面等优点，不足之处是拍照效果一般、机身材质塑料	真我使用基于Android 12的realme UI 3.0系统，拥有自己的应用商店、游戏中心、主题商店等，还提供一年内免费换新、一年内免费维修、一年内免费屏碎保等附加服务
iQOONeo8	高通骁龙8+ Gen1处理器，vivo V1+独显芯片，120Hz高刷新率2K+曲面屏，120W有线快充和5000mAh大电池，双扬声器、X轴线性马达、屏下指纹等游戏外围配置完善	1799元起，双十一期间有优惠券和赠品活动	2023年第三季度，iQOO在中国市场的出货量为720万台，市场份额为6.3%，排名第六	iQOO的定位是年轻化、极致化、创新化的高性能手机品牌，通过与各类游戏、电竞、娱乐等领域的合作，打造专业的游戏手机形象	iQOO Neo8的用户评价普遍较好，主要称赞其游戏性能优秀、屏幕素质高、充电速度快、功能丰富等优点，不足之处是机身较重、后置缺少超广角镜头	iQOO使用基于Android 12的OriginOS系统，拥有自己的应用商店、游戏中心、主题商店等，还提供一年内免费换新、一年内免费维修、一年内免费屏碎保等附加服务
红米K60	高通骁龙8+ Gen1处理器，120Hz高刷新率2K+曲面屏，67W有线快充和30W无线充电，5500mAh大电池，双扬声器、X轴线性马达、NFC、红外遥控等功能配置齐全	1799元起，双十一期间有优惠券和秒杀活动	2023年第三季度，红米在中国市场的出货量为1530万台，市场份额为13.4%，排名第三	红米以极致性价比、高性能、高品质为品牌理念，通过线上线下多渠道的营销策略，吸引年轻人和性价比追求者的关注	红米K60的用户评价普遍较好，主要称赞其性能强劲、屏幕清晰、续航持久、功能全面等优点，不足之处是拍照效果一般、机身较重	红米使用基于Android 12的MIUI 13系统，拥有自己的应用商店、游戏中心、主题商店等，还提供一年内免费换新、一年内免费维修、一年内免费屏碎保等附加服务
一加Ace 2V	天玑9000处理器，120Hz高刷新率1.5K直屏，80W有线快充和5000mAh大电池，双扬声器、X轴线性马达、屏下指纹等功能配置齐全	1699元起，双十一期间有优惠券和赠品活动	2023年第三季度，一加在中国市场的出货量为390万台，市场份额为3.4%，排名第九	一加以“创造一流产品，提供一流服务”的品牌理念，通过与氢OS、ColorOS等系统的合作，提升用户体验和忠诚度	一加Ace 2V的用户评价普遍较好，主要称赞其性能出色、屏幕清晰、充电速度快、功能丰富等优点，不足之处是拍照效果一般、机身较厚	一加使用基于Android 12的氢OS，拥有自己的应用商店、游戏中心、主题商店等，还提供一年内免费换新、一年内免费维修、一年内免费屏碎保等附加服务
荣耀80 GT	高通骁龙8+ Gen1处理器，120Hz高刷新率1.5K直屏，66W有线快充和4800mAh大电池，双扬声器、X轴线性马达、屏下指纹等功能配置齐全	1999元起，双十一期间有优惠券和赠品活动	2023年第三季度，荣耀在中国市场的出货量为1320万台，市场份额为11.6%，排名第四	荣耀以年轻人为目标用户，主打高性价比、高性能、高颜值的品牌形象，通过线上线下多渠道的营销策略，提升品牌知名度和影响力	荣耀80 GT的用户评价普遍较好，主要称赞其性能优秀、屏幕清晰、续航持久、功能丰富等优点，不足之处是拍照效果一般、机身较厚	荣耀使用基于Android 12的魔改OS，拥有自己的应用商店、游戏中心、主题商店等还提供一年内免费换新、一年内免费维修、一年内免费屏碎保等附加服务

图 4-12 竞争产品信息调研

随后，企业可根据自身手机的特点、目标定位、价格区间、品牌形象等方面与竞争对手进行全面对比分析，从而确定主要竞争对手，进而辅助新品定位、定价、市场推广、营销策略等业务场景。

4.5　竞争对手分析模型

竞争分析领域有多种模型，适用于不同的分析场景，包括分析外部环境、评估企业竞争力、制定竞争策略等场景。这些模型为竞争分析提供了有效的分析框架。本节将介绍几种常用的竞争对手分析工具，它们是 SWOT 分析、波特五力分析、GE/McKinsey 矩阵分析。

4.5.1　SWOT 分析

SWOT 分析，即对企业内外环境因素进行的优势（Strengths）、劣势（Weaknesses）、机会（Opportunities）、威胁（Threats）的评估，是竞争对手分析中的关键工具。该方法有助于企业了解自身在市场中的地位，揭示竞争对手的相对优势和劣势，为战略规划提供理论支持。

在竞争对手分析的宏观层面，SWOT 分析可应用于竞品对比、市场定位和战略规划等方面。在微观层面，它可应用于项目、产品、团队和运营等方面。通过对竞争对手进行 SWOT 分析，企业能更准确地把握市场动态，评估竞争格局，找到发展方向和定位。

SWOT 分析包括如下几个方面。

- **优势**：竞争对手可能在技术创新、市场份额、品牌声誉、专利技术等方面具有优势。SWOT 分析有助于企业发现可突破的领域。
- **劣势**：分析竞争对手的劣势有助于企业了解其薄弱之处，如供应链问题、客户关系管理问题、高成本结构、过时技术等。
- **机会**：分析竞争对手可能面临的机会，有助于企业了解市场趋势和制定战略方案，包括市场趋势、新兴技术、法规变化等。
- **威胁**：SWOT 分析有助于企业辨别竞争对手可能遇到的威胁，如新竞争者进入、法规变化、竞争加剧、市场饱和等，从而做好风险管理。

在进行竞争分析时，SWOT 分析是一种有力的工具。但为了确保分析的有效性，需注意以下关键方面。

- **明确定位分析范围**：定义清晰的层次和范围有助于确保分析的聚焦和实用性。如确定分析整体企业、特定业务领域还是某个产品线等。
- **实事求是评估因素**：内部因素评估需基于客观、可验证的数据，外部因素评估需考虑未来趋势和变化，以确保分析具有前瞻性，制定长远的战略规划。
- **关注关键问题**：SWOT 分析应具体而非泛泛，围绕关键问题提供洞察，重点是如何解决问题、缓解劣势、利用机会、应对威胁等。
- **结合战略目标找切入点**：确保 SWOT 分析结果与企业战略目标一致，指导制定和执行有针对性的战略方向。

我们将通过一个示例来演示如何基于 AIGC 完成竞争对手 SWOT 分析。我们选择

Anker 作为对象，首先由 ChatGPT 进行分析；随后，我们使用相同的提示指令请 New Bing Chat 回答。最终，将两份内容进行对比整合，形成一份更为全面的 SWOT 分析结果。

首先，我们让 ChatGPT 完成 SWOT 分析。

```
[ChatGPT] 4/6/1 请你作为资深市场分析师，对Anker做SWOT分析。
```

在提示指令中，我们明确定义了 AI 的角色，并直接要求 AI 对 Anker（一家国际知名的个人电子消费品企业）进行 SWOT 分析。ChatGPT 根据这一指令，提供了以下分析结果。

```
**优势(Strengths):**
1.**创新产品线:** Anker以其创新的移动电源、充电器和其他电子配件而闻名，在市场上具有竞争优势。
2.**品牌知名度:** Anker的品牌在电子配件市场上享有良好的声誉，为公司赢得了消费者的信任。
3.**质量和性能:** 公司产品的高质量和稳定性为其赢得了用户的好评，这有助于建立忠诚的客户群。
4.**全球市场覆盖:** Anker在全球范围内建立了广泛的销售网络，能够触及不同国家和地区的市场。
5.**合理的价格策略:** 公司采用合理的价格策略，使其产品在市场上具有良好的竞争力。

**劣势(Weaknesses):**
1.**依赖于电子设备市场:** Anker的业务主要集中在电子设备配件领域，这使得公司对电子设备市场的变化较为敏感。
2.**品牌多样性相对较小:** 公司产品主要集中在电源和充电器等领域，相对缺乏其他领域的产品线。
3.**激烈的竞争:** 电子配件市场竞争激烈，存在来自其他知名品牌的竞争，这可能对Anker的市场份额构成挑战。

**机会(Opportunities):**
1.**不断增长的电子市场:** 随着电子设备的不断普及和更新换代，Anker有机会在不断增长的市场中扩大其份额。
2.**新技术的采用:** 新兴技术，如无线充电、快充等，可以为Anker提供新的增长机会。
3.**全球数字化趋势:** 全球数字化趋势的加速对Anker有利，人们对数字产品和配件的需求不断增加。
4.**合作伙伴关系:** 与手机制造商、电子设备公司等建立战略性合作伙伴关系，有望扩大市场份额。

**威胁(Threats):**
1.**价格竞争:** 市场上存在许多价格竞争激烈的竞争对手，这可能影响Anker的盈利能力。
2.**知名竞争对手:** 其他知名品牌可能推出类似的产品，争夺Anker的市场份额。
3.**供应链问题:** 全球供应链的不稳定性，可能导致原材料成本上升或供应中断。
4.**技术变革:** 技术的快速发展可能使Anker的某些产品过时，需要不断研发和创新以保持竞争力。
```

ChatGPT 的 SWOT 分析结果涵盖了产品、品牌、市场、渠道、客户需求、合作伙伴、市场竞争、供应链等多个方面。

接下来，我们请 New Bing Chat 完成相同的 SWOT 分析。

```
[New Bing Chat] 4/6/2 请你作为资深市场分析师，对Anker做SWOT分析。
```

New Bing Chat 基于提示指令给出如下分析结果：

```
- 优势(Strengths):
  * 产品力强，以高品质、低价格、创新设计为特点，满足消费者需求。
  * 品牌力高，凭借良好的产品口碑和用户体验，在海外市场建立了独特的品牌地位。
  * 渠道力广，以线上亚马逊为主，以线下经销商和商超为辅，形成多元化的渠道组合。
```

```
  * 人才力优，核心团队来自谷歌系，具有产品导向的文化和专业能力。
  * 成本力低，利用国内的代工产业链，实现低成本、高效率的生产制造。
  * 财务力强，收入和利润保持高速增长，ROE 高达 40% 以上，现金流充裕。

- 劣势（Weaknesses）：
  * 产品端的技术协同性较低，三类产品在物理端有完全不同的特性和定位。
  * 产品端的技术领先性较弱，部分产品功能相对简单且成熟度较高，缺乏核心技术的保障。
  * 渠道端的依赖性较高，线上销售主要依赖亚马逊平台，需要支付高额的平台费用。
  * 市场端的集中性较高，北美、欧洲、日本三个区域占比超过 80%，缺乏多元化的市场布局。
  * 研发端的投入不足，研发费用占比较低，与同行相比存在差距。

- 机会（Opportunities）：
  * 消费升级的趋势，消费者对高品质、创新性的产品需求不断提升。
  * 智能化的发展，智能家居、智能影音等产品领域有巨大的市场潜力。
  * 新兴市场的开拓，中东、东南亚等地区有较高的增长空间。
  * 新渠道的拓展，社交电商、直播带货等新兴渠道有较好的流量优势。

- 威胁（Threats）：
  * 行业竞争的加剧，同行玩家不断涌现，价格战、渠道战等竞争手段频繁出现。
  * 市场变化的不确定性，消费者的需求和偏好可能随时发生变化，产品的生命周期可能缩短。
  * 技术变革的不可预测性，新技术的出现可能颠覆现有的产品形态，产品的创新能力可能不足以应对。
  * 政策风险的不可控性，跨境电商可能受到各国的贸易政策、税收政策、监管政策等的影响。
```

通过比较 ChatGPT 和 New Bing Chat 的分析结果，我们注意到：New Bing Chat 的分析角度比 ChatGPT 更全面，包括财务、成本、研发、消费升级、政策变化以及市场不确定性等因素。为了使内容更加完整，我们可以在 New Bing Chat 的回答基础上整合 ChatGPT 的内容。

要实现这种整合，我们可以手动对比两者的差异，然后人工修改并融合两部分内容；也可以直接将 ChatGPT 的回答内容以提示指令的形式写入 New Bing Chat，让 New Bing Chat 完成两部分内容的整合。如下是通过 New Bing Chat 完成整合过程的提示指令：

```
[New Bing Chat] 4/6/3 请在你上次回答的内容基础上，将下面的观点融合到你的内容中，最后输出
    一份完整且包含所有要点的 SWOT 分析结果。

**优势（Strengths）：**
1.**创新产品线：** Anker 以其创新的移动电源、充电器和其他电子配件而闻名，在市场上具有竞争
  优势。
2.**品牌知名度：** Anker 的品牌在电子配件市场上享有良好的声誉，为公司赢得了消费者的信任。
3.**质量和性能：** 公司产品的高质量和稳定性为其赢得了用户的好评，这有助于建立忠诚的客户群。
4.**全球市场覆盖：** Anker 在全球范围内建立了广泛的销售网络，能够触及不同国家和地区的市场。
5.**合理的价格策略：** 公司采用合理的价格策略，使其产品在市场上具有良好的竞争力。

**劣势（Weaknesses）：**
1.**依赖于电子设备市场：** Anker 的业务主要集中在电子设备配件领域，这使得公司对电子设备市场
  的变化较为敏感。
2.**品牌多样性相对较小：** 公司产品主要集中在电源和充电器等领域，相对缺乏其他领域的产品线。
3.**激烈的竞争：** 电子配件市场竞争激烈，存在来自其他知名品牌的竞争，这可能对 Anker 的市场份
  额构成挑战。
```

```
** 机会 (Opportunities): **
1.** 不断增长的电子市场: ** 随着电子设备的不断普及和更新换代, Anker 有机会在不断增长的市场中
   扩大其份额。
2.** 新技术的采用: ** 新兴技术, 如无线充电、快充等, 可以为 Anker 提供新的增长机会。
3.** 全球数字化趋势: ** 全球数字化趋势的加速对 Anker 有利, 人们对数字产品和配件的需求不断增加。
4.** 合作伙伴关系: ** 与手机制造商、电子设备公司等建立战略性合作伙伴关系, 有望扩大市场份额。

** 威胁 (Threats): **
1.** 价格竞争: ** 市场上存在许多价格竞争激烈的竞争对手, 这可能影响 Anker 的盈利能力。
2.** 知名竞争对手: ** 其他知名品牌可能推出类似的产品, 争夺 Anker 的市场份额。
3.** 供应链问题: ** 全球供应链的不稳定性, 可能导致原材料成本上升或供应中断。
4.** 技术变革: ** 技术的快速发展可能使 Anker 的某些产品过时, 需要不断投资于研发和创新以保持竞
   争力。
```

在上述提示指令中，我们直接要求 AI 将两部分 AIGC 结果整合，并输出一份完整的 SWOT 分析结果。New Bing Chat 根据指令重新输出了整合后的结果，部分截图如图 4-13 所示。图 4-13 主要展示了 SWOT 分析中的“优势”部分，New Bing Chat 进行了两次输出，图中②为第一次输出的原始结果，而图中①和③是第二次整合输出的结果。

通过对比两次结果，New Bing Chat 认为第一次的内容中关于产品、品牌、渠道的描述已经包含在 ChatGPT 的回答中，因此，它保留了 ChatGPT 的原始优势描述①，删除了②中关于“产品力强”“品牌力高”“渠道力广”的三个描述，只保留了图中③的 3 个关键要点。

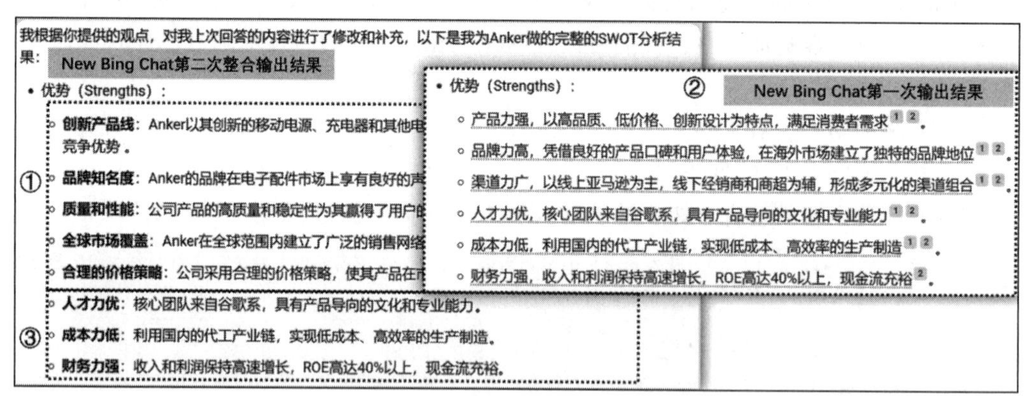

图 4-13 New Bing Chat 整合两部分 AIGC 内容输出 SWOT 分析结果

通过这种方式，我们迅速获得了融合两次 AIGC 内容的 SWOT 分析结果。对于融合后的结果，我们可以继续让 AI 进行完善和润色，例如，我们可以使用这个提示指令：*请对 SWOT 分析的每个要点进行详细描述，使内容更加完整、详细，每个要点约 100 个字左右。*

4.5.2 波特五力分析

波特五力分析，由著名经济学家迈克尔·波特提出，是一个用于评估行业竞争环境的战略管理工具。该分析广泛应用于企业战略规划场景，有助于管理者全面了解行业内外的

竞争力量。通过深入研究潜在竞争对手、替代品威胁、供应商和买家的议价能力，以及行业内现有竞争状况，企业能更好地把握市场机遇，控制风险，制定相应的竞争策略。

波特五力分析包括以下五个方面。

- **供应商的议价能力**（Bargaining Power of Supplier）：反映了供应商通过提高投入要素的价格或降低其质量，来影响企业的成本和质量的能力。
- **买方的议价能力**（Bargaining Power of Buyer）：反映了买方通过降低购买价格或要求提高产品或服务的质量，来影响企业的收入和质量的能力。
- **潜在进入者的威胁**（Threat of New Entrant）：反映了潜在进入者通过进入行业中现有企业所处的市场，带来新的生产能力、资源和竞争，来影响行业中现有企业的盈利能力和市场份额的能力。
- **替代品的威胁**（Threat of Substitute）：反映了替代品通过提供与行业中现有企业的产品或服务相似或更好的功能和价值，来影响企业的需求和价格的能力。
- **现有竞争者的威胁**（Rivalry among Existing Competitor）：反映了行业中现有企业之间通过价格战、产品创新、营销策略等方式，来争夺市场份额和客户的竞争程度。

为了充分利用波特五力分析进行竞争分析，可按以下步骤操作。

- **确定行业范围和边界**：明确产品或服务所属的行业，定义和划分该行业。
- **分析五种力量**：评估供应商的议价能力、买方的议价能力、潜在进入者的威胁、替代品的威胁和行业内部的竞争，分析这些力量的强度、变化趋势以及对企业的影响和威胁。
- **综合分析盈利能力和吸引力**：根据五种力量的分析结果，判断行业的整体竞争程度、利润水平以及发展前景和机会。
- **制定竞争战略和营销策略**：根据企业在行业中的竞争地位和优势，选择适当的竞争目标、方式，以及相应的产品、价格、渠道和促销策略，应对行业中的竞争压力和挑战。

接下来，我们将以Anker为例，说明如何利用AI进行波特五力分析。在示例中，我们将演示如何基于AI的自我优化能力获得更好的波特五力分析结果。

```
[New Bing Chat] 4/7/1  请使用波特五力分析模型分析Anker。
```

首先，我们请AI对Anker进行波特五力分析，没有提供其他提示或线索，以观察AI的分析方式。New Bing Chat在提示指令下，给出以下分析结果：

> Anker是一家专注于移动电源、充电器和其他电子配件的公司，其产品以高品质、低价格、创新设计为特点，满足消费者的需求。为了分析Anker的竞争环境，我们可以使用波特五力分析模型，从以下五个方面来考察。
>
> - 现有竞争者的威胁：Anker所处的电子配件市场竞争激烈，存在来自其他知名品牌的竞争，如苹果、三星、小米等，这些品牌可能推出类似的产品，争夺Anker的市场份额。同时，市场上也有许多价格竞争激烈的竞争对手，如AUKEY、RAVPower等，这些品牌可能通过降价或促销的方式，影响Anker的盈利能力。因此，Anker需要不断提升产品的质量、性能和创新性，以保持其竞争优势。

- 潜在进入者的威胁：Anker面临的潜在进入者的威胁相对较低，因为进入电子配件市场需要一定的资金、技术和渠道的投入，而且需要面对现有企业的反击。Anker已经建立了较高的品牌知名度和用户忠诚度，以及较强的规模经济和成本控制能力，这些都构成了一定的进入障碍。另外，Anker也可以通过与手机制造商、电子设备公司等建立合作伙伴关系，来增加进入者的转换成本和风险。
- 供应商的议价能力：Anker的供应商的议价能力相对较弱，因为Anker可以利用国内的代工产业链，实现低成本、高效率的生产制造，而且可以在多个供应商之间进行选择和切换，降低供应商的影响力。同时，Anker也可以通过自主研发和创新，来减少对供应商的依赖，提高自身的议价能力。
- 消费者的议价能力：Anker的消费者的议价能力相对较强，因为消费者可以在多个渠道和平台上购买Anker的产品，而且可以比较不同品牌和产品的价格、质量和性能，从而选择最合适的产品。同时，消费者也可以通过社交媒体、评论网站等方式，来表达对Anker产品的满意或不满意，从而影响Anker的品牌形象和销售额。因此，Anker需要不断提高产品的质量和性能，以满足消费者的需求和期望，同时也需要加强与消费者的沟通和互动，以建立良好的客户关系和口碑。
- 替代品的威胁：Anker的替代品的威胁相对较低，因为Anker的产品主要是为电子设备提供充电和配件的功能，而这些功能目前还没有其他更好的替代方案。虽然有些电子设备可能自带充电器或其他配件，但Anker的产品可以提供更高的兼容性、便携性和性能，从而吸引消费者来购买。同时，Anker也可以通过利用新兴技术，如无线充电、快充等，来为消费者提供更多的选择和便利，从而降低替代品的威胁。

面对这一分析结果，我们感觉总体较为简单，但难以具体说明哪个方面相对较弱。因此，我们再次利用AI的智慧来改进回答。

以下是让AI对自己的回答结果做进一步优化思考的提示指令：

[New Bing Chat] 4/7/2 如果你是企业运营总监，你认为上述波特五力分析结果有哪些可以完善或优化的地方？

在此提示指令中，我们为AI设定了新的角色，即企业运营总监，并要求其对之前的内容提出修改建议。通过这种切换角色的方式，我们让AI从新的视角来审视之前的输出内容。

New Bing Chat在新的提示指令下，提供了以下修改建议：

如果我是企业运营总监，我认为上述波特五力分析结果，有以下几个可以完善或优化的地方：

- 在现有竞争者的威胁方面，可以进一步分析Anker的主要竞争对手的市场份额、产品特点、价格策略、渠道布局等，以更清晰地了解Anker的竞争优势和劣势，以及可能面临的挑战和机会。
- 在潜在进入者的威胁方面，可以考虑一些新兴的电子配件品牌或跨界的电子设备品牌，如华为、OPPO等，以及一些创新的电子配件产品，如智能手环、智能眼镜等，这些可能对Anker的市场造成一定的冲击和影响。
- 在供应商的议价能力方面，可以分析Anker的主要供应商的类型、数量、地域分布等，以及Anker与供应商的合作关系、协议条款、采购成本等，以更准确地评估供应商的议价能力和影响力。
- 在消费者的议价能力方面，可以分析Anker的目标消费者的特征、需求、偏好、购买行为等，以及Anker的客户满意度、忠诚度、转化率等，以更有效地满足消费者的需求和期望，同时提高Anker的品牌忠诚度和口碑。
- 在替代品的威胁方面，可以考虑一些非电子配件的替代品，如太阳能充电器、无线耳机等，以及一些新技术的替代品，如燃料电池、超级电容等，这些可能对Anker的产品形成一定的替代或补充。

随后，我们让AI根据自身提出的建议，对第一次的输出结果进行完善。以下是提示指令：

[New Bing Chat] 4/7/3 请按照上述想法，完善并输出新的波特五力分析结果。

在这个提示指令中，我们要求 AI 根据第二次对话（4/7/2）中提到的优化建议修改第一次对话（4/7/1）中的波特五力分析结果。这样，AI 将自动从上下文对话中获取相关信息并完成内容联想，最终输出新的信息。这种方式避免了不必要的重复输入，包括重新提供第一次输出的信息以及详细的修改建议。

New Bing Chat 在提示指令下，再次对分析结果进行优化，得到以下新的结果：

```
为了说明波特五力分析的应用，我将以Anker为例，这是一家主要生产移动充电器、电池、数据线等消费电子产品的公司。Anker的波特五力分析如下。

现有竞争者的威胁程度：高。
- 移动充电设备和配件是一个高度饱和和竞争激烈的市场，有很多国内外的品牌和厂商，如小米、华为、三星、贝尔金、格里芬等。
- 产品的差异化程度较低，主要依靠价格、品牌、质量、设计等因素来吸引消费者。
- 行业的进入壁垒较低，技术门槛不高，供应链成熟，新进入者容易涌现。
- 行业的增长速度较慢，市场需求趋于饱和，竞争者之间的争夺更加激烈。

新进入者的威胁程度：高。
- 移动充电设备和配件是一个低技术门槛、低资本投入、低风险的行业，新进入者可以利用现有的技术和供应链，快速进入市场，与Anker形成竞争。
- 新进入者可以通过低价策略、差异化策略、渠道拓展策略等，吸引消费者的注意力，抢占市场份额，对Anker造成冲击。
- 新进入者可以借鉴Anker的成功经验，模仿Anker的产品设计、品牌形象、营销策略等，削弱Anker的竞争优势，威胁Anker的市场地位。

替代品的威胁程度：中。
- 移动充电设备和配件的主要替代品包括传统的充电插头、无线充电器、太阳能充电器等，这些产品都可以满足消费者对移动设备充电的需求，但各自也有的局限性和不足。
- 传统的充电插头需要依赖固定的电源插座，缺乏便携性和灵活性，无法满足消费者在外出、旅行等场景下的充电需求。
- 无线充电器虽然可以摆脱数据线的束缚，提高充电的便捷性，但充电速度较慢，兼容性较差，成本较高，且仍然需要连接电源插座，无法实现真正的无线充电。
- 太阳能充电器可以利用太阳能为移动设备充电，节能环保，但充电效率较低，受到天气、地理位置等因素的影响，无法保证充电的稳定性和可靠性，且体积较大，便携性较差。
- 综上所述，移动充电设备和配件的替代品虽然存在，但并没有完全取代Anker的产品，Anker仍然可以凭借其产品的高质量、高性价比、高兼容性等特点，保持市场优势。

供应商的议价能力：低。
- Anker的主要原材料和零部件包括锂电池、电路板、芯片、外壳、数据线等，这些都是标准化的通用产品，供应商众多，替代性强，Anker可以轻易地从不同的供应商处采购。
- Anker有着强大的研发能力和供应链管理能力，可以通过自主研发和工厂代工的模式，降低对供应商的依赖，提高产品的质量和性价比。
- Anker有着庞大的销售规模和市场份额，对供应商有着较强的议价能力，可以要求供应商提供更优惠的价格和更好的服务。

买方的议价能力：中。
- Anker的主要买方是个人消费者，他们对移动充电设备和配件的需求相对稳定，但也受到市场环境、技术变化、消费习惯等因素的影响。
- 个人消费者的数量众多，分散分布，单个买方对Anker的影响力较小，难以对Anker形成压力。
```

- 个人消费者的信息获取能力较强，可以通过互联网、社交媒体、电商平台等渠道，了解不同品牌和产品的特点、价格、评价等，从而进行比较和选择。
- 个人消费者的转换成本较低，如果对Anker的产品不满意，可以轻易地选择其他品牌和产品，因此Anker需要不断提升产品的质量和性价比，增强品牌的忠诚度和口碑。

经过优化后，AI提供了更为丰富和完整的分析，尤其在事实陈述、观点陈列和内容逻辑方面。同时，在五个角度上给出了高、中、低的评分，有助于量化Anker在不同方面的竞争特征。

4.5.3 GE/McKinsey矩阵分析

GE/McKinsey矩阵是20世纪70年代由美国通用电气公司（GE）和麦肯锡咨询公司（McKinsey）共同开发的投资组合分析方法。这种方法对波士顿矩阵（BCG Matrix）进行了改进和扩展，引入了更多评价维度和指标，更为灵活和精细。

GE/McKinsey矩阵的核心概念是根据市场吸引力和业务竞争力两个维度划分企业的产品或业务，进而制定相应的战略。

市场吸引力是指一个市场或行业对企业的吸引程度，而业务竞争力是指企业在一个市场或行业中的相对优势。根据这两个维度，GE/McKinsey矩阵将企业的产品或业务划分为九个单元，每个单元代表了不同的战略地位和发展前景。企业可以根据所处的单元制定相应的战略，如投资、收获、撤退等。

这个分析工具适用于多业务、多产品的大型企业，尤其是面临多元化发展的企业。它能够全面评估和规划企业的产品或业务组合，以实现资源最优配置和投资回报最大化。GE/McKinsey矩阵的主要价值体现在以下几个方面。

- **提供清晰视角**：使企业能够全面了解其产品或业务在不同市场或行业中的相对地位和潜力，从而识别优势和劣势，发现机遇和威胁。
- **提供系统方法**：让企业能够根据不同评价维度和指标，对产品或业务进行定量和定性分析，提高决策的客观性和有效性。
- **提供灵活框架**：让企业能够根据自身情况和目标，选择和调整的评价维度和指标，增强决策的适应性和针对性。
- **提供指导工具**：让企业能够根据所处的单元，制定相应战略，实现决策的一致性和连贯性。

GE/McKinsey矩阵分析主要包括以下几个步骤。

- **确定评价维度和指标**：市场吸引力和业务竞争力是两个基本的评价维度，在实际分析时可以根据不同市场、行业、企业特点和战略目标对指标进行选择和调整。例如，市场吸引力的指标包括市场规模、增长率、利润率、竞争强度和技术变化；业务竞争力的指标则包括市场份额、产品质量、品牌形象、成本结构和技术能力。
- **确定评价维度和指标的权重**：由于不同评价维度和指标对企业的重要性不同，因此需要分配一定的权重以反映它们的相对优先级。可以采用主观或客观的方法来确定权重，如专家打分法、层次分析法、因子分析法等，确保权重总和等于 1。

- **确定评价维度和指标的得分**：针对每个评价维度和指标，为企业的每个产品或业务进行打分，以反映它们的表现水平。可以采用主观或客观的方法进行打分，如专家打分法、市场调查法、财务分析法等。分数范围可根据需要设定，如 1～5，1～10 等。
- **计算评价维度的加权得分**：对于每个评价维度，将其下属的指标的得分乘以权重，然后求和，得到该维度的加权得分。加权得分反映了企业的每个产品或业务在该维度上的综合表现。
- **绘制 GE/McKinsey 矩阵**：将市场吸引力作为纵轴，将业务竞争力作为横轴，分别划分为三个等级，如高、中、低，或者 1、2、3，形成九个单元。然后，根据每个产品或业务在两个维度上的加权得分，用圆圈标注在相应的单元中。圆圈大小可表示产品或业务的市场规模或销售额，圆圈中的扇形可表示该产品或服务的市场份额或利润率。
- **制定战略**：根据每个产品或业务所处的单元，制定相应的战略，如投资、收获、撤退。通常，左上角的产品或业务具有高市场吸引力和高业务竞争力，是企业的明星产品，应优先投资以保持或提高市场地位和增长潜力；右下角的产品或业务具有低市场吸引力和低业务竞争力，是瘦狗产品，应考虑撤退或剥离以减少资源消耗；中间的产品或业务具有中等或不一致的市场吸引力和业务竞争力，是问题产品，应根据具体情况选择性投资或收获，以提高企业的竞争力或利润率。

尽管我们已经掌握了 GE/McKinsey 矩阵的基本原理、分析过程和实施方法，但整个流程仍显得较为烦琐。下面我们通过一个实例，由 AI 更清晰地阐释上述过程，以便更深入地理解该模型的具体思路和操作步骤。

```
[New Bing Chat] 4/8/1 请你作为资深市场分析师，以华为公司为例按照如下步骤进行GE/McKinsey
    矩阵分析并输出分析结果。
- 第一步，确定评价维度和指标。包括市场吸引力和业务竞争力两个维度。市场吸引力指标可以包括市场规
  模、市场增长率、市场利润率、市场竞争强度、市场技术变化等；业务竞争力指标可以包括市场份额、产
  品质量、品牌形象、成本结构、技术能力等。请说明你如何选择指标，以及这样做的原因。
- 第二步，确定评价维度和指标的权重。权重设置方法可以采用主观或客观的方法，如专家打分法、层次分
  析法、因子分析法等。请根据你的经验，选择任意一种方法设置各个指标的权重，需要说明你使用何种方
  法，简要叙述实现过程，以及输出权重表格结果。
- 第三步，确定评价维度和指标的得分。对于每个评价维度和指标，需要给企业的每个产品或业务打分，以
  反映它们的表现水平。打分的方法可以采用主观或客观的方法，如专家打分法、市场调查法、财务分析法
  等。请介绍你使用的打分方法，简述打分过程并输出打分表格结果。
- 第四步，计算评价维度的加权得分。加权得分反映了企业的每个产品或业务在该维度上的综合表现。对于
  每个评价维度，将其下属的指标的得分乘以其权重，然后求和，得到该维度的加权得分。请输出加权得分
  表格结果。
- 第五步，绘制 GE/McKinsey 矩阵。将市场吸引力作为纵轴，将业务竞争力作为横轴，将两个轴分别划分
  为三个等级，如高、中、低，或者 1、2、3，从而形成九个单元。然后，将企业的每个产品或业务根据其
  在两个维度上的加权得分，用圆圈标注在相应的单元中。圆圈的大小可以表示该产品或业务的市场规模或
  销售额，圆圈中的扇形可以表示该产品或业务的市场份额或利润率。请输出实现该图形的 Python 代码。
```

- 第六步，制定战略。根据企业的每个产品或业务所处的单元，可以制定相应的战略，如投资、收获、撤退等。请你根据不同业务单元的划分输出表格信息，包括产品或业务、划分单元、战略、说明。

在上述指令中，我们除了设定 AI 的角色和核心任务之外，重点集中在对 GE/McKinsey 矩阵分析步骤的详细描述。在这些描述中，我们使用了专业领域知识（对该分析框架的专业理解），期望 AI 按照指定的步骤完成分析过程。同时，我们还希望 AI 能够解释每个步骤的实现原理、过程和结果。具体而言：

- 第一步到第四步：我们详细介绍了各个步骤的实现目标和操作原理。要求 AI 输出每个步骤选择的方法、简要概述实现过程，并以表格形式呈现结果，以便清晰查看。
- 第五步：在输出 GE/McKinsey 矩阵时，我们为 AI 设定了图形输出的基本框架，包括坐标轴含义、单元划分、圆圈业务含义等。我们要求 AI 输出 Python 代码以完成图形绘制。读者也可以要求 AI 输出其他实现方式，例如在 Excel 中实现的步骤等。
- 第六步：让 AI 制定战略并输出。在输出要求中，我们设定了需要包括的字段，以确保 AI 能够综合介绍各个方面的信息，保持输出的完整性。

New Bing Chat 根据提示指令给出了完整的操作步骤。由于内容较多，下面将分模块展示各部分内容。

以下是 AI 对于“第一步，确定评价维度和指标”的回复。在市场吸引力和业务竞争力方面，AI 共选择了 10 个不同方向的指标。回复内容如下：

第一步，确定评价维度和指标。我选择了市场吸引力和业务竞争力两个维度，因为它们可以反映企业的外部环境和内部能力，是评价企业产品或业务的重要因素。市场吸引力维度可以反映企业所处的市场的潜力和风险，业务竞争力维度可以反映企业在市场中的优势和劣势。我选择了以下指标：

维度	指标	说明
市场吸引力	市场规模	表示企业所处的市场的总体规模，单位为美元。市场规模越大，表明市场的潜在需求越高，市场吸引力越高。
市场吸引力	市场增长率	表示企业所处的市场的年均增长率，单位为百分比。市场增长率越高，表明市场的发展速度越快，市场吸引力越高。
市场吸引力	市场利润率	表示企业所处的市场的平均利润率，单位为百分比。市场利润率越高，表明市场的盈利能力越强，市场吸引力越高。
市场吸引力	市场竞争强度	表示企业所处的市场的竞争程度，单位为无量纲指数。市场竞争强度越低，表明市场的壁垒越高，市场吸引力越高。
市场吸引力	市场技术变化	表示企业所处的市场的技术创新和变革程度，单位为无量纲指数。市场技术变化越高，表明市场的变化越快，市场吸引力越高。
业务竞争力	市场份额	表示企业的产品或业务在市场中的占有率，单位为百分比。市场份额越高，表明企业的竞争优势越强，业务竞争力越高。
业务竞争力	产品质量	表示企业的产品或业务的质量水平，单位为无量纲指数。产品质量越高，表明企业的产品或业务的性能和可靠性越高，业务竞争力越高。
业务竞争力	品牌形象	表示企业的产品或业务的品牌知名度和美誉度，单位为无量纲指数。品牌形象越高，表明企业的产品或业务的影响力和忠诚度越高，业务竞争力越高。
业务竞争力	成本结构	表示企业的产品或业务的成本水平，单位为美元。成本结构越低，表明企业的产品或业务的效率和利润空间越高，业务竞争力越高。
业务竞争力	技术能力	表示企业的产品或业务的技术创新和领先程度，单位为无量纲指数。技术能力越高，表明企业的产品或业务的竞争力越高，未来发展空间越大，业务竞争力越高。

以下是 AI 对于“第二步，确定评价维度和指标的权重”的回复。AI 采用专家打分法为维度和指标分配权重。回复内容和表格内容如下所示：

第二步，确定评价维度和指标的权重。我选择了专家打分法来设置各个指标的权重，因为这种方法可以充分利用专家的经验和判断，提高权重的合理性和准确性。专家打分法的实现过程如下：

- 邀请五位在市场分析领域有丰富经验的专家参与打分。
- 让每位专家对每个指标给出一个 0 到 10 的分数，表示该指标在评价维度中的相对重要性。分数越高，表示该指标越重要。
- 计算每个指标的平均分数，然后将其归一化，得到该指标的权重。权重的和为 1。
- 重复上述步骤，分别得到市场吸引力和业务竞争力两个维度的指标权重。

权重表格结果如下：

维度	指标	权重
市场吸引力	市场规模	0.2
市场吸引力	市场增长率	0.25
市场吸引力	市场利润率	0.15
市场吸引力	市场竞争强度	0.15
市场吸引力	市场技术变化	0.25
业务竞争力	市场份额	0.3
业务竞争力	产品质量	0.2
业务竞争力	品牌形象	0.15
业务竞争力	成本结构	0.15
业务竞争力	技术能力	0.2

以下是 AI 对于“第三步，确定评价维度和指标的得分”的回复。AI 采用市场调查法和财务分析法为企业的每个产品或业务进行评分。回复内容和表格内容如下所示：

第三步，确定评价维度和指标的得分。我选择了市场调查法和财务分析法来给企业的每个产品或业务打分，因为这些方法可以利用客观的数据和信息，提高打分的可信度和有效性。市场调查法和财务分析法的实现过程如下：

- 通过市场调查法，收集和分析企业的产品或业务在市场中的表现和评价，如市场份额、产品质量、品牌形象、市场竞争强度、市场技术变化等。根据市场调查的结果，给每个指标打分，分数范围为 0 到 10，分数越高，表示表现越好。
- 通过财务分析法，收集和分析企业的产品或业务的财务数据和报告，如市场规模、市场增长率、市场利润率、成本结构、技术能力等。根据财务分析的结果，给每个指标打分，分数范围为 0 到 10，分数越高，表示表现越好。

打分表格结果如下（以华为公司的四个主要产品或业务为例）：

维度	指标	华为手机	华为电脑	华为云服务	华为 5G
市场吸引力	市场规模	8	6	7	9
市场吸引力	市场增长率	7	5	8	9
市场吸引力	市场利润率	7	6	6	8
市场吸引力	市场竞争强度	6	7	7	8
市场吸引力	市场技术变化	8	6	8	10
业务竞争力	市场份额	8	6	7	9
业务竞争力	产品质量	8	7	7	9
业务竞争力	品牌形象	8	6	7	9
业务竞争力	成本结构	7	6	7	8
业务竞争力	技术能力	8	7	8	10

以下是AI对于“第四步，计算评价维度的加权得分”的回复。回复内容和表格内容如下所示：

第四步，计算评价维度的加权得分。加权得分反映了企业的每个产品或业务在该维度上的综合表现。对于每个评价维度，需要将其下属的指标的得分乘以其权重，然后求和，得到该维度的加权得分。加权得分的计算公式如下：

$$加权得分=\sum_{i=0}^{n}指标得分_i \times 指标权重_i$$

其中，n表示指标的个数，指标得分$_i$表示第i个指标的得分，指标权重$_i$表示第i个指标的权重。加权得分表格结果如下：

维度	华为手机	华为电脑	华为云服务	华为 5G
市场吸引力	7.65	6.05	6.8	8.55
业务竞争力	7.95	6.35	7.1	8.85

以下是AI对于“第五步，绘制GE/McKinsey矩阵”的回复。AI根据提示指令输出了Python代码。这里省略完整代码，仅展示部分回复内容以及最终生成的图形（图4-14）。

第五步，绘制GE/McKinsey矩阵。将市场吸引力作为纵轴，将业务竞争力作为横轴，将两个轴分别划分为三个等级，如高、中、低，或者1、2、3，从而形成九个单元。然后，将企业的每个产品或业务根据其在两个维度上的加权得分，用圆圈标注在相应的单元中。圆圈的大小可以表示该产品或业务的市场规模或销售额，圆圈中的扇形可以表示该产品或业务的市场份额或利润率。实现该图形的Python代码如下：

```
# 导入绘图库
import matplotlib.pyplot as plt
import numpy as np
# 设置数据
products = [“华为手机”，“华为电脑”，“华为云服务”，“华为 5G”]
market_attractiveness = [7.65, 6.05, 6.80, 8.55] # 市场吸引力加权得分
business_competitiveness = [7.95, 6.35, 7.10, 8.85] # 业务竞争力加权得分
market_size = [400, 100, 200, 300] # 市场规模，单位为亿美元
market_share = [0.2, 0.1, 0.15, 0.25] # 市场份额，单位为百分比
…
```

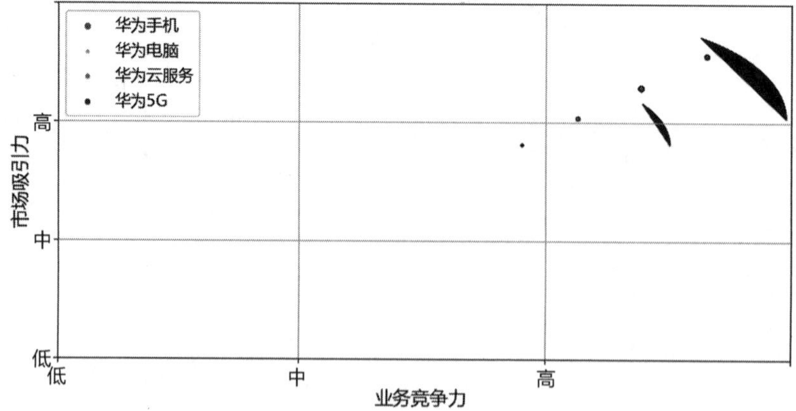

图4-14 基于AI输出的Python代码绘制GE/McKinsey矩阵

以下是 AI 对于“第六步，制定战略”的回复。AI 为每个业务模块划分了战略单元，并提供了详细说明。回复内容和表格内容如下所示：

```
第六步，制定战略。根据企业的每个产品或业务所处的单元，可以制定相应的战略，如投资、收获、撤退等。战略如下：
| 产品或业务 | 划分单元 | 战略 | 说明 |
|----------|---------|------|----------------------------------------|
| 华为手机 | 高 - 高 | 投资 | 华为手机在市场吸引力和业务竞争力上都表现优异，应该增加投入，扩大市场份额，巩固竞争优势，提高利润率。 |
| 华为电脑 | 中 - 中 | 维持 | 华为电脑在市场吸引力和业务竞争力上都表现一般，应该平衡投入，维持市场份额，保持竞争力，保证利润率。 |
| 华为云服务 | 高 - 中 | 增长 | 华为云服务在市场吸引力上表现良好，但在业务竞争力上表现较弱，应该保持投入，提高市场份额，提升竞争力，增加利润率。 |
| 华为 5G | 高 - 高 | 投资 | 华为 5G 在市场吸引力和业务竞争力上都表现卓越，应该增加投入，扩大市场份额，巩固竞争优势，提高利润率。 |
```

在获取 AIGC 返回的结果以及在实际应用中，需要注意以下几点。

1）在评估 AIGC 返回的结果时，由于 AI 输出内容较多，可能会出现截断的情况。因此，可以使用如下提示指令让 AI 继续或重新输出特定模块的内容：

- “第三步，确定评价维度和指标的得分”的内容不完整，请重新输出。
- “第六步，制定战略”的内容未完整输出。

2）对于包含中文字符的 Python 代码，在绘制图形时，图中的中文默认显示为乱码，可以通过以下提示指令引导 AI 增加对中文字体的支持：

- “第五步，绘制 GE/McKinsey 矩阵”输出的 Python 代码中包含中文，显示图形中为乱码。请增加设置微软雅黑为显示字体，增加对中文的支持。

在提示指令中，我们反馈 AI 关于 Python 代码的问题以及相应的解决方案，让 AI 给出新的 Python 代码。读者可以在附件中找到“ Python 绘制 GEMcKinsey 矩阵 .py”来查看完整代码。

3）需要注意 AI 的数值计算准确性。如图 4-15 中的①、②数据是分别从 AI 的第二步和第三步返回的数据。按照 AI 在第四步中的加权汇总的计算逻辑，我们手动进行计算：

- 我们在图中③实现了基于图中①和②的数据，分别得到每个维度指标的加权得分。
- 然后将图中③的每个维度下的值相加得到总分（图中④）。

以华为手机的市场吸引力为例，总分 = 1.6 + 1.75 + 1.05 + 0.9 + 2 = 7.3；而 AI 在第四步给出的结果却是 7.65，同样的其他得分也存在问题。因此，使用真实数据计算矩阵得分时，需要重新确认 AI 给出的结果是否准确。

4）在 AI 生成的 Python 代码中，市场规模和市场份额是基于 AI 的“经验”得分设置的。如果有真实可靠的数据源，建议进行二次验证或纠正。

```
market_size = [400, 100, 200, 300]     # 市场规模，单位为亿美元
market_share = [0.2, 0.1, 0.15, 0.25] # 市场份额，单位为百分比
```

①权重信息

维度	指标	权重
市场吸引力	市场规模	0.2
市场吸引力	市场增长率	0.25
市场吸引力	市场利润率	0.15
市场吸引力	市场竞争强度	0.15
市场吸引力	市场技术变化	0.25
业务竞争力	市场份额	0.3
业务竞争力	产品质量	0.2
业务竞争力	品牌形象	0.15
业务竞争力	成本结构	0.15
业务竞争力	技术能力	0.2

④汇总得分

维度	指标	华为手机	华为电脑	华为云服务	华为5G
市场吸引力	汇总	7.3	5.9	7.35	8.95
业务竞争力	汇总	7.85	6.4	7.2	9.05

②打分信息

维度	指标	华为手机	华为电脑	华为云服务	华为5G
市场吸引力	市场规模	8	6	7	9
市场吸引力	市场增长率	7	5	8	9
市场吸引力	市场利润率	7	6	6	8
市场吸引力	市场竞争强度	6	7	7	8
市场吸引力	市场技术变化	8	6	8	10
业务竞争力	市场份额	8	6	7	9
业务竞争力	产品质量	8	7	7	9
业务竞争力	品牌形象	8	6	7	9
业务竞争力	成本结构	7	6	7	8
业务竞争力	技术能力	8	7	8	10

③加权得分

维度	指标	华为手机	华为电脑	华为云服务	华为5G
市场吸引力	市场规模	1.6	1.2	1.4	1.8
市场吸引力	市场增长率	1.75	1.25	2	2.25
市场吸引力	市场利润率	1.05	0.9	0.9	1.2
市场吸引力	市场竞争强度	0.9	1.05	1.05	1.2
市场吸引力	市场技术变化	2	1.5	2	2.5
业务竞争力	市场份额	2.4	1.8	2.1	2.7
业务竞争力	产品质量	1.6	1.4	1.4	1.8
业务竞争力	品牌形象	1.2	0.9	1.05	1.35
业务竞争力	成本结构	1.05	0.9	1.05	1.2
业务竞争力	技术能力	1.6	1.4	1.6	2

图 4-15 AI 计算的汇总得分

4.6 竞争对手事件跟踪分析

竞争对手事件跟踪分析作为一项战略性分析工作，不仅关注竞争对手的关键事件发生，更强调对这些事件的深度洞察和持续监测。在本节中，我们将介绍竞争对手事件跟踪的概念、战略意义和实施方法。

4.6.1 发现竞争对手重大事件

竞争对手事件跟踪分析是一种系统性的研究方法，旨在捕捉行业内竞争对手发生的关键事件。这些事件可能包括产品发布、战略合作、收购并购、关键人员变动等。通过及时发现这些事件，企业能够更迅速地做出反应，调整战略方向，保持市场竞争力。

在企业市场情报和竞争情报领域广泛应用的竞争对手事件跟踪分析主要依赖于人工收集、整理和分析信息。这包括利用第三方竞争分析工具、行业报告、新闻订阅、参与行业会议和展览、社交媒体监测、对行业从业人员的调查和采访，以及分析财务报表等途径获取信息。

引入人工智能显著提升了竞争对手跟踪的效率和深度，包括自动化信息搜集、语义分析和关联挖掘、实时监测和预警、智能报告生成等工作。

竞争对手的重大事件涵盖多个方面，这些事件会对企业的战略、市场地位和业务运营产生重要影响。常见的竞争对手重大事件方面包括：

- 产品发布与更新：竞争对手推出新产品或更新现有产品，可能引领市场趋势，影响整个行业格局。

- 战略合作与联盟：竞争对手与其他公司或组织建立战略合作关系，可能改变竞争力和市场份额。
- 收购和并购：竞争对手进行企业收购或合并，可能扩大其市场份额、增强竞争实力，或进入新的市场领域。
- 关键人员变动：高层管理人员的离职、任命或重大变动可能对企业战略和业务产生深远影响。
- 技术创新与突破：竞争对手在技术方面取得重大突破，可能改变行业标准，影响市场格局。
- 法律诉讼与纠纷：竞争对手涉及法律诉讼、知识产权争端等，可能对企业形象和市场地位产生负面影响。
- 财务状况变化：竞争对手的财务状况、收入增长或亏损情况，可能影响市场对企业的信心和投资情绪。
- 市场扩张与退出：竞争对手进入新市场或退出特定市场，可能改变市场竞争格局。
- 重大投资与项目启动：竞争对手进行重大投资或启动战略性项目，可能影响整个行业的发展方向。
- 市场品牌活动与营销策略：竞争对手的品牌活动、广告宣传和营销策略可能对市场份额和品牌形象产生影响。

以下通过一个具体示例说明如何利用 AI 发现竞争对手的关键事件。

```
[New Bing Chat] 4/9/1 请简要汇总华为手机 2023 年在欧洲市场发生的 10 个重大事件，方向包括但
    不限于：产品发布与更新、战略合作与联盟、收购和并购、关键人员变动、技术创新与突破、法律诉讼
    与纠纷、财务状况变化、市场扩张与退出、重大投资与项目启动、市场品牌活动与营销策略等。同时，
    请提供每个事件的参考链接。
```

在上述指令中，我们让 AI 整理特定竞争对手的关键事件，主要考虑以下方面。

- 方向明确：我们明确定义了 10 个关注方向，以便 AI 能够聚焦在特定领域。根据需求，可以对这些方向进行调整。
- 数量控制：为了保持输出信息的可管理性，我们限定输出的重大事件数量为 9 个。当然，可以根据实际需求对数量进行调整。
- 提供参考链接：除了简要介绍每个事件，我们要求 AI 额外提供参考链接，以便我们能够迅速查看原始信息的来源，获取更多详细信息，或确认信息的可靠性。这有助于确保我们对事件有全面的了解。

New Bing Chat 基于提示指令，汇总了如下重大事件：

```
根据我从网络上搜索到的信息，华为手机 2023 年在欧洲市场发生的 9 个重大事件如下：

- 1 月，华为发布了 P60 系列智能手机，这是华为首款搭载自主研发的麒麟 9000E 芯片的 5G 手机，也是
  华为在欧洲市场的重磅回归之作。P60 系列拥有 66W 超级快充、6.67 英寸 LTPO 曲面屏等亮点，受到了
  欧洲消费者的热烈欢迎。
```

- 2月，华为与法国电信运营商 Orange 签署了 5G 网络设备供应合同，这是华为在欧洲市场获得的第一个 5G 网络设备订单，也是华为在欧洲市场突破美国制裁的一个重要标志。
- 3月，华为在欧洲市场推出了 Mate X3 折叠屏手机，这是华为在折叠屏领域的又一次创新，Mate X3 采用内折设计，拥有 7.85 英寸的内屏和 6.4 英寸的外屏，支持 426PPI 屏幕分辨率，同时配备了骁龙 8+ 芯片和徕卡五摄，是一款集性能、美观和创新于一身的旗舰手机。
- 4月，华为在欧洲市场推出了 HarmonyOS 3.0 系统，这是华为自主研发的全场景智慧系统，支持跨平台、跨设备、跨应用的无缝协同，为用户提供了更加流畅、安全和智能的体验。
- 5月，华为与德国汽车巨头大众达成了战略合作协议，双方将在智能汽车领域展开深度合作，共同打造基于 HarmonyOS 的车载系统，为用户提供更加智能化、互联化和个性化的驾乘体验，已经支持途昂、零度、威然等品牌的 2024 款车型。
- 6月，华为在欧洲市场推出了 nova 12 系列手机，这是华为针对年轻用户打造的潮流手机，nova 12 系列拥有多个版本，最高搭配 6.7 英寸的 OLED 挖孔屏、5000 万像素的后置摄像、100W 的快充等功能，同时搭载了 HarmonyOS 4.0，是一款性价比极高的中端手机。
- 7月，华为在欧洲市场推出了 MatePad 12 平板电脑，这是华为在平板电脑领域的又一力作，MatePad 12 拥有 12.6 英寸的 OLED 屏幕、麒麟 9000E 芯片、10050mAh 的大电池、HarmonyOS 3.0 系统等特点，同时支持 M-Pencil 2nd generation 手写笔和 Smart Magnetic Keyboard 智能磁吸键盘，为用户提供了高效、便捷和多样的办公和娱乐方式。
- 8月，华为在欧洲市场推出了 FreeBuds 5 真无线耳机，这是华为在真无线耳机领域的最新产品，FreeBuds 5 拥有超级快充、低音声压 Turbo 技术、半入耳式轻降噪等功能，同时支持 HarmonyOS 的智慧连接，可以实现与华为手机、平板、电脑等设备的快速配对和切换，为用户带来了高品质的音乐和通话体验。
- 9月，华为在欧洲市场推出了 Watch 4 智能手表，这是华为在智能手表领域的最新产品，Watch 4 拥有 1.5 英寸的 AMOLED 圆形屏幕、防水、HarmonyOS 系统等特点，同时支持血压、血氧、心率、睡眠等多项健康监测功能，以及 GPS、NFC、蓝牙电话等多项实用功能，是一款集时尚、健康和智能于一身的智能手表。

接下来，我们可以从 AI 提供的参考信息中选择感兴趣的事件，并结合其他渠道（如搜索引擎、新闻媒体、第三方咨询服务公司、竞争监控工具等）搜集和整理相关信息。

4.6.2 持续跟踪竞争对手事件的进展

竞争对手事件跟踪不仅仅关注事件的发生，更强调对事件的持续跟进和深度解读，为企业提供更具洞察力的信息支持。对事件进展的持续跟进和概要提炼是竞争对手事件跟踪分析的延伸环节。这一步强调在事件发生后实时监测事件的发展，并通过深度分析提炼出对企业决策有实质性帮助的信息。

要利用 AI 持续跟踪竞争对手特定事件的进展，可以使用如下示例指令。

[New Bing Chat] 4/10/1 请简要汇总华为 Mate 60 系列手机在 2023 年的市场品牌活动或重大事件，并按事件的发生时间倒序输出。

在上述提示指令中，我们特别关注了以下信息。

- 监控对象：我们将焦点放在了华为 Mate 60 系列手机上，这是极为重要的竞品。该手机的出现不仅在技术上树立了中国科技企业自主创新的榜样，而且标志着中国在高端芯片领域的设计、生产、封装、测试等方面实现了完全自主可控的技术突破，是中国产业发展与技术升级的又一重要里程碑事件。
- 时间范围：我们设定监测时间为 2023 年，旨在获取 2023 年内的所有相关信息。当然，也可以具体指定为 2023 年下半年或其他时间范围，以满足业务需求。

- 业务领域：我们关注市场品牌活动或其他重大事件，为了灵活满足企业需求，也可以调整为其他领域，如价格变化、供应商和合作伙伴关系、市场份额、用户满意度、市场反馈等。
- 输出要求：为了方便查阅最新发生的事件，我们要求按照时间倒序输出信息，确保我们能够第一时间获取最新的动态。

New Bing Chat 基于提示指令，输出如下信息：

```
- 9月，华为在秋季全场景新品发布会上正式推出了自己全新的超高端品牌——Ultimate Design 非凡大
  师以及 Mate 60 系列的新作 RS 非凡大师版，由刘德华担任该品牌代言人。
- 8月，在尚未举办新品发布会的情况下，华为终端业务所属的华为商城发布《致华为用户的一封信》一文，
  表示华为 Mate 系列手机总销量已突破一亿台，为纪念这一里程碑事件，决定启动 Mate 60 Pro 先锋体
  验计划，回馈消费者，还一并宣布 Mate 60 Pro 于当天 12 时 08 分在华为商城开售。
- 7月，华为在中国市场推出了 Mate 60 系列手机，这是华为首次在不举办新品发布会的状况下，直接上
  市销售的手机系列，该系列包括 Mate 60、Mate 60 Pro、Mate 60 Pro+ 和 Mate 60 RS 非凡大师
  版本。
- 3月，华为在中国市场推出了 Mate X3 折叠屏手机，这是华为在折叠屏领域的又一次创新，Mate X3 采
  用了内折设计，拥有 7.85 英寸的内屏和 6.4 英寸的外屏，支持 426PPI 屏幕分辨率，同时配备了骁龙
  8+ 芯片和徕卡五摄，是一款集性能、美观和创新于一身的旗舰手机。
- 1月，华为发布了 P60 系列智能手机，这是华为首款搭载自主研发的麒麟 9000E 芯片的 5G 手机，也是
  华为在欧洲市场的重磅回归之作。P60 系列拥有 66W 超级快充、6.67 英寸 LTPO 曲面屏等亮点，受到了
  欧洲消费者的热烈欢迎。
```

对于上述关键事件的跟踪和更新，我们可以设置为每日自动进行，以确保及时了解并跟踪竞争对手的重要事件进展。这样的定时更新机制将有助于保持对行业动态的敏感度，并在竞争环境发生变化时及时作出反应。

第三部分 *Part 3*

企业内部运营分析

Chapter 5 第 5 章

AIGC 辅助客户运营分析

客户运营分析是企业保持客户关系和提升客户价值的重要手段。本章将介绍如何利用 AIGC 辅助进行客户运营分析，包括客户标签体系设计、客户服务与管理分析、客户生命周期分析、社交管理分析、客户舆论与口碑分析、客户调研分析、客户数据分析等内容。通过阅读本章内容，读者将了解如何借助人工智能技术更好地理解客户需求、提升客户体验，并制定精准的客户运营策略。

5.1 AIGC 在客户运营分析中的应用

客户运营分析是指通过收集、处理、分析客户数据，以洞察其行为、需求、偏好和满意度，进而优化客户体验、提升忠诚度、促进客户增长。本节将介绍 AIGC 在客户运营分析中的背景、价值和流程。

5.1.1 应用背景

AIGC 在客户运营分析全流程中的应用，显著提高了各个环节的效率，为数据分析师和客户运营人员提升决策制定和执行效率注入了强大的动力。这一应用的关键价值在于为企业提供实时而深入的客户运营洞察。通过 AIGC，企业能够快速而精准地感知市场变化，准确把握客户需求，为决策者提供有力的支持。

AI 在这个全流程中扮演多种智能角色，如辅助专家、智能决策者和自动化执行者。它能协助企业相关人员全面了解客户运营的全局和细节，发现潜在的问题和机会，制定切实可行的客户运营策略和行动计划，在客户运营领域拥有广泛而深远的应用场景。

5.1.2　应用价值

AIGC 在客户运营分析中的作用和价值，除了常规的数据采集、清洗和分析外，其核心价值贯穿于业务规划、策略制定、文案撰写与优化、效果评估和复盘等关键过程。

- **业务规划**：AIGC 通过大数据分析市场趋势、竞争动态和客户行为，深入了解业务规划的基本要素。它不仅能辨别潜在市场机会，还能预测客户需求的变化，为企业制定更具前瞻性、更精准的业务规划提供支持。
- **策略制定**：利用 AI 的自然语言理解与处理能力，AIGC 可以分析丰富的行业报告、社交媒体评论和用户反馈数据。通过这些分析，它能为客户运营策略的制定提供强有力的支持，挖掘用户情感倾向、把握市场动态，为创新性和高效的策略制定提供智能建议。
- **文案撰写与优化**：AIGC 的文本生成能力是客户运营人员的得力助手，它能够迅速生成符合目标受众喜好的高质量内容。通过分析客户偏好和行为数据，AIGC 能够确保文案的个性化和精准度，提升内容在市场中的吸引力。
- **效果评估和复盘**：AIGC 通过智能分析客户运营数据，实现对各项活动效果的准确评估。它能识别成功的策略和需要调整的方面，并利用自然语言生成功能为数据分析师生成详尽的复盘报告。这有助于团队更深入地吸取经验教训，不断优化运营策略，推动业务的可持续发展。

5.1.3　应用流程

AIGC 在客户运营分析中的应用可以遵循以下步骤和流程：

- 第一步，确定客户运营分析的目标和范围，包括要分析的客户群体、要解决的客户问题以及要达成的客户目标等。这一步通常由客户运营部门提出业务需求，然后由数据分析部门根据业务理解转化为数据分析需求。
- 第二步，利用企业自有渠道或 AI 采集的数据源收集数据，包括设计和发放客户问卷、收集和整理客户反馈、爬取和分析客户评论以及获取客户行为数据等。
- 第三步，以自然语言方式与 AI 进行沟通，并获得相关分析思路、方法、框架甚至分析结果。例如，“对客户的留存率进行分析”“对客户的满意度进行分析”“对客户的消费频次进行分析”等。AI 根据需求，自动进行客户运营的相关数据分析，并以文本或图表的形式返回给数据分析师。
- 第四步，利用 AIGC 辅助撰写相关内容、文案或数据报告，甚至与客户运营部门沟通落地方案、排期与实施等问题。

5.2　客户标签体系设计

客户标签是对客户进行分类和描述的关键元素，通常是一组特征，用于识别和区分不同客户群体。这些特征包括客户的地理位置、购买行为、兴趣爱好、社会属性等。准确的客户标签可以帮助企业更好地理解客户需求，实现个性化服务和有针对性的市场推广。本节将介绍如何利用AIGC来改进客户标签体系的设计，包括客户标签的完善和详细框架的制定等过程。

5.2.1 让AI完善客户标签体系

在传统方法中，客户标签通常基于企业或从业者的经验构建，从多个角度综合考虑。然而，这种方式存在一系列问题。首先，难以涵盖所有潜在的用户特征和行为模式，导致标签体系不够完整。其次，固有经验可能受到行业知识的限制，难以适用于不同行业和企业。此外，由于市场环境不断变化，传统标签体系难以灵活调整，失去了在快速发展的市场中的竞争优势。

AI的出现填补了传统方法的不足。

- ❑ 首先，AI通过对海量数据的分析，能够全面洞察用户的多维特征，超越了传统经验的有限视野。
- ❑ 其次，AI利用逻辑推理和思维，能够自动发现潜在的用户群体和标签特征，使得标签体系更具广度和深度。例如，可以基于客户的最近一次购买时间（R）、购买频率（F）以及购买金额（M）的特征，组合成RFM标签。
- ❑ 最后，AI能够基于跨行业的知识，更全面地构建标签体系，打破了传统标签受行业限制的瓶颈。这种跨行业知识的整合能力使得AI能够将不同行业、不同企业的标签应用于其他企业的客户标签构建中，实现更富创新性和前瞻性的标签设计。

下面我们通过一个示例来说明如何让AI帮助我们完善客户标签体系的框架。

```
[ChatGPT] 5/1/1 我想让你扮演资深客户运营数据专家，贵公司打算开发客户标签画像管理系统，目前规划从客户属性、价值贡献、行为偏好、营销活动四个角度构建客户标签体系，具体如下：
- 客户属性，主要描述客户的基本信息，如年龄、性别、地域、职业、收入等。
- 价值贡献：主要评估客户对公司的经济价值，如消费金额、消费频次、消费周期、利润率等。
- 行为偏好：主要分析客户的消费行为和喜好，如购买的产品或服务、购买的渠道、购买的时间、购买的原因等。
- 营销活动：主要监测客户对公司的营销活动的反应和效果，如响应度、参与度、满意度、转化率、留存率等。
你认为上述标签体系的框架是否需要进一步完善和补充，请给出具体说明。
```

在上述提示指令中，我们除了设定AI的角色之外，还重点关注已有标签体系的描述。在提示指令中，我们简要介绍了标签体系构建的四个关键方面，并突出了每个方面的内容重点。同时，我们提供了示例标签的方向，以帮助AI更好地理解已有体系的内容。在任务需求中，我们期望AI能够提供具体的说明，以便我们更清晰地了解需要补充的具体内容点。

ChatGPT基于提示指令，给出如下解释说明。

> 你的客户标签体系初步框架看起来已经很全面了，但还有一些方面可能需要进一步完善和补充，以确保系统更全面、更精准地描述客户。以下是一些建议：
>
> 1.** 社交影响因素：** 考虑客户在社交网络上的活跃程度以及他们的社交影响力。这可以包括他们在社交媒体上的关注者数量、社群参与度，以及他们在社交网络上的分享和评论行为。这些因素可以帮助你了解客户的影响范围和他们对品牌的社交传播能力。
> 2.** 产品偏好和品类：** 在行为偏好方面，可以更具体地了解客户对特定产品或服务的偏好以及他们在不同品类下的购买习惯。这有助于更有针对性地进行个性化推荐和定制化营销。
> 3.** 渠道偏好：** 了解客户更喜欢通过哪些渠道与公司互动，例如在线购物、实体店购物、移动应用程序、网站等。这有助于优化销售渠道和提供更符合客户期望的购物体验。
> 4.** 服务反馈：** 考虑收集客户对公司提供的服务的反馈，包括客户服务质量、问题解决效率等。这对于改进客户体验、提高客户满意度至关重要。
> 5.** 客户生命周期阶段：** 将客户分为不同的生命周期阶段，例如新客户、忠诚客户、流失风险客户等。每个阶段可能需要不同的营销策略和关怀措施。
> 6.** 返流客户分析：** 对曾经是活跃客户但后来流失的客户进行分析，了解流失原因并尝试重新吸引他们。这可以通过研究他们流失前的行为和交互模式来实现。
> 7.** 技术偏好：** 考虑客户在技术使用方面的偏好，例如使用的设备、操作系统、应用程序等。这对于优化移动端或在线渠道的用户体验以及制定技术解决方案很有帮助。
>
> 这些建议是基于一般性的情况，具体的完善和补充还需要根据贵公司的业务模型、目标市场和客户群体来调整。同时，确保在数据收集和使用方面遵循相关的隐私法规和道德标准，以保护客户的个人信息。

通过分析 AI 的反馈内容，我们注意到 AI 列出的要点虽然详细，但与我们提供的四个角度并不完全吻合。因此，我们需要对不同的要点进行分别处理。

- 社交影响因素：这一要点不在现有的四个角度内，因此可以单独设计为一个“社交口碑”子类别。
- 产品偏好和品类、渠道偏好、技术偏好：这些都属于偏好类别，我们可以将它们集成到“行为偏好”中。
- 服务反馈：虽然包括满意度和体验度等评估指标，但实际上与“营销活动”并不相关，因此我们可以将其与“社交影响因素”组合在一起，形成“社交口碑”的一部分。
- 客户生命周期阶段：这可以放入“客户属性”中，作为生命周期属性的子类别。
- 返流客户分析：这属于客户流失特征的一种，可以放入“客户属性”中，作为流失属性的子类别。

通过上述操作，我们重新梳理了一个新的角度，即“社交口碑”，然后对已有的标签体系进行了进一步完善和扩展。基于这些整合后的信息，我们可以得出以下标签体系框架。

- 客户属性：主要描述客户的基本信息，包括人口统计属性（如年龄、性别、地域、职业、收入）、生命周期属性和客户流失属性等。
- 价值贡献：用于评估客户对公司的经济价值，包括消费金额、消费频次、消费周期、利润率等。
- 行为偏好：分析客户的消费行为和喜好，包括商品偏好、渠道偏好、时间偏好、技术偏好等。

- 营销活动：监测客户对公司营销活动的反应和效果，包括响应率、参与度、转化率、留存率等。
- 社交口碑：客户对企业的评价、情绪、满意度、口碑等，包括在企业内外部的所有渠道，如客户服务、社交网络、社区论坛等。

5.2.2 让AI初步进行客户标签细化

现在，我们已经有了标签体系的基础框架，下一步是进一步细化每个标签下的具体内容。我们计划将大型任务分解为小任务，使AI在每个对话中更专注于每个部分的细节输出。等到AI完成所有细节的输出后，我们将手动整理并将所有内容合并到一个表格中，形成最终的输出文档。

接下来，我们以第一个部分的"客户属性"标签为例，说明如何让AI帮助我们细化标签设计。

```
[New Bing Chat] 5/2/1 我需要你扮演一位经验丰富的客户运营数据专家。我们公司正计划开发一套
    客户标签画像管理系统，旨在从以下五个角度构建客户标签体系：客户属性、价值贡献、行为偏好、营
    销活动、社交口碑。
  客户属性标签主要用于全面描述客户的生命周期信息和状态，包括人口统计属性、生命周期属性、客户流失
属性等。
  接下来，请你详细说明"客户属性"的标签设计，包括一级标签（客户属性）、二级标签、三级标签以及每个
标签的规则说明（每个规则说明不超过 50 个字），并以 Markdown 表格的形式返回完整信息。
```

在上述提示指令中，我们首先让AI围绕客户属性标签输出设计方案。在描述中，除了设定AI的角色之外，重点在于AI的任务描述。

- 首先，我们提供了完整的设计方案，以确保AI全面了解整体任务。
- 随后，我们详细介绍了需要AI设计的客户属性标签的内容。读者可以根据实际需求，将客户属性的描述分别替换为价值贡献、行为偏好、营销活动、社交口碑的描述。
- 最后，我们说明了如何让AI输出设计完成的标签体系，包括格式、字数、规则等。这些规则可以根据需要进一步添加，例如，让AI输出时间窗口逻辑、标签应用权重、标签使用场景等。

根据以上需求，New Bing Chat将输出相应的标签体系表格。为了更直观地呈现表格信息，这里直接将其绘制表格，而不采用原始的Markdown表格展示方式，如表5-1所示。

表 5-1 AI设计的客户属性标签体系

一级标签	二级标签	三级标签	规则说明
客户属性	人口统计属性	性别	根据客户的性别信息，分为男、女、未知三种
		年龄	根据客户的出生日期信息，分为0～18岁、19～30岁、31～45岁、46～60岁、60岁以上、未知六种
		地域	根据客户的地理位置信息，分为省、市、区三个层级

（续）

一级标签	二级标签	三级标签	规则说明
客户属性	人口统计属性	职业	根据客户的职业信息，分为学生、教师、医生、工程师、销售、公务员、自由职业、其他、未知九种
		收入	根据客户的收入信息，分为0～3000元、3001～5000元、5001～8000元、8001～12000元、12001～20000元、20000元以上、未知七种
	生命周期属性	注册时间	根据客户的注册时间信息，分为1天内、1～7天、8～30天、31～90天、91～180天、180天以上、未知七种
		最近登录时间	根据客户的最近登录时间信息，分为1天内、1～7天、8～30天、31～90天、91～180天、180天以上、未知七种
		最近购买时间	根据客户的最近购买时间信息，分为1天内、1～7天、8～30天、31～90天、91～180天、180天以上、未知七种
		购买次数	根据客户的购买次数信息，分为0次、1次、2～5次、6～10次、11～20次、20次以上、未知七种
		购买金额	根据客户的购买金额信息，分为0元、0～100元、101～500元、501～1000元、1001～5000元、5000元以上、未知七种
	客户流失属性	流失概率	根据客户的流失概率信息，分为低、中、高三种
		流失原因	根据客户的流失原因信息，分为价格、质量、服务、竞品、需求变化、其他、未知七种

5.2.3 让 AI 转换身份再次完善标签体系

前面的回答提供了初步的标签设计，但感觉相对简单。因此，我们需要让 AI 再次审查并补充更多细节。首先，我们要求 AI 扮演不同的角色，以审查之前的回答的质量，并寻找提升的可能性。接着，我们结合实际业务情况，评估 AI 的回答，并要求 AI 提供新的设计方案。

> [New Bing Chat] 5/2/2 我需要你扮演一位经验丰富的数据产品专家。你觉得上述标签体系的二级和三级框架设计有哪些可以完善的地方？ 请直接给出额外补充的二级标签、三级标签、规则说明，并使用与之前对话相同的表格样式和字段结构返回结果。

在提示指令中，我们为 AI 指定了新的身份，以便 AI 能够从不同的角度来思考我们提出的问题，并审视之前的回答。我们要求 AI 专注于对框架体系（而不是每个指标的具体定义细节）提出修改意见。最后，我们要求 AI 在返回结果时，只提供新增或补充的内容，并使用与之前相同的数据样式，以便我们能够轻松合并内容。这个对话必须与前一个对话处于同一个对话区间，以确保 AI 能够获得前一个对话信息。

New Bing Chat 基于提示指令，给出相应的 Markdown 表格，为了更直观地展示，这里同样直接绘制为表格形式，如表 5-2 所示。

表 5-2 AI 进一步补充的客户属性标签

一级标签	二级标签	三级标签	规则说明
客户属性	人口统计属性	教育程度	根据客户的教育程度信息，分为小学、初中、高中、大专、本科、硕士、博士、其他、未知九种
		婚姻状况	根据客户的婚姻状况信息，分为未婚、已婚、离异、丧偶、其他、未知六种
		家庭成员	根据客户的家庭成员信息，分为单身、二人、三人、四人、五人以上、未知六种
	行为偏好属性	浏览频次	根据客户的浏览频次信息，分为 1 次 / 月、2～5 次 / 月、6～10 次 / 月、11～20 次 / 月、20 次以上 / 月、未知六种
		浏览时长	根据客户的浏览时长信息，分为 0～5 分钟、6～15 分钟、16～30 分钟、31～60 分钟、60 分钟以上、未知六种
		浏览页面	根据客户的浏览页面信息，分为首页、产品页、详情页、购物车页、订单页、其他页、未知七种
		浏览设备	根据客户的浏览设备信息，分为 PC、手机、平板、其他、未知五种
		浏览渠道	根据客户的浏览渠道信息，分为直接访问、搜索引擎、社交媒体、广告推广、其他、未知六种

根据 AI 的补充结果，我们可以将人口统计属性的标签添加到原始标签体系设计中，而行为偏好属性则可以放到后续的“行为偏好”模块中。尽管 AI 对自己的内容进行了补充，但我们仍然认为这部分内容不够完整。

5.2.4 通过补充专家经验让 AI 优化标签体系设计

在这一步，我们将结合专家经验，将已经了解到的知识融入提示指令中，然后要求 AI 根据这些知识进一步优化标签体系设计。

```
[New Bing Chat] 5/2/3 我需要你扮演一位经验丰富的数据产品专家。请进一步补充生命周期属性和
    客户流失属性的三级标签。参考内容如下。
- 生命周期属性：客户动作包括访问网站、注册、购买，时间逻辑包括首次、最近一次、总生命周期内，计
    算逻辑包括平均、计数、求和，指标包括次数、金额（购买相关）。请基于动作、时间、计算逻辑、指标
    形成组合三级指标项，例如客户首次网站访问时间、客户生命周期访问网站总次数。
- 客户流失属性：请基于投诉、建议、反馈、评论、满意度、社交情绪等方面设计三级标签。
直接给出额外补充的二级标签、三级标签、规则说明，并使用与之前对话相同的表格样式和字段结构返回结果。
```

在上述提示指令中，我们着重探讨如何有效运用专家经验。首先，为了弥补生命周期属性和客户流失属性标签设计的不足，我们指导 AI 在这两个方面增加三级标签。

- ❑ 对于生命周期属性，我们详细阐述了标签设计的关键要素：行为、时间、计算逻辑、指标逻辑。基于这些要素，我们引导 AI 通过笛卡尔积的方法组合构建指标。为了便于 AI 理解，我们还提供了具体的指标示例。
- ❑ 对于客户流失属性，我们直接指示 AI 从何种角度补充三级标签，这一过程涉及对已有知识的详尽探索。

在同一个对话区间内，New Bing Chat 基于提示指令，给出更多标签补充，绘制后的表格如表 5-3 所示。

表 5-3　AI 第三次补充的客户属性标签

一级标签	二级标签	三级标签	规则说明
客户属性	生命周期属性	首次访问时间	根据客户的首次访问网站时间信息，分为 1 天内、1～7 天、8～30 天、31～90 天、91～180 天、180 天以上、未知七种
		最近访问时间	根据客户的最近访问网站时间信息，分为 1 天内、1～7 天、8～30 天、31～90 天、91～180 天、180 天以上、未知七种
		总访问次数	根据客户的总访问网站次数信息，分为 0 次、1 次、2～5 次、6～10 次、11～20 次、20 次以上、未知七种
		平均访问次数 / 月	根据客户的平均访问网站次数信息，分为 0 次、1 次、2～5 次、6～10 次、11～20 次、20 次以上、未知七种
		首次注册时间	根据客户的首次注册时间信息，分为 1 天内、1～7 天、8～30 天、31～90 天、91～180 天、180 天以上、未知七种
		最近注册时间	根据客户的最近注册时间信息，分为 1 天内、1～7 天、8～30 天、31～90 天、91～180 天、180 天以上、未知七种
		总注册次数	根据客户的总注册次数信息，分为 0 次、1 次、2～5 次、6～10 次、11～20 次、20 次以上、未知七种
		平均注册次数 / 月	根据客户的平均注册次数信息，分为 0 次、1 次、2～5 次、6～10 次、11～20 次、20 次以上、未知七种
		首次购买时间	根据客户的首次购买时间信息，分为 1 天内、1～7 天、8～30 天、31～90 天、91～180 天、180 天以上、未知七种
		最近购买时间	根据客户的最近购买时间信息，分为 1 天内、1～7 天、8～30 天、31～90 天、91～180 天、180 天以上、未知七种
		总购买次数	根据客户的总购买次数信息，分为 0 次、1 次、2～5 次、6～10 次、11～20 次、20 次以上、未知七种
		平均购买次数 / 月	根据客户的平均购买次数信息，分为 0 次、1 次、2～5 次、6～10 次、11～20 次、20 次以上、未知七种
		总购买金额	根据客户的总购买金额信息，分为 0 元、0～100 元、101～500 元、501～1000 元、1001～5000 元、5000 元以上、未知七种
		平均购买金额 / 月	根据客户的平均购买金额信息，分为 0 元、0～100 元、101～500 元、501～1000 元、1001～5000 元、5000 元以上、未知七种
	客户流失属性	投诉次数	根据客户的投诉次数信息，分为 0 次、1 次、2～5 次、6～10 次、11～20 次、20 次以上、未知七种
		建议次数	根据客户的建议次数信息，分为 0 次、1 次、2～5 次、6～10 次、11～20 次、20 次以上、未知七种
		反馈次数	根据客户的反馈次数信息，分为 0 次、1 次、2～5 次、6～10 次、11～20 次、20 次以上、未知七种
		评论次数	根据客户的评论次数信息，分为 0 次、1 次、2～5 次、6～10 次、11～20 次、20 次以上、未知七种
		满意度评分	根据客户的满意度评分信息，分为 1 分、2 分、3 分、4 分、5 分、未知六种
		满意度原因	根据客户的满意度原因信息，分为产品功能、产品外观、产品价格、产品质量、服务态度、服务效率、服务渠道、其他、未知九种
		满意度改进建议	根据客户的满意度改进建议信息，分为产品功能、产品外观、产品价格、产品

根据表 5-3 的分析，我们发现 AI 已经完成了一个较为完整的标签设计。然而，当前的设计中依然存在问题：

- 某些指标缺乏实际应用价值。例如，最近注册时间、总注册次数、平均注册次数 / 月等指标在实际应用中无意义，因为用户通常只在一个网站上注册一次。这些指标看起来是 AI 未经深思熟虑的产物。在实际使用中，我们可以直接剔除这些无效指标。
- 指标体系化程度不足。以表 5-3 为例，我们应该在现有的二级和三级标签基础上增加四级标签，以便更好地管理和查看。例如，访问、注册、购买、投诉、建议、评论、满意度等细分类别可以作为父级分类，使标签体系更加清晰。事实上，许多大型企业的标签体系层级复杂，有时甚至达到十级。具体的层级深度应根据企业需求进行调整。

通过整合表 5-1、表 5-2 和表 5-3 中的有效标签并重新组织，我们基本上完成了第一部分客户属性的详细标签设计工作。其他标签框架也可以遵循此逻辑来制定详细的设计方案。

5.3 客户服务与管理分析

在本节中，我们继续探讨 AIGC 在客户服务与管理领域的关键应用，包括基于图片自动识别客户需求关键字、从投诉文本中自动提取客户诉求关键字、从客户建议中梳理信息并完成摘要、基于自然语言的推介服务与销售方案。

5.3.1 基于图片自动识别客户需求关键字

了解客户的需求和关键字是提供优质客户服务的基础。客户需求的来源途径可能包括：呼叫中心电话、客户服务中心登记、线下门店反馈、线上社区和论坛、客服留言和电子邮件等。

- **呼叫中心电话**：客户通过呼叫中心联系企业，提出问题、投诉或寻求帮助。这些电话记录提供了直接的客户需求信息。
- **客户服务中心登记**：客户服务中心记录客户的问题、建议和解决方案，为进一步分析和服务改进提供详细信息。
- **线下门店反馈**：客户在实体门店的购物或服务体验中提出建议或投诉。门店工作人员记录反馈有助于产品和服务的改进。
- **线上社区和论坛**：企业的线上社区和论坛是客户分享体验和问题的平台。监测这些社交媒体的评论和留言能够帮助企业快速响应客户需求。
- **客服留言和电子邮件**：客户通过电子邮件或在线留言与客服部门联系，反馈问题或请求支持。这些书面通信记录可用于需求分析和分类。

在传统方式中，数据分析师通常需要花费大量时间来整理和归纳客户反馈，这一过程涉及自然语音、文本、图片等信息的综合处理，效率和效果不佳。AIGC 以其多模态的工作方式，能够轻松处理自然语言、图片、语音、文本等信息，自动提取并分析关键词、短语等，形成清晰的列表，快速了解客户的需求和关注点，以便进一步分析和处理。

在客户反馈中，可能会包括图片和文字信息。基于 AIGC 的能力，我们可以智能分析图片中的问题点，识别客户投诉的具体问题。例如，我们可以通过多种客服通道获取客户上传的图片，并以本书附件中的“电视图片 .jpg”为例，如图 5-1 所示。

图 5-1　客户上传的投诉图片

接下来，我们通过 New Bing Chat 的图片上传功能对图片进行分析。如图 5-2 所示，我们首先打开 New Bing Chat，单击上传附件按钮（图中①），从本地选择图片（图中②），然后在文本区域输入“图片中的产品有什么问题？”并发送。

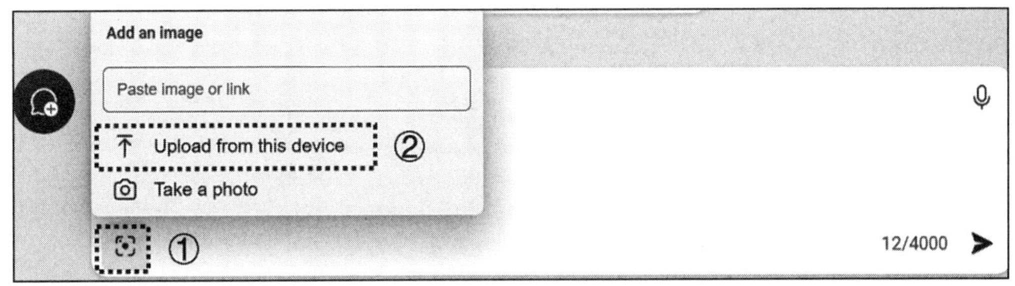

图 5-2　New Bing Chat 上传产品投诉图片

New Bing Chat 会基于对图片的分析，给出分析结果。如图 5-3 所示，尽管图片有旋转，但 AI 能够正常识别图片中的物体，并已发现产品问题为“碎屏”。这样，我们就可以根据公司标准流程正确处理该客户问题。

✓ Analyzing the image: Privacy blur hides faces from Bing chat

您好，这是必应。我可以帮助您了解图片中的产品有什么问题。😊

根据图片的描述，这是一台电视机，屏幕已经破裂。电视机的颜色是黑色的，看起来是一台平板电视。屏幕的左侧有裂缝，呈蜘蛛网状。电视机放在白色的瓷砖地板上，部分被透明的塑料布覆盖。图片右侧的文字是中文，意思是"破屏"。

电视机屏幕破裂的原因可能有以下几种：

- **外力撞击**：如果电视机受到过强的冲击，例如被物体击中或者摔落，那么屏幕可能会破裂。这种情况下，屏幕的裂缝通常是从撞击点开始向外扩散，呈放射状或者蜘蛛网状。
- **温度变化**：如果电视机所处的环境温度变化过大，例如从寒冷的地方突然转移到炎热的地方，或者电视机长时间处于高温或低温状态，那么屏幕可能会因为热胀冷缩而破裂。这种情况下，屏幕的裂缝通常是沿着屏幕的边缘或者角落出现，呈直线或者曲线状。
- **质量问题**：如果电视机本身的质量有问题，例如屏幕的材料不均匀，或者屏幕的安装不牢固，那么屏幕可能会因为内部的应力或者振动而破裂。这种情况下，屏幕的裂缝通常是随机出现，没有明显的规律。

图 5-3 New Bing Chat 对产品问题的分析结果

5.3.2 从投诉文本中自动提取客户需求关键字

企业客服部门收集的客户反馈文本多样且丰富，这些信息可能是客户直接提交的反馈，呼叫中心工作人员的记录，或者从语音对话中解析而来的。因此，这些客户反馈文本在质量上存在显著差异。AIGC 能够轻松处理这些文本，并从大量负面评价中自动提取关键信息。

```
[ChatGPT] 5/3/1 请从下面的Markdown表格的内容中，提炼客户负面评价中关于问题描述的关键字或
    短语，以便于我们找到问题点并加以改进。要求：
- 合并同类关键字不同的表述方式，仅输出一种表达文本。
- 关键字输出按重要程度从高到低排序。
以下是Markdown表格格式的客户评价信息。
| 来源              | 内容                                             |
|-------------------|--------------------------------------------------|
| 网站评论          | 这款电视质量差得惊人，屏幕经常出现故障。         |
| 网站评论          | 我购买的电视送来后，发现有很多坏点，很不满意。   |
| 网站评论          | 不要购买这个品牌的电视，太容易出故障了。         |
| 网站评论          | 刚收到货，包装都是好的，一上电屏幕是破损的。     |
| 网站评论          | 免费上门安装还要收取人工费。                     |
| 网站评论          | 售后电话没人接，货收到没售后联系安装。           |
| 客户呼叫中心记录  | 这个电视的应用总是崩溃，App总是用不了多久就闪退。|
| 客户呼叫中心记录  | 我的电视屏幕出现了奇怪的噪点，怎么回事？         |
| 客户呼叫中心记录  | 不建议购买这个品牌的电视，性能太差，不值得。     |
```

```
| 客户呼叫中心记录 | 我买的电视遥控器总是失灵，不能正常使用。             |
| 社交媒体留言     | 这个电视的画质太差了，感觉在看模糊的画面。           |
| 社交媒体留言     | 我购买的电视不到半年就坏了，售后服务也很差。         |
| 在线论坛帖子     | 这个电视的操作系统太慢了，每次都要等很长时间才能开机。|
| 在线论坛帖子     | 刚买 1 周就掉价，说好的保价也没有。                  |
| 电子邮件反馈     | 买了电视，还得买各种会员，电视没法看。               |
| 电子邮件反馈     | 我要报告屏幕出现奇怪的颜色，这台电视有问题。         |
```

在上面的提示指令中，以下四个方面的描述至关重要：

- 第一是任务描述。我们期望 AI 从客户的负面评价中提炼出关于问题描述的关键字或短语。这样做的目的是，我们可以根据这些问题改进产品。
- 第二是合并相似关键字。自然语言中常有不同表达但意思相近的文本，例如，“价格太高”和“价格不低”表达的是相同的意思。我们需要 AI 帮助我们识别并合并这些表达。
- 第三是关键字的排序规则。这有助于我们优先识别和解决主要问题。
- 第四是输入内容的格式。我们使用了 Markdown 格式，该格式可以通过网站如 https://tableconvert.com/zh-cn/excel-to-markdown 来将 Excel 内容转换为 Markdown 格式。这有助于 AI 基于标准表格理解内容，防止用户输入的特殊字符导致的内容解析错误。

ChatGPT 基于提示指令，给出如下关键字提炼结果：

```
根据客户负面评价的内容，以下是关于问题描述的关键字或短语，按重要程度从高到低排序：
  1. 屏幕故障
  2. 坏点
  3. 电视出故障
  4. 破损屏幕
  5. 安装费用
  6. 售后问题
  7. 应用崩溃
  8. 噪点
  9. 性能差
 10. 遥控器失灵
 11. 画质差
 12. 电视坏了
 13. 操作系统慢
 14. 价格掉落
 15. 会员费用
 16. 奇怪的颜色问题
```

我们可以将这些关键字按照企业内部的反馈类型进行分类，以便汇总每个类别下的负面评价信息。

```
[ChatGPT] 5/3/2 请把上述关键字或短语，分别映射到产品硬件问题、软件应用问题、售后服务问题、
    产品价格问题、其他，然后以 Markdown 表格形式输出。表格第一列是问题类别，第二列是该类别下
    的关键字或短语列表，以逗号分隔。
```

在本次处理中，我们让AI将所有关键字按照企业常用的问题类型列表进行分类，这样可以方便地汇总每个类别内的问题信息。

ChatGPT基于提示指令，给出如下映射后的表格信息。

```
以下是将关键字或短语分别映射到不同问题类别的 Markdown 表格：

```
问题类别	关键字或短语列表
产品硬件问题	屏幕故障、坏点、破损屏幕、噪点、遥控器失灵、奇怪的颜色问题
软件应用问题	应用崩溃、操作系统慢
售后服务问题	安装费用、售后问题、电视坏了
产品价格问题	价格掉落、会员费用
其他	性能差、画质差
```
```

根据这些信息，企业的客服服务、产品研发、市场销售和合作伙伴等相关部门可以进行沟通，并着手解决相关问题。

5.3.3 从客户建议中梳理信息并完成摘要

AIGC技术能自动整理并概括客户的建议和反馈，生成简洁的报告。这大大加快了分析师理解客户意见的速度，并有助于汇总具体的建议，避免信息量过大造成的混乱。

传统的人工处理大量客户建议和反馈的方法往往效率低下，且容易造成信息混乱。相比之下，运用AIGC技术不仅提高了建议的处理效率，而且在自然语言逻辑推理、识别、归纳等方面，相较于传统的机器学习和深度学习方法表现出更明显的优势。接下来，我们通过一个实际示例来展示如何实现这一过程。

```
[ChatGPT] 5/4/1 请从下面的 Markdown 表格的内容中汇总信息。要求：
- 先归纳内容并形成总体概要，100 字以内。
- 再输出详细要点和说明，每个要点 50 字以内概括。
以下是 Markdown 格式的客户建议内容详情。
| 来源渠道     | 内容     |
|------------|---------|
| 社交媒体     | 客户在购物过程中经常有一些急需解答的问题，但电子邮件或电话支持的响应速度较慢，导致客户的购物体验不如预期。因此，客户建议公司增加一个实时在线支持聊天功能，以便客户能够立即获取帮助。这个建议反映了消费者对快速响应的需求，特别是在在线购物体验中。      |
| 客户反馈调查 | 在最近的客户反馈调查中，多位女性消费者表达了对个性化选择的渴望。客户们希望公司不仅能够提供时尚的款式，还能够允许客户们根据自己的偏好自定义服装。具体的建议包括提供可选的颜色、材质和尺寸，以满足不同体型和风格的需要。这个建议强调了品牌应关注顾客个性化需求，以增加销量，提高客户满意度。 |
| 客户邮件     | 提供更详细的产品使用指南和教程。      |
| 在线论坛     | 改进产品的用户界面，使其更加直观易用。     |
| 电话反馈     | 多位客户在电话反馈中提到，客户们经常在非常规时间购物，因此需要更灵活的客户支持时间。有些客户表示，客户们在不同时区购物，由于时差问题，经常难以获得实时帮助。因此，建议公司增加客户服务热线的工作时间，以满足全球客户的需求。这个建议突显了公司应考虑全球化市场，并提供跨时区的支持。   |
```

```
| 社交媒体     | 推出移动应用程序，以便客户更方便地访问产品。     |
| 客户反馈调查 | 改进产品的性能，提高速度和稳定性。             |
| 客户邮件     | 提高产品的安全性，针对潜在问题进行改进。         |
| 在线论坛     | 增加新的支付选项，提高灵活性。                 |
| 电话反馈     | 改进订单跟踪系统，提供更准确的信息。           |
| 社交媒体     | 客户非常喜欢企业的设计，但希望能够看到更多可选择的颜色和款式。客户认为，不同的人有不同的审美品位，因此增加多样化的产品颜色和款式将有助于吸引更广泛的客户群体。这个建议反映了客户对多样性和个性化选择的渴望，可以增加销售并提高品牌吸引力。 |
```

上述提示指令，除了设定任务和引入需要分析的 Markdown 格式文本之外，其核心是指导 AI 按照“总—分”模式输出概要报告。根据这些指令，ChatGPT 生成了以下概要报告：

```
总体概要：
客户建议包括增加实时在线聊天功能以提高响应速度、提供个性化服装选项、提供更详细的产品指南、改进用户界面、增加客服工作时间、推出移动应用、提高产品性能和安全性、增加支付选项、改进订单跟踪系统，以及增加多样的产品颜色和款式。

详细要点和说明：
 1. 增加实时在线聊天功能：客户建议增加此功能以提高快速响应速度和提升购物体验。
 2. 个性化服装选项：提供可选颜色、材质和尺寸以满足不同需求，提高客户满意度和增加销量。
 3. 详细产品指南：客户要求更多关于产品的使用指南和教程，以提供更好的用户体验。
 4. 改进用户界面：提高产品的直观易用性，提升用户体验。
 5. 增加客服工作时间：满足全球客户需求，考虑时差问题，提供更灵活的支持时间。
 6. 移动应用：推出移动应用以提供便捷的产品访问方式。
 7. 提高产品性能和安全性：客户要求提高产品速度、稳定性和安全性。
 8. 增加支付选项：提供更灵活的支付方式以满足客户需求。
 9. 改进订单跟踪系统：提供更准确的订单信息，提高客户满意度。
10. 多样化产品颜色和款式选择：客户要求增加多样性，以吸引更广泛的客户群体，提高销量和品牌吸引力。
```

对于 AI 返回的内容，我们可以进一步分析并考虑让 AI 进行改进。例如，可以合并部分类似的需求要点，或对某些要点进行更详细的补充和描述。这样做将进一步提升报告的质量和实用性。

5.3.4 基于自然语言的推介服务与销售方案

AIGC 技术能够根据客户的需求及其对自然语言的理解，自动筛选出与客户需求最相符的服务方案，并进行匹配与推荐。这一特性极大地提升了客户体验的个性化程度。

在常规情况下，客户服务部门往往依赖于客服人员的经验或手动检索系统来寻找合适的解决方案。AIGC 的自动化流程不仅加快了响应速度，还增加了交叉销售的机会，提高了客户满意度，并提供了更加个性化的服务体验。通过这种方式，客户服务的效率得到了提升，客户等待时间减少，同时还能获得更令人满意的解决方案。

在企业提供的产品众多或售前资源有限的情况下，AIGC 可以基于用户输入的自然语言，自动匹配最合适的产品或服务方案。当前，这种技术已广泛应用于线上聊天客服、线下卖场销售推荐、呼叫中心的营销业务、大客户的销售跟进及销售升级等多个领域。

接下来，我们通过一个示例来展示如何实现这一过程。

```
[ChatGPT] 5/5/1 我需要你担任我们公司的销售专家，你的职责是销售假发商品。请你基于【客户需求】，从【产品库】中找到两款最适合的假发商品推荐给客户，并给出推荐理由。
【产品库】
| 产品 ID | 产品名 | 产品描述 |
|-------|--------------------|------------------------------------------------|
| AF001 | 天然黑色长直假发 | 这款假发采用 100% 天然黑色头发制成，质感柔软，光泽自然，适合那些追求自然黑发外观的客户。具备高透气性，适合长时间佩戴。不易打结，易于梳理和清洗。 |
| AF002 | Kinky 卷发短假发 | 这款假发具有 Kinky 卷发效果，适合喜欢自然卷发外观的客户。柔软的发丝和特殊的发际线设计，增加了卷曲和体积感。发色丰富，可选黑色、棕色、金色等。 |
| AF003 | Afro 卷发长假发 | 这款假发设计为 Afro 卷发风格，增加了卷曲和体积感，适合特别场合和时尚风格。发丝柔软，逼真的外观。采用高温丝材质，耐热耐用，可根据需要进行烫卷或烫直。 |
| AF004 | 蓬松自然卷发中长假发 | 这款假发具有蓬松的自然卷发效果，适合那些希望增加卷曲和层次感的客户。多样的发际线类型可供选择，满足不同发型需求。发丝厚实，可持久保持卷度。 |
| AF005 | 真人头发长发假发 | 这款假发由真人头发制成，提供出色的质感和逼真的外观。客户可以根据需要染色或造型，满足个性化要求。发丝柔顺，不易断裂，可重复使用。 |
| AF006 | 艳丽彩色长卷发假发 | 这款假发以艳丽的彩色卷发为特点，适合那些喜欢充满活力和个性化外观的客户。彩色渐变效果增添了时尚感。发丝光滑，不易褪色，可根据喜好调整卷度。 |
| AF007 | 自然直发短假发 | 这款假发具有自然直发效果，看起来精致而整洁，适合日常使用。柔软的发丝和前沿设计增强了自然感。发丝细腻，不易分叉，可根据喜好修剪长度。 |
| AF008 | 婚礼特别款假发 | 这款假发专为婚礼和庆典设计，提供高质量的造型，佩戴舒适。多样的发际线类型和可定制的选项，满足特殊场合的需求。发丝华丽，可搭配不同的饰品和头纱。 |
| AF009 | 长发夹式假发 | 这款假发采用夹式设计，便于佩戴和取下，适合不想固定佩戴的客户。发际线可调整，适应不同头围大小。发丝轻盈，不易压迫头皮，可根据喜好调整位置和角度。 |
| AF010 | 自定义多样化假发 | 这款假发提供多样化的定制选项，包括颜色、长度和发际线类型，以满足不同客户的个性化需求。高质量的材质和可调整的带子设计，提供舒适的佩戴体验。发丝灵活，不易缠绕，可根据喜好改变发型。 |
【客户需求】
期望所购买的假发具有逼真的外观，且具备耐久性，能够在炎热气候下表现出良好的耐受性。同时，佩戴时要舒适，不会引发头皮不适或脱发问题。
```

上述提示指令中的关键描述信息如下。

- AI 角色描述：AI 在此处被赋予销售角色，明确了其具体的职责。
- 任务目标：基于客户需求，从产品库中选出最合适的推荐商品。
- 返回内容：两种商品，提供商品信息和推荐理由，以便销售人员在销售场景和话术中应用。
- 利用【客户需求】和【产品库】标记文本内容块：明确标记不同的内容段落，帮助 AI 清晰地引用各部分内容和细节。产品库是企业内部的现有资料；而客户需求则需要根据销售和服务人员与客户的沟通，直接以自然语言描述。

基于上述指令，ChatGPT 提出以下推介方案：

```
根据客户的需求，我会向客户推荐以下两款假发商品。

1. 产品 ID: AF005 - 真人头发长发假发
推荐理由:
   - 由真人头发制成，因此具有非常逼真的外观和出色的质感，满足客户对逼真外观的需求。
   - 真人头发更加耐久，能够在炎热气候下表现出良好的耐受性，不易受损。
   - 客户可以根据需要染色或造型，满足个性化要求，提供了更多的选择。
```

```
    - 发丝柔顺，不易断裂，可重复使用，确保舒适佩戴时不会引发头皮不适或脱发问题。

2. 产品 ID: AF010 - 自定义多样化假发
推荐理由：
    - 提供多样化的定制选项，包括颜色、长度和发际线类型，可以满足客户对外观的个性化需求。
    - 高质量的材质和可调整的带子设计，确保舒适佩戴，不会引发头皮不适或脱发问题。
    - 发丝灵活，不易缠绕，客户可以根据喜好改变发型，增加了多样性。
    - 定制化的特性使客户能够获得他们所期望的逼真外观，同时确保了耐久性和舒适性。
```

销售人员可以利用上述产品名称和推荐理由与潜在客户进行沟通，同时，通过产品 ID 查询商品的价格、促销和活动等更多信息，从而更有效地促成销售。

5.4 客户生命周期分析

客户生命周期分析涵盖了客户从初次接触、购买、使用、维护，直至流失或再次购买的整个过程。通过对这一过程进行数据化跟踪和评估，我们能够深入了解客户的行为、需求、满意度和忠诚度。这种分析支持我们制定针对性的运营策略和优化措施。在客户生命周期分析中，关键环节和指标包括新客留存 / 激活 / 沉淀、老客户促活、唤醒沉睡用户、流失预测和挽回等。本节将探讨如何利用 AIGC 的能力来辅助数据分析师进行数据分析和挖掘，从而提高工作效率。

5.4.1 利用 AI 分析新客留存异常

新客留存反映了新客户在首次购买或使用服务后，在一定时间内的再次购买或使用行为，是衡量产品或服务吸引力和客户满意度的关键指标。新客留存分析是对新注册或新购买客户的数据化跟踪和评估，旨在了解客户的使用情况、留存率、激活率和沉淀率。作为客户生命周期分析的重要组成部分，有效留存、激活和沉淀新客对企业的长期收益和保持竞争优势至关重要。

传统的留存率分析步骤包括：

- **数据收集与处理**：收集客户购买历史、互动记录、反馈等数据，通常源自企业 CRM 系统、销售数据库和市场调研。
- **设定跟踪周期**：一般设定 7 天、30 天或 90 天等时间周期，衡量新客户在首次购买后的特定时间内的回购或互动行为。
- **计算留存率**：比较特定时段内的回头客户数量与总新客户数量，衡量客户忠诚度和产品吸引力。
- **留存率趋势分析**：长期留存率分析可揭示客户行为变化趋势，通过图表分析、统计模型和预测分析（如生存分析、回归模型）进行评估。
- **异常原因分析**：通过分层分析（如按客户群体、产品类别或地区）识别影响留存率的因素，并结合定量与定性分析（如客户访谈、小组讨论和案例研究）深入理解非量化因素。

尽管传统方法有效，但它们常依赖于手动数据处理和分析，耗时且可能出错。AIGC 技术的应用，尤其在留存率趋势分析和异常原因分析环节的应用，能提供更精准、自动化的分析，深入解析业务洞察，助力分析师开展研究。

下面，我们将通过一个示例展示如何利用 AI 进行留存率趋势分析。以下为提示指令：

```
[ChatGPT] 5/6/1 我需要你担任资深数据专家。下面是一份周留存率报表，请你分析留存率报表过去 7
    周每周的各留存率（当周、次周、第 2 周、第 3 周、第 4 周、第 5 周、第 6 周）指标是否存在异常。
    如果异常，请具体说明异常状态以及原因。
以下是周留存率报表详情。
| 初始日期     | 总人数 | 当周   | 次周   | 第 2 周 | 第 3 周 | 第 4 周 | 第 5 周 | 第 6 周 |
|------------|-------|-------|-------|-------|-------|-------|-------|-------|
| 2023-08-28 | 35679 | 0.59  | 0.24  | 0.20  | 0.18  | 0.14  | 0.13  | 0.14  |
| 2023-09-04 | 56410 | 0.78  | 0.26  | 0.21  | 0.15  | 0.14  | 0.14  |       |
| 2023-09-11 | 49312 | 0.91  | 0.32  | 0.21  | 0.19  | 0.19  |       |       |
| 2023-09-18 | 49126 | 0.91  | 0.25  | 0.21  | 0.20  |       |       |       |
| 2023-09-25 | 28450 | 0.85  | 0.30  | 0.28  |       |       |       |       |
| 2023-10-02 | 28000 | 0.88  | 0.32  |       |       |       |       |       |
| 2023-10-09 | 26036 | 0.87  |       |       |       |       |       |       |
```

提示指令除了设定 AI 的角色之外，它的主要任务是描述需求，要求 AI 分析不同的留存率指标，并解释异常情况。

基于提示指令，ChatGPT 提供如下解释：

```
以下是对每周留存率的分析：
1.2023-08-28 周：
  - 当周留存率（0.59）较高，但并不异常，因为这是初始周期。
  - 次周留存率（0.24）正常。
  - 第 2 周留存率（0.20）正常。
  - 第 3 周留存率（0.18）正常。
  - 第 4 周留存率（0.14）正常。
  - 第 5 周留存率（0.13）正常。
  - 第 6 周留存率（0.14）正常。
2.2023-09-04 周：
  - 当周留存率（0.78）较高，但可以理解为在初始推出后用户活跃度增加。
  - 次周留存率（0.26）正常。
  - 第 2 周留存率（0.21）正常。
  - 第 3 周留存率（0.15）正常。
  - 第 4 周留存率（0.14）正常。
  - 第 5 周留存率（0.14）正常。
3.2023-09-11 周：
  - 当周留存率（0.91）较高，可能是因为某些特殊活动或改进措施导致的。
  - 次周留存率（0.32）正常。
  - 第 2 周留存率（0.21）正常。
  - 第 3 周留存率（0.19）正常。
  - 第 4 周留存率（0.19）正常。
4.2023-09-18 周：
  - 当周留存率（0.91）正常。
```

```
  - 次周留存率（0.25）较低，但不一定异常，可能是由于某些原因导致的。
  - 第 2 周留存率（0.21）正常。
  - 第 3 周留存率（0.20）正常。
5.2023-09-25 周：
  - 当周留存率（0.85）较低，可能需要进一步调查原因。
  - 次周留存率（0.30）较高，这可能是因为在前一周有低留存率，导致用户更积极留存。
  - 第 2 周留存率（0.28）正常。
6.2023-10-02 周：
  - 当周留存率（0.88）正常。
  - 次周留存率（0.32）正常。
7.2023-10-09 周：
  - 当周留存率（0.87）正常。
```

AI 发现了六个异常时间节点，包括留存率异常升高和降低。这些异常时间节点可能指示特定异常情况。需要注意，留存率的异常并非总是负面的，它可以反映不同周期内的用户行为和市场趋势。

在确定异常时间节点后，进一步分析其原因至关重要。分析时需要了解更多相关信息，如重大技术问题、市场竞争状况、产品更新、促销活动、网站改版等。因此，分析师应从这些时间节点出发，探究当时可能影响留存的重大事件，并结合留存的定义寻找核心影响因素。

5.4.2 AIGC 辅助 Python 完成客户预测分析

客户预测是客户运营中的核心应用，涵盖了客户转化预测、流失预测和活动响应预测等多个方面。其中，客户转化预测作为客户生命周期分析的重要部分，旨在预测潜在客户成为付费客户的可能性以及现有客户的再购概率。

在客户预测分析中，结合使用 AIGC 与 Python 是一个强大的策略。Python 提供了丰富的数据科学工具和库，而 AIGC 则增强了 Python 处理大规模数据和复杂模型的能力。这种组合让分析师和数据科学家能够快速开发、训练和部署预测模型。

我们以 AIGC+Python 的策略实现的基于分类模型的用户首次游戏充值预测为例展开介绍。本节使用 XGBoost 来实现游戏充值预测，模型源自数据文件 game.csv，详细代码见附件 game_pay_predict.ipynb。

数据示例包括客户的各种特征统计值及支付标记。数据示例如下：

```
用户 ID，登录，游戏等级，每日奖励，进入地图，开始任务，获得道具，使用道具，获得能量，获得无限能量，使用星星，进入关卡，关卡胜利，是否支付
23862,17,44,2,30,10,5,16,31,1,10,139,26,0
29132,104,6614,13,93,95,15,300,75,16203,93,297,42,1
27889,8,103,2,22,24,5,5,24,2,13,142,30,1
```

以下是让 AI 输出 Python 代码的提示指令：

```
[ChatGPT] 5/7/1 我想请你扮演数据挖掘工程师。请编写 Python 代码完成如下任务：
```

```
1. 读取 game.csv 文件返回 df。
2. 将 df 随机划分为训练集和测试集，训练集和测试集数据比例为 7:3。
3. 使用 XGBoost 库，以 df 的登录、游戏等级、每日奖励、进入地图、开始任务、获得道具、使用道具、
   获得能量、获得无限能量、使用星星、进入关卡、关卡胜利为特征，以 df 的是否支付为目标建立二分类
   模型（目标值由 0 和 1 构成，其中 0 表示未支付，1 表示已支付）。
4. 基于分类模型使用训练集训练模型，使用测试集测试模型，输出测试集的评估指标，包括 F1 得分、准确
   率、精确率、召回率。
请提供实现上述功能的 Python 代码。
```

上述提示指令涵盖数据读取、训练集和测试集分割、构建二分类模型及模型结果可视化等建模流程。此处我们简化了数据特征构建、数据洞察、特征工程和数据处理过程，重点展示核心建模过程。需要额外说明的信息包括：

- 采用 XGBoost 库，该库广泛应用于分类和回归领域，主要优点包括支持并行计算、高效性和高准确性。
- 我们提供了详细的目标值描述，以便 AI 更好地理解目标构成，也便于在后续可视化中设置名称。
- 使用 XGBoost 训练模型后，输出了测试集的多项评估报告，以多角度评估模型性能，并进行针对性优化。

根据提示指令，AI 提供了相应的 Python 代码：

```
import pandas as pd
import numpy as np
from sklearn.model_selection import train_test_split
from xgboost import XGBClassifier
from sklearn.metrics import accuracy_score, precision_score, recall_score, f1_
    score

# 1. 读取 game.csv 文件返回 df
df = pd.read_csv('game.csv')

# 2. 将 df 随机划分为训练集和测试集，训练集和测试集数据比例为 7:3
X = df[['登录', '游戏等级', '每日奖励', '进入地图', '开始任务', '获得道具', '使用
道具', '获得能量', '获得无限能量', '使用星星', '进入关卡', '关卡胜利']]
y = df['是否支付']
X_train, X_test, y_train, y_test = train_test_split(X, y, test_size=0.3,
random_state=42)

# 3. 使用 XGBoost 库，以 df 的登录、游戏等级、每日奖励、进入地图、开始任务、获得道具、使用道
    具、获得能量、获得无限能量、使用星星、进入关卡、关卡胜利为特征，以 df 的是否支付为目标建
    立二分类模型
model = XGBClassifier()
model.fit(X_train, y_train)

# 4. 基于分类模型使用训练集训练模型，使用测试集测试模型，输出测试集的评估指标
y_pred = model.predict(X_test)

# 输出评估指标
```

```
accuracy = accuracy_score(y_test, y_pred)
precision = precision_score(y_test, y_pred)
recall = recall_score(y_test, y_pred)
f1 = f1_score(y_test, y_pred)

print("准确率：", accuracy)
print("精确率：", precision)
print("召回率：", recall)
print("F1 得分：", f1)
```

在 Jupyter Notebook 中执行上述代码后，得到如下结果：

```
准确率：0.8798738532110092
精确率：0.8656267104542966
召回率：0.9011396011396011
F1 得分：0.8830262423227246
```

我们可以进一步让 AI 解释输出结果和模型效果：

```
[ChatGPT] 5/7/2 当我执行了上述 Python 代码后，输出模型结果。这些指标说明了什么？模型效果
    如何？
准确率：0.8798738532110092
精确率：0.8656267104542966
召回率：0.9011396011396011
F1 得分：0.8830262423227246
```

AI 根据提示指令中输入的模型结果指标给出解读，并评估模型效果，具体解释如下：

```
根据你提供的模型评估指标结果，可以进行以下解释和评价：

1. 准确率（Accuracy）：准确率是模型正确预测的样本数量与总样本数量之比。在这个模型中，准确率约为
   0.88，即 88% 的测试样本被正确分类。这表明模型在整体上具有较高的分类准确性。
2. 精确率（Precision）：精确率是指模型预测为正类别（支付）的样本中，实际为正类别的比例。在这个
   模型中，精确率约为 0.87，表示在模型预测为支付的样本中，约 87% 的样本确实为支付样本。这意味着
   模型的正类别预测相对准确。
3. 召回率（Recall）：召回率是指实际为正类别的样本中，被模型正确预测为正类别的比例。在这个模型中，
   召回率约为 0.90，表示模型能够捕捉到约 90% 的实际支付样本。这意味着模型在识别实际支付时具有较
   高的敏感性。
4. F1 得分（F1-Score）：F1 得分是精确率和召回率的调和平均值，它考虑了模型的准确性和召回能力。在
   这个模型中，F1 得分约为 0.88，表示综合考虑了模型的精确性和召回率，具有较好的平衡。

综合来看，该模型在分类支付和非支付用户方面表现良好，具有较高的准确性、精确性和召回率。但是，最
终的模型效果评估取决于具体的应用场景和业务需求。
```

完成模型训练及效果检验后，接下来预测新输入数据下的客户转化情况（是否会支付）。这一实现过程较为简单，可以直接由 AI 完成，也可以由数据分析师基于基础知识编写代码。如下是让 AI 给出进一步操作代码的提示指令：

```
[ChatGPT] 5/7/3 请读取 game_new.csv 中的数据，作为预测集，基于之前已经训练好的模型，预测
    新的数据集是否转化并输出预测结果。
```

在提示指令中，我们直接让 AI 读取新的数据文件并完成预测，最后输出结果。AI 基于提示指令，给出如下代码：

```
import pandas as pd
from xgboost import XGBClassifier

# 读取新数据文件作为预测集
new_data = pd.read_csv('game_new.csv')
# 使用与训练时相同的特征列
features = ['登录', '游戏等级', '每日奖励', '进入地图', '开始任务', '获得道具',
    '使用道具', '获得能量', '获得无限能量', '使用星星', '进入关卡', '关卡胜利']
# 提取预测集的特征
X_pred = new_data[features]
# 初始化训练后的模型
model = XGBClassifier()
# 加载已训练的模型参数
model.load_model('xgboost_model.bin')
# 进行预测
predictions = model.predict(X_pred)
# 将预测结果添加到预测集
new_data['是否支付'] = predictions
# 输出预测结果
print(new_data[['用户ID', '是否支付']])
```

AI 返回的代码中包含了重新加载本地模型文件 xgboost_model.bin 的步骤。由于整个模型实现在一个脚本中，因此可以省略“初始化训练后的模型”和“加载已训练的模型参数”这两部分代码，保留其余部分在 Jupyter Notebook 中执行，以获得新数据下的客户支付转化预测结果。

```
   用户ID  是否支付
0  43160      1
1  43161      1
2  43162      0
```

完成全流程测试和验证后，可将模型开发成产品或系统模块，并通过定时任务每日生成预测结果。这些预测结果可应用于多个关键领域，如改进游戏推广和营销策略，预测可能转化的用户的具体转化时间节点（如第 3 天、第 5 天或第 16 天），以及针对转化周期较长的用户制定特定游戏运营策略，引导他们更早充值、加速转化等。

5.4.3 AIGC 辅助 Python 完成客户生命周期价值预测

客户生命周期价值（CLV）是一个关键指标，用于衡量客户在与企业互动的整个周期内带来的总价值。这个指标可以帮助企业理解客户从首次购买到停止使用产品或服务期间的总体贡献。与 CLV 相关的指标包括客户生命周期内的订单金额、订单数量，未来 N 天的订单概率、订单金额、订单数量以及流失概率等（其中“天”可替换为周、月、年等时间单位）。

分析客户生命周期价值在企业运营中非常重要，例如：

- ❑ 风险管理：了解客户的价值有助于更有效地管理信用风险。
- ❑ 客户分割：基于 CLV 将客户分为不同群体，制定相应的营销策略。
- ❑ 定价策略：根据 CLV 确定产品和服务的定价，以最大化总 CLV。
- ❑ 客户留存策略：识别高价值客户并采取措施延长他们的生命周期。
- ❑ 市场预测：基于历史 CLV 数据预测未来销量和客户价值。
- ❑ 广告支出：根据投资回报率调整广告和市场活动的投资。

在预测客户生命周期价值时，可使用 Python 的 lifetimes、pymc-marketing 等库完成此任务。本例中，我们选择使用 lifetimes 模型进行预测，具体实现方法由 AI 提供。模型源自数据文件 lifetime_data.xlsx，详细代码见附件 lifetime_predict.ipynb。

源数据格式类似于 RFM 结构，但略有差异，各字段定义如下。

- ❑ customer_id：客户 ID，唯一标识每个客户。
- ❑ frequency：复购频率，即数据周期内客户的购买总次数减 1。若客户仅购买一次，则此值为 0。
- ❑ recency：首次购买与最近一次购买的时间间隔，以日为单位。若客户仅购买一次，则此值为 0。
- ❑ T：自首次购买至研究日期的间隔，如 2023-11-26 为研究日期，首次购买日期为 2023-11-20，则间隔为 6 天。
- ❑ monetary_value：平均订单金额，计算方式为总订单金额除以购买次数。

原始数据示例如下：

```
customer_id         frequency         recency          T         monetary_value
2                   0                 0                347       287.85
12                  0                 0                372       173.44
13                  0                 0                357       138.46
36                  0                 0                251       92.88
38                  0                 0                370       138.46
```

下面是让 AI 输出 Python 代码的提示指令：

```
[ChatGPT] 5/8/1  我想请你扮演数据挖掘工程师。请编写 Python 代码完成如下任务：
1. 读取 lifetime_data.xlsx 文件返回 df。
2. 使用 lifetimes 库的生命周期模型，基于 df 的字段 frequency、recency、T、monetary_value
   完成模型训练。
3. 基于训练后的模型预测每个客户在未来 30 天内可能产生的订单数量、仍然存活的概率，并将预测结果添
   加为新字段 predict_orders, alive_probs。
4. 输出前 3 条记录的 customer_id、predict_orders、alive_probs。
请提供实现上述功能的 Python 代码。
```

在上述提示指令中，关于使用 AI 生成 Python 代码的关键描述信息可概括如下。

- ❑ 数据读取：首先让 AI 从 lifetime_data.xlsx 文件读取数据，这是建模的原始文件且已经处理完毕。读取后，数据被存储到变量 df 中，便于后续使用。

- 模型建立：接着，要求 AI 使用 lifetimes 库基于 df 的字段来完成客户生命周期的建模。
- 数据合并：然后，要求 AI 将模型预测生成的新字段添加回原始数据集 df 中，以便后续的查看和使用。
- 结果输出：最后，要求 AI 输出完整的数据集，并特别观察预测结果。为了节约版面，仅指定输出部分关键字段。

ChatGPT 基于提示指令，给出如下 Python 代码：

```
import pandas as pd
from lifetimes import BetaGeoFitter

# 1. 读取 lifetime_data.xlsx 文件返回 df
df = pd.read_excel('lifetime_data.xlsx')
#  2. 使用 lifetimes 库的生命周期模型，基于 df 的字段 frequency、recency、T、monetary_
     value 完成模型训练
bgf = BetaGeoFitter(penalizer_coef=0.0)
bgf.fit(df['frequency'], df['recency'], df['T'])
#  3. 基于训练后的模型预测每个客户在未来 30 天内可能产生的订单数量、仍然存活的概率，并将预测结果
     添加为新字段 predict_orders, alive_probs
df['predict_orders'] = bgf.predict(30, df['frequency'], df['recency'], df['T'])
df['alive_probs']  = bgf.conditional_probability_alive(df['frequency'],
    df['recency'], df['T'])
# 4. 输出前 3 条记录的 customer_id、predict_orders、alive_probs
print(df[['customer_id', 'predict_orders', 'alive_probs']].head(3))
```

我们在 Jupyter Notebook 中执行 Python 代码，得到如下结果：

```
          customer_id    predict_orders        alive_probs
0         2              0.001440              1.0
1         12             0.001353              1.0
2         13             0.001404              1.0
```

如果你对预测过程中的具体实现细节有疑问，可以向 AI 提出询问。例如，为了深入了解预测逻辑，你可以问：“predict_orders 和 alive_probs 是如何计算出来的？”这种问题有助于揭示生命周期模型在预测特定指标时所采用的计算方法和逻辑。

5.5 社交管理分析

在数据化运营中，社交媒体扮演着关键角色。它不仅可以助力企业与客户建立互动与信任关系，还可以提升品牌知名度及口碑，增强客户忠诚度和转化率。AIGC 在生成社交活动方案和内容、自动监测社交媒体信息（如社交危机、客户情绪、竞争对手动态等）方面发挥着重要作用。本节将探讨如何利用 AIGC 优化社交运营和管理。

5.5.1　利用 AI 撰写社交活动策划方案

社交活动策划方案是指为达到营销或传播目的而在社交媒体上设计实施的活动计划。此方案通常包含活动主题、目标、对象、内容、形式、时间、预算、效果评估等要素。对数据工作者和运营管理者而言，这是提升品牌知名度、吸引客户参与和转化的关键手段。

在 AI 技术出现前，高效的社交活动策划需要创意、市场与客户深度理解。AIGC 可基于用户需求和社交数据特征，生成包含所有必要要素的策划方案，如主题、目标人群、内容创作、形式、时间、预算及评估，以表格、文本等形式呈现，便于运营人员二次修改，快速制定高质量的策划方案。

下面通过一个示例展示 AI 如何完成此任务。

```
[ChatGPT] 5/9/1 我想请你扮演社交媒体活动策划专家。你需要为一家汽车品牌设计一场社交媒体推广
    活动，背景信息：该汽车品牌希望通过社交媒体推广其新款车型，目的是吸引潜在客户并增加品牌曝光
    度。请你结合汽车品牌的需求，撰写一个既有趣又创新的社交活动策划方案，方案内容包括但不限于活
    动主题、目标人群、活动对象、内容创建、组织形式、活动时间、成本预算、效果评估等方面，并以
    Markdown 格式输出方案。
```

上述提示指令包含如下关键信息。

- 设定角色：AI 作为社交媒体活动策划专家，因为这是业务主题，业务专家身份更适合。
- 设定 AI 主任务：撰写活动方案。
- 背景交代：简述客户需求及目标，这样 AI 有更多背景需求信息输入。
- 任务要求：描述活动策划方案输出内容和框架要素，确保 AI 输出内容实用。

ChatGPT 基于提示指令输出初步策划框架，具体如下：

```
# 社交媒体汽车品牌推广活动策划方案

## 活动主题
** 活动名称：** “未来之旅：探索新世界”

** 主题概述：** 这个社交媒体活动将以未来为主题，旨在展示汽车品牌的新款车型是未来出行的代表。通
  过引人入胜的故事情节和先进技术的介绍，吸引目标人群的兴趣。

## 目标人群
1.** 年轻专业人士：** 年龄在 25～40 岁之间，寻找时尚、高科技的汽车。
2.** 科技爱好者：** 对最新汽车科技和智能功能感兴趣的消费者。
3.** 环保倡导者：** 关心环保，寻找节能和环保型汽车的消费者。

## 活动对象
** 新款汽车型号：** 品牌最新的电动 SUV 型号，具有卓越的性能和先进的智能科技。

## 内容创建
1.** 虚拟现实 (VR) 体验：** 通过社交媒体平台分享令人兴奋的 VR 体验，让观众亲临未来。用户可以在
  虚拟世界中亲身感受新款车型的特点，包括驾驶体验、智能功能、安全性等。
2.** 故事情节：** 创建一个令人着迷的故事情节，展示新车型如何帮助主人在未来的城市环境中生活。故
  事情节将突出汽车的智能驾驶、环保性能和出色的设计。
```

```
3.** 用户生成内容：** 鼓励参与者分享他们对未来出行的愿景，以及与新车型相关的创意照片和视频。最
   有创意的内容将获得奖励，提高参与度。

## 组织形式
1.** 虚拟发布会：** 在社交媒体上举办虚拟发布会，介绍新款车型的亮点和特点。与汽车专家和设计师进
   行互动，回答观众的问题。
2.** 社交媒体挑战：** 创建与活动主题相关的社交媒体挑战，鼓励用户参与并分享自己的创意，以赢得奖
   品。

## 活动时间
活动将持续一个月，以确保有足够的时间来吸引目标受众的关注和参与。虚拟发布会将在活动开始前的第一
周举行，社交媒体挑战将在整个活动期间进行。

## 成本预算
1.** 虚拟现实体验开发：** 开发一个引人入胜的 VR 体验，预计花费 10 000 美元。
2.** 社交媒体广告：** 用于宣传和促进活动的社交媒体广告预算为 20 000 美元。
3.** 奖品和礼品：** 奖励创意用户生成内容的奖品和礼品预算为 5 000 美元。
4.** 虚拟发布会的技术支持和主持人费用：** 5 000 美元。

## 效果评估
1.** 参与度：** 通过社交媒体平台的分析工具跟踪活动的参与度，包括点赞、分享、评论和活动页面的访
   问量。
2.** 用户生成内容数量：** 计算用户生成的与活动相关的内容数量，以评估用户的参与度和创意程度。
3.** 销售和线索收集：** 跟踪活动期间的销售数据和潜在客户线索，以衡量活动对销售的影响。

通过定期监测和分析这些指标，我们将能够评估活动效果，并根据反馈进行必要的调整，以确保汽车品牌的
新款车型得到充分的曝光，吸引足够多的用户。

这个社交媒体推广活动将充分利用虚拟现实、故事情节和用户生成内容，吸引年轻专业人士、科技爱好者和
环保倡导者，为汽车品牌带来更多曝光和潜在客户。同时，它将传递汽车品牌与未来出行的紧密联系，增强品牌
的未来感，树立品牌的创新形象。
```

借助 AI 生成的策划方案初稿，我们已建立了一个基本框架。为了进一步丰富和完善内容，我们可以：

- 与 AI 深入探讨“社交媒体广告投放”话题。具体包括选择合适的社交媒体平台、费用组合策略、营销节奏等。为此，我们可以指导 AI 提供详细介绍，如哪些社交媒体最适合、选择什么样的广告形式、预算分配方案是什么，以及营销节奏的控制策略是什么等，并以 Markdown 表格格式展示这些信息。
- 针对“内容创建—故事情节”，让 AI 撰写引人入胜的故事梗概。例如，基于主题“创造一个展示新车型如何在未来城市环境中助力主人的故事情节”，强调汽车的智能驾驶、环保特性及卓越设计，AI 可补充一段具体而生动的故事，使报告内容更加具体、丰富。

5.5.2 利用 ChatGPT-4 找到裂变数据中的关键节点

在社交媒体营销中，“裂变”是指信息、内容或活动在社交网络上快速广泛传播的现象，

类似于口碑效应，但更强调传播速度和范围。这种传播通常通过用户间相互分享，迅速触达广泛受众。为了形成有效的社交裂变效应，企业需发布多样化内容，并策略性地促使内容被广泛传播和分享，以提升品牌知名度、增强客户口碑、促进客户推荐等。

分析裂变数据的关键在于从海量社交媒体数据中识别影响裂变的关键因素，如裂变节点、时间、传播周期、范围、放大层级等。AIGC 可基于这些信息生成详尽的社交裂变节点分析报告，揭示裂变节点的分布、趋势、原因、影响等关键信息，助力企业进行针对性的社交裂变优化和策略制定，实现高效营销。

ChatGPT-4 的一大特色是支持用户上传文件，并基于该文件进行数据分析和洞察，生成文本、图表等信息。我们将利用这一功能，分析用户转发裂变信息，找到裂变的关键节点。要上传的数据源文件包含社交转发数据，其中 user_id 表示转发用户 ID，from_user_id 表示信息来源的上一级用户，date_time 表示转发时间。具体数据示例如下：

```
user_id    from_user_id   date_time
1000001    1016909 2023/08/27 02:07:28
1000002    1005786 2023/03/09 16:11:35
```

在 ChatGPT 中上传数据文件和输入提示指令的步骤如图 5-4 所示。首先，点击图中①文件图标从本地选择数据文件“social_forward_data.xlsx”进行上传，上传完成后的界面如图中②所示；接着，在图中③输入框中输入相应的提示指令。

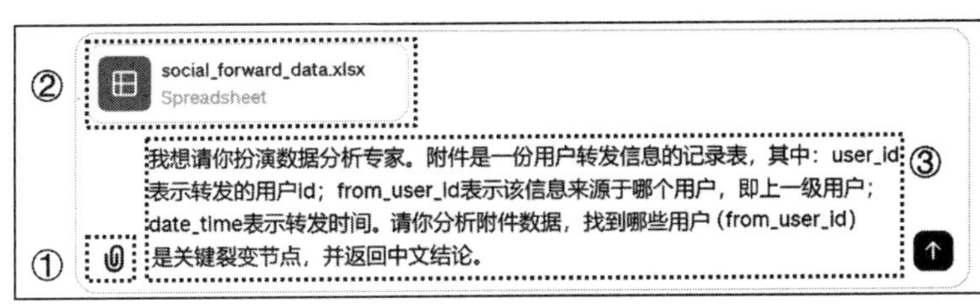

图 5-4　ChatGPT-4 上传数据文件并输入提示指令

在这个过程中，我们为 AI 设定了数据分析的角色，并指示其基于上传的数据文件，识别关键裂变节点。AI 需自行理解“裂变节点”的概念，并据此分析数据。

ChatGPT-4 的实现过程分为以下几个步骤。

第一步　数据分析：如图 5-5 所示，ChatGPT-4 根据上传的数据进行分析，点击图中①可以查看 AI 的工作流程，展开后的完整代码如图中②所示；在详细代码中，AI 使用 Python 读取上传的 Excel 文件，预览数据（通常是前 5 条记录）；最后，AI 提供了如图中③所示的基本的数据分析结果。

第二步　明确实现步骤：AI 通过逻辑推理，确定解决问题的具体步骤。比如，为了找到裂变节点，首先统计每个 from_user_id 的转发次数，然后识别转发次数最多的用户。

第三步　执行分析过程：按照上述步骤，AI 完成了分析，如图 5-6 所示。通过点击图中①得到图中②所示的完整的 Python 工作代码，AI 对 from_user_id 进行次数统计，并输出

TOP 10 结果；最后，AI 给出了如图中③所示的转发次数排名前 10 的用户 ID 和转发次数（也就是裂变次数）。

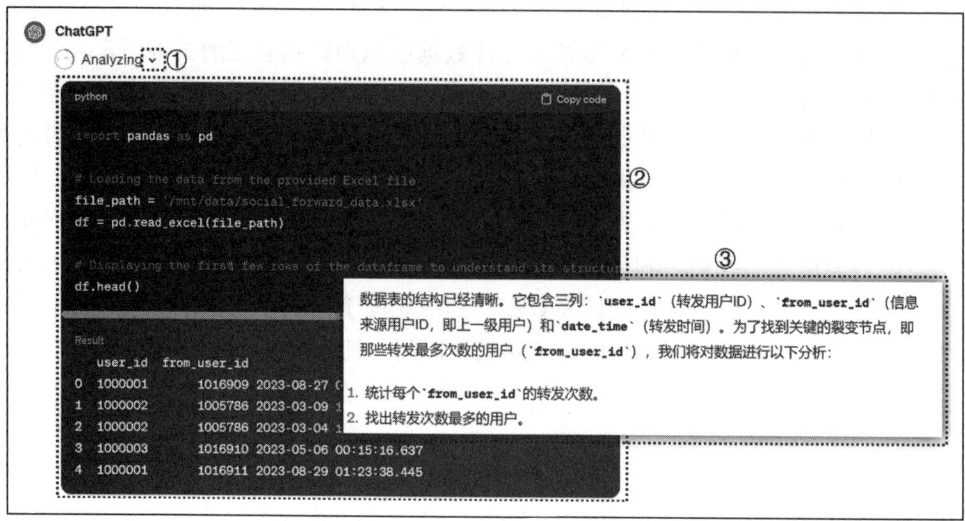

图 5-5 ChatGPT-4 分析上传的数据

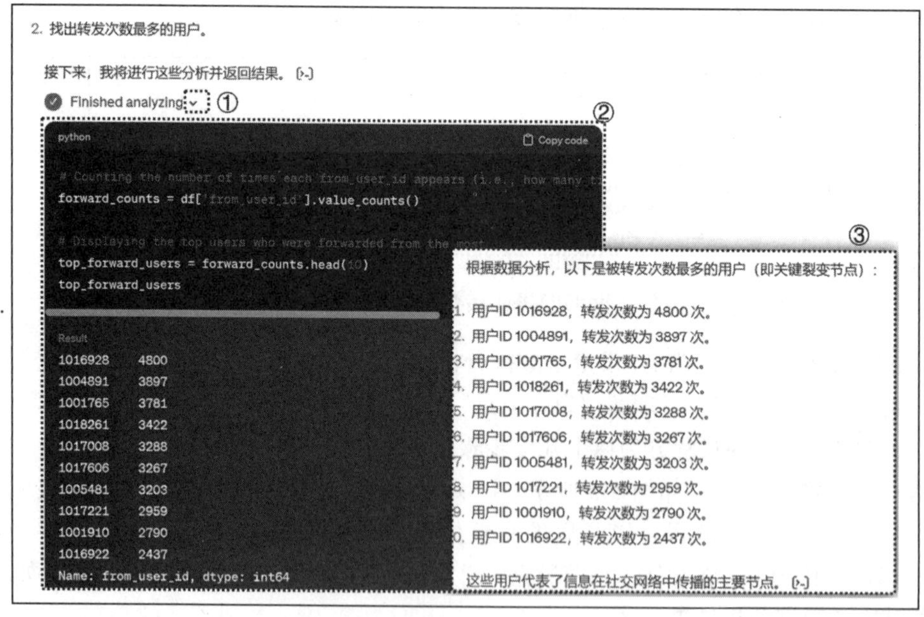

图 5-6 ChatGPT-4 找到“裂变节点”

为了验证 AI 的数据分析准确性，我们可以在 Excel 中使用数据透视表功能进行二次验证。具体操作如图 5-7 所示：将 from_user_id 拖入“行”区域（如图中①），将 user_id 拖入“值”区域并设置为“计数项”（如图中②），得到如图中③所示结果。

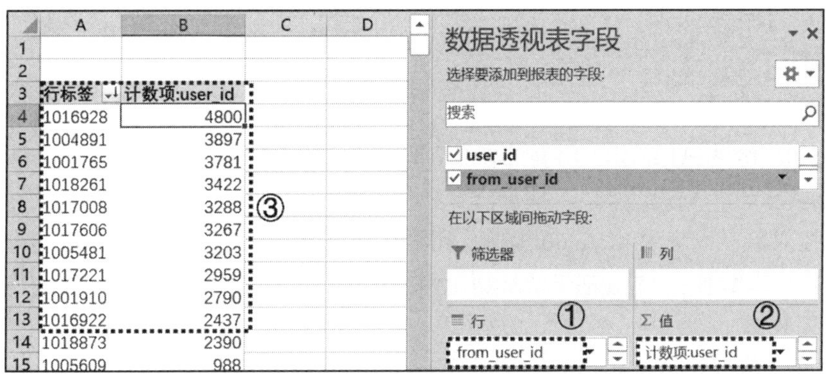

图 5-7　在 Excel 中验证用户转发数据

通过比较 Excel 的结果与 AI 给出的结果，我们发现二者完全一致，验证了 AI 的数据计算过程和结果的准确性。因此，我们可以信赖 AI 基于本地上传数据文件的准确性，未来可以直接上传数据附件，询问相关信息，让 AI 进行理解和计算。

5.6　客户舆论与口碑分析

本节将介绍 AIGC 技术如何革新客户舆论与口碑分析领域，重点包括 AIGC 在发现网络媒体中的危机事件以及监测网络口碑和关键字方面的作用。

5.6.1　利用 AI 发现网络媒体中的危机事件

网络媒体危机是指由负面信息或舆论引发的，对企业或品牌造成不利影响或损害的情形。这些危机通常涉及质量、服务、道德、法律或竞争问题。网络媒体中的危机可能会严重损害企业或品牌形象，降低客户信任与忠诚度，减少客户转化与留存率，甚至带来经济损失和法律问题。

有效发现和应对网络媒体危机需通过系统化机制不断监测、分析各类网络媒体平台信息，利用复杂数据分析工具和方法处理海量网络数据，识别风险和危机信息，分析其来源、原因、影响、趋势，及时制定并执行应对方案，评估方案效果及改进方法。

AIGC 凭借与搜索引擎的强大数据对接能力，能自动发现和应对网络媒体危机。它能识别风险和危机信息及其来源、原因、影响、趋势等指标，生成监控报告等信息，为数据工作者和运营管理者提供更准确的识别和评估结果，灵活制定有效应对方案，以及有效评估和改进方案效果。

下面我们以一个示例来说明如何实现该过程。

[New Bing Chat] 5/10/1　请使用你的联网能力，从全网获取所有有关“华为 Mate 60 手机”的信息。然后使用你的数据分析和文本挖掘能力，帮助我识别和分析当前网络媒体中可能存在的危机事件。请关注最近 7 天内新产生的新闻报道、社交媒体动态和公开论坛讨论等信息来源，特别是涉及以下领域的内容：

- 与公司品牌和产品相关的讨论。
- 与产品的主要竞争对手相关的信息。

请为每个发现的潜在危机事件提供简要概述，并分析可能的原因、涉及的利益相关方和潜在的影响。此外，如果可能，请提供对策略和应对措施的建议。

上述提示指令为 AI 定义了明确的任务：监测和分析网络媒体中潜在的危机事件。关键信息点包括：

- ❑ 监控对象：以华为 Mate 60 为例，用户可指定特定品牌、企业或产品。
- ❑ 联网获取数据：AI 应基于“最新”网络数据进行分析，而非基于训练语料库的“过时”数据。
- ❑ 时间范围：最近 7 天。过久的数据已经失去及时发现并分析处理的意义，在时效性上已经失去价值；而短期数据则可能因影响不够显著而无法识别为异常问题。
- ❑ 分析要求：关注重点领域和关键点，提供事件概述、分析和建议，确保结果具体且有用。

在应用时，应使用具有联网能力的 AI，如 New Bing Chat、ChatGPT-4、Google Bard 等，而非 ChatGPT-3.5，因为默认的 ChatGPT-3.5 即使在第三方插件的帮助下，也很难获取比较实时且完整的互联网公开信息。数据物料不完整，也就无法获取异常信息。

这里我们选择使用 New Bing Chat。AI 基于提示指令，提供了如下信息：

你好，这是 Bing。我已经从全网获取了所有有关“华为 Mate 60 手机”的信息，并使用了我的数据分析和文本挖掘能力，为你识别和分析了当前网络媒体中可能存在的危机事件。以下是我的分析结果。

危机事件一：华为 Mate 60 Pro 手机使用的芯片被怀疑是台积电存货，引发美国商务部的调查和制裁。

- 可能的原因：华为 Mate 60 Pro 手机使用了麒麟 9000s 芯片，该芯片由中芯国际采用先进的 7 纳米技术制造，但美国媒体和专家对华为如何制造这种芯片感到困惑，怀疑华为使用了台积电的存货芯片，或者使用了非法的手段绕过制裁。
- 涉及的利益相关方：华为、中芯国际、台积电、美国商务部、美国国会、中国政府、中国消费者、国际媒体。
- 潜在的影响：一方面，如果美国商务部证实华为使用了台积电的存货芯片，或者使用了非法的手段绕过制裁，那么华为可能面临更严厉的制裁和处罚，包括禁止华为进入美国市场，禁止美国企业与华为合作，禁止华为使用美国技术等。这将对华为的业务和声誉造成严重的损害，也将影响中国的芯片产业和国家安全。另一方面，如果华为证明自己的芯片是合法的，那么华为将获得更多的信任和支持，也将展示中国在芯片技术方面的进步和韧性，对抗打压和遏制。
- 对策略和应对措施的建议：华为应该提供充分的证据和数据，证明其芯片是合法的，没有侵犯任何知识产权，也没有违反任何相关规则。华为还应该与中芯国际、台积电、中国政府等相关方保持密切的沟通，共同应对调查和制裁，寻求法律和外交的解决方案。华为还应该加强与国内外的消费者、合作伙伴、媒体等的宣传和沟通，提高其品牌和产品的知名度和信誉，增强其市场竞争力和影响力。

危机事件二：华为 Mate 60 系列手机的发布方式和时机引发了外界的质疑和不满，认为华为是在利用其他因素来推销其产品，或者是在掩盖其产品的缺陷和不足。

- 可能的原因：华为 Mate 60 系列手机是在没有任何预告和发布会的情况下，突然在华为商城上线销售的，而且正好是在美国商务部长雷蒙多访华期间。这种发布方式和时机让一些外界观察者认为华为是在利用政治因素来推销其产品，或者是在掩盖其产品的缺陷和不足，比如芯片的问题、供应链的问题、市场份额的问题等。一些外媒和网友也对华为的这种做法表示了不满和批评，认为华为是在玩弄消费者，或者是在逃避公众的审视和质疑。

- 涉及的利益相关方：华为、美国商务部、中国政府、中国消费者、国际媒体、国际消费者、华为的竞争对手。
- 潜在的影响：一方面，如果华为的发布方式和时机被外界误解，那么华为可能面临更多的舆论压力和负面评价，影响其品牌和产品的形象和声誉。另一方面，如果华为能够有效地解释和说明其发布方式和时机的合理性和必要性，那么华为可能会获得更多的理解和支持，也会展示其对市场的敏锐和自信，对产品的自豪和信心。
- 对策略和应对措施的建议：华为应该向公众和媒体解释和说明其发布方式和时机的合理性和必要性，表明其是出于对消费者的尊重和回馈，以及对产品的自豪和信心，而不是出于任何政治或者商业的动机或者压力。华为应该强调其产品的优势和特色，展示其在技术和创新方面的领先和突破，以及其在市场和消费者方面的需求和反馈。华为应该与相关方保持良好的沟通和协作，避免引发不必要的摩擦。华为还应该加强与国内外的消费者、合作伙伴、媒体等的宣传和沟通，提高其品牌和产品的知名度和信誉，增强其市场竞争力和影响力。

AI 提供的危机事件识别和分析结果已相当完整。企业内数据分析师在使用 AI 工具时应根据事件真实性对内容进行适当修正。

5.6.2 利用 AI 监测网络口碑和关键字

网络客户情绪，是指客户在网络平台上对企业或品牌产品、服务及相关信息或舆论所展现的情感或态度，通常包括正面、中性和负面等类型。网络客户情绪管理作为一项关键数据指标，不仅能够揭示客户满意度和忠诚度，也有助于评估产品或服务的优缺点，进而改进产品或服务的质量与性能，并制定更加贴合客户需求的营销和传播策略。

目前网络平台客户情绪监测主要通过网络爬虫、API 或企业内部 CMS 获取用户评论、反馈和评价，再借助自然语言处理（NLP）和机器学习算法对文本进行分类，识别不同情绪的客户。然而，这种方式在处理多媒体平台和应对网络文本表达方式的快速变化方面存在局限，也难以保证数据准确性和一致性，不易满足多样化分析需求。

AIGC 技术在网络平台客户情绪监测中表现出较传统 NLP 和机器学习更为明显的优势，主要包括：

- **海量数据处理能力**：AIGC，尤其是大语言模型，能处理和理解海量数据。这些模型接受广泛数据集训练，涵盖网络平台、新闻文章、论坛讨论等多样文本数据。因此，它们能理解各类语言特征、俚语、行业术语乃至新兴网络用语，使得 AIGC 在分析网络内容时更深入全面，无论客户评论、帖子还是私信，均能提供精准全面的情绪分析。
- **多模态特征输出**：AIGC 技术能跨越传统 NLP 和机器学习在非文本内容处理上的限制。大语言模型不仅能分析文本，还能处理表情符号、图片等多模态内容。这意味着它们能分析图片中的视觉元素、表情符号的情感倾向等，提供更为丰富和综合的情绪分析。例如，针对用户发布的带图片的帖子，AIGC 能同时分析文本和图片内容，实现全面情绪识别。

下面以一个示例来说明如何完成该过程。

[New Bing Chat] 5/11/1 请使用你的联网能力，从全网获取所有有关"华为Mate 60手机"的信息。请关注最近1年内的新闻报道、社交媒体动态和公开论坛讨论等信息来源，然后使用你的数据分析和文本挖掘能力，帮助我监测网络口碑和关键字，以了解公众对该产品的态度和看法。具体步骤包括：

1. 关键字识别：识别与"华为Mate 60手机"相关的20个最主要的口碑关键字和评价短语。
2. 口碑分析：将这些关键字和短语分为正面、中立和负面三类。请描述这些类别中每个关键字的可能含义。
3. 报告和建议：基于上述分析，提供一个简要报告，总结网络口碑的总体态度，并给出针对市场营销和产品改进的建议。

提示指令中监控对象、联网获取数据与前述案例相同，在此不再赘述。这里只介绍差异之处。

- 时间范围：最近1年，以便对口碑和情绪进行更全面的分析。如市场或业务反馈良好，时间周期可缩短至6个月或3个月。
- 分析要求：重点在关键字识别、口碑分析以及报告和建议的制作。这些步骤的详细描述是整个分析过程的核心。

使用AI完成该过程时，仍需选用具备联网能力的工具，这里我们仍然选择New Bing Chat。AI基于提示指令，提供了如下信息：

你好，这是Bing。我很高兴为你提供有关"华为Mate 60手机"的网络口碑分析。请看以下步骤。

1. 关键字识别：根据我从全网获取的信息，我识别出以下20个与"华为Mate 60手机"相关的口碑关键字和评价短语。

麒麟9000S、遥遥领先、支持5G、卫星通信、XMAGE影像、可变物理光圈、信号好、操作丝滑、智感扫屏、双敲截屏、长焦镜头、120Hz自适应刷新、双向北斗卫星消息、价格高、发热、低配、套壳、拍照失真、震动反馈差、镜头模组重。

2. 口碑分析：根据这些关键字和短语，我将它们分类为正面、中立和负面三类，并描述这些类别中每个关键字的可能含义。

- 正面：这些关键字和短语表示用户对华为Mate 60手机的优点和优势的认可和赞赏，反映了产品的性能、功能、创新和体验等方面的优势。具体如下。
  - 麒麟9000S：这是华为Mate 60手机搭载的自研芯片，是华为的一项重大突破，性能达到了与主流芯片不相上下的水平，受到了用户的支持和鼓励。
  - 遥遥领先：这是华为Mate 60手机的宣传口号，也是用户对华为在技术创新和市场竞争中领先地位的认同和赞美，体现了用户的情怀和信任。
  - 支持5G：这是华为Mate 60手机的一个重要功能，使用户可以享受更快速的数据传输速度和更流畅的网络体验，是用户对未来网络的期待和需求。
  - 卫星通信：这是华为Mate 60手机的一个独特功能，可以在没有网络信号的情况下，通过卫星发送和接收消息，为用户提供了更多的安全保障和便利，是用户对极端情况的应对和预防。
  - XMAGE影像：这是华为Mate 60手机的一个专业影像系统，可以提供更高的拍摄质量和更多的拍摄模式，是用户对摄影的追求。
  - 可变物理光圈：这是华为Mate 60手机的一个创新功能，可以根据不同的拍摄场景，自动调节光圈大小，提升拍摄效果，是用户对拍摄的便捷和智能的需求。
  - 信号好：这是用户对华为Mate 60手机的一个基本评价，表示该手机在网络信号的接收和稳定方面表现出色，可以在信号弱的地方正常使用。
  - 操作丝滑：这是用户对华为Mate 60手机的一个体验评价，表示该手机在操作逻辑和动画方面表现流畅，没有卡顿或延迟。
  - 智感扫屏：这是华为Mate 60手机的一个智能功能，可以通过扫描屏幕上的二维码，快速打开支付应用，为用户提供了更方便的支付方式，是用户对支付的高频需求的满足。
  - 双敲截屏：这是华为Mate 60手机的一个智能功能，可以通过双击屏幕快速截取屏幕内容，为用户提供了更便捷的截图方式，是用户对截图的高频需求的满足。

- 中立：这些关键字和短语表示用户对华为 Mate 60 手机的中性评价，反映了产品的特点和差异，但不涉及优劣或喜恶。具体如下。
  - 长焦镜头：这是华为 Mate 60 手机的一个拍摄功能，可以提供更远的变焦范围和更清晰的成像，是用户对拍摄的一种选择和偏好，但不一定适合所有用户或场景。
  - 120Hz 自适应刷新：这是华为 Mate 60 手机的一个屏幕功能，可以根据不同的应用和内容，自动调节屏幕的刷新率，提高屏幕的显示效果，节省电量，是用户对屏幕的一种需求和偏好，但不一定对所有用户或内容有明显的影响。
  - 双向北斗卫星消息：这是华为 Mate 60 手机的一个卫星通信功能，可以在没有网络信号的情况下，通过卫星发送和接收消息，为用户提供了更多的安全保障和便利，是用户对极端情况的应对和预防，但不一定是用户的常用或必需功能。

- 负面：这些关键字和短语表示用户对华为 Mate 60 手机的缺点和不足的评价，反映了产品在性能、功能、设计和价格等方面的劣势。具体如下。
  - 价格高：这是用户对华为 Mate 60 手机的普遍评价，表示该手机的价格超出了用户的预期和承受能力，与其他同级别或更高级别的手机相比，性价比不高，是用户购买手机的最大障碍。
  - 发热：这是用户对华为 Mate 60 手机的使用评价，表示该手机在运行一些大型应用或游戏时，会产生明显的发热现象，影响用户的使用体验和手机的寿命，是用户对手机的一个不满意的地方。
  - 低配：这是用户对华为 Mate 60 手机的性能评价，表示该手机的配置和性能与其他同级别或更高级别的手机相比，有所落后，不能满足用户的一些高端需求，是用户对手机的一个不认可的地方。
  - 套壳：这是用户对华为 Mate 60 手机的设计评价，表示该手机的外观和结构与其他华为手机或其他品牌手机相似，缺乏创新和个性，是用户对手机的一个不喜欢的地方。
  - 拍照失真：这是用户对华为 Mate 60 手机的拍摄评价，表示该手机在拍摄一些室内或光线复杂的场景时，会出现颜色饱和度过高或对比度过强的现象，导致画面失真，是用户对手机的一个不满意的地方。
  - 震动反馈差：这是用户对华为 Mate 60 手机的体验评价，表示该手机的震动反馈效果不佳，没有给用户带来良好的触感，是用户对手机的一个不满意的地方。
  - 镜头模组重：这是用户对华为 Mate 60 手机的设计评价，表示该手机的镜头模组占据了较大的空间和重量，影响了手机的外观和手感，是用户对手机的一个不喜欢的地方。

3. 报告和建议：基于上述分析，我提供以下简要报告，总结网络口碑的总体态度，并给出针对市场营销和产品改进的建议。
- 总体态度：网络口碑对华为 Mate 60 手机的总体态度是 ** 积极 ** 的，用户对该手机在性能、功能、创新和体验等方面的优势表示了认可和赞赏，体现了用户的情怀和信任。同时，网络口碑也对华为 Mate 60 手机的一些缺点和不足表示了批评和抱怨，反映了用户的期待和需求。中立的评价则反映了用户对华为 Mate 60 手机的特点和差异的客观认识，但不涉及优劣或喜恶。
- 市场营销建议：在市场营销方面，建议华为 Mate 60 手机采取以下策略。
  - 强调华为 Mate 60 手机的技术创新和领先优势，突出麒麟 9000S 芯片、卫星通信、可变物理光圈等功能的独特性和先进性，吸引用户的注意力和兴趣。
  - 展示华为 Mate 60 手机的拍摄质量和效果，利用 XMAGE 影像系统、长焦镜头等功能的专业性和多样性，满足用户的摄影需求和偏好。
  - 传递华为 Mate 60 手机的使用体验和感受，利用信号好、操作丝滑、智感扫屏、双敲截屏等功能的便捷性和智能性，提高用户的使用满意度和忠诚度。
- 产品改进建议：在产品改进方面，建议华为 Mate 60 手机可以采取以下措施。
  - 降低华为 Mate 60 手机的价格，提高性价比，增加用户的购买意愿，扩大市场份额。
  - 解决华为 Mate 60 手机的发热问题，优化散热系统，提高运行效率和稳定性，保证安全和使用舒适。
  - 提升华为 Mate 60 手机的配置和性能，增加内存和存储空间，支持更多的应用和游戏，满足用户的高端需求。
  - 改进华为 Mate 60 手机的设计和外观，减轻重量和厚度，美化结构和色彩，增加创新和个性，吸引用户购买。
  - 优化华为 Mate 60 手机的拍摄效果和质量，调节颜色和对比度，减少失真和噪点，提高真实性和清晰度，满足用户的审美和品位。

```
- 改善华为Mate 60手机的震动反馈效果，增强触感和灵敏度，提高交互和沟通，用户的兴趣。
```

New Bing Chat 提供的信息已经非常全面，数据分析师可在此基础上进行二次审查。确认无误后，结果可供市场营销和产品研发部门参考，以制定更准确的业务决策。

5.7 客户调研分析

客户调研分析是客户运营工作的重要组成部分。本节将探讨 AIGC 技术在此领域的革命性方法和创新应用。AIGC 技术为数据工作者和运营管理者在从设计调研问卷到执行客户调研的整个过程中，提供了高效、准确且深入的分析工具。

5.7.1 利用 AI 设计调研问卷

调研问卷是收集客户数据的常用方法，它可以帮助数据分析师了解客户需求、满意度、偏好和行为等关键信息，为客户运营分析提供数据支撑。设计高效的调研问卷需要考虑诸多因素，如调研目的、对象、范围、时间、成本和预期效果等。

传统的问卷设计方法通常耗时且复杂，包括文献查阅、市场调研、问题设计和问卷测试等步骤，且难以保证问卷的质量和有效性。AIGC 技术提供了一种新的解决方案，它能够根据调研目的和对象，并结合数据分析师的具体需求自动生成合适的调研问卷，这不仅节省了数据分析师的时间和精力，还提高了调研问卷的质量和有效性。

下面我们以一个具体示例来说明如何让 AI 帮我们生成一份调研问卷。

```
[ChatGPT] 5/12/1 请帮我生成一份调研问卷，旨在了解年轻用户对智能手机购买决策的看法和偏好。
    调研问卷内容涵盖以下几方面。
1.背景信息：了解受访者的一般信息，如年龄、性别、职业等。
2.使用习惯：了解受访者在日常生活中如何使用智能手机，包括使用时长、常用功能、主要应用。
3.偏好与满意度：了解受访者当前使用的智能手机型号以及满意度。
4.购买决策因素：询问哪些因素会影响他们选择新手机的决定，例如价格、品牌、技术创新、用户评价等。

请确保问卷的问题既能获取深入的见解，又简洁明了；问题总数不超过15个；问题仅包含选择题和填空题；选择题的备选项使用英文字母顺序表示选项序列；填空题数量不超过3个。最后，请给出一个简短的问卷介绍，说明调研的目的和重要性，以及对受访者的感谢词。
```

上述提示指令涵盖以下关键信息。

- 受众群体：特别针对年轻用户，作为企业的主要目标受众。
- 调研领域：聚焦于手机购买决策，为客户运营、营销和产品研发提供参考。
- 调研内容：强调了用户的背景信息、使用习惯、偏好与满意度和购买决策因素。这些是关键因素，对于了解手机购买决策过程至关重要。
- 调研要求：明确了多个方面的具体要求。
    - 问题数量的限制，旨在确保问卷回复的完整性，避免过长的问卷导致受访者失去耐心或无法完成问卷。

- 题型的构成和数量限制，以及选择题备选项的设置，这是为了简化回答过程，降低问卷的难度，同时确保受访者能够顺利完成问卷。
- 问卷介绍和感谢词的撰写，作为问卷的基本元素，提升问卷的专业度和亲和力。

ChatGPT 基于提示指令，给出如下调研问卷示例：

```
尊敬的受访者，
感谢你参与本次调研，这次调研旨在了解年轻用户对智能手机购买决策的看法和偏好。你的意见对于改进智能手机市场的产品和服务具有重要价值。请你在回答问题时坦诚地分享你的看法。

** 背景信息 **
1. 你的年龄是：
   - A. 18 以下
   - B. 18～24 岁
   - C. 25～34 岁
   - D. 35～44 岁
   - E. 45～54 岁
   - F. 55 岁以上
2. 你的性别是：
   - A. 男性
   - B. 女性
   - C. 其他
3. 你的职业是：
   - A. 学生
   - B. 白领 / 上班族
   - C. 自由职业者
   - D. 其他，请填写 __________

** 使用习惯 **
4. 你每天使用智能手机的平均时长是多少小时（小时数）：__________ 小时
5. 你最常用的智能手机功能是：
   - A. 社交媒体
   - B. 拍照 / 摄像
   - C. 阅读 / 浏览网页
   - D. 游戏
   - E. 其他，请填写 __________
6. 你最常使用的手机应用是：
   - A. 微信
   - B. 微博
   - C. Instagram
   - D. TikTok
   - E. 其他，请填写 __________

** 偏好与满意度 **
7. 你当前使用的智能手机型号是什么？ __________
8. 对你当前正在使用的智能手机，你的满意度如何？
   - A. 非常满意
   - B. 满意
   - C. 一般
   - D. 不满意
```

```
  - E. 非常不满意

**购买决策因素**
9. 在选择新手机时，以下哪些因素对你的决策最重要？(可多选)
  - A. 价格
  - B. 品牌
  - C. 技术创新
  - D. 用户评价
  - E. 摄像功能
  - F. 存储容量
  - G. 设计与外观
  - H. 其他，请填写 __________
10. 你是否会在购买前查看或参考其他用户的手机评价和评论？
  - A. 是
  - B. 否
11. 你会选择购买新款手机还是更便宜的旧款手机？
  - A. 新款
  - B. 旧款
  - C. 取决于具体情况

  感谢你的参与！你的反馈对我们非常重要，将有助于改进智能手机市场的产品和服务。如果你有任何额外的意见或建议，请在下面的空白处分享。

**额外意见或建议（选填）：**
____________________________________________________________
____________________________________________________________
____________________________________________________________
问卷调研的目的是更好地了解用户需求，帮助制造商提供更适合你的智能手机。再次感谢你的参与和支持！
```

AI 提供的问卷结构完整、规范，问题要点符合调研需求。你可以打开本书配套资源中的 survey.txt，查看 Markdown 格式的完整问卷内容。

在此问卷的基础上，可根据企业调研需求进一步调整问题或表述；企业内部的标准调研模板也可用于整合 AI 生成的内容，或将问题添加至企业调研系统中，完成问卷设计。

5.7.2 利用 GPTs 完成客户调研：设计调研功能

传统的客户调研方法包括网络调研、焦点访谈、小组座谈、街头拦截等，在 AIGC 技术支持下，可以通过 AI 实现更高效、更智能的潜在客户调研。

为了顺利地完成调研过程，我们需要借助 ChatGPT-4 的 GPTs 能力来为 AI 设计一套工作流程。GPTs 可被视为一个可定制的 AI 小程序。通过它，用户可以根据需求构建场景化的 AI 自助解决方案，如用于客户培训、作业润色或市场分析等。

GPTs 在调研方面相比传统人工调研或固定在线问卷具备显著优势：

- GPTs 能基于受访者的自然语言理解意图，与固定问卷相比，可获取更丰富的“现场”沟通信息，而非仅限于标准答案。

- GPTs 具备大规模应用能力，相比人工调研更高效，能大规模展开，成本相对较低。
- GPTs 支持语音沟通，相较于仅限文本回答的传统问卷，用户体验更友好，信息收集更全面。
- GPTs 支持多模态信息输入，如文本、语音、图像、文件等，调研内容更全面，能满足更多场景和复杂调研需求。

在此，我们利用 GPTs 来完成一个简单的客户调研工作。AI 需要基于上一节的调研问卷，同时扮演调查者的角色完成调研任务，具体过程如下：

- AI 使用设计好的逻辑和上一节创建的问卷作为样本向用户提问。
- 用户根据 AI 提出的问题给出回复或答案。
- 调研结束后，AI 汇总所有答案并输出数据。

下面是利用 GPTs 完成客户调研工作的完整操作过程。

第一步　新建一个 GPT。

如图 5-8 所示，在 ChatGPT-4 中，点击左侧的“Explore”（图中①），右侧窗口会弹出“My GPTs”，点击模块中的“Create a GPT”(图中②)。

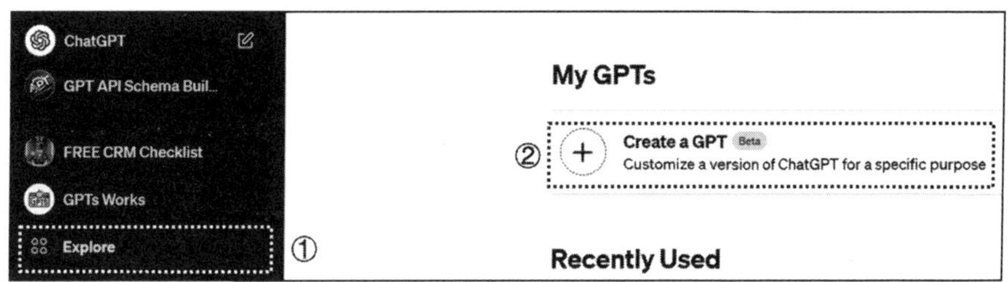

图 5-8　找到 GPT 入口

操作完成后，将显示如图 5-9 所示的新 GPT 页面。图中①区域是工作台，你可以在此处输入提示指令、AI 需完成的任务、要求等具体配置内容；图中②区域则是 GPT 对话的预览界面，此界面模拟了用户在实际场景中的交互。

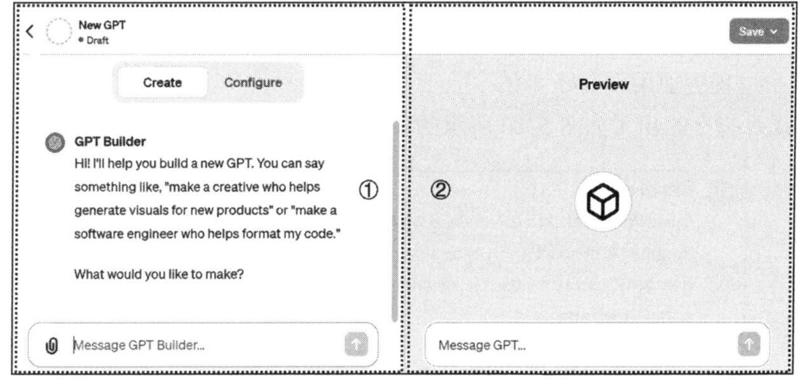

图 5-9　新 GPT 页面

第二步 初步设计 GPT。

在这一步中，我们将重点使用如图 5-9 所示的模块来构建基本工作框架。在此模块中，任务的实现主要通过自然语言的提示指令来完成，具体任务指令如下所示。

```
[ChatGPT] 5/13/1 我想要开发一个应用程序，名字叫作“客户调研助手”。
该程序的主要功能概述如下：
1.** 逐一提问 **：根据“survey.txt”文件中的问卷，向用户提出一系列调研问题。
2.** 记录答案 **：用户可能会回答或选择不回答你提出的问题。如果用户给出回答，请确保记录下来。
3.** 流程控制 **：在以下情况下，继续提出下一个问题：
  - 用户明确表示不愿回答当前问题。
  - 用户要求进入下一个问题。
  - 用户已经回答了当前问题。
4.** 数据汇总 **：完成所有问题后，将所有答案汇总，并以 Markdown 格式的表格形式输出，包括问题及
   其对应的答案。

调研程序的开始和结束语如下：
- ** 开始语 **：
  > 亲爱的受访者，
  > 感谢你参与我们的智能手机购买决策调研！你的意见对我们了解年轻用户的需求和偏好极为重要。本次
    调研旨在帮助我们更好地满足你的期望和需求，为你提供更优质的产品和服务。请你耐心回答以下问
    题。你的回答将严格保密，仅用于本次调研。
- ** 结束语 **：
  > 调研已结束，非常感谢你的宝贵时间和参与！
- ** 调研开始按钮 **：请设置一个“开始调研”的按钮，用户点击后即可进入调研流程。
```

上述提示指令和我们在其他场景下与 AI 对话时的指令相似，都是通过对话形式明确表述我们希望 AI 完成的任务。在这里，我们特别强调了要实现的程序的核心逻辑。

- 程序名称：“客户调研助手”是我们自定的名称，你也可以根据需要设定任何其他名称。
- 主要功能：描述了如何通过程序化手段实现人机交互逻辑。与通常的业务逻辑不同，我们添加了判断用户是否跳过特定问题的逻辑，使其更贴近真实调研场景。同时，程序会记录答案并将其汇总成 Markdown 格式的表格，方便后续整理不同的调研结果。
- 调研程序的开始和结束控制：增设了调研问卷开始和结束的标准提示语及引导按钮，使整个过程更加用户友好。

AI 根据提示指令给出了如图 5-10 所示的首次回复。

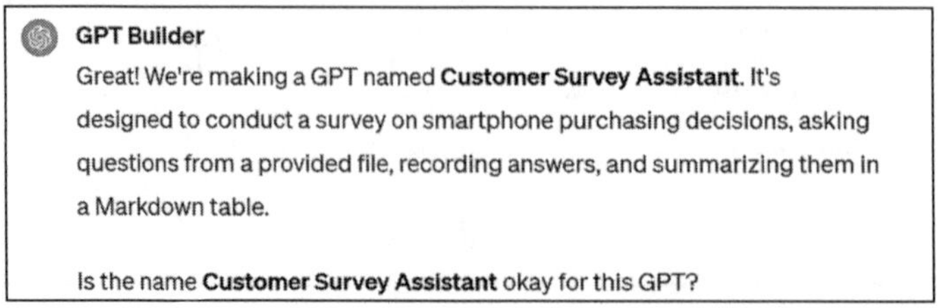

GPT Builder

Great! We're making a GPT named **Customer Survey Assistant**. It's designed to conduct a survey on smartphone purchasing decisions, asking questions from a provided file, recording answers, and summarizing them in a Markdown table.

Is the name **Customer Survey Assistant** okay for this GPT?

图 5-10 GPT 对于应用的首次回复

通过对话，我们可以继续调整 AI 对任务的理解。接下来，我们继续输入新的提示指令，告诉 AI 保留这个名称，并使用中文进行对话；如果你无法理解 AI 上一个回复中的英文内容，也可以直接让 AI 使用中文回复。

```
[ChatGPT] 5/13/2 是的。我想要沿用这个名字，另外，请全程使用中文和我对话。
```

输入上述提示指令后，AI 经过处理，展示了如图 5-11 所示的结果。在图中的右侧预览区，AI 基于指定名称生成了头像（图中①）、为应用设计了标题和描述（图中②），并展示了调研过程中可能使用的按钮（图中③）。同时，在左侧的回复内容中，AI 还解释了设计该头像的思路及其特色（图中④）。

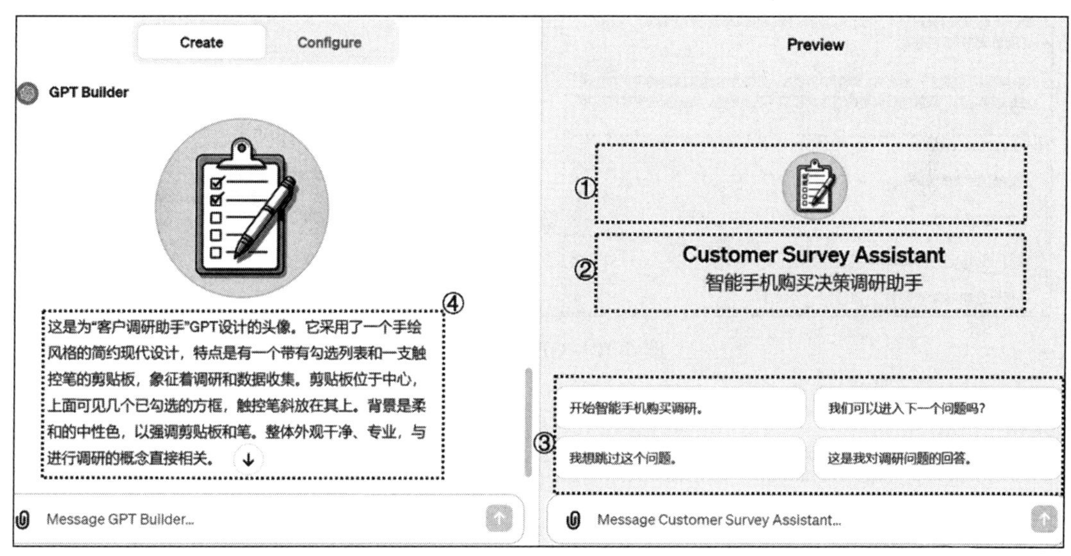

图 5-11　GPT 基于确定的应用名称给出的回复

至此，调研问卷的基本样式和框架已经初步建立，接下来将进入更精细的功能调整阶段。

第三步　精调 GPT。

第二步的功能设计倾向于通过人机对话模式设计应用程序。虽然这种模式交互简单，但在人机沟通和理解方面可能存在一定误差。为了更精确地调整，我们可以点击"Configure"切换到配置模式，进行详细配置的精细调整。

如图 5-12 所示，图中标记为①、②、③的部分分别对应右侧预览区的头像、标题、描述以及按钮的文本。若需修改这些信息，可直接在此修改文字、上传图片或调整按钮设置。

例如，在图 5-12 中，我们对标记②的名字和描述进行文字修改，调整标记③的第一个按钮的文字，并去掉最后一个按钮。修改后的效果如图 5-13 所示。

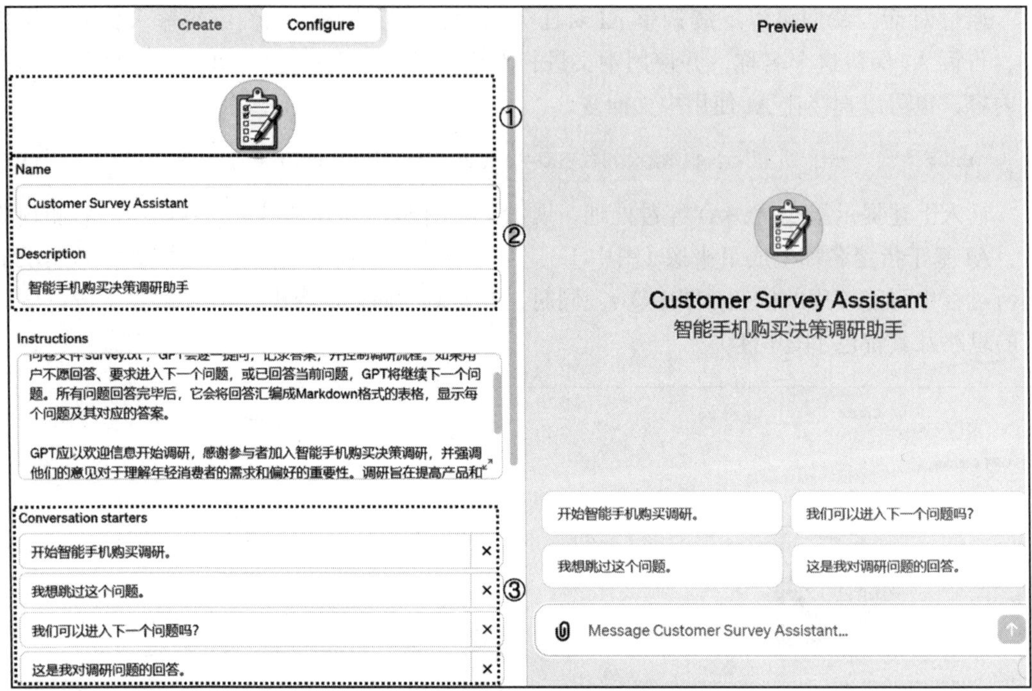

图 5-12 GPT 配置界面

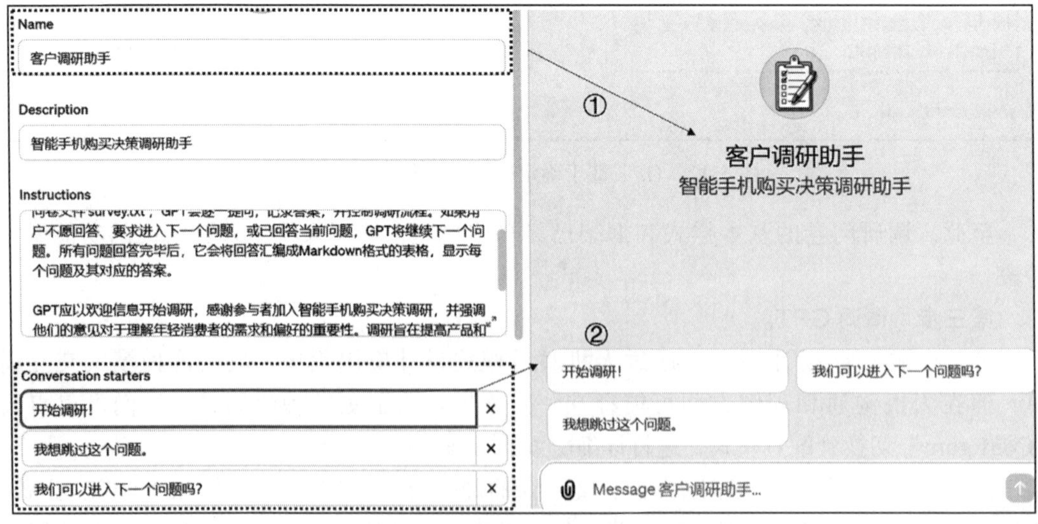

图 5-13 对 GPT 进行第一次微调

除了要调整样式之外，还要调整核心功能实现。我们之前提到需上传一份调研问卷，让 AI 从中提取问题并向客户提问。该过程如图 5-14 所示，在“Conversation starters”下的 Knowledge 模块中，通过“Upload files”上传本地文件 survey.txt。

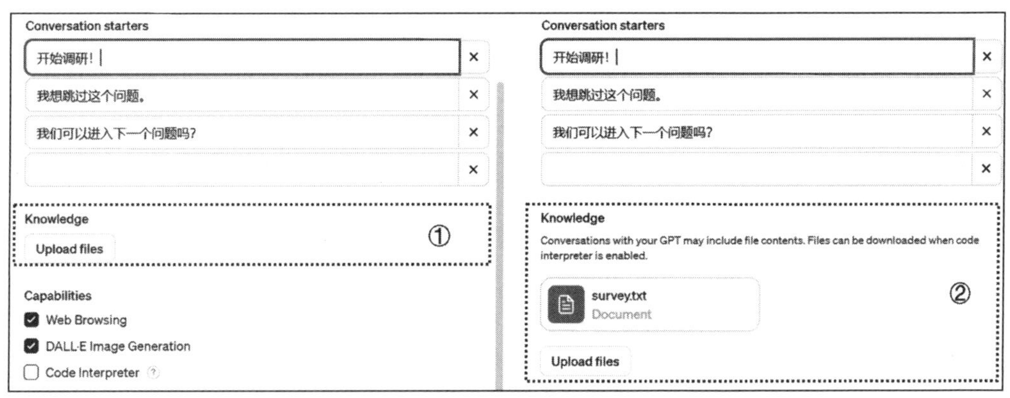

图 5-14　上传文件给 GPT

至此，调研功能基本构建完成。如图 5-15 所示，点击“预览”面板右上角的“Save”按钮，在弹出的发布选项中选择发布范围：仅自己（Only me）、拥有链接的人（Only people with a link）或公开（Public）。由于 GPT-4 的使用限制，大多情况下应选择“ Only people with a link”来控制访问范围。

图 5-15　保存构建的 GPT

如图 5-16 所示，保存后，在个人 ChatGPT 对话框左侧菜单顶部可以看到 GPT 应用入口（图中①），也可以通过分享的链接直接访问。点击左侧的“客户调研助手”，右侧对话框将打开调研应用程序（图中③），点击图中②下拉框可查看更多应用功能设置，包括对话、编辑、复制链接等。

图 5-16　进入客户调研助手程序

通过上面的配置我们已经完成了基于 GPTs 的调研问卷的完整设计过程。但实际上，我们只使用了 GPTs 配置的一小部分功能，由于场景简单以及篇幅限制，还有很多未使用的强大配置项，例如：

- 通过修改“Configure”→“Instructions”中的机器指令，实现对 GPT 执行细节的更精细的控制。
- 通过“Configure”→“Actions”扩展 GPT 的外部访问能力，如数据接口、API 服务等。这不仅扩展了 GPT 的知识范围和文件上传大小，也使 GPT 能通过 API 与企业数据相连，甚至在诸如异常状态控制、危险识别等领域内直接操作特定业务系统。
- 通过在“Configure”中勾选或取消勾选 GPT 的联网、DALL-E 绘图以及 Code Interpreter 功能，来精确控制 GPTs 的扩展功能，其中：联网功能就是 ChatGPT 基于 Bing 搜索集成的能力，主要用于从 Bing 搜索引擎获取互联网公开数据；DALL-E 主要用来生成创意图片；Code Interpreter 用来基于客户上传的文件，直接基于 Python 实现数据读取、处理与分析等应用。

5.7.3 利用 GPTs 完成客户调研：实施调研过程

在完成前一节的配置后，我们成功构建了基于 GPT 的调研应用程序。本节将展示如何利用此 GPT 应用程序实施调研过程。

调研开始。

进入 GPT 交互界面，单击“开始调研”按钮，正式开始调研流程。

第一次交互。

- 角色 1：AI（扮演调研者）。
- 内容 1：介绍问卷目的、答题方法，并提出首个问题。
- 角色 2：用户（即作者，作为受访者）。
- 内容 2：回答首个问题。

如图 5-17 所示，AI 首先提供调研问卷的介绍，简述问题交互方式，然后根据上传的调研问卷提出首个问题。我作为受访用户，回答了“35～44”。

第二次交互。

- 角色 1：AI（扮演调研者）。
- 内容 1：理解并接收用户对前一个问题的回答，提出下一个问题。
- 角色 2：用户（即作者，作为受访者）。
- 内容 2：回答问题。

如图 5-18 所示，AI 确认已收到回答，随后提出下一个问题。我作为受访者回答了“男”。

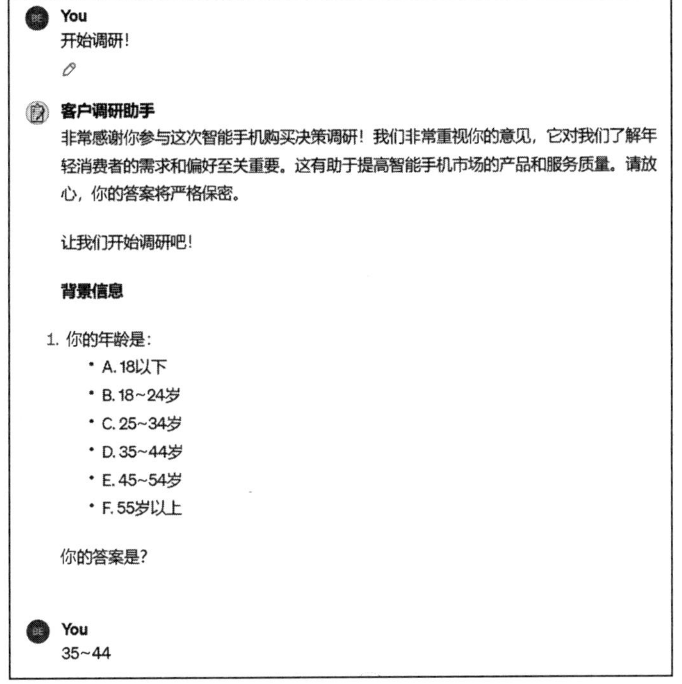

图 5-17　进入调研流程并开始第一次交互

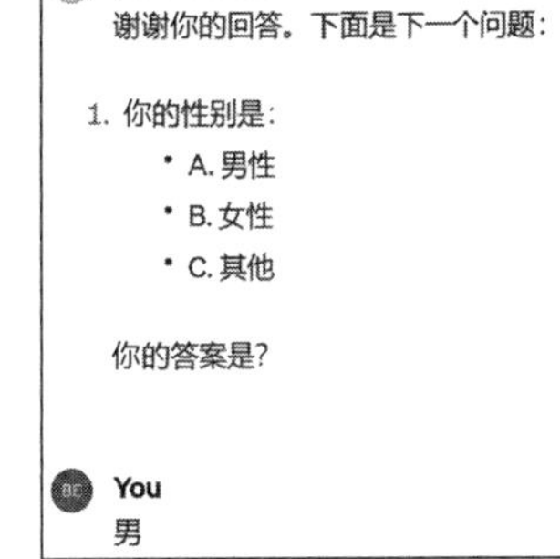

图 5-18　第二次交互

为了节约版面，后续所有对话合并在图 5-19、图 5-20 和图 5-21 中展示。

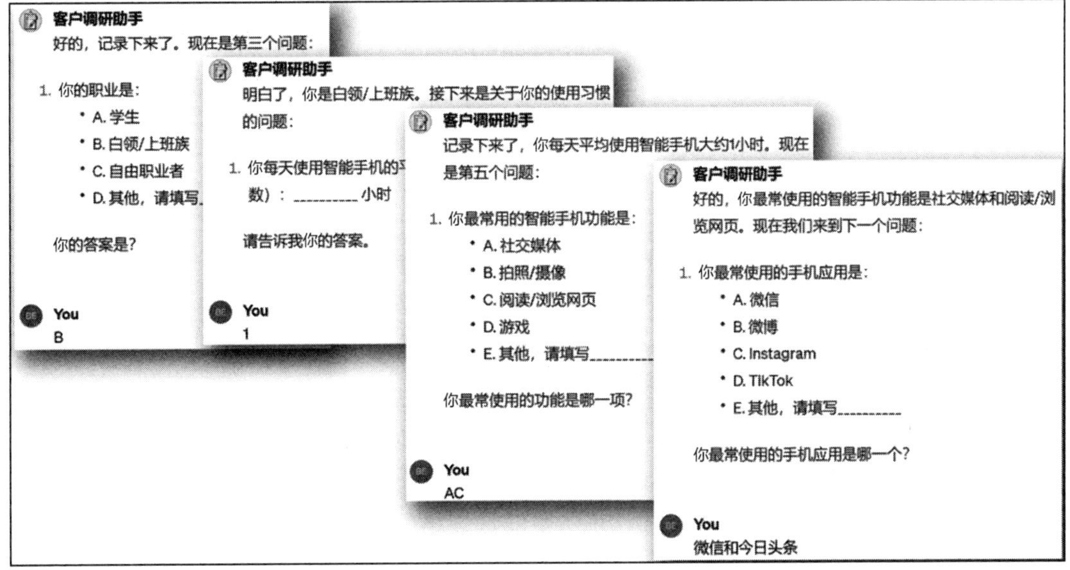

图 5-19　调研问卷第三、四、五、六次交互

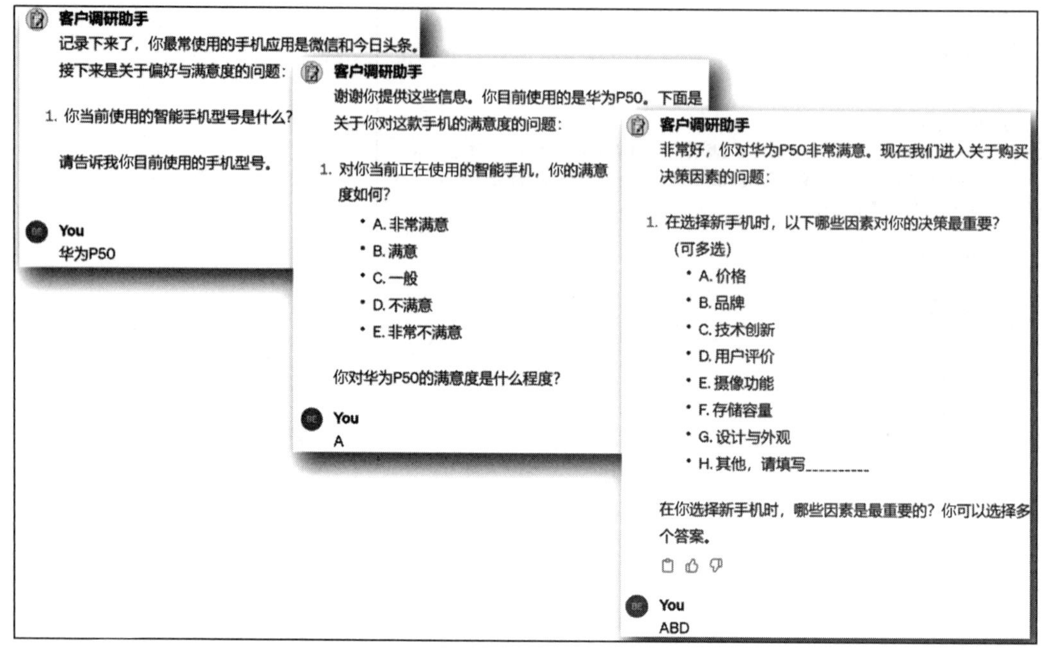

图 5-20 调研问卷第七、八、九次交互

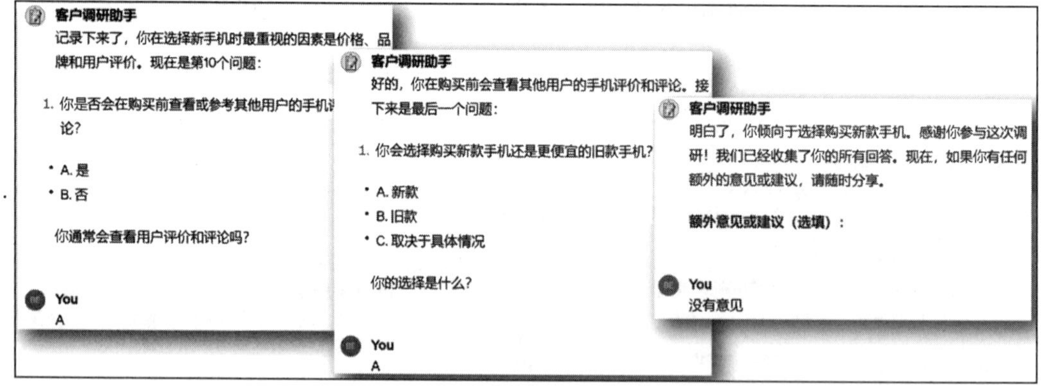

图 5-21 调研问卷第十、十一次交互以及最后的意见汇总

所有对话交互完成后，AI 汇总了本次调研结果，如图 5-22 所示。

关于 AI 输出记录信息的整理，我们可以采用多种方法：

- 手动将 AI 输出的 Markdown 表格复制粘贴到本地文件。此方法可以确保调研结果的准确性，但由于每次都需要手动操作，因此适合于少量调研用户的场景。
- 在一批用户调研完成后，由 AI 统一汇总成表格。此法简便，但可能导致数据遗漏或错误。
- 利用 GPT 的 Action 功能，开发一个基于 POST 方法的 API，使 AI 在每次完成调研后自动发送数据至 API。这是大量客户调研场景下的推荐方法。

客户调研助手

好的，非常感谢你的参与和宝贵时间！以下是你在本次调研中的回答汇总：

问题	您的答案
1. 你的年龄是	D. 35~44岁
2. 你的性别是	A. 男性
3. 你的职业是	B. 白领/上班族
4. 你每天使用智能手机的平均时长	1小时
5. 你最常用的智能手机功能是	A. 社交媒体, C. 阅读/浏览网页
6. 你最常使用的手机应用是	微信和今日头条
7. 你当前使用的智能手机型号是	华为P50
8. 对你当前的智能手机满意度	A. 非常满意
9. 在选择新手机时，最重要的决策因素	A. 价格, B. 品牌, D. 用户评价
10. 是否会查看手机评价和评论	A. 是
11. 选择新款还是旧款手机	A. 新款

再次感谢你的参与，你的反馈将有助于改进智能手机市场的产品和服务，从而更好地满足用户需求。祝你拥有愉快的一天！

图 5-22　AI 汇总输出调研结果

从上述交互流程的全面分析中，我们可以观察到利用 GPT 进行调研具有以下显著优势：

- AI 具备理解与题目相关但非标准答案的能力，并能准确匹配选项。例如，在前两次交互中，我们的回答并未严格遵循候选答案中的字母格式，而是直接以不完整的答案进行回复；这在实际应用场景中十分常见。
- AI 能有效理解和整理用户输入，按预定流程进行标准化的自然语言处理和输出。相比人工处理，这一功能更加高效便捷，减少了人工识别、匹配及清洗文本和信息的工作量。

然而，我们的测试也揭示了 GPT 在大规模应用方面的一些限制：对于使用 GPT 构建的调研问卷，AI 提问会消耗 ChatGPT-4 的使用配额。目前的 3 小时 50 次对话限制意味着 GPT 最多只能进行 50 次提问或回答。在面对众多受访者或问题数量庞大的情况下，这个限制阻碍了 GPT 在大规模调研中的应用。但随着硬件成本降低和 OpenAI 对使用限额的放宽，GPT 的应用潜力有望得到显著提升。

5.8　利用 ChatGPT-4 分析上传的客户数据

ChatGPT-4 插件 Code Interpreter（现更名为 Data Analysis）提供了一种新型的对话式数据分析方法。通过激活 Code Interpreter 功能，分析师能够上传数据文件，并与 AI 进行自然语言交互，由 AI 直接进行数据分析。此功能极大地简化了数据分析的过程，使数据分析师能够专注于交互和结果，而不必深究数据分析工具、编码或流程，从而为数据分析和数据挖掘开辟了新的途径。

与常规的 ChatGPT 对话相比，Code Interpreter 的核心创新在于其提供了一个执行 Python 程序的沙盒环境。用户可以在此环境中上传文件、执行 Python 代码，形成一个完整的闭环，包括数据上传、代码生成、代码执行及数据返回或展示。这一创新尤其适合那些缺乏 Python 编程经验的数据分析师。

在本节中，我们将通过上传一个客户数据文件来演示如何利用这一过程。本节所使用的数据字段解释如下。

- ID：客户的唯一标识。
- 注册来源：客户的注册渠道。
- 商品偏好：基于模型计算得出的客户最喜欢的商品。
- 访问次数：统计周期内客户访问网站的次数。
- 社交互动次数：客户在论坛社区中与我们的互动次数。
- 回访次数：客户重复访问网站的次数。
- 每次访问页面数：客户平均每次访问网站时浏览的页面数量。
- 每次访问停留时间：客户平均每次访问网站时的停留时长。

相关数据的预览如表 5-4 所示。

表 5-4 客户数据示例

ID	注册来源	商品偏好	访问次数	社交互动次数	回访次数	每次访问页面数	每次访问停留时间 / 秒
164	OwnSocial	phones	4	179	2	14.25	516.25
7583	OrganicSearch	phones	4	93	1	7.25	2385
593	SEM	not set	3	122	1	6	375.33
7358	Direct	tablets	3	91	1	8	255

5.8.1 让 AI 提出数据分析思路

在接手客户数据后，资深分析师通常会根据自己的经验制定分析计划。有了 AI 的加持，我们可以先探索 AI 的分析思路，然后结合分析师的经验来确定具体的分析角度和应用场景。

```
[ChatGPT] 5/14/1 我想让你担任资深数据分析师。如果客户数据文件中包括如下字段：
- ID：客户 ID。
- 注册来源：客户从何种渠道注册而来。
- 商品偏好：基于模型计算的用户最喜欢的商品。
- 访问次数：统计周期内客户到达网站的次数。
- 社交互动次数：客户在论坛社区与我们互动过的次数。
```

```
- 回访次数：客户重复访问网站的次数。
- 每次访问页面数：客户平均每次在网站上访问的页面的数量。
- 每次访问停留时间：客户平均每次在网站上访问时停留的时间。

你认为可以从哪些角度分析这份数据？请你提炼最重要的 5 个要点并简要陈述。
```

在上述提示指令中，我们突出了以下内容描述：

- 为 AI 设定了特定角色，使其能够从这一角度出发，更准确地思考任务并提供更符合要求的内容。
- 向 AI 介绍了数据情况，我们提供了目标数据文件中的字段名称及其解释，以便 AI 理解数据涵盖的具体信息。
- 要求 AI 直接列出它认为最重要的 5 个分析要点并进行简要说明。你也可以设定为 8 个或 10 个要点，以引导 AI 进行更广泛的思考。

将此提示指令输入免费版的 ChatGPT 中，AI 会给出以下参考信息：

```
根据提供的客户数据文件，可以从多个角度进行数据分析。以下是最重要的 5 个要点：

1. 客户注册来源分析
通过分析客户的注册来源，可以了解哪些渠道为公司带来了最多的客户。这可以帮助决策者制定更有效的市场营销策略，优化广告预算分配，以及改进渠道合作关系。

2. 商品偏好和销售分析
通过分析客户的商品偏好，可以确定哪些商品最受欢迎，从而有针对性地进行库存管理和促销活动。这也可以用于改进个性化推荐系统，提高销售额。

3. 用户互动和留存分析
分析客户的社交互动次数和回访次数可以帮助了解客户的参与度和忠诚度。这可以用于改进社区互动策略，提高客户留存率，并开发客户忠诚度计划。

4. 网站访问行为分析
通过分析访问次数、每次访问页面数和每次访问停留时间，可以了解客户在网站上的行为。这有助于识别哪些页面或内容最受欢迎，改进用户体验，增加页面转化率。

5. 客户细分和个性化营销
基于以上数据，可以进行客户细分，将客户分为不同的群体，并为每个群体设计个性化的营销策略。这可以提高营销效果，增加客户互动，并提高销售转化率。
```

针对 AI 提供的分析思路，我们可以将其归纳为三大类分析场景：

- “客户注册来源分析”与“商品偏好和销售分析”主要是基于单一指标的统计分析，从而得出汇总结果。这是数据分析中最基础的方法。
- “用户互动和留存分析”与“网站访问行为分析”是依赖于多个指标的综合分析，以得出特定主题下的分析结论。这些分析通常用于相关主题的评估，是较为有价值的分析角度。
- “客户细分和个性化营销”则需要更深入的细分分析，且在分析完成后更容易转化为实际操作，有助于识别营销或运营中的高价值人群特征。

在接下来的内容中，我们将专注于展示如何利用AI完成“客户商品偏好的统计分析”和“客户互动分析”这两个场景。

5.8.2 让AI完成客户商品偏好分析

在本节中，我们将展示如何利用AI进行客户商品偏好分析。这一过程完全通过自然语言指令进行，AI将直接基于原始数据进行数据清洗、计算、展示及结论输出，而不需要我们进行任何数据处理操作。以下是示例提示指令：

```
[ChatGPT] 5/15/1 我想让你担任资深数据分析师。附件是客户数据，包括如下字段：
- ID：表示客户ID。
- 注册来源：客户从何种渠道注册而来。
- 商品偏好：基于模型计算的用户最喜欢的商品。
- 访问次数：统计周期内客户到达网站的次数。
- 社交互动次数：客户在论坛社区与我们互动过的次数。
- 回访次数：客户重复访问网站的次数。
- 每次访问页面数：客户平均每次在网站上访问的页面的数量。
- 每次访问停留时间：客户平均每次在网站上访问时停留的时间。

请你基于附件数据，完成对客户商品偏好的统计分析，并分别输出：
- 数据表格：展示统计分析的结果。
- 图形输出：用柱形图展示TOP 10商品汇总结果。请将图形中涉及的中文转换为英文。
最后，请你输出一段简短结论，用来说明数据中的洞察或规律。
```

此提示指令除了为AI设定特定角色外，还包含三个关键信息：

- ❑ 数据信息描述，帮助AI理解数据字段及其含义。由于这是一个新对话，因此需要重新输入相关信息。
- ❑ 任务输出细节，包括所需表格和图表类型及其展示方式。需要注意的是，ChatGPT-4默认工作空间不支持中文字符，如果图表包含中文，则可能出现乱码。尽管我们可以设置代码或提示指令以支持中文，但由于AI无法直接安装或更改系统字体，因此可能无法如预期般实现。
- ❑ 输出分析结论，这是构成完整数据分析过程和得出结论的关键部分。

在ChatGPT-4中，我们不仅需要输入上述提示指令，还需要上传相关数据文件，如图5-23所示。

基于数据文件和提示指令，ChatGPT-4完成以下步骤并返回结果。

第一步 加载并理解数据，如图5-24所示，AI输出了获取的原始数据字段及其含义。

第二步 根据需求绘制并展示柱形图，如图5-25所示，AI输出了商品统计的柱形图（其实是条形图）。

第三步 输出数据分析结果，包括数据统计表格及分析结论，如图5-26所示，其中包括TOP 10的商品（由于产品品类一共只有6个，因此这里仅显示了6个汇总商品）；同时，在图形输出和结论模块，也分别给出了分析结论供我们参考。

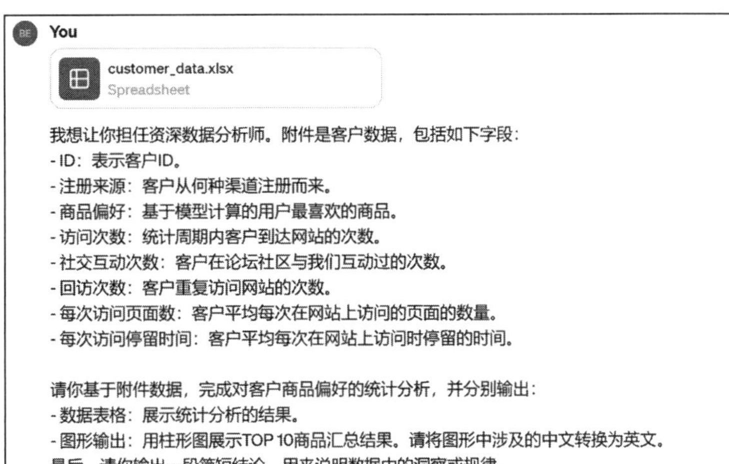
You
customer_data.xlsx
Spreadsheet

我想让你担任资深数据分析师。附件是客户数据，包括如下字段：
- ID：表示客户ID。
- 注册来源：客户从何种渠道注册而来。
- 商品偏好：基于模型计算的用户最喜欢的商品。
- 访问次数：统计周期内客户到达网站的次数。
- 社交互动次数：客户在论坛社区与我们互动过的次数。
- 回访次数：客户重复访问网站的次数。
- 每次访问页面数：客户平均每次在网站上访问的页面的数量。
- 每次访问停留时间：客户平均每次在网站上访问时停留的时间。

请你基于附件数据，完成对客户商品偏好的统计分析，并分别输出：
- 数据表格：展示统计分析的结果。
- 图形输出：用柱形图展示TOP 10商品汇总结果。请将图形中涉及的中文转换为英文。
最后，请你输出一段简短结论，用来说明数据中的洞察或规律。

图 5-23　ChatGPT-4 上传数据文件并发出提示指令

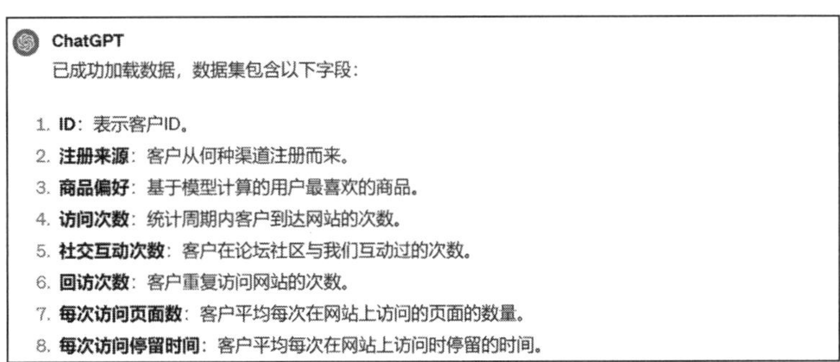
ChatGPT
已成功加载数据，数据集包含以下字段：

1. **ID**：表示客户ID。
2. **注册来源**：客户从何种渠道注册而来。
3. **商品偏好**：基于模型计算的用户最喜欢的商品。
4. **访问次数**：统计周期内客户到达网站的次数。
5. **社交互动次数**：客户在论坛社区与我们互动过的次数。
6. **回访次数**：客户重复访问网站的次数。
7. **每次访问页面数**：客户平均每次在网站上访问的页面的数量。
8. **每次访问停留时间**：客户平均每次在网站上访问时停留的时间。

图 5-24　AI 成功加载数据并理解数据信息

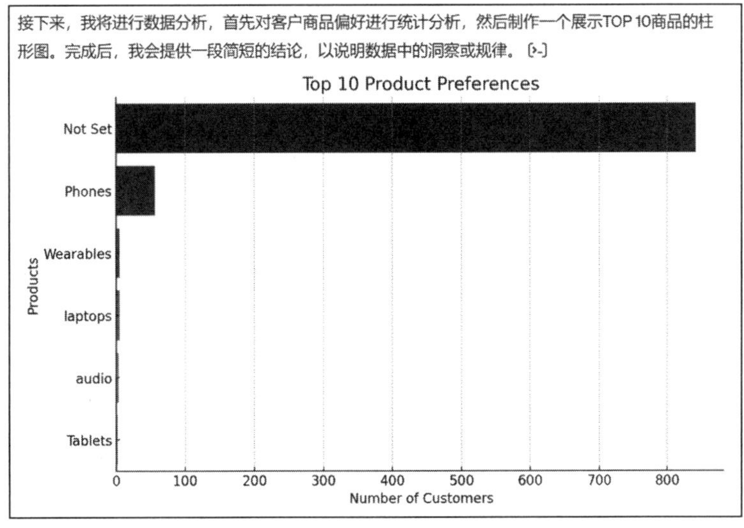

图 5-25　ChatGPT-4 输出数据图形

数据分析结果

数据表格

以下是客户商品偏好的统计结果，展示了TOP 10的商品：

产品（Product）	客户数量（Number of Customers）
未设置（Not Set）	841
手机（Phones）	56
可穿戴设备（Wearables）	5
笔记本电脑（laptops）	5
音频设备（audio）	4
平板电脑（Tablets）	2

图形输出

柱形图展示了这些商品的汇总结果。从图中可以看出，大多数用户的商品偏好尚未设置（"未设置"），而实际指定的商品偏好中，"手机"是最受欢迎的。

结论

数据显示，绝大多数用户（841位）的商品偏好尚未设置，这可能表明用户对商品的偏好尚未通过网站行为清晰表达，或者系统尚未有效捕捉到用户的偏好。在已经设置偏好的用户中，手机（56位用户）是最受欢迎的商品类别，其次是可穿戴设备和笔记本电脑。这些信息可能对于制定更有效的市场策略和改善商品推荐算法具有重要意义。[>-]

图 5-26 ChatGPT-4 输出表格结果以及结论

通过 AI 提供的信息，我们可以观察到 AI 对数据文件进行了统计分析，并根据要求输出了各种图形，尽管图形中的信息以英文显示；最终，AI 给出了一些初步的分析结论供我们参考。至此，一个简单的分析过程已经顺利完成。

5.8.3 让 AI 完成客户互动分析

本节将继续使用 AI 进行客户互动分析，采用与上一节类似的方法。以下是我们提供给 AI 的提示指令：

> [ChatGPT] 5/15/2 请你继续基于附件数据文件完成客户互动分析。你需要基于访问次数、社交互动次数、回访次数、每次访问页面数、每次访问停留时间指标，运用数据分析方法，对不同用户的活跃度进行分析，并返回分析结果。你打算如何开展分析？

在这个提示指令中，我们首先与 AI 沟通分析需求及涉及的指标，探索 AI 如何开展分析工作。如果在分析过程中 AI 的方法与业务常识或数据逻辑不符，我们可以进行必要的纠正，以确保数据分析结果的准确性和可靠性。

ChatGPT-4 根据提示指令执行以下步骤并提供多种信息。

第一步 AI 列出主要工作流程，如图 5-27 所示。工作流程包括数据整理、特征构建、用户活跃度评分、活跃度分组、数据可视化、洞察分析。整个过程合理且清晰。但在计算活跃度得分的第三步时，应先对原始数据进行标准化，而 AI 没有特别强调这一点，因此我们需要在 AI 输出结果后查看细节以确保正确性。

ChatGPT

为了分析不同用户的活跃度，我们可以从以下流程进行：

1. **数据整理**：确保所有相关字段的数据准确无误。
2. **特征构建**：
   - **总访问次数**：考虑用户在统计周期内到达网站的总次数。
   - **总社交互动次数**：分析用户在论坛社区的互动次数。
   - **总回访次数**：观察用户重复访问网站的次数。
   - **平均每次访问页面数**：计算用户平均每次访问时浏览的页面数量。
   - **平均每次访问停留时间**：计算用户平均每次访问时的停留时间。
3. **用户活跃度评分**：
   - 根据上述指标，给每位用户分配一个"活跃度评分"。可以使用简单的加权或更复杂的算法（如主成分分析）来合成一个综合的活跃度指标。
4. **活跃度分组**：
   - 将用户根据活跃度评分分为不同的组别，例如"高活跃度"、"中等活跃度"和"低活跃度"。
5. **数据可视化**：
   - 制作图表来展示不同活跃度组别的用户分布。
6. **洞察分析**：
   - 分析不同活跃度用户的特点和行为模式。

图 5-27　ChatGPT-4 列出主要工作流程

第二步　查看 AI 的实时过程。AI 通过计算，给出了如图 5-28 所示的主成分分析柱形图。AI 使用第一个主成分表示用户活跃度，每个主成分是每位用户不同指标的综合结果，反映其重要性和对所有指标的解释力。

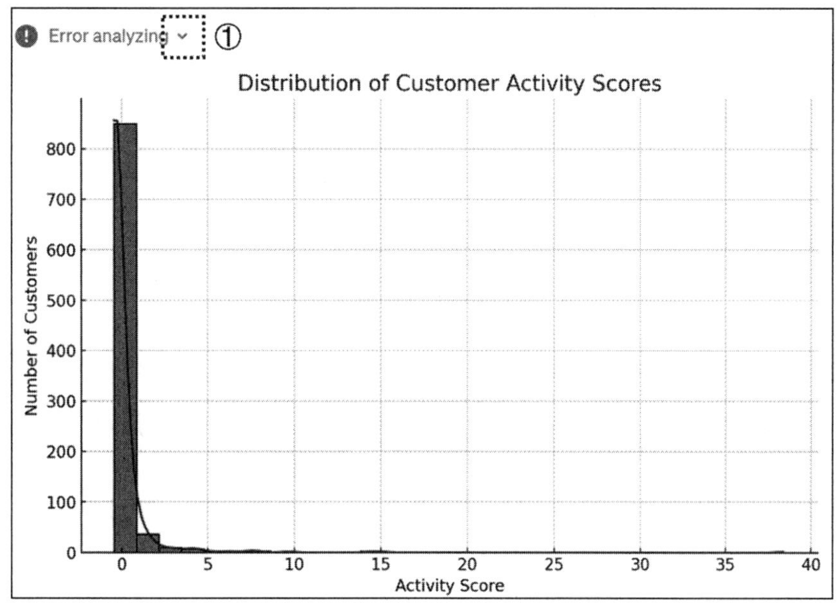

图 5-28　ChatGPT-4 利用主成分分析来展示活跃度得分

点击图 5-28 中的①，可以展开详情，进一步了解 AI 如何实现此过程，如图 5-29 所示。

AI 的代码逻辑大致如下：

- ①从原始数据中提取访问次数、社交互动次数、回访次数等作为计算活跃度的主要指标。
- ②通过标准化处理，使上述所有指标数据处于可比较、可计算的状态。该步骤也是我们提到的需要重点分析 AI 处理流程是否可靠的关键步骤之一。
- ③利用 PCA（主成分分析）从标准化数据中提取主成分。
- ④使用主成分值作为用户活跃度指标，AI 使用了一个主成分结果作为活跃度结果。
- ⑤绘制柱形图展示不同客户的活跃度得分，由于 AI 并未设置横轴为客户 ID，因此默认横轴展示的结果是从 0 开始的自增数字序列。
- ⑥输出前五条记录的 ID 值和活跃度评分。

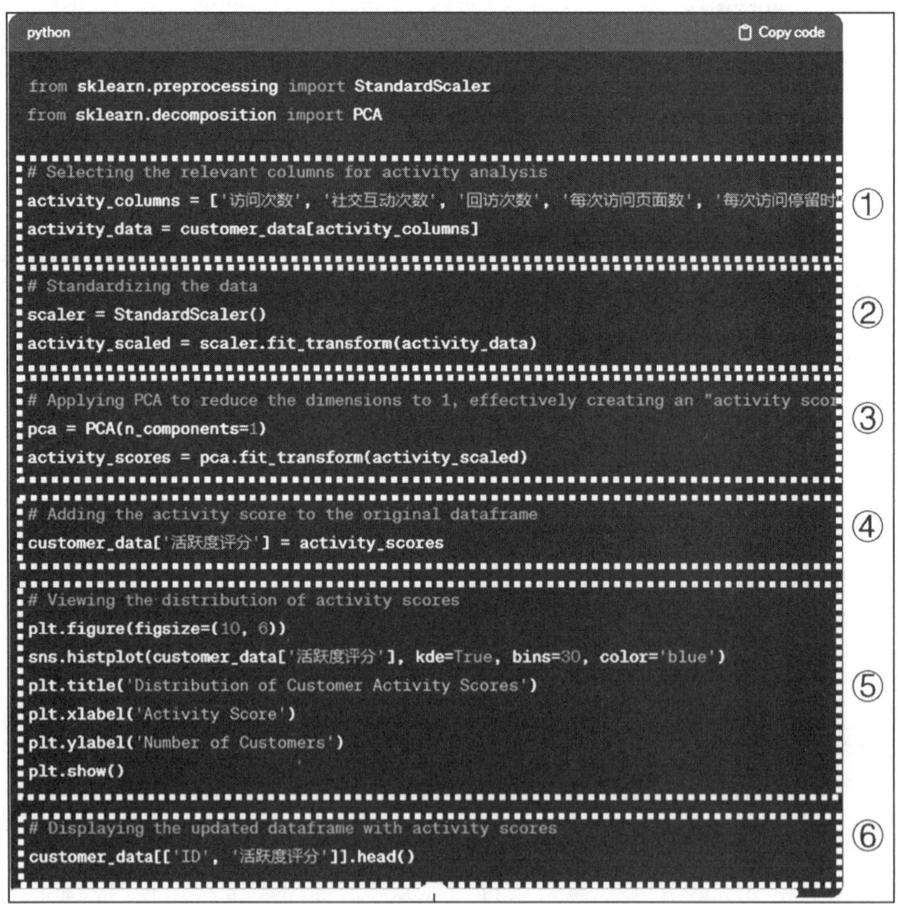


```python
from sklearn.preprocessing import StandardScaler
from sklearn.decomposition import PCA

# Selecting the relevant columns for activity analysis
activity_columns = ['访问次数', '社交互动次数', '回访次数', '每次访问页面数', '每次访问停留时
activity_data = customer_data[activity_columns]

# Standardizing the data
scaler = StandardScaler()
activity_scaled = scaler.fit_transform(activity_data)

# Applying PCA to reduce the dimensions to 1, effectively creating an "activity scor
pca = PCA(n_components=1)
activity_scores = pca.fit_transform(activity_scaled)

# Adding the activity score to the original dataframe
customer_data['活跃度评分'] = activity_scores

# Viewing the distribution of activity scores
plt.figure(figsize=(10, 6))
sns.histplot(customer_data['活跃度评分'], kde=True, bins=30, color='blue')
plt.title('Distribution of Customer Activity Scores')
plt.xlabel('Activity Score')
plt.ylabel('Number of Customers')
plt.show()

# Displaying the updated dataframe with activity scores
customer_data[['ID', '活跃度评分']].head()
```

图 5-29 查看 ChatGPT-4 的实施详情

第三步 输出客户分析结论，如图 5-30 所示。AI 提供了活跃度评分、分布情况以及部分高价值活跃度结果。

客户互动分析结果

1. **活跃度评分**：通过主成分分析（PCA），我们为每位用户生成了一个综合的"活跃度评分"。这个评分综合考虑了访问次数、社交互动次数、回访次数、每次访问页面数和每次访问停留时间等多个维度。
2. **评分分布**：柱状图展示了不同用户的客户活跃度评分。可以观察到一定的集中趋势，同时也有一些极端高活跃度的用户。
3. **部分用户活跃度示例**：
   - 用户ID 164的活跃度评分为2.77。
   - 用户ID 7583的活跃度评分为2.97。
   - 用户ID 593的活跃度评分为1.32。
   - 用户ID 7358的活跃度评分为1.14。
   - 用户ID 4385的活跃度评分为0.58。

   这些评分反映了用户在网站的整体活跃程度。

结论

- **活跃度评分**提供了一种量化用户互动水平的方式，帮助识别出高度活跃和相对不活跃的用户。
- **高活跃度用户**可能是潜在的忠实客户或品牌推广者，值得进行更深入的分析和定向营销。
- **低活跃度用户**可能需要通过更个性化的内容或特别活动来提升其参与度。

这些洞察有助于更好地理解用户行为，从而指导营销策略和客户关系管理。 [>-]

图 5-30 ChatGPT-4 输出互动分析结论

在此案例中，计算活跃度得分的核心环节是应用 PCA（主成分分析）方法，对多个活跃度相关指标进行综合计算，从而得出综合得分。具体来说，此过程如何实施呢？我们可以进一步向 AI 提出问题以获得详细解释。

```
[ChatGPT] 5/15/3 如何解释基于 PCA 计算得到活跃度得分？
```

AI 根据提示指令，给出进一步的解释。具体如下：

```
以下是解释 PCA 活跃度得分的一般步骤：
1.**PCA 的理解：** 首先，PCA 是一种降维技术，用于将原始数据投影到新的特征空间中，以减少数据的
  维度，同时保留最大的方差。PCA 的目标是找到数据中的主要变化方向，并将其组合成一组主成分。
2.** 主成分的理解：** PCA 提取的主成分是原始特征的线性组合，每个主成分对应一个方向，其权重表示
  该方向上的特征重要性。主成分按照方差的大小排列，最重要的主成分在前面，次要的主成分在后面。
3.** 活跃度得分的计算：** 在 PCA 中，客户数据被投影到主成分空间中。然后，通过对每个客户在主成
  分空间中的投影进行加权和来计算活跃度得分。这些权重通常由主成分的特征向量决定，较大的特征向量
  对应的主成分在得分中具有更大的权重。
4.** 活跃度得分的解释：** 活跃度得分可以被解释为每个客户在主成分方向上的活跃度。这意味着得分较
  高的客户在主成分方向上显示出更多的活跃模式，而得分较低的客户则相反。
5.** 得分的范围：** 活跃度得分的范围通常是负无穷到正无穷，但你可以根据需要对其进行标准化，使得
  分在 0 到 100 之间或其他合适的范围内。
6.** 得分的解释：** 解释得分时，可以考虑以下几个方面。
  - ** 高得分客户：** 高得分的客户可能在访问次数、社交互动、回访次数、每次访问页面数和每次访问
    停留时间等方面表现出活跃模式。他们可能是忠实的用户，频繁互动并花费更多的时间在你的平台上。
  - ** 低得分客户：** 低得分的客户可能表现出相反的模式，可能不太活跃或不太忠实。
```

```
   7.** 业务应用：** 根据活跃度得分，你可以制定不同的策略和决策。例如，你可以：
      - 针对高得分客户提供特殊奖励或优惠活动，以保持他们的忠诚度。
      - 针对低得分客户制定活动，以鼓励他们更频繁地互动。
      - 使用得分来进行客户划分，将客户分为不同的群体，以针对每个群体制定定制化的营销策略。

   总之，PCA 计算的活跃度得分提供了一种综合的客户活跃度指标，能够帮助你更好地理解和利用客户行为模
式。解释这些得分时，重要的是将其与具体业务目标和需求相结合，以做出有效的决策。
```

PCA 通过提取数据中的主要变量，将复杂的数据集简化为少数几个主成分，这些主成分反映了数据中最重要的信息。在我们的情境中，PCA 用于综合分析不同的活跃度指标，如访问次数、社交互动次数等，以形成一个代表用户活跃度的综合评分。这个评分可以更全面地反映用户的互动行为，而非仅依赖单一指标。这样的深入探究不仅帮助我们验证了 AI 的分析方法的准确性，也增加了我们对数据处理方法的理解。

通过这个案例，我们可以看到 AI 在构建、分析、展示活跃度的过程中表现出色，所有操作都是准确且严谨的。这一切仅通过我们的自然语言指令实现。

注意 ChatGPT-4 并非无所不能。在某些场景下，例如数据文件较大（超过 25MB）、程序执行时间较长（超过 60 秒）或需要使用缺失的第三方库（如结巴分词）等，ChatGPT-4 可能无法很好地完成任务。

5.9 基于 AIGC+Python 完成复杂客户社群分析

社交网络是信息传播、互动和影响力塑造的重要平台。在这个背景下，分析客户社群特征和社交关系变得至关重要。本节将介绍如何基于 AIGC 和 Python 进行客户社群分析，以揭示客户社群的特征和互动模式。

5.9.1 客户社群特征分析概述

互联网的普及和社交媒体的蓬勃发展使人们在网络上建立了广泛的社交关系。这些社交关系形成了庞大的社交网络，其中包含各种各样的客户社群。客户社群可以根据共同兴趣、行为模式、地理位置等多种因素进行分类。深入分析这些社群，有助于了解不同客户社群的需求、偏好和行为，从而为决策制定、市场营销和产品优化提供重要洞察。

客户社群特征分析适用于多个领域和情境，列举如下。

- 市场研究：了解目标市场中的不同客户社群，从而更好地制定市场策略。
- 产品优化：识别不同客户社群的需求，改进产品以满足其期望。
- 社交媒体营销：确定哪些社交媒体平台对于不同客户社群最具吸引力。
- 私域社群运营：基于客户的社群分析，研究网络中客户之间的关系和影响力，从而建立更强的社群关系纽带，增加社群活力和凝聚力。
- 社区内容生产：除了基于客户社群喜好，研究产生针对特定圈子的内容、活动、主

题、话题等，提高特定圈子的内容质量与适配性。

- 个性化推荐：基于客户关注的属性，推荐其关注的客户也在看的或者感兴趣的内容。

社群分析的核心是人与人之间的关系，本节将围绕社区关系纽带的基础“关注”展开研究。数据源文件为 social.csv，本节所用的源代码可以在 social_analysis.ipynb 中找到。

5.9.2 准备客户社交关注数据

社交媒体客户的互动数据可以通过 CRM 系统或网站流量跟踪系统获取。在本节中，我们将重点介绍来自网站流量跟踪系统的数据。这些数据包括三个关键字段：follower（关注者）、datetime（时间戳）、user_id（客户 ID）。具体来说，follower 字段表示进行关注操作的客户 ID，datetime 字段记录了关注的时间，而 user_id 字段则表示被关注的客户 ID。以下是数据示例：

```
follower,datetime,user_id
10005,2023/03/26 00:32:30,10006
10005,2023/03/29 09:18:32,10060
10005,2023/07/31 16:13:14,10108
```

5.9.3 基于 PageRank 的个人影响力分析

在社交关系研究中，了解谁在社交网络中具有影响力以及他们所拥有的影响力类型是至关重要的。通常，拥有影响力的个人包括社交网络中的大 V（知名人物）、KOL（关键意见领袖）、KOC（关键意见消费者）以及 COL（文化意见领袖）等角色。

为了进行个人影响力分析，我们可以采用 PageRank 算法。这种链接分析算法最初用于搜索引擎，用于评估网页的重要性。如今，它也被应用于社交网络，用来衡量客户的影响力。

接下来，我们将借助人工智能来实现基于 PageRank 的个人影响力分析。以下是相关的操作提示指令：

```
[ChatGPT] 5/16/1  我想请你扮演社交网络分析领域的资深数据分析师。请你编写 Python 代码实现如
    下功能：
1. 读取 social.csv 文件并返回 df。
2.df 中的 follower 和 user_id 分别表示发起关注的客户 ID 和被关注的客户 ID，请基于 networkx 的
  PageRank 算法，计算每个客户的个人影响力。
3. 按个人影响力从大到小排序。
4. 打印个人影响力大的前 5 个客户 ID 和影响力得分。
5. 从 df 中过滤出影响力得分最高的客户 ID（user_id），打印过滤后的记录数量，以及前 3 条结果。
请提供实现上述功能的 Python 代码。
```

上述提示指令中的核心步骤如下所示。

- 整个流程按照以下步骤编写：数据读取、影响力得分计算、排序、数据展示以及图形展示。

- 在描述客户的关注者和被关注者时，务必保持正确的顺序，因为关注关系具有明确的方向性。
- 指定计算个人影响力的方法是 networkx 库的 PageRank 算法。
- 打印出个人影响力得分排名前 5 的客户 ID，这些客户是我们要着重关注和运营的核心客户社群。
- 进一步筛选输出影响力得分最高的个人，包括他 / 她的粉丝数量以及粉丝的详细信息。这将有助于我们向这些粉丝提供更多有关该客户的信息、活动、内容等。

AI 基于提示指令，返回如下 Python 代码：

```
import pandas as pd
import networkx as nx
# 1. 读取 social.csv 文件并返回 df
df = pd.read_csv('social.csv')
# 2. 创建有向图并计算 PageRank
G = nx.DiGraph()
for _, row in df.iterrows():
    G.add_edge(row['follower'], row['user_id'])
# 使用 PageRank 算法计算个人影响力
pagerank_scores = nx.pagerank(G)
# 3. 按个人影响力从大到小排序
sorted_scores = sorted(pagerank_scores.items(), key=lambda x: x[1],
reverse=True)
# 4. 打印个人影响力大的前 5 个客户 ID 和影响力得分
print("个人影响力大的前 5 个客户：")
for i, (user_id, score) in enumerate(sorted_scores[:5], start=1):
    print(f'排名 {i}: 客户 ID: {user_id}, 影响力得分 : {score}')
# 获取影响力得分最高的客户
most_influential_user = sorted_scores[0][0]
# 5. 从 df 中过滤出影响力得分最高的客户 ID (user_id)，打印过滤后的记录数量和前 3 条结果
filtered_df = df[df['user_id'] == most_influential_user]
filtered_count = len(filtered_df)
filtered_top_3 = filtered_df.head(3)
print(f"\n影响力得分最高的客户 (客户 ID: {most_influential_user}) 的记录数量 :
    {filtered_count}")
print(f"\n前 3 条结果 :")
print(filtered_top_3)
```

在 Jupyter Notebook 中执行 AIGC 代码，打印输出如下结果：

```
个人影响力大的前 5 个客户：
排名 1: 客户 ID: 16005, 影响力得分 : 0.027210374962886943
排名 2: 客户 ID: 13082, 影响力得分 : 0.02419679476744989
排名 3: 客户 ID: 26968, 影响力得分 : 0.019980293563134542
排名 4: 客户 ID: 27114, 影响力得分 : 0.017197329309130732
排名 5: 客户 ID: 10298, 影响力得分 : 0.016859368297174233

影响力得分最高的客户 (客户 ID: 16005) 的记录数量 : 68
```

```
前 3 条结果：
        follower     datetime               user_id
469     10015        2023/02/13 11:24:09    16005
471     10055        2023/04/04 07:34:17    16005
475     10074        2023/07/20 10:20:40    16005
```

通过上述结果，我们已经确定了影响力最大的前 5 个客户的具体信息。例如，影响力最大的客户拥有 68 名粉丝；同时，通过打印的详细信息，我们还可以了解哪些人在何时关注了该客户。

基于 PageRank 算法的社交网络分析不仅有助于对不同客户进行影响力评估和排名，还可以帮助建立社交网络的监测体系，以更好地理解和优化社群运营策略。以下是一些有关如何建立监测体系的思考和方法。

1. 监测核心 KOL 和 KOC 的影响力变化

核心 KOL（关键意见领袖）和 KOC（关键意见消费者）在社交网络中通常扮演着至关重要的角色。他们的言论和行为对社群的运营和品牌影响力具有重要作用。通过定期计算他们的 PageRank 得分，我们可以监测他们的影响力变化。如果发现他们的得分下降，可能需要及时调整社群运营策略，例如提供更多支持或激励措施，以保持他们的积极参与和影响力。

2. 及时发现新的 KOL 和 KOC

社交网络不断涌现新的客户，其中可能潜藏着有潜力的 KOL 和 KOC。通过分析 PageRank 得分，我们可以及时发现具有潜力的新客户，因为他们的得分可能会迅速上升。一旦发现新的 KOL 和 KOC，可以与他们建立联系，了解他们的需求和期望，以更好地引导他们成为社群的活跃成员。

3. 分析社群网络的构建关键

社交网络中的节点之间存在各种关系，包括友谊、合作和互动等。通过分析 PageRank 得分和网络关系，我们可以识别社交网络中的关键节点。这些节点可能是社群内的连接点，有助于信息传播和社交互动。了解这些关键节点有助于优化社交网络的结构和运营策略。

4. 主题分析和趋势监测

社交网络中的客户通常对特定类型的内容和主题活动感兴趣。客户的关注关系通常基于高质量或有价值的特定内容，例如客户可能因认同某个 KOL 的特定内容而关注该 KOL。通过分析 PageRank 得分和客户行为，我们可以了解社群中哪些类型的内容和主题活动更具影响力。这有助于定制社群内容和活动，以满足客户的需求，提高客户参与度和忠诚度。

5.9.4　基于聚类系数的社区紧密度分析

社区网络的紧密度分析在社交网络研究中占有重要地位，它有助于我们理解社交网络中关系的紧密度以及整个网络的稳定性和聚集性。在这方面，基于聚类系数的社区网络紧密度分析是一种常见方法，它通过分析节点之间的连接模式来评估社交网络的紧密程度和社区结构。

社区网络紧密度分析的核心思想是研究节点之间的连接关系，以确定网络中是否存在高度相互关联的子集，即社区。在这个过程中，聚类系数是一个关键指标，用于度量节点与其邻居节点之间的连接程度。

接下来，我们利用 AI 来完成基于聚类系数的社交网络紧密度评估。

```
[ChatGPT] 5/17/1 我想请你扮演社交网络分析领域的资深数据分析师。请你编写 Python 代码实现如
  下功能：
1. 读取 social.csv 文件并返回 df。
2. df 中的 follower 和 user_id 分别表示发起关注的客户 ID 和被关注的客户 ID，请基于 networkx 计
   算整个社区聚类系数，以评估社交网络的紧密度。
3. 最后输出紧密度评分。
请提供实现上述功能的 Python 代码。
```

上述提示指令概括了本示例的执行步骤，包括数据读取、紧密度计算和结果输出。最重要的是，提示指令清晰地描述了如何使用 networkx 库以及聚类系数来进行紧密度计算，以便 AI 可以正确地调用相关方法。基于以上提示指令，AI 提供了以下代码示例：

```
import pandas as pd
import networkx as nx
# 1. 读取 social.csv 文件并返回 df
def read_social_csv(file_path):
    df = pd.read_csv(file_path)
    return df
# 2. 基于 networkx 计算整个社区的聚类系数
def calculate_community_clustering_coefficient(df):
    # 创建一个无向图
    G = nx.Graph()
    # 添加边到图中，其中 follower 是源节点，user_id 是目标节点
    edges = [(row['follower'], row['user_id']) for _, row in df.iterrows()]
    G.add_edges_from(edges)
    # 计算整个社交网络的平均聚类系数
    community_clustering_coefficient = nx.average_clustering(G)
    return community_clustering_coefficient
if __name__ == "__main__":
    file_path = 'social.csv'  # 替换为你的 CSV 文件路径
    df = read_social_csv(file_path)
    # 调用计算社区聚类系数的函数
    community_clustering_coefficient = calculate_community_clustering_coefficient(df)
    # 输出社区聚类系数评分
    print(f"社区聚类系数评分 : {community_clustering_coefficient:.4f}")
```

在 Jupyter Notebook 中执行代码，输出结果如下：

```
社区聚类系数评分 : 0.0161
```

一旦我们计算出整个社区的紧密度，就可以制定以下应用策略，以更好地管理和优化社交网络。

1. 建立社区健康度监控体系

利用社区紧密度指标，建立社区健康度监控系统，并将社区健康度视为社区运营的核心关键绩效指标（KPI）。设计监控指标和仪表板，用于定期跟踪社区健康度的变化。这些指标可以包括社区的平均聚类系数、全局聚类系数等。借助异常检测算法，监测社区健康度的异常情况。一旦发现社区健康度出现异常，及时发出预警，以采取必要的措施来解决问题。

2. 分析节点的局部聚类系数影响

利用局部聚类系数来分析特定节点与其邻居节点之间的连接紧密程度。这有助于确定哪些节点在网络中扮演着关键角色。通过分析局部聚类系数高的节点，可以找到对整体社交网络健康度具有较大影响力的节点。这些节点可能是核心客户或高度互动的成员。深入分析这些关键节点的行为和互动，了解它们的影响方式和贡献，将有助于确定改进社交网络健康度的具体目标。

3. 提高关键节点的互动

一旦确定了关键节点，可以采取措施来提高它们的互动和参与度。这可以包括提供个性化的内容、奖励计划、特别活动等。与关键节点建立更紧密的合作关系，以促进它们在社交网络中的积极影响。定期收集关键节点的反馈意见，以改进社交网络的客户体验和功能。

5.9.5　基于标签传播算法的社区发现与结构分析

社区发现与结构分析是一项关键任务，旨在识别网络中紧密连接的节点社群，这些节点之间的联系比与其他节点的联系更紧密。这有助于我们理解不同客户社群如何在社交网络中形成社区，以及社区内部的互动模式和关系。

在社交网络分析中，一种常用的社区发现方法是基于标签传播算法（Label Propagation Algorithm）。该算法是一种简单而有效的无监督方法，它利用节点之间的关系和标签信息来识别社区结构。标签传播算法的核心思想是节点之间通过标签信息进行消息传播，当网络中的节点具有相似的标签时，它们更有可能属于同一个社区。接下来，我们将借助 AI 来完成社区发现和结构分析的任务。

```
[ChatGPT] 5/18/1 我想请你扮演社交网络分析领域的资深数据分析师。请你编写 Python 代码实现如
    下功能：
1. 读取 social.csv 文件并返回 df。
2. df 中的 follower 和 user_id 分别表示发起关注的客户 ID 和被关注的客户 ID，请基于 networkx 的
   标签传播算法完成社区检测，以找到社区内的网络结构。
3. 最后输出社区检测结果。
请提供实现上述功能的 Python 代码。
```

上述提示指令概述了此示例的执行步骤，包括数据读取、社区检测和结果输出。最为关键的是，提示指令清晰地描述了使用 networkx 库以及标签传播算法来完成社区检测的过程，以便 AI 可以正确调用相关方法。基于以上提示指令，AI 提供以下 Python 代码示例：

```
import pandas as pd
import networkx as nx
# 1. 读取 social.csv 文件并返回 df
df = pd.read_csv('social.csv')
# 2. 创建一个无向图，并将 follower 和 user_id 添加为边
G = nx.Graph()
for index, row in df.iterrows():
    G.add_edge(row['follower'], row['user_id'])
# 3. 使用标签传播算法进行社区检测
communities = list(nx.algorithms.community.label_propagation.label_propagation_
    communities(G))
# 4. 输出社区检测结果
for idx, community in enumerate(communities):
    print(f "Community {idx + 1}: {list(community)}")
```

在 Jupyter Notebook 中执行代码，输出结果如下所示（由于内容较多，这里仅展示部分结果）：

```
...
Community 2: 10626, 10889, 10636, 10381, 16400, 10001, 10385, 10003, 10128,
10520, 10392, 10523, 10012, 10267, 24098, 10276, 10277, 10022, 10029, 10030,
10925, 10798, 10033, 10419, 10038, 10299, 10428, 12093, 10180, 27078, 10311,
10055, 11211, 10317, 10318, 10449, 29268, 10327, 10074, 10075, 10459, 10077,
10202, 10590, 10082, 10468, 10598, 10343, 10092, 24431, 10360, 10361, 10492, 10365
...
Community 96: 30609, 30597, 26846
```

通过标签传播算法，共找到 96 个社区。通过观察输出的结果，可以发现不同社区的成员数量和规模各不相同。这表明社区发现是社交网络结构分析的初步阶段，它将庞大、无规律的客户节点划分为不同的群组，为后续的深入分析奠定了基础。

5.9.6 社区群组特性统计：大小、密度与平均度

在 5.9.5 节发现了不同的社区或群组后，接下来我们将深入分析核心社区群组的特征。

- 社区基本特征分析：我们可以对每个社区进行一些基本的统计分析，包括社区的大小（成员数量）、密度以及平均度等。这些指标可以帮助你了解每个社区的规模和内部连接程度。
- 社区深入特征分析：对于每个社区，我们可以进一步分析其特征，例如社区内节点的标签分布和节点的中心性指标（例如度中心性和介数中心性）。这有助于深入了解社区的主题或特性。
- 社区间关系：我们可以研究社区之间的关系和连接模式。你可以考虑构建社区之间

的连接图，以确定哪些社区之间有较强的连接，哪些社区之间有交叉成员，以及哪些社区之间可能存在合作关系或竞争关系。

- 社区可视化：使用网络可视化工具，将社区网络以图形方式呈现出来。这样可以更直观地观察社区之间的连接和结构。你可以使用 Python 中的 networkx 库或 Gephi 等工具来绘制社区网络图。
- 社区演化分析：如果你有社交网络的时间序列数据，可以研究社区的演化过程。分析社区随时间的变化，识别出现、消失或合并的社区，并探讨这些变化的原因。

在本节中，我们将进行社区的基本特征分析，这是深入了解社交网络内部结构的重要基础。

```
[ChatGPT] 5/18/2 请基于上个对话中返回的 communities 对象，使用 Python 对所有社区进行分析，
    并完成如下任务：
1. 统计每个社区的大小（成员数量）、密度、平均度等指标，并构建 DataFrame 对象 df_communities。
2. 对 df_communities 按平均度降序排列。
3. 输出排序后结果的前 3 条数据。
请提供实现上述功能的 Python 代码。
```

上述提示指令需要依赖前一个对话中发现的社区结构信息。在提示指令中，我们主要描述了如何让 AI 帮助我们实现统计每个社区的基本信息、排序并输出前 3 条结果的功能。在此过程中，我们特别指定了一个数据对象 df_communities，该对象将在后续使用。另外，提示指令中提到了两个关键指标：密度和平均度，它们都是网络基本属性的度量。此外，社区结构中的概念还包括节点和边：节点代表不同的客户，而边代表客户之间的关注关系。

- 网络密度是指网络中实际存在的边与可能存在的边之间的比例，通常以介于 0 和 1 之间的分数表示。例如，如果有三个节点，最多可以有三条边，但实际上只有两条边，那么密度就是 2/3。密度越高，说明网络中相互连接的节点越多。
- 网络平均度表示网络中每个节点的平均边数。例如，如果有三个节点，每个节点都有两条边连接，那么平均度就是 2。平均度越高，说明网络中的节点越活跃。

基于以上提示指令，以下是 AI 提供的 Python 代码示例：

```
import pandas as pd
import networkx as nx
# 1. 统计每个社区的大小（成员数量）、密度、平均度指标，并构建 DataFrame 对象 df_communities
community_data = []
for idx, community in enumerate(communities):
    # 计算社区的大小（成员数量）
    community_size = len(community)
    # 构建子图以便计算其他指标
    subgraph = G.subgraph(community)
    # 计算社区的密度
    community_density = nx.density(subgraph)
    # 计算社区的平均度
    degrees = dict(subgraph.degree())
```

```
        average_degree = sum(degrees.values()) / community_size
        # 添加社区数据到列表
        community_data.append([idx + 1, community_size, community_density, average_
            degree])
# 创建 DataFrame 对象
df_communities = pd.DataFrame(community_data, columns=['Community', 'Size',
    'Density', 'Average Degree'])
# 2. 对 df_communities 按平均度降序排列
df_communities = df_communities.sort_values(by='Average Degree', ascending=False)
# 3. 输出排序后结果的前 3 条数据
print("Top 3 Communities by Average Degree:")
print(df_communities.head(3))
```

在 Jupyter Notebook 中执行代码，输出如下结果：

```
Top 3 Communities by Average Degree:
    Community  Size   Density  Average Degree
0           1   169  0.019935        3.349112
1           2    54  0.062194        3.296296
23         24    25  0.116667        2.800000
```

我们可以用不同的指标来评价群组的重要性，例如平均度和密度。上述输出结果是按照平均度从高到低排名的。如果我们想用密度来排名，或者综合考虑两个指标，可以参考 8.2.3 节的方法，先对这两个指标做归一化，然后加权得到一个总的得分，再按照得分从高到低排序。这样就能更准确地确定哪些群组属于重点群组。

5.9.7 使用 ABC 法则划分社区群组的运营优先级

基于 5.9.6 节得到的每个社区群组的统计指标，我们可以进一步对这些群组进行分组。在本示例中，我们得到了 96 个虚拟社区。然而，我们无法一次性对所有社区投入均等的资源和精力。因此，需要确定哪些社区群组是值得重点关注和投入资源的。识别社区主要群组是分配运营资源的前提条件。我们可以使用两种方法来进行进一步分组。

- 二八法则分组：根据密度、平均度或它们的综合加权指标，计算累积得分占总得分的比例。将累积得分占比达到 80% 以内的社区划分为重点运营社区，其余社区划分为非重点运营社区。
- ABC 法则分组：根据密度、平均度或它们的综合加权指标，对所有社区按照从高到低的顺序进行排列。然后，将前 10% 的社区划分为 A 类社区，中间 70% 的社区划分为 B 类社区，后 20% 的社区划分为 C 类社区。A 类社区是最具活力和影响力的社区，应优先投入资源和关注；B 类社区具有一定潜力和价值，应适度维护和提升；C 类社区是最不活跃且影响力最薄弱的社区，需要考虑是否保留或改善。

以下是 AI 提供的基于 ABC 法则的提示指令：

```
[ChatGPT] 5/18/3 请基于上个对话中返回的 df_communities 对象，复制一个新对象 df_group，
    使用 Python 对 df_group 的 Average Degree 字段按照 ABC 法则进行分组：
```

```
1. 基于df_group的Average Degree计算每行的值占总体值的累计百分比，并将结果存储为df_
   group的新字段Score。
2. 基于df_group的新字段Score，按照10%、70%、20%比例分为3组，并将分组结果保存到df_
   group的新字段ABC Group。
3. 输出前3条结果。
4. 对df_group按ABC Group汇总，对字段Community计数、对Size求和，然后输出结果。
请提供实现上述功能的Python代码。
```

上述提示指令必须延续前一个对话，因为我们需要用到前一个对话对社区结构统计的基本信息。提示指令描述了实现 ABC 分组的完整过程。其中核心描述信息如下。

- 首先，基于 df_communities 对象复制一个新的对象 df_group，以便在后续操作中基于新的对象完成特定数据操作，而不会影响原始数据。
- 完整的 ABC 分组步骤包括：
  - 第一步，对要分组的指标进行排序。
  - 第二步，分别计算每个指标对总体值的占比。
  - 第三步，计算每个指标的累计百分比。
  - 第四步，按照特定的分组区间划分为三个组。由于之前已经排序，因此不需要重复排序。Python 中有计算累计百分比的函数，因此可以将第二步和第三步合并。
- 对于新生成的 Score 和 ABC Group 这两个字段，我们需要明确指明它们是基于新的对象 df_group 生成的，以确保 AI 可以确定新字段隶属于哪个数据对象。
- ABC 分组时的比例可以根据企业的实际情况进行调整。一般来说，A 组的占比在 10%～20% 之间比较合适，这部分是最优质的群组；B 组和 C 组的比例可以根据实际需求进行调整，留有较大的调整空间。通常情况下，可以在结果输出后，统计 ABC 分组各自的社区群组数量，再进行调整，主要考虑与运营资源的匹配度。
- 最后，输出三个分组的统计结果，包括社区群组数量和社区群组内的覆盖人数，以便了解 ABC 分组情况，并为 ACB 精确调整分组提供参考。

AI 基于以上提示指令，提供如下 Python 代码：

```
import pandas as pd
# 复制一个新的DataFrame对象
df_group = df_communities.copy()
# 1. 计算Score字段
total_average_degree = df_group['Average Degree'].sum()
df_group['Score'] = df_group['Average Degree'].cumsum() / total_average_degree
# 2. 根据Score字段分组
df_group['ABC Group'] = pd.qcut(df_group['Score'], q=[0, 0.10, 0.80, 1.0],
    labels=['A', 'B', 'C'])
# 3. 输出前3条结果
print("Top 3 Communities based on ABC Rule:")
print(df_group.head(3))
# 4. 按ABC Group汇总数据
grouped = df_group.groupby('ABC Group').agg({'Community': 'count', 'Size': 'sum'})
```

```
# 输出汇总结果
print("\nSummary by ABC Group:")
print(grouped)
```

在 Jupyter Notebook 中执行代码，输出如下结果：

```
Top 3 Communities based on ABC Rule:
    Community  Size   Density  Average Degree     Score ABC Group
0           1   169  0.019935        3.349112  0.024286         A
1           2    54  0.062194        3.296296  0.048190         A
23         24    25  0.116667        2.800000  0.068495         A

Summary by ABC Group:
           Community  Size
ABC Group
A                 10   469
B                 67   392
C                 19    38
```

通过输出结果的第一部分，我们可以清晰地看到每个社区群组都被划分为不同的群组。而基于输出结果的第二部分，我们可以获取 ABC 三个分组内覆盖的社区群组数量以及这些社区群组内的人数信息。

基于以上结果，如果我们认为 A 组的人群覆盖规模不足，可以考虑增加 A 组的分组比例，从原始的 10%、70%、20% 调整到 20%、70%、10%。反之亦然。

5.9.8 小结

本节介绍的客户社区特征分析，从数据源准备到整个实现过程，在 AI 的协助下能够训练并准确地完成从数据源准备到分析完成的全过程。本节相关主题虽然简单，但其可操作性、可落地性和可理解性非常高，具有较高的实用价值。特别是对于企业内部的社群运营部门、客户运营部门以及外部的社会化媒体运营部门来说，本案例具有重要的参考价值。

然而，在客户社群分析中，可能涉及一些不太常见的专业术语，如节点、边、中心度、密度等，这些属于与网络、图谱、社区等主题密切相关的知识。如果读者有任何疑问，可以直接请 AI 介绍相关知识并提供解释。

若需要 AI 解释，可以使用以下提示指令示例，以便 AI 能够输出更容易理解的信息：

- 如果你是数据分析师，我是企业社区运营人员，你能用简单的语言解释社交网络中的“密度”吗？
- 请以通俗易懂的方式解释和说明社交网络中的“密度”。
- 请结合日常生活中的常见场景和示例，简单解释社交网络中的“密度”。

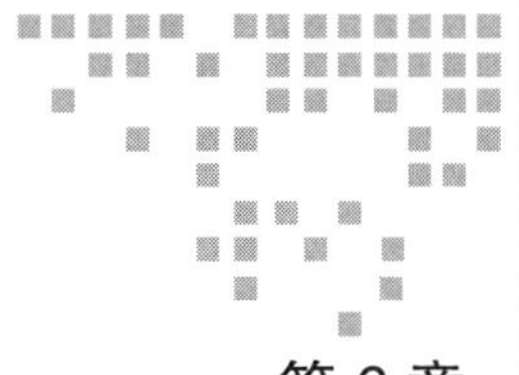

第 6 章 Chapter 6

AIGC 辅助广告分析

广告分析是企业推广和营销的关键环节。本章将介绍如何利用 AIGC 辅助广告分析，包括广告创意生成、广告创意分析、广告目标受众选择、广告投放时机分析、广告落地页 A/B 测试与假设检验分析、广告效果评估分析等内容。通过阅读本章内容，读者将学习到如何借助人工智能技术提升广告创意质量、精准选择目标受众、优化广告投放效果，从而提升广告营销的效果和 ROI。

6.1 AIGC 在广告分析中的应用

在数字化转型时代，广告分析已成为企业市场策略的核心部分，面临着独特的挑战和机遇。在本节中，我们将探讨 AIGC 技术在现代数字广告领域的应用，分析其在广告分析中的角色和革命性影响，并探究如何高效地将这些技术融合到日常业务流程中，以提升广告效果和运营效率。

6.1.1 应用背景

广告分析是数据化运营和数据分析的重要分支，涉及广告策略的制定、投放的优化和效果评估等多个环节。这个领域的挑战在于广告数据的多样性和复杂性，如需处理来自不同平台的数据，并进行整合和标准化。此外，分析和优化过程中还需考虑广告目标、预算、渠道、创意和受众等多个因素，并进行数据细分、预测与建模，因此涉及更多的数据科学知识。

广告效果的监测和调整要求数据工作者和运营管理者具备高速反应和创新能力。AIGC 可以通过与专业人员对话，助力他们深入理解数据，识别问题，提出建议，创造广告内容，优化投放，评估效果，从而提高广告的投资回报率。

6.1.2　应用价值

AIGC 技术在广告领域的价值不仅体现在分析能力上，还体现在创造性内容生成能力上：

- ❑ **广告内容创作**：AIGC 技术使企业能快速生成多样化的广告内容，降低成本，提升广告质量，展现高效灵活性。它的应用范围不限于文本广告，还包括图片广告、富媒体广告、声音广告等。
- ❑ **广告策略分析**：AIGC 能深入分析市场动态、消费者行为和竞争环境，预测市场趋势和消费者行为，帮助企业优化广告投放策略，如选择最佳的广告投放时间、平台和内容。
- ❑ **广告效果分析**：AIGC 能处理和分析大量相关数据，自动识别模式和趋势，有效分析广告效果，持续监测并评估广告表现，尤其是在多目标的广告分析与优化场景中表现突出。

6.1.3　应用流程

AIGC 在广告分析中的实施包括以下细化步骤。

- ❑ **数据收集**：全面收集与广告相关的数据，涵盖用户广告投放数据、用户行为及转化数据和市场数据等。数据源广泛，主要分为两类：一是在线广告平台数据（如 Google Ads、Facebook 等提供的广告系统数据），二是网站流量数据（例如通过 Google Analytics 获取的网站、应用程序、小程序的用户行为和转化数据）。
- ❑ **数据预处理与清洗**：对收集的数据进行精细化的清洗和预处理，旨在提升数据的质量。关键步骤包括去除无关和冗余数据、处理缺失值、数据归一化和标准化等，以确保分析所依据的数据集的准确性和可靠性。
- ❑ **统计分析与数据建模**：进行深入的统计分析和特征工程，以识别和构建对分析与预测至关重要的特征，如用户参与度、广告曝光次数等。基于特定的分析目标和数据特征，选用适当的机器学习模型进行训练，使模型能够有效地从数据中识别出模式和趋势。
- ❑ **结果分析与解释**：应用训练有素的模型对当前的广告数据进行分析，形成深刻且富有洞见的广告效果报告。该分析可能包括识别最有效的广告内容、选择最合适的平台或策略，以及预测未来的广告表现和市场反应。
- ❑ **结果可视化与报告**：将分析成果以图表、仪表盘等直观方式展现，简化理解和应用过程。通过 PPT 报告、企业商业智能（BI）系统集成等形式，向决策者提供包含关键洞察和策略建议的详尽报告。
- ❑ **优化与调整**：基于分析结果对广告策略进行调整，包括但不限于修改广告内容、调整目标受众群体、更换广告投放平台等。持续监控调整后的效果，确保策略的有效性。

- **反馈循环**：建立一个动态的反馈循环机制，不断收集新的数据和反馈，以实现模型的持续优化和迭代。确保广告策略能够灵活地适应市场变化和消费者行为的演变。

6.2 广告创意生成

作为广告的核心元素，广告创意决定了广告的吸引力、说服力和转化效果。广告创意通常包括文案和图像两个主要部分，它们紧密协作，共同构成一条完整的广告信息。在本节中，我们将探讨如何运用 ChatGPT-4 等 AI 技术，革新整个广告创意生成过程。这不仅涉及展示广告、社交媒体广告的文案与图像生成，也包括扩展关键字、优化文案信息等多个方面。

6.2.1 展示广告：利用 ChatGPT-4 生成创意素材

展示广告是网络广告的一种常见形式，通过在网页、应用程序或社交媒体等平台上展示图文或视频内容来传达广告信息。展示广告的效果依赖其创意构成，即吸引人的文案和图像，这些元素必须能够抓住用户的注意力，有效传递产品或服务的价值，并激发用户的兴趣和行动。

然而，广告创意的制作过程既复杂又耗时，要求创意人员具备深厚的行业知识、市场洞察力、文案技巧和美学鉴赏能力。同时，还需考虑广告的目标群体、媒体选择、竞争态势等多重因素，以及广告的原创性、合规性和有效性。在面对庞大的广告需求和有限的时间资源的情况下，创意人员往往难以产出高质量的广告创意，或者只能依赖于模板和固定套路，这可能导致广告效果和质量的下降。

AIGC 技术可以有效帮助创意人员克服这一难题。利用 ChatGPT-4 等工具的强大自然语言处理和图像生成能力，可以实现广告创意的自动化生成。通过 AIGC，创意人员仅需输入广告的基本信息，如产品名称、目标受众、广告目标等，再选择希望生成的广告类型，如展示广告、搜索广告、社交媒体广告等，ChatGPT-4 便能够提供创意灵感，输出匹配的广告文案和图像。

举例来说，假设某汽车品牌欲推广其新款 SUV 车型，目标受众为中高端城市消费者，广告的目的在于提升产品知名度和销量，且广告形式为展示广告。我们可以利用 ChatGPT-4 来帮我们生成广告创意，提示指令如下：

```
[ChatGPT] 6/1/1 请为一款新款 SUV 车型创建展示广告素材，面向中高端城市消费者。强调这款车的豪
    华内饰、先进科技配置和卓越的驾驶性能。广告应突出其适用于城市生活的优雅设计，同时展示其越野
    能力。风格现代而精致，主色调为深色系，如黑色或深蓝色。请在城市景观背景中展示这款车，强调它
    是城市生活的理想选择。广告文案应简洁有力，如“重新定义城市豪华驾驶”。图片尺寸为 1080×720
    像素。
```

上述提示指令包括如下关键信息：

- 产品信息：提供 SUV 车型的详细信息，包括品牌、型号、主要特性（例如性能、设计、安全性等）。若尚未确定具体型号，可先使用通用产品代替，待具体型号确定后再进行替换。
- 目标受众：明确指出目标受众为中高端城市消费者，注重他们可能关注的特点（如豪华感、先进科技配置、舒适性等）。
- 广告目的：强调广告旨在提升产品的知名度和销量。
- 视觉风格和元素：描述期望的广告视觉风格、颜色和元素，以确保最终效果符合目标需求。
- 广告文案：明确指出特定的广告语或信息点，以便 AI 在生成素材时重点突出这些信息。
- 图片尺寸：根据实际需求指定图片尺寸，考虑到图片未来的应用场景，如本地编辑、广告网络投放等，可以适当让 AI 输出较大尺寸的图片。

将以上信息输入 ChatGPT-4 后，AI 将基于这些指导指令生成一张符合要求的 SUV 图片，如图 6-1 所示。

图 6-1 ChatGPT-4 生成的图片素材

我们可以通过单击图片左上角的下载按钮，将图片下载到本地，进行进一步的编辑或修改。图 6-2 展示了下载到本地的文件。

企业的广告创意人员可以采用多种方式使用 AI 生成的图片：

- 基于 AI 生成的图片，结合企业需求、新的广告文案和 LOGO 等素材，创作全新的图片素材。
- 根据广告投放要求，继续与 AI 进行对话，要求 AI 根据具体需求修改图片，直至满足广告的应用需求。

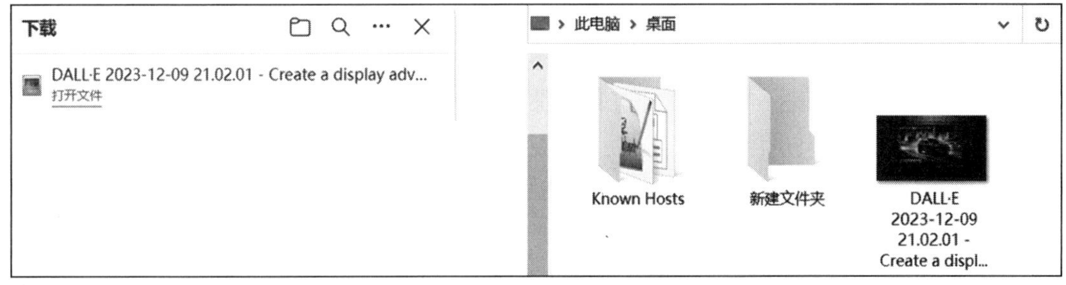

图 6-2　将 ChatGPT-4 生成的图片下载到本地

6.2.2　社交媒体广告：利用 ChatGPT-4 生成推广文案和配图

社交媒体推广文案是在社交平台上推广产品或服务的关键工具，它结合了标题、正文、结尾、话题标签及配图等元素，目的在于创造具有说服力和吸引力的内容。对于运营管理人员来说，这类文案不仅是吸引并保持客户注意力的有效方式，还能激发客户兴趣，引导消费行为转化，并增强品牌信任和客户忠诚度。

要制作出色的社交推广文案，运营人员不仅需要具备卓越的文案编写能力和创新思维，还需要深入了解市场和客户需求，以此打造具有针对性和个性化的内容。此外，文案的可读性、可行性以及测试和优化的策略也是成功的关键因素。

利用 AI 撰写文案是 AIGC 技术中最具影响力的应用之一。AIGC 技术借助其先进的自然语言处理和创意生成能力，能够自动撰写社交推广文案，为运营管理人员的工作提供了极大的便利性。此外，创意的应用不局限于文本，还包括图像创意，从而更有效地提升社交媒体的推广效果。

以下为如何利用 AIGC 生成创意文案和相应配图的具体提示指令：

```
[ChatGPT]  6/2/1  我想请你扮演一家旅游平台的社交媒体活动运营专家。为了推广你们公司的新年旅游
    套餐，你需要撰写一篇有吸引力和说服力的社交推广文案并配图，以吸引潜在的客户（20 岁到 40 岁
    之间的女性客户）订单量。要求：1. 简洁明了，100 字以内。2. 具有引人注目的开头。3. 文案应与
    目标受众相关，涉及她们感兴趣的话题或问题。4. 使用标签增加文案的可见性。5. 鼓励读者采取行
    动，如点击链接、转发、回复或参与讨论。6. 使用表情符号增加文案的吸引力。7. 如果可能，请涉
    及当前热门话题或时事的文案。8. 配图与文案相关并富有吸引力。
请分别输出满足上述要求的文案，以及对应的配图。
```

上述提示指令的核心内容包括：

- ❑ AI 角色设定：设定 AI 为社交媒体活动运营专家，确保其生成的内容符合专业水准和市场趋势。
- ❑ 任务目标阐述：明确指定 AI 的任务为撰写旨在推广业务产品或服务的文案并配图。
- ❑ 目标客户界定：聚焦特定的客户群体，如年龄在 20 岁到 40 岁之间的女性，确保文案和配图内容能有效触及并吸引该群体。
- ❑ 文案和配图的具体要求：设定推广文案的关键要素，如吸引力、创意、相关性等，

确保 AI 输出的内容达到高质量标准。

- 输出内容描述：需求明确包括文案和配图。利用 ChatGPT-4 的图像生成功能，以及类似于 New Bing Chat 的 AI 工具，都可实现创意图片的生成，这些工具的底层技术基于 DALL-E 模型。

ChatGPT-4 根据上述提示指令输出相应的创意图片和推广文案，如图 6-3 所示。

图 6-3 ChatGPT-4 生成的推广文案和配图

根据实际需求，我们可以对 AI 生成的文案进行适当调整后再发布。如有必要，也可以让 AI 重新生成内容或图片，以更符合特定的推广需求。此外，对于需要更专业级别创意图像的情况，可以利用 Midjourney 等工具提供更专业且定制化的图片创意渲染和生成服务。

6.2.3 关键字广告：利用 AI 扩展长尾关键词

关键字广告是一种针对用户搜索词进行广告展示的形式。广告主可以根据自身产品或服务的特性，挑选合适的关键词，在搜索引擎的结果页上呈现相关广告。这种广告形式的优势在于能够精确匹配用户的搜索需求，从而提高广告的点击率和转化率。

长尾关键词是指那些相对更长、更具体且搜索频次较低的关键词，与高搜索量的通用或头部关键词形成对比。长尾关键词在特定领域或细分市场中往往具有更高的转化潜力。AIGC 技术可以依据广告主的主题和内容，智能生成一系列相关的长尾关键词。

下面我们通过示例来说明，如何借助于 AI 实现上述场景。

```
[ChatGPT] 6/3/1　生成关键字用于 Google Ads 广告投放。

1. 主题：快时尚女装
2. 目标受众：职场女性，年龄 25～35 岁
3. 地理位置（如果适用）：欧美
4. 特殊属性或优势：引领潮流、时尚前沿、质地优良、种类多样、价格实惠、每周推出新款
5. 使用场景：办公、旅游、校园、晚宴、派对、休闲度假
6. 任何避免的关键字或短语：无

请根据上述提示，生成并输出 10 个长尾关键词，每个长尾关键词在 3~15 个字以内。
```

在 AI 生成用于 Google Ads 广告投放的长尾关键词的提示指令中，强调以下几个关键信息。

- 关键字目的：明确指出关键字用于 Google Ads 广告投放。这样的设定使 AI 能够精确理解任务的最终目标和用途。
- 广告主题相关要求：这部分包括主题、目标受众、地理位置、特殊属性或优势、使用场景，以及需要避免的关键字或短语。这些详细的信息对于 AI 精准生成长尾关键词至关重要。实际操作时，这些信息应根据广告的具体主体和目的进行调整。
- 关键字数量限制：为了高效使用版面，此处示例仅要求 AI 输出 10 个关键字。然而，在实际的广告投放中，为了覆盖更广泛的长尾场景，我们通常会要求 AI 生成更多的关键字，比如至少 100 个。
- 关键字长度限制：根据广告投放的具体需求，可以对关键字的长度进行精确控制。一般来说，较短的关键字虽然搜索量大，但竞争也更激烈；而较长的关键字虽然搜索量较小，但竞争相对较低，可能更容易触达目标受众。

ChatGPT 根据提示指令，提供了如下 10 个长尾关键词：

```
1. 欧美风格职场女装新款
2. 时尚前沿快时尚女装
3. 质优价格实惠女装选择
4. 职场女性时尚搭配
5. 旅游必备时尚女装
6. 校园风格多样女装
7. 晚宴适宜时尚女装
8. 派对主题快时尚女装
9. 休闲度假风格女装
10. 每周新款流行女装
```

6.2.4　关键字广告：利用 New Bing Chat 挖掘新词

新词，即新兴关键词，是指那些最近出现或尚未广泛使用的搜索词，这类关键词往往隐藏着较高的流量和转化潜力。AI 工具，如 New Bing Chat，可以通过分析最新的互联网数据和趋势来发掘这些新兴关键词，并将它们应用于关键字广告中。

例如，在一个以“2023年春节礼物推荐”为主题的搜索场景中，AI可以基于当前的市场趋势和用户行为分析，识别出一些新兴的、具有潜力的关键词。这些可能包括“VR春节礼物”“智能手表作为春节礼物”“在线定制春节礼物”等。这些新兴关键词不仅与用户的当前搜索意图紧密相关，而且能够为广告主提供新的广告机会，抓住市场上的新趋势和需求。

下面我们通过示例来说明如何实现上述场景。

```
[New Bing Chat] 6/4/1 请为面向年轻专业人士的高端智能手表挖掘10个 Google Ads 关键词。
- 手表功能：这是一款集健康监测和时尚设计于一体的智能手表。它能实时测量并提供专业建议，让你随时
  了解自己的心率、血压、血氧等健康状况。它还能根据你的喜好和场合，智能调整表盘和表带的颜色及样
  式，彰显你的个性和品位。
- 关键词选择标准：为了吸引目标用户，关键词应与最新科技趋势、健康健身追踪、职业生活方式配饰有关。
  同时，为了突出这款智能手表的优势和特色，关键词应包含与流行品牌的对比以及表达对2023年创新和
  时尚智能手表的购买意愿的短语。
```

上述提示指令中，如下信息对于AI理解任务至关重要。

- 任务目标：专注为高端智能手表广告拓展Google Ads关键词。
- 目标受众群体：聚焦年轻专业人士，确保关键词与此群体的兴趣和需求相关联。
- 核心产品介绍：明确介绍高端智能手表的功能和特性，这是生成关键词的重要依据。
- 关键词选择标准：关键词生成时应考虑相关领域、语境、时间和用户场景。特别是时间相关的信息，需根据当前的目标时间进行调整。
- 关键词数量：示例中仅生成10个关键词，以限制版面输出。但实际应用中可以设置更多数量，以覆盖更广泛的潜在搜索场景。

选择使用如New Bing Chat等拥有获取“最新”数据能力的AI工具至关重要。这是因为这些工具能够接入最新的市场趋势和数据，从而产生更符合当前需求的“新词”。相比之下，如ChatGPT-3.5等工具由于其训练语料库并非最新，可能无法捕捉到“最新”的趋势和数据，因此在提炼“新词”方面可能存在局限性。

这里选择利用New Bing Chat，AI根据提示指令，输出如下结果：

1. **2023年最新智能手表**：这个关键词能吸引那些关注科技趋势和创新产品的用户，同时也能突出你的智能手表的时尚感和先进性。
2. **健康监测智能手表**：这个关键词能突出你的智能手表的核心功能，即能够实时测量并提供专业建议的健康监测功能，这对于那些关心自己的健康状况和健身效果的用户是非常有吸引力的。
3. **智能调整表盘表带的智能手表**：这个关键词能突出你的智能手表的独特功能，即能够根据用户的喜好和场合，智能调整表盘和表带的颜色及样式，这对于那些追求个性和品位的用户是非常有诱惑力的。
4. **比苹果手表更好的智能手表**：这个关键词能突出你的智能手表的优势，即能够与市场上流行的智能手表品牌进行对比，并展示你的智能手表的更多功能和更高性价比，这对于那些想要找到更好的智能手表的用户是非常有说服力的。
5. **我想要一款2023年的智能手表**：这个关键词能表达用户的购买意愿，即他们想要拥有一款最新的、最时尚的、最创新的智能手表，这对于那些有强烈消费需求和购买力的用户是非常有吸引力的。
6. **智能手表怎么选**：这个关键词能吸引那些对智能手表感兴趣，但不知道如何选择的用户，同时也能为你提供一个展示你的智能手表的优点和特色的机会，这对于那些需要更多信息和指导的用户是非常有帮助的。
7. **智能手表评测**：这个关键词能吸引那些想要了解智能手表的性能和质量的用户，同时也能为你提供一个展示你的智能手表的实际效果和用户反馈的机会，这对于那些需要更多证据和信任的用户是非常有影响力的。

8. **智能手表优惠券**：这个关键词能吸引那些想要节省开支的用户，同时也能为你提供一个提高你的智能手表的销量和转化率的机会，这对于那些需要更多刺激和动机的用户是非常有吸引力的。
9. **智能手表送礼**：这个关键词能吸引那些想要给自己或他人送一份特别的礼物的用户，同时也能为你提供一个展示你的智能手表适合作为礼物的理由的机会，这对于那些需要更多灵感和建议的用户是非常有价值的。
10. **智能手表教程**：这个关键词能吸引那些想要学习如何使用智能手表的用户，同时也能为你提供一个展示你的智能手表的易用性和功能的机会，这对于那些需要更多支持和服务的用户是非常有用的。

6.2.5 关键字广告：利用 AI 优化广告标题和描述文案

在关键字广告中，精准有力的文案是吸引用户关注的关键。这里，AI 的作用在于利用其强大的自然语言处理能力来精炼和优化广告的标题和描述，确保文案不仅简洁、吸引人，而且有效传达产品或服务的核心卖点以及满足用户的主要需求。

在进行广告文案优化时，需要考虑不同广告平台对文案的具体要求和限制。以 Google Ads 为例，它对广告标题和描述的字符限制具体如下。

- **广告标题限制**：Google Ads 允许最多 3 个标题，每个标题最多 30 个字符。
- **广告描述限制**：Google Ads 的广告描述部分最多可包含 2 条内容，每条最多 90 个字符。

下面通过一个示例来说明如何实现上述场景。

[ChatGPT] 6/5/1 我正在运行一个 Google Ads 广告，该广告的目标是提升健康追踪智能手表的销售情况。当前的广告标题是“新一代健康手表 - 保持健康生活方式”，描述文案是“探索我们的智能手表，实时跟踪你的心率和活动。时尚与健康的完美结合。现在购买享受特别优惠！”。广告目标受众是 25～40 岁的健身爱好者。请帮我优化这些广告内容，具体要求：
- 优化目标：使广告更吸引目标用户，提升广告点击率。
- 优化描述：在标题和描述中加入一些关于产品创新特性的信息。
- 语言风格：简洁且引人入胜。
- 广告标题：30 个字符以内；如果有必要，可以再增加一个标题，也在 30 个字符以内。
- 广告描述：90 个字符以内。

请返回优化后的广告文案，包括标题和描述。

上述提示指令除了对 Ads 广告背景的描述，包括广告目标、当前的广告标题和描述，以及广告的目标受众之外，重点是关于如何优化广告的描述信息。

- 优化目标：核心目标通常是提高点击率，这就要求广告文案不仅要能够吸引人，还要能够有效激发用户的点击意愿。
- 内容描述：具体到优化方向的描述，应包括对标题和描述的具体改善建议。这可能涉及调整措辞、优化信息传达的清晰度和吸引力，以及确保文案紧密围绕主要卖点。
- 语言风格：根据不同的广告活动和目标受众调整语言风格。例如，Z 世代或 00 后的年轻人群偏好的语言风格可能与 80 后、90 后有显著不同。了解并应用这些细微差异可以显著提升广告文案的吸引力和相关性。
- 广告标题：原有的广告可能只包含单一标题。需要提示 AI 在遵守字数限制的同时，探索增加标题的可能性，以更全面地展示广告信息。

- 广告描述：在遵循描述部分的字数限制的前提下，AI应优化描述文案，使之更加生动、具体，并且能够有效地传达关键信息。

ChatGPT基于提示指令，返回优化后的广告文案如下：

```
广告标题1：智能健康手表 - 实时心率跟踪
广告标题2：时尚科技，健康引领
广告描述：探索全新智能手表，瞬间了解心率、活动和更多数据。现代健康生活方式的必备选择。抢购特惠！
```

6.3 广告创意分析

在广告行业中，创意是广告成功的关键因素之一。广告创意分析通过运用AI技术对广告的文本和图像进行深入解析，从而识别出高质量广告的显著特征。本节将介绍如何利用AIGC的强大文本和图像分析能力，提供深刻的广告创意洞察与见解，帮助广告创意工作者设计出更有吸引力和说服力的广告内容。

6.3.1 利用AI分析高质量广告文案特征

广告文案，即广告中的文字内容，包含标题、正文、标语等，对广告的吸引力和转化效果有直接影响。通过AIGC技术对广告文本进行分词、词性标注、情感分析、关键词提取和文本分类等处理，可以深入了解广告文案的语义、语气、风格、主题以及与目标受众、产品和行业相关的特征。这不仅有助于评估广告文案的质量、准确性和情感倾向，而且有助于后续的改进和优化。

利用AI技术分析广告文案特征，可以为广告创意人员提供以下帮助：

- 快速识别广告文本的优势和不足，找出改进的空间，提升广告文本的质量和效果。
- 自动生成高质量的广告文本候选案例，提供更多选择和灵感，节约创作时间和成本。
- 对比不同广告文本，分析它们的特征差异和影响，优化广告文本的策略和方案。
- 根据不同受众、产品、行业等定制广告文本特征，提高广告的针对性和适应性。

在分析高质量广告文案之前，首先需要收集高质量的广告文案样本。这些样本可以直接从广告系统中筛选导出，例如，可以从Google Ads或Google Analytics中按广告点击率进行降序排列，选出点击率最高的前20条广告内容。

在选择待分析的广告文案时，应根据不同的广告投放条件进行细分，以确保分析结果与实际应用场景的相关性和准确性。例如：

- 根据不同的广告目标进行细分，如品牌宣传、商品销售、促销导流等。
- 按照广告Campaign进行细分，比如不同的促销活动，例如黑色星期五、圣诞节等。
- 按照目标受众细分，比如针对35～55岁的中年群体、30岁以下的年轻群体等的广告。

- 根据不同商品进行细分，例如以不同商品类别为推广目标的广告。

这里我们将展示如何运用 AI 直接分析广告文案特征的具体方法和步骤。

```
[ChatGPT] 6/6/1 我有一些点击率较高的 Google Ads 广告标题文案的样本。我想要分析这些文案的共
    同特征，以便提高我的其他广告文案的效果。这些广告文案的共同背景信息如下：
- 行业信息：跨境电商女装
- 目标受众：20 岁到 40 岁之间的女性，欧美地区
- 广告目标：用户点击广告，并到达网站后订单成交
- 广告主题：新品推广
请分析下面这些广告文案的内容长度、语言风格、关键字用词、关键字频率、情感倾向等，并找出与高点击
率最相关的因素，尤其是哪些类型的关键词在这些成功的广告中更常见。

以下是要分析的广告标题文案：
 1. 新季必备 - 探索欧美女装新品 | 今日特惠
 2. 春夏新款女装 - 20～40 岁女性专属 | 限时抢购
 3. 欧美时尚新潮流 - 发现你的风格 | 新品上市
 4. 女性时尚新选择 - 跨境精品女装 | 独家优惠
 5. 年轻女性的时尚圣地 - 最新款式等你发现
 6. 专为时尚女性 - 欧美新品女装 | 快速购买
 7. 引领时尚潮流 - 新款女装等你来挑 | 快速发货
 8. 时尚女性新趋势 - 欧美风格新品 | 今季必备
 9. 新品发布 - 欧美风尚女装 | 20～40 岁专享优惠
10. 欧美女装新品大放送 - 流行款式特选 | 速来抢购
```

该文本涉及对 AI 分析高质量广告文案特征任务的指令描述，具体分为四个部分。

- 任务背景说明：此部分向 AI 明确了需求，并阐述了任务的应用场景。这有助于 AI 理解分析的目的和重要性。
- 广告文案的背景信息：此部分提供了广告文案的相关背景，包括广告的投放原因和目标。这些信息对于 AI 理解广告背景至关重要，可以确保分析工作的准确性。
- 分析文案特征的具体需求：此部分阐述了广告文案分析的方向和重点。特别强调了需要分析与 Ads 广告相关的关键词信息，以便 AI 准确抓住文案分析的核心要素。
- 目标关键词的列举：此部分指出了分析的目标关键字，即选择在特定细分条件下的 TOP 关键字文案，涵盖了标题和描述。这有助于 AI 聚焦最关键、最具代表性的广告内容，从而提高分析的效率和质量。

ChatGPT 基于提示指令，给出如下分析结论：

```
基于你提供的高点击率 Google Ads 广告标题文案样本，我们可以分析以下几个方面：
### 内容长度
- 广告标题通常简洁，大多集中在一定的字数范围内，充分利用了 Google Ads 标题的长度限制，以确保
  信息完整而精炼。
### 语言风格
- 语言直接且具有吸引力，强调行动（如“限时抢购”“快速购买”）。
- 适用于目标受众的语气，既专业又亲切，易于理解，有助于建立信任感。
### 关键字用词
- 针对性强的关键词，如“欧美女装”“新款”“20～40 岁女性”，直接指向目标受众和产品特点。
- 频繁使用针对目标市场的专属词汇，如“欧美”“时尚”“新季”。
```

```
### 关键字频率
- “新品”“女装”“欧美”等词汇频繁出现，反映了广告的核心主题和目标市场。
- 行动号召词汇如“发现”“抢购”“必备”等也较为常见，增加了广告的吸引力。
### 情感倾向
- 广告文案倾向于积极、激励性的语气，旨在激发兴趣和购买欲望。
- 通过强调“新品”“专属”等词汇，传递出一种紧迫感和独特性。

### 与高点击率最相关的因素
- ** 目标明确 **：清晰地指向特定年龄群体和地区的女性。
- ** 行动号召强烈 **：鼓励用户采取行动，如“限时抢购”“快速购买”。
- ** 新品推广 **：强调新品和时尚趋势，满足目标受众对新鲜事物的好奇心和需求。
- ** 优惠信息 **：通过提供“特惠”“优惠”等信息，增加广告的吸引力。

### 常见关键字
- ** 产品类型关键字 **：如“女装”，“新款”。
- ** 目标市场关键字 **：如“欧美”，“20～40 岁女性”。
- ** 行动号召关键字 **：如“限时抢购”“快速购买”。
```

通过分析这些特征，我们可以更好地理解哪些元素在高点击率的广告标题中起到了关键作用，并将这些策略应用于未来的广告文案中，以提高点击率和转化率。

6.3.2 利用 New Bing Chat 分析高质量广告图片特征

在广告领域，作为视觉元素的核心，图片的设计元素包括图像、图标、色彩、布局等。特别是在展示类广告中，图片质量往往是吸引用户关注的决定性因素。运用 AI 分析高质量广告图片特征，即通过 AIGC 技术深度分析广告图片，这包括但不限于对象识别、颜色分析、图像质量评估等。通过这样的分析，我们能够深入了解广告图片的内容、风格、主题和情绪等特征，以及这些特征如何与目标受众、产品和行业相关联。这种分析有助于识别图像中的关键视觉特征，并进一步优化广告的视觉吸引力。

为了有效进行创意图片的分析，必须采用支持多模态输入的 AI 工具。目前，诸如 ChatGPT-4、New Bing Chat、Google Bard 等 AI 工具均具备这种功能，能够处理和分析图文混合内容。这些工具通过综合文本和视觉信息，提供更全面的分析结果。然而，需要注意的是，虽然这些工具具有高级功能，但免费版本的 ChatGPT 目前不支持用户上传图片，因此无法直接对图片进行分析。

下面我们选择 New Bing Chat，并以一个具体示例来说明如何实现这一过程。

```
[New Bing Chat] 6/7/1 我在附件中上传了点击率较高的广告图片，并希望根据这些分析结果优化我
    们未来的广告设计。该广告的背景信息如下：
- 行业信息：跨境电商手机
- 目标受众：20 岁到 40 岁之间的女性，非洲地区
- 广告目标：用户点击广告，并到达网站后订单成交
- 广告主题：新品推广
请分析下面这些广告图片的视觉特征，比如图像元素、色彩运用、图像布局、文字和图像的结合方式，以及任何特别的视觉元素等。我想了解这些特征如何影响用户的点击行为，特别是，我对哪些类型的图像元素在吸引我们的目标受众方面最有效感兴趣。
```

上述提示指令包含如下关键描述信息。

- 任务背景说明：首先明确指出 AI 的任务是分析附件中的图片信息，并阐释该分析任务的后续应用场景。这有助于 AI 理解任务的重要性和目的，确保分析工作符合预期目标。
- 广告的背景信息：提供广告图片的相关背景信息，包括广告目标、背景和业务诉求等。这个信息对 AI 理解图片的内容和意图至关重要，可以确保分析的针对性。
- 图片特征分析的具体需求：明确指出分析需求的方向和重点，特别是关于广告创意设计中与图片元素相关的细节。这将引导 AI 更加专注于广告图片的关键视觉元素，如色彩、构图、主题等，从而提炼出对广告创意最有价值的信息。

由于 New Bing Chat 目前仅支持单张图片上传，因此需要将待分析的创意图片逐一上传进行分析。以附件中的“ads.jpg”为例，我们将其上传到 New Bing Chat，并结合上述指令进行分析。输入的综合提示指令信息如图 6-4 所示。

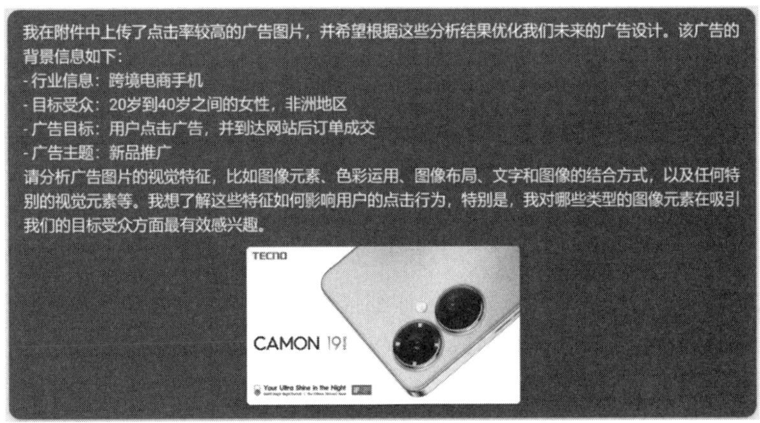

图 6-4　上传广告图片并分析图片特征

New Bing Chat 基于提示指令，给出如下创意分析结果：

```
根据你提供的广告背景信息，我认为你的目标受众是对手机拍照功能感兴趣的非洲女性，因此你的广告应该突出手机的摄像头性能和外观设计。你上传的广告图片具有以下视觉特征：
- 图片主要展示了一款蓝色的 TECNO CAMON 19 手机的背面，其中三个摄像头非常醒目。
- 背景是渐变的蓝色和白色，营造了一种简洁和现代的感觉。
- 文字是白色的，放在图片的右侧，形成了一个平衡的布局。
- 文字强调了手机的 64MP Bright Night Portrait 和 0.95mm Slimmest Bezel 的特点。
- 背景和手机的蓝色搭配起来，形成了一个协调的色彩方案。

我认为这些视觉特征对于吸引用户的点击行为是有效的，因为它们符合以下原则：
- ** 突出重点 **：图片通过放大手机的背面，让用户注意到手机的摄像头性能，这是你的广告主题之一。
- ** 简洁明了 **：图片没有过多的图像元素，只有手机和文字，这样可以避免分散用户的注意力，也可以减少图片的加载时间。
- ** 符合审美 **：图片的色彩和布局都很和谐，给用户一种高端和时尚的感觉，这符合你的目标受众的审美偏好。
```

```
- ** 创造对比 **：图片的蓝色和白色与其他颜色的广告形成了对比，可以让用户更容易注意到你的广告。

如果你想进一步优化你的广告设计，我建议你可以考虑以下方面：
- ** 增加互动性 ** ：你可以在图片上添加一些动画或音效，来吸引用户的兴趣，或者在文字上添加一些问
  答或呼吁性的语句，来激发用户的参与感。
- ** 增加信任度 **：你可以在图片上添加一些用户的评价或认证，来增加用户对你的品牌和产品的信任度，
  或者在文字上添加一些优惠或保障的信息，来增加用户的购买意愿。
- ** 增加多样性 ** ：你可以根据不同的用户群体或场景，设计不同的广告图片，来吸引用户的共鸣，突显
  个性化，或者根据不同的季节或节日，设计不同的广告图片，来增加用户的情感连接，提升时效性。
```

6.4 广告的目标受众选择

本节重点探讨广告目标受众选择这一环节，着重介绍如何借助 AIGC 技术，帮助数据分析师和业务分析师精确识别并提炼出目标受众的关键特征，从而推动更高效的广告投放策略。

6.4.1 利用 ChatGPT-4 从 Ads 数据中提炼高价值人群特征

在数据驱动的广告运营中，选择合适的目标受众是至关重要的一环。这一过程涉及使用数据分析工具来鉴定最有可能对特定产品或服务感兴趣的人群。在实际操作中，数据分析师和业务分析师面临的挑战是如何从庞大的数据集中筛选出有价值的信息。

利用 ChatGPT-4 的高级分析功能，分析师可以将已有的客户数据输入系统，然后只需要与 AI 对话即可获得关于目标受众特征的详细描述，如年龄、兴趣爱好、购买习惯等。这样，分析师只需要将 AI 提供的信息加以汇总和梳理，即可提供给广告人员进行投放使用。

为了进行上述分析，首先需要从 Google Ads 中提取转化数据。在 Ads 系统中，通过选择“广告系列”，然后在“洞察和报告”下的“报告编辑器”中点击“创建报告”，就可以生成目标受众特征的报告。如图 6-5 所示，在创建报告时，可以选取设备、性别、年龄等作为受众群体特征，同时选取展示次数、点击次数、点击率等作为分析指标。为了更好地聚焦分析场景，可以设置过滤条件，例如，仅考虑在 Google 搜索上的投放。

完成数据配置后，将其下载至本地并重命名为“ ads 广告数据 .xlsx”。你也可以直接使用附件中的同名文件。然后，你将数据文件上传到 ChatGPT-4，并输入如下提示指令。

```
[ChatGPT] 6/8/1 我想请你扮演资深数据分析师。请你基于附件 Excel 的 Ads 广告数据，分析点击效
    果好的人群特征。具体包括：
1. 先对点击量和点击率做归一化，然后求和得到新指标“点击效果”。
2. 找到“点击效果”值较高的记录，并简要分析特征的分布规律。
3. 基于总体数据，使用决策树规则，分析设备、性别、周几、年龄不同组合时对“点击效果”的影响，从而
   发掘有效广告投放规则。注意输出规则时使用原始特征名称和对应的值。
```

上述提示指令，除了设置 AI 角色以及介绍需要 AI 基于附件来分析人群特征外，重点信息是如何分析人群受众特征的过程描述：

过滤条件　投放网络（含搜索网络合作伙伴）为 Google 搜索

设备	性别	年龄	展示次数	↓点击次数	点击率
计算机	男	25~34 岁	18,630	787	4.22%
计算机	未确定	未确定	18,225	511	2.80%
计算机	女	25~34 岁	10,069	431	4.28%
计算机	男	18~24 岁	8,595	383	4.46%
手机	未确定	未确定	12,282	308	2.51%
计算机	女	18~24 岁	5,976	297	4.97%
Total			133,221	4,859	3.65%

行
设备
性别
年龄
列
展示次数
点击次数
点击率

图 6-5　在 Ads 中创建报告

- 构建“点击效果”新指标：为了全面评估广告的质量和效果，我们提出一个新指标“点击效果”，它综合了点击量和点击率两个维度。此过程首先要求 AI 进行数据归一化，以消除不同数据量级的影响，然后基于这两个维度进行综合计算。得分高的广告既有较高的点击率也有较大的点击量，从而确保质量和效果的平衡。
- 汇总统计分析：我们让 AI 对“点击效果”好的广告进行汇总统计分析。这一步是数据分析的基础，可以帮助我们对不同维度的分布特征有一个大致的理解。
- 使用决策树规则分析总体数据：我们指示 AI 使用决策树规则对数据进行分析。目的是区分“点击效果”好与差的广告，并提取易于理解的规则。我们要求 AI 使用原始数据的字段名和字段值输出规则，以便将规则直接应用于广告人群圈选。

如图 6-6 所示，我们将“ads 广告数据 .xlsx”文件上传至 ChatGPT-4，并输入提示指令。

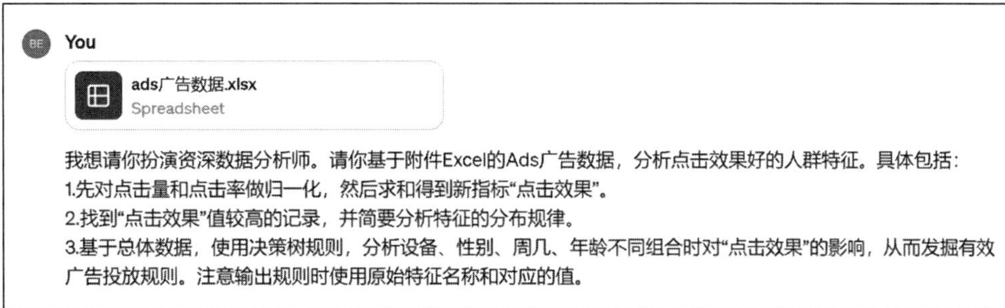

图 6-6　Ads 数据上传 ChatGPT-4 做人群特征分析

基于上述多模态信息的输入，ChatGPT-4 将执行以下操作。

首先，加载数据并根据指示计算新指标，结果如图 6-7 所示。

然后，找出点击效果最佳的记录并进行特征分析，结果如图 6-8 所示。

ChatGPT

数据已成功加载。根据你的要求，我将首先进行以下步骤：

1. 对点击量（点击次数）和点击率进行归一化，然后将这两个归一化后的指标相加，以得到新的指标“点击效果”。
2. 找到“点击效果”值较高的记录，并简要分析这些记录的特征分布。
3. 使用决策树算法分析不同的特征组合（设备、性别、周几、年龄）对“点击效果”的影响，以发掘有效的广告投放规则。

首先，我将进行第一步：对点击量和点击率进行归一化，并计算“点击效果”。[>-]

点击量和点击率已成功归一化，并且已计算出新的指标“点击效果”。接下来，我将找到“点击效果”值较高的记录，并分析这些记录的特征分布。[>-]

图 6-7 ChatGPT-4 加载 Ads 数据并完成第一步任务

在“点击效果”最高的记录中，我们可以观察到以下特征分布规律：

1. **设备类型**：主要集中在“计算机”，表明计算机用户在点击效果上表现较好。
2. **性别**：包括男性、女性以及未知。
3. **周几**：分布在一周的不同天，包括工作日和周末，没有明显的集中趋势。
4. **年龄段**：多样化，包括特定的年龄段（如25~34岁）和未知。
5. **展示次数和点击次数**：展示次数和点击次数有很大的差异，例如一些记录展示次数很少但点击次数高，导致点击率异常高，这可能是因为样本量较小。

图 6-8 ChatGPT-4 对效果较好的记录的简单分析

最后，基于决策树规则提取“点击效果”好的人群特征规则，结果如图 6-9 所示，例如：

- “设备不是平板电脑”且“周六”且“男性”用户。
- “设备不是平板电脑”且“年龄是 25～34 岁”且“性别未知”的用户。
- “设备是平板电脑”且“非未知性别”且“周四”且“女性”的用户，其中“非未知性别”与“女性”可以合并为“性别为女性”。

掌握了这些规则后，我们可以快速识别人群规则信息，并将其应用于 Ads 系统中，以提高广告效果。

6.4.2 利用 ChatGPT-4 提取全量数据下的目标人群

上传数据文件到 ChatGPT-4 并直接利用对话来提取人群特征的方式比较适用于小规模数据。在数据规模较大时，ChatGPT-4 可能无法完整提取规则。因此，我们可以在本地执行 ChatGPT-4 的实现规则，以获取完整数据集下的人群特征。

此过程要求基于上一节的输出内容，遵循 ChatGPT-4 的实现流程，将 Python 代码复制到本地并适当修改后执行。图 6-7 和图 6-9 除了输出文本信息外，其实还同时输出了详细的工作代码，我们可以直接点击输出内容中的 [>-]，来分别查看并复制 Python 代码。

首个代码段用于读取原始数据，源自图 6-7。原始代码如下：

接下来，我将使用决策树算法来分析不同特征组合（设备、性别、周几、年龄）对“点击效果”的影响，以发掘有效的广告投放规则。这将包括训练决策树模型并提取规则。[>-]

根据决策树模型的分析，以下是对“点击效果”影响较大的几条规则：

1. 当设备不是平板电脑时：
    - 对于年龄在25~34岁之外的群体：
        - 在非周六的日子，点击效果通常较低。
        - 在周六，男性的点击效果略高。
    - 对于年龄在25~34岁的群体：
        - 对于非未知性别用户，使用手机的点击效果较高。
2. 当设备是平板电脑时：
    - 对于非未知性别用户：
        - 在非周四的日子，点击效果通常较低。
        - 在周四，女性的点击效果较高。
    - 对于未知性别用户：
        - 年龄未知的用户在周一外的其他天点击效果较低。

这些规则揭示了不同特征组合对广告点击效果的影响。例如，对于非平板电脑设备的25~34岁用户，使用手机的点击效果较好。反之，对于平板电脑用户，特别是女性用户在周四的点击效果较好。

这些发现可以帮助优化广告投放策略，通过针对特定群体提高广告效果。[>-]

图 6-9　ChatGPT-4 基于决策树提取的人群定位规则

```
import pandas as pd
# Load the Excel file
file_path = '/mnt/data/ads 广告数据 .xlsx'
ads_data = pd.read_excel(file_path)
# Displaying the first few rows of the dataset to understand its structure
ads_data.head()
```

此代码从上传的文件中读取数据并展示数据概况。由于原始数据文件所处的路径不同，因此我们需要修改 file_path 地址为本地文件地址。修改后，在 Jupyter Notebook 执行，效果如图 6-10 所示。

```
In  [2]: import pandas as pd
         # Load the Excel file
         file_path = r'D:\[书籍]AIGC辅助数据分析与数据化运营：基于ChatGPT的解决方案与运营分析\04随书附件\第6章\ads广告数据.xlsx'
         ads_data = pd.read_excel(file_path)
         # Displaying the first few rows of the dataset to understand its structure
         ads_data.head()
Out[2]:
```

	设备	性别	周几	年龄	展示次数	点击次数	点击率
0	计算机	男	星期三	25 - 34	3912	173	0.0442
1	计算机	男	星期四	25 - 34	3659	161	0.0440
2	计算机	男	星期二	25 - 34	3668	153	0.0417
3	计算机	男	星期一	25 - 34	3698	159	0.0430
4	计算机	男	星期五	25 - 34	3429	132	0.0385

图 6-10　使用 ChatGPT-4 代码读取数据

第二个代码段用于标准化点击量和点击率，并计算新指标“点击效果”，源自图 6-7 的第二段代码。此代码不需要修改，可直接在 Jupyter Notebook 执行。具体代码和执行结果展示如图 6-11 所示。

```
In [5]: from sklearn.preprocessing import MinMaxScaler

        # Normalizing the '点击次数' (Clicks) and '点击率' (Click-through rate)
        scaler = MinMaxScaler()
        ads_data[['点击次数_norm', '点击率_norm']] = scaler.fit_transform(ads_data[['点击次数', '点击率']])

        # Calculating the new metric '点击效果' (Click Effectiveness) as the sum of normalized Clicks and CTR
        ads_data['点击效果'] = ads_data['点击次数_norm'] + ads_data['点击率_norm']

        # Displaying the first few rows with the new metric
        ads_data.head()

Out[5]:
```

	设备	性别	周几	年龄	展示次数	点击次数	点击率	点击次数_std	点击率_std	点击效果	点击次数_norm	点击率_norm
0	计算机	男	星期三	25 - 34	3912	173	0.0442	6.081756	0.352824	1.088400	1.000000	0.0884
1	计算机	男	星期四	25 - 34	3659	161	0.0440	5.627341	0.348238	1.018636	0.930636	0.0880
2	计算机	男	星期二	25 - 34	3668	153	0.0417	5.324398	0.295501	0.967793	0.884393	0.0834
3	计算机	男	星期一	25 - 34	3698	159	0.0430	5.551605	0.325309	1.005075	0.919075	0.0860
4	计算机	男	星期五	25 - 34	3429	132	0.0385	4.529173	0.222127	0.840006	0.763006	0.0770

图 6-11　使用 ChatGPT-4 代码进行数据归一化并生成新指标

第三个代码段用于识别最佳点击效果的记录并进行简单分析，可直接将图 6-9 对应的第一段代码复制到 Jupyter Notebook 执行。原始代码和执行结果如图 6-12 所示。

```
In [7]: # Finding the top records with the highest '点击效果' (Click Effectiveness)
        top_click_effectiveness = ads_data.sort_values(by='点击效果', ascending=False).head(10)

        # Displaying the top records
        top_click_effectiveness[['设备', '性别', '周几', '年龄', '展示次数', '点击次数', '点击率', '点击效果']]

Out[7]:
```

	设备	性别	周几	年龄	展示次数	点击次数	点击率	点击效果
0	计算机	男	星期三	25 - 34	3912	173	0.0442	1.088400
1	计算机	男	星期四	25 - 34	3659	161	0.0440	1.018636
131	计算机	女	星期日	45 - 54	2	1	0.5000	1.005780
3	计算机	男	星期一	25 - 34	3698	159	0.0430	1.005075
2	计算机	男	星期二	25 - 34	3668	153	0.0417	0.967793
4	计算机	男	星期五	25 - 34	3429	132	0.0385	0.840006
10	计算机	未知	星期四	未知	3841	107	0.0279	0.674297
5	计算机	未知	星期三	未知	3429	104	0.0303	0.661756
9	计算机	未知	星期二	未知	3714	103	0.0277	0.650776
6	计算机	女	星期一	25 - 34	2102	96	0.0457	0.646313

图 6-12　使用 ChatGPT-4 代码进行排序并输出获得目标数据

第四个代码段用于从记录中提取人群规则，可直接将图 6-9 的第二段代码复制到

Jupyter Notebook。原始代码和执行结果如图 6-13 所示。

```
In [8]: from sklearn.tree import DecisionTreeRegressor, export_text

        # Preparing the data for decision tree model
        # Converting categorical features into dummy variables
        features = pd.get_dummies(ads_data[['设备', '性别', '周几', '年龄']])
        target = ads_data['点击效果']

        # Training a decision tree regressor
        decision_tree = DecisionTreeRegressor(max_depth=4)  # Limiting depth for simplicity of rules
        decision_tree.fit(features, target)

        # Extracting the rules
        tree_rules = export_text(decision_tree, feature_names=list(features.columns))

        tree_rules

Out[8]: '|--- 设备_平板电脑 <= 0.50\n|   |--- 年龄_25 - 34 <= 0.50\n|   |   |--- 周几_星期六 <= 0.50\n|   |   |   |--- 年龄_未知 <= 0.50\n|   |
        |   |--- value: [0.13]\n|   |   |   |--- 年龄_未知 >  0.50\n|   |   |   |   |--- value: [0.27]\n|   |   |--- 周几_星期六 >  0.50\n|   |
        |--- 性别_男 <= 0.50\n|   |   |   |   |--- value: [0.01]\n|   |   |   |--- 性别_男 >  0.50\n|   |   |   |   |--- value: [0.04]\n|   |--- 年
        龄_25 - 34 >  0.50\n|   |   |--- 性别_未知 <= 0.50\n|   |   |   |--- 设备_计算机 <= 0.50\n|   |   |   |   |--- value: [0.21]\n|   |   |   |-
        -- 设备_计算机 >  0.50\n|   |   |   |   |--- value: [0.58]\n|   |   |--- 性别_未知 >  0.50\n|   |   |   |--- 周几_星期六 <= 0.50\n|   |
        |   |--- value: [0.09]\n|   |   |   |--- 周几_星期六 >  0.50\n|   |   |   |   |--- value: [0.00]\n|--- 设备_平板电脑 >  0.50\n|   |--- 性别_
        未知 <= 0.50\n|   |   |--- 周几_星期四 <= 0.50\n|   |   |   |--- 周几_星期六 <= 0.50\n|   |   |   |   |--- value: [0.06]\n|   |   |   |---
        周几_星期六 >  0.50\n|   |   |   |   |--- value: [0.00]\n|   |   |--- 周几_星期四 >  0.50\n|   |   |   |--- 性别_男 <= 0.50\n|   |   |   |
        |--- value: [0.04]\n|   |   |   |--- 性别_男 >  0.50\n|   |   |   |   |--- value: [0.18]\n|   |--- 性别_未知 >  0.50\n|   |   |--- 年龄_未知
        <= 0.50\n|   |   |   |--- value: [0.00]\n|   |   |--- 年龄_未知 >  0.50\n|   |   |   |--- 周几_星期一 <= 0.50\n|   |   |   |   |--- value:
        [0.02]\n|   |   |   |--- 周几_星期一 >  0.50\n|   |   |   |   |--- value: [0.09]\n'
```

图 6-13 使用 ChatGPT-4 代码获得决策树规则

我们分析图 6-13 的输出结果，发现决策树规则难以直接解读时，可使用 print 函数打印可视化的规则，如图 6-14 所示。

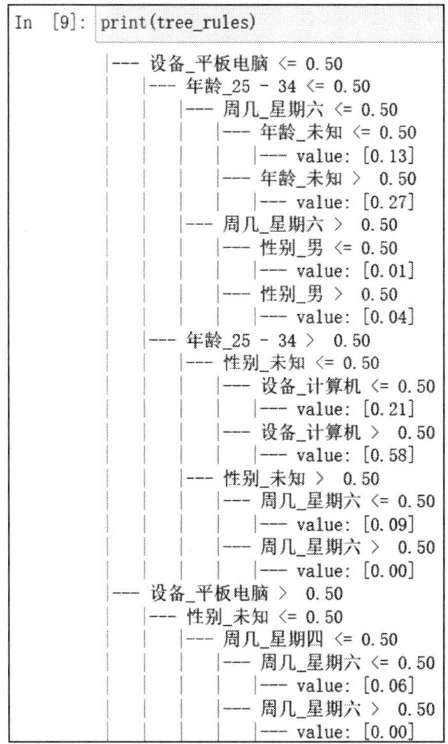

```
In [9]: print(tree_rules)

        |--- 设备_平板电脑 <= 0.50
        |   |--- 年龄_25 - 34 <= 0.50
        |   |   |--- 周几_星期六 <= 0.50
        |   |   |   |--- 年龄_未知 <= 0.50
        |   |   |   |   |--- value: [0.13]
        |   |   |   |--- 年龄_未知 >  0.50
        |   |   |   |   |--- value: [0.27]
        |   |   |--- 周几_星期六 >  0.50
        |   |   |   |--- 性别_男 <= 0.50
        |   |   |   |   |--- value: [0.01]
        |   |   |   |--- 性别_男 >  0.50
        |   |   |   |   |--- value: [0.04]
        |   |--- 年龄_25 - 34 >  0.50
        |   |   |--- 性别_未知 <= 0.50
        |   |   |   |--- 设备_计算机 <= 0.50
        |   |   |   |   |--- value: [0.21]
        |   |   |   |--- 设备_计算机 >  0.50
        |   |   |   |   |--- value: [0.58]
        |   |   |--- 性别_未知 >  0.50
        |   |   |   |--- 周几_星期六 <= 0.50
        |   |   |   |   |--- value: [0.09]
        |   |   |   |--- 周几_星期六 >  0.50
        |   |   |   |   |--- value: [0.00]
        |--- 设备_平板电脑 >  0.50
        |   |--- 性别_未知 <= 0.50
        |   |   |--- 周几_星期四 <= 0.50
        |   |   |   |--- 周几_星期六 <= 0.50
        |   |   |   |   |--- value: [0.06]
        |   |   |   |--- 周几_星期六 >  0.50
        |   |   |   |   |--- value: [0.00]
```

图 6-14 使用 print 函数打印决策树规则

关于决策树规则的解读需注意以下两点：

- 特征含义：例如“设备 _ 平板电脑”“年龄 _25-34”“周几 _ 星期六”都表示一个确定的属性值。虽然这些特征在规则中表示为 >0.5 或≤ 0.5，但实际取值都是 0 或 1。例如，“设备 _ 平板电脑 <= 0.50”表示“设备 _ 平板电脑 =0”，也就是“设备不是平板电脑”。
- 目标含义：决策树的目标是“点击效果”，在上面的决策树规则中，表示为“value”，value 值越大表示点击效果越好。

我们的目标是找到 value 值大的规则，如图 6-15 所示，value 为 0.27，代表的人群规则是：设备不是平板电脑，年龄不是 25～34 岁，不是周六，年龄未知。

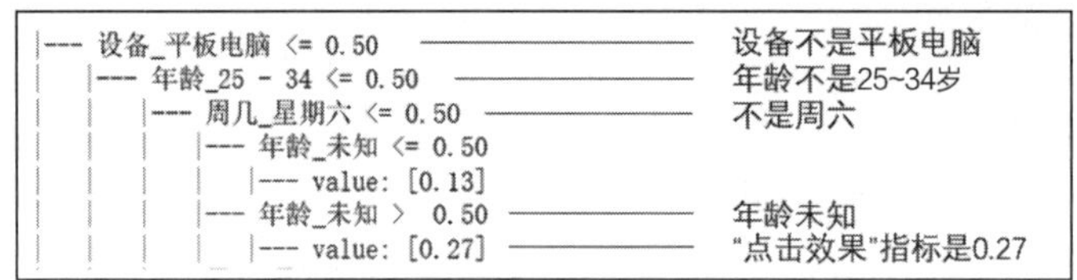

图 6-15 目标人群规则提取

注意 在解读决策树规则时，由于 AI 处理分类特征时（如设备、年龄、周几、性别）会将其分为多个不同的二值化特征，例如原来的设备包含 web 和 mobile，那么处理后会生成设备 _web 和设备 _mobile。在模型结果中，这两个新的特征字段可能重复出现。解读时应合并重复区间字段，如年龄不是 25～34 岁和年龄未知的交集是年龄非 25～34 岁且未知。另外，由于决策树模型具有随机性，不同时间执行的结果可能不同，导致人群规则有所差异。

6.4.3 AIGC 辅助 Python 确定目标广告投放受众列表

在选择广告投放人群时，基于特定受众列表的投放是一种常见做法。例如，我们可以通过分析网站流量（如使用 Google Analytics），对用户群体进行分析或数据建模。基于这些分析和模型预测结果，我们可以创建受众列表，再将其应用于广告系统（如 Google Ads）进行投放。这实现了从数据分析到创建目标人群，以及在广告系统中投放的全过程闭环。

接下来，我们将介绍如何利用 AIGC 和 Python 进行用户转化预测和建模，以确定目标投放客户。本案例中使用的数据源自 Google Analytics 导入 BigQuery 的原始流量数据。通过编写自定义 SQL，我们对用户级别特征进行汇总。相关数据可在附件 BigqueryData.xlsx 中找到。案例中的数据字段及其解释如下。

- Clientid：Google Analytics 基于 Cookie 生成的唯一用户识别标志，每个 Clientid 代表一个唯一用户，例如，416526950.1702424850。
- first_channel：用户首次访问来源渠道，例如，OrganicSearch。

- phone：用户主要使用设备，例如，Honor。
- sessions：用户总访问次数，例如，1。
- bounce_rate：用户平均跳出率，例如，0.25。
- page_depth：用户平均访问深度，例如，34。
- avg_duration：用户平均停留时间，例如，5863。
- if_login：用户是否登录，例如，1。
- if_subscription：用户是否订阅活动信息，例如，1。
- if_search：用户是否进行搜索，例如，0。
- if_view_coupon：用户是否查看优惠券信息，例如，1。
- transactions：用户是否产生订单交易，这是本案例的预测目标，例如，1。

现在，我们将使用 AI 辅助输出 Python 代码，完成对上述示例数据的建模分析。

```
[ChatGPT] 6/9/1　我想请你扮演资深数据分析师。请你完成分类模型训练和预测任务。过程如下：
1. 读取 BigqueryData.xlsx 中工作簿为 train 的数据并返回 df。
2. 对 df 中的数值型特征 sessions、bounce_rate、page_depth、avg_duration、if_login、
   if_subscription、if_search、if_view_coupon 做 max-min 数据归一化。
3. 基于归一化后的特征组合为新的建模特征，并以 transactions 为目标，使用逻辑回归建立分类模型。
4. 设置 30% 的数据集为检验集，对分类模型进行交叉检验，输出分类模型评估报告。
5. 读取 BigqueryData.xlsx 中工作簿为 predict 的数据并返回 df_new。
6. 使用与训练集相同的数据归一化对象，对 df_new 完成特征转换处理，基于处理后的特征完成预测，分
   别输出预测概率以及预测标记，并将预测结果分别添加到 df_new 中。
7. 打印预测结果的前 5 条记录。

请以 Markdown 格式返回实现上述任务的 Python 代码。
```

上述提示指令除了描述 AI 角色和任务目标外，关键步骤涉及如何完成分类模型的训练和预测过程，具体内容如下。

- 读取数据集：由于数据存储在指定的 Excel 工作簿中，需要明确指定工作簿的名称来读取数据集。
- 特征工程：由于在 BigQuery 中抽取字段时已处理异常值和缺失值，所以此处的特征工程仅包括建模所需的必要步骤。在特征工程处理过程中，需明确指出数值型特征的名称列表和处理方法，以便 AI 能针对特定字段进行处理。
- 分类模型训练：明确告知 AI 需要使用经过特征工程处理的特征，而非原始特征来训练模型；同时，明确指定分类模型的目标字段，并指定 AI 使用特定的分类模型。
- 模型评估：我们为 AI 设定了数据验证集的比例，并要求 AI 输出分类模型的评估报告，以便了解模型的效果。
- 对新数据的处理过程：此过程与训练集处理过程基本一致，主要区别在于读取的数据集不同。需要注意的是，在处理预测集时，必须告知 AI 使用与训练集相同的归一化对象进行数据归一化处理，这样训练和预测时所用的规则才是统一的。最后输出新数据的预测概率和预测标志（是否转化），便于进行进一步的分析和处理。

❑ 打印：打印并展示预测结果的前 5 条数据，以便快速查看和分析结果。

ChatGPT 基于提示指令，给出如下 Python 代码：

```
import pandas as pd
from sklearn.preprocessing import MinMaxScaler
from sklearn.model_selection import train_test_split
from sklearn.linear_model import LogisticRegression
from sklearn.metrics import classification_report

# 1. 读取训练数据
train_df = pd.read_excel('BigqueryData.xlsx', sheet_name='train')
# 2. 数据归一化
scaler = MinMaxScaler()
numeric_features = ['sessions', 'bounce_rate', 'page_depth', 'avg_duration',
    'if_login', 'if_subscription', 'if_search', 'if_view_coupon']
train_df[numeric_features] = scaler.fit_transform(train_df[numeric_features])
# 3. 建立分类模型
X = train_df[numeric_features]
y = train_df['transactions']
X_train, X_val, y_train, y_val = train_test_split(X, y, test_size=0.3, random_
    state=42)
model = LogisticRegression()
model.fit(X_train, y_train)
# 4. 交叉检验并输出评估报告
y_val_pred = model.predict(X_val)
classification_rep = classification_report(y_val, y_val_pred)
print(" 分类模型评估报告 :\n", classification_rep)
# 5. 读取预测数据
df_new = pd.read_excel('BigqueryData.xlsx', sheet_name='predict')
# 6. 特征转换和预测
df_new[numeric_features] = scaler.transform(df_new[numeric_features])
df_new['predictions_prob'] = model.predict_proba(df_new[numeric_features])[:, 1]
df_new['predictions_label'] = model.predict(df_new[numeric_features])
# 7. 打印前 5 条预测结果
print(" 预测结果前 5 条记录 :\n", df_new[['sessions', 'bounce_rate', 'page_depth',
    'avg_duration', 'if_login', 'if_subscription', 'if_search', 'if_view_
    coupon', 'predictions_prob', 'predictions_label']].head())
```

我们通过 Jupyter Notebook 执行上述代码，得到了分类模型的评估结果和新数据集的预测结果。具体内容如下。

❑ **分类模型评估结果**。图 6-16 展示了分类模型的效果评估：模型在预测正样本（订单转化）和负样本（非转化）方面表现均衡且准确。

❑ **新数据的预测结果**。图 6-17 展示了分类模型对新数据集的预测结果。predictions_prob 字段表示预测为 1（订单转化）的概率，取值范围在 0 到 1 之间，值越大表示转化概率越高；predictions_label 字段表示模型基于预测的分类阈值判断用户是否会转化的标志，当 predictions_prob 大于 0.5 时，predictions_label 被设为 1，表示预测用户会转化；否则为 0，表示预测用户不会转化。

```
分类模型评估报告:
              precision    recall  f1-score   support

           0       0.93      0.98      0.96      1379
           1       0.93      0.77      0.84       441

    accuracy                           0.93      1820
   macro avg       0.93      0.88      0.90      1820
weighted avg       0.93      0.93      0.93      1820
```

图 6-16　分类模型评估结果

预测结果前5条记录:

	sessions	bounce_rate	page_depth	avg_duration	if_login	if_subscription	if_search	if_view_coupon	predictions_prob	predictions_label
0	0.126582	0.27	0.047368	0.031523	1.0	0.0	0.0	1.0	0.985869	1
1	0.000000	1.00	0.005371	0.000000	0.0	0.0	0.0	0.0	0.022100	0
2	0.000000	0.00	0.059076	0.162033	1.0	0.0	0.0	0.0	0.915830	1
3	0.000000	0.00	0.112782	0.208767	0.0	0.0	0.0	0.0	0.329050	0
4	0.000000	0.00	0.069817	0.040935	0.0	0.0	0.0	0.0	0.105719	0

图 6-17　新数据的预测结果

一旦获得这些预测结果，我们可以将它们导入 BigQuery，进而在 Google Analytics 中创建受众列表。之后，在 Google Ads 等广告系统中，选择与 Google Analytics 中对应的受众列表进行广告投放。这样就实现了数据分析结果到实际广告投放应用的无缝衔接，有效地利用了机器学习预测结果来指导广告策略。

6.5　广告投放时机分析

广告投放时机分析是广告策略中的核心环节，涵盖了广告的曝光频率和投放时间两大要素。其主要目标在于确定最适合特定广告目标和目标受众的投放时机，以提升广告的覆盖率、接触度和影响力。同时，此分析旨在避免广告的过度曝光和干扰，减少不必要的广告成本。

6.5.1　AIGC 辅助 Python 完成多目标广告曝光频次分析

广告曝光频次分析，作为广告投放时机分析的关键部分，主要关注在特定时间段内对同一用户、广告活动、广告单元或目标群体的广告曝光次数，以及这些曝光次数如何影响广告效果。在实际应用中，广告投放往往需要同时考虑多个效果指标，如同时提高 CTR 和 CVR。因此，在寻找最优广告曝光频次时，需要综合考虑多个指标。通过 AIGC 技术的辅助，这个过程可以更加高效和简便。

以下是一个示例，展示如何利用 AIGC 辅助 Python 完成该分析过程。本示例的数据从 Google Ads 导出，详见附件 ads 广告细分数据 .xlsx。示例数据包括日期、周几、展示次数、转化次数和转化率等字段。具体如下：

```
日期        周几        展示次数     转化次数     转化率
2022/11/8  Tuesday    1,001       1           0.75%
2022/11/9  Wednesday  55,577      5           0.95%
```

如下是让 AI 输出 Python 工作代码的提示指令：

```
[ChatGPT] 6/10/1 我想请你扮演资深数据分析师。"ads 广告细分数据 .xlsx"文件存储了广告效果
    数据，第一列是标题，分别表示日期、周几、展示次数、转化次数和转化率。现在需要分析广告展示次
    数在何种情况下，才能让转化次数和转化率的综合加权值最大。请完成如下分析：
1. 对转化次数和转化率使用 max-min 方法做数据归一化。
2. 设置转化次数和转化率的权重分别为 0.7 和 0.3，并对归一化后的结果加权求和，得到新指标"转化
   价值"。
3. 将展示次数以 10000 为单位分箱，统计不同分箱区间的转化价值均值。
4. 对分箱区间进行汇总分析，结果降序排列。
5. 打印排序后的前 5 条记录。

请以 Markdown 格式返回实现上述过程的 Python 代码。
```

上述提示指令不仅设定了 AI 工作的角色，还明确描述了任务。

- 首先，通过明确的数据源和字段，AI 可以正确读取和理解数据。
- 接着，任务目标是找出在综合考虑转化次数和转化率的情况下，能够最大化转化价值的展示次数。
- 然后，明确告知 AI 在分析过程中，需要对多目标数据进行数据归一化处理。我们为 AI 指定不同指标的权重和加权求和方法，并设定分箱单位，以便于控制投放。
- 最后，完成排序并输出前 5 条记录。

ChatGPT 基于提示指令输出如下 Python 代码，你也可以在附件 ads_impression.ipynb 中找到原始代码：

```
import pandas as pd

# 1. 读取数据
data = pd.read_excel('ads 广告细分数据 .xlsx')
# 2. 数据归一化
data['转化次数_normalized'] = (data['转化次数'] - data['转化次数'].min()) /
    (data['转化次数'].max() - data['转化次数'].min())
data['转化率_normalized'] = (data['转化率'] - data['转化率'].min()) / (data['转
    化率'].max() - data['转化率'].min())
# 3. 计算转化价值
weight_conversion = 0.7
weight_conversion_rate = 0.3
data['转化价值'] = weight_conversion * data['转化次数_normalized'] + weight_
    conversion_rate * data['转化率_normalized']
# 4. 将展示次数分箱并计算均值
data['展示次数_分箱'] = (data['展示次数'] / 10000).astype(int)
conversion_value_means = data.groupby('展示次数_分箱')['转化价值'].mean()
# 5. 降序排列并输出前 5 条记录
top_5_conversion_value = conversion_value_means.sort_values(ascending=False).
    head(5)
print(top_5_conversion_value)
```

我们在 Jupyter Notebook 中执行上述代码，得到如下输出结果：

```
展示次数_分箱
12      0.496286
9       0.447670
16      0.430825
48      0.429016
36      0.393021
```

分析表明，在日广告曝光频次达到 120 000～129 999 次这一区间内，综合转化次数和转化率的转化价值达到最大。使用此分析代码时，可根据实际情况进行以下调整。

- **广告目标设定**：本案例聚焦于转化次数和转化率两个指标，你可以根据需要替换为其他指标，如 ROI、点击率或 ARPU 等。
- **权重配置**：本案例偏重于转化次数的权重，你可以根据广告策略的具体需求调整各指标的权重比例。通常，权重之和应为 1。
- **广告分析维度**：案例中选择了以天为单位的账户级别数据。你可以根据需求选择更具体的分析维度，如特定的广告活动或广告组，从而使分析更加精准。
- **分箱单位大小**：根据广告次数分布情况，合理设定分箱单位。单位设置过大可能不利于细致控制，设置过小则可能因波动影响而难以把握规律。

6.5.2　AIGC 辅助 Python 完成多目标广告投放时间分析

广告投放时间分析，作为广告时机分析的关键组成部分，专注于探索一天或一周内最佳的广告投放时段，以及这些时段对广告效果的具体影响。

为了进行这一分析，我们继续使用上个案例中的数据集。该数据集中已包含“周几”的字段，因此我们的重点是分析不同日的广告投放效果，同时考虑到转化次数和转化率这两个关键指标。

如下是让 AI 输出 Python 工作代码的提示指令。

```
[ChatGPT] 6/11/1  我想请你扮演资深数据分析师。“ads 广告细分数据 .xlsx”文件存储了广告效果
        数据，第一列是标题，分别表示日期、周几、展示次数、转化次数和转化率。现在需要分析周几的转化
        次数和转化率的综合加权值最大。请完成如下分析：
1. 对转化次数和转化率使用 max-min 方法做数据归一化。
2. 设置转化次数和转化率的权重分别为 0.7 和 0.3，并对归一化后的结果加权求和，得到新指标“转化
   价值”。
3. 按周几进行汇总统计，计算转化价值均值。
4. 打印所有的汇总统计结果。

请以 Markdown 格式返回实现上述过程的 Python 代码。
```

该提示指令与上个案例类似，我们需要特别注意以下几个差异点。

- 任务目标：分析重点转向了识别周几能带来最大化的转化次数和转化率的综合加权值。这意味着我们需要识别哪一天的广告投放最能促进目标转化。
- 分析过程：由于数据按星期分类后只包含一周内最多七天的数据，所以我们的方法

应直接聚焦于展示这些汇总数据的结果。这简化了分析流程，不需要复杂的数据分箱或长期趋势分析。

ChatGPT 基于提示指令输出如下 Python 代码，你也可以在附件 ads_weekday.ipynb 中找到原始代码：

```
import pandas as pd

# 1. 读取数据
data = pd.read_excel('ads 广告细分数据 .xlsx')
# 2. 数据归一化
data['转化次数_normalized'] = (data['转化次数'] - data['转化次数'].min()) /
    (data['转化次数'].max() - data['转化次数'].min())
data['转化率_normalized'] = (data['转化率'] - data['转化率'].min()) / (data['转
    化率'].max() - data['转化率'].min())
# 3. 计算转化价值
weight_conversion = 0.7
weight_conversion_rate = 0.3
data['转化价值'] = weight_conversion * data['转化次数_normalized'] + weight_
    conversion_rate * data['转化率_normalized']
# 4. 按周几进行汇总统计，计算转化价值均值
conversion_value_by_day = data.groupby('周几')['转化价值'].mean()
# 5. 打印所有的汇总统计结果
print(conversion_value_by_day)
```

我们在 Jupyter Notebook 中执行 Python 代码，得到如下结果：

```
周几
Friday       0.249225
Monday       0.265801
Saturday     0.276304
Sunday       0.258726
Thursday     0.243738
Tuesday      0.264646
Wednesday    0.237906
```

从该广告投放时间分析的结果来看，我们发现星期六的综合加权值最高，其次是星期一。这一发现为广告投放策略提供了有价值的洞察，指明了特定日可能更适合实施特定的广告活动。与先前的案例类似，你可以根据需求调整广告目标、权重分配，进行不同维度下的时间分析。

6.6 广告落地页 A/B 测试与假设检验分析

广告落地页 A/B 测试是一种有效的广告优化方法。它的核心是通过对比两个或多个版本的广告落地页，以确定哪个版本在吸引用户、提高转化率和实现其他关键指标方面更为高效。在此过程中，多种方法被用于对比 A/B 测试的结果，并找出其中具有统计显著性的

方案。本节将讨论如何利用 AI 设计 A/B 测试和检验方案，以及利用 AIGC 辅助 Excel 进行假设检验分析。

6.6.1　A/B 测试与假设检验概述

A/B 测试涉及对页面元素、排版、文案和图像等因素进行变更，目的是了解哪些更改对用户行为有积极影响。在广告落地页 A/B 测试中，关键步骤和要点包括：

- 目标设定：明确测试目标，例如提高点击率、转化率或增加销售额。
- 版本创设：创建多个不同元素或更改的广告落地页版本。
- 随机分配：将访问者随机分配到不同的广告落地页版本。
- 数据搜集：收集各版本广告落地页的访问次数、点击次数、转化次数等数据。
- 统计分析：应用统计方法比较不同版本的性能，确定最有效的版本。
- 结论与优化：根据分析结果选出最佳版本，并据此优化广告落地页。

假设检验是一种核心的数据分析技术，用于判断数据是否符合预期或存在差异或联系。它常用于验证 A/B 测试结果的差异性。根据数据特性和检验目标，可以选择不同的分布模型和检验方法，如 Z 检验、T 检验和 F 检验。假设检验的步骤包括：

- 提出假设：包括原假设（H0）和备择假设（H1），其中原假设是待检验的假设，备择假设则与之相对。
- 确定检验水准：也称显著性水平，是拒绝原假设的最大容许概率，通常为 0.01、0.05 或 0.1。
- 选择检验方法：根据数据类型、分布和样本量选择适当的检验方法，并计算相应的检验统计量。
- 确定拒绝域与 *P* 值：拒绝域是在原假设成立的条件下，检验统计量的一个特定区域。*P* 值是在原假设成立的条件下，得到观察到的或更极端检验统计量的概率。
- 推断与结论：根据比较检验统计量、*P* 值与检验水准，决定是否拒绝原假设，并给出专业解释。

接下来，我们将通过一个实例详细介绍如何在常用的 Excel 中，利用 AIGC 辅助分析师完成假设检验分析完整过程。

6.6.2　准备 A/B 测试数据

在进行 A/B 测试之前，我们首先从网站流量系统中提取了涵盖测试周期内 A/B 测试两组方案的数据。这些数据主要包括大约三周时间内的日常曝光量和点击量。你可以在附件的“广告 A/B 测试数据 .xlsx”文件中查看这些数据，其中部分数据如图 6-18 所示。

	A	B	C	D	E	F	G
1	日期	对照组点击量	对照组曝光量	测试组点击量	测试组曝光量	对照组点击率	测试组点击率
17	2023/1/11	6171	211470	7333	195655	2.92%	3.75%
18	2023/1/12	2521	70886	4832	162781	3.56%	2.97%
19	2023/1/13	1318	64419	4179	110304	2.05%	3.79%
20	2023/1/14	1697	81972	6171	133849	2.07%	4.61%
21	2023/1/15	2119	75141	4256	168364	2.82%	2.53%
22	2023/1/16	2176	86083	3916	139648	2.53%	2.80%
23	2023/1/17	1213	45559	4422	69927	2.66%	6.32%
24	汇总	53606	2532501	113259	3181148	2.12%	3.56%

图 6-18 原始 A/B 测试数据

在搜集 A/B 测试的效果数据时，需特别注意以下几点。

- **样本规模**：样本规模的大小直接影响数据分析的准确性。对于中小企业，每日几百到上千个样本可视为较大规模；而对于中大型企业，样本规模通常以万计。
- **测试周期**：测试周期应与样本规模相匹配。若日样本规模较小，则需要更长的周期来收集数据。即便样本规模足够大，也建议在条件允许的情况下延长数据收集期，以减少特定日期的偶然性影响。
- **测试目标**：明确测试目标至关重要，通常包括点击、下载、购买、播放、参与活动等具体行为。
- **样本分布**：A/B 测试常采用随机分组方式，但在某些情况下，也可以按地域、浏览器等因素进行分组，这取决于具体的业务需求。

在本案例中，核心测试目标是评估用户对落地页新样式的点击喜好。虽然曝光量只作为参考数据，但它提供了评估样本总体规模以及进行效果对比和检验的基础数据。

6.6.3 让 AI 设计假设检验实施方案

根据图 6-18 所示的数据，我们经过分析可以得出以下初步结论：

- 尽管对照组和测试组的数据规模相对平衡，但存在一定差异。具体来看，对照组的曝光量比测试组少约 65 万次，曝光规模的差异可能影响点击率评估的准确性。
- 在对比对照组和测试组的点击率时，我们发现测试组的总体点击率比对照组的点击率高 68%。这一发现颇为意外，尤其是在考虑到测试组拥有更大数据规模的情况下。

为了更精确地分析这些数据，我们将利用 New Bing Chat 来描述数据集情况，并让 AI 帮助我们设计假设检验实施方案。提示指令如下：

```
[New Bing Chat] 6/12/1  我想让你扮演资深数据分析师。你们针对广告着陆页设计了 A(对照组)、B(测试组) 两套方案并收集了测试结果。该结果存储在 Excel 中，A:G 列分别是日期、对照组点击量、对照组曝光量、测试组点击量、测试组曝光量、对照组点击率、测试组点击率。
这两组数据特征如下：
1. 对照组总曝光量为 2532501，测试组总曝光量为 3181148，二者存在量级上的差异。
2. 通过对比对照组和测试组的总体点击率，发现测试组的总体点击率比对照组高 68%。
```

> 你的任务是：在控制两组数据曝光量差异影响的前提下，对两组方案的点击率做显著差异性评估。你打算如何开展工作？请简要列出步骤。

New Bing Chat 基于提示指令，给出了如下解决方案：

> 根据你的描述，你想要比较两组方案的点击率是否有显著差异，同时控制曝光量的影响。我建议你按照以下步骤进行：
>
> 1. 首先，你需要对两组数据进行抽样，使得它们的曝光量相同或者接近。这样可以消除曝光量对点击率的影响。你可以使用 Excel 的随机函数或者筛选功能来实现抽样。
> 2. 然后，你需要计算两组数据的平均点击率和标准差，以及两组数据的样本量。这些是进行假设检验的基本参数。
> 3. 接下来，你需要确定你的假设检验方法。一般来说，如果两组数据都符合正态分布，并且方差相等或者接近，你可以使用 T 检验来比较两组平均值是否有显著差异。如果不符合这些条件，你可以使用非参数检验方法，如 Mann-Whitney U 检验或者 Wilcoxon 秩和检验。
> 4. 最后，你需要根据你选择的检验方法，计算出检验统计量和 P 值，并根据给定的显著性水平（如 0.05 或者 0.01）来判断是否拒绝原假设（即两组平均值没有差异）。如果 P 值小于显著性水平，那么你可以认为两组方案的点击率有显著差异。
>
> 以上是我对你的任务的建议步骤，希望对你有帮助。如果你还有其他问题，欢迎继续提问。

根据 AI 的建议，我们的第一步是通过抽样的方式平衡两组样本，确保对照组和测试组的曝光量尽可能接近或相等。这一步非常关键，因为它将为我们接下来对比点击率提供更公平的基准。完成这一步后，我们将基于平衡后的样本继续进行点击率的比较分析。

6.6.4　基于 AI 方案在 Excel 中实现两组曝光数据均衡

根据 AIGC 的建议，为了消除两组数据中曝光量对点击率的影响，我们需采用抽样后的样本进行点击率的计算。若对抽样方法不熟悉，可向 AI 咨询。以下是提示指令：

> [New Bing Chat] 6/12/2　如何通过抽样来实现曝光量相同或接近？请说明具体实施方案。

AI 基于提示指令提供了如下关于抽样方法的解释：

> 有很多方法可以通过抽样来实现曝光量相同或接近，这里我给出一种比较简单的方法：
>
> 1. 首先，你需要计算两组数据的曝光量之比，即 3181148/2532501，约等于 1.26。这意味着测试组的曝光量比对照组多 26%。
> 2. 然后，你需要从测试组中随机抽取约 80% 的数据，使得它的曝光量和对照组相当。你可以使用 Excel 的 RAND() 函数来给每一行数据生成一个 0 到 1 之间的随机数，然后按照这个随机数进行排序，最后选择前 80% 的数据作为测试组的抽样数据。
> 3. 最后，你需要检查两组抽样数据的曝光量是否相同或接近。你可以使用 Excel 的 SUM() 函数来计算两组数据的曝光量之和，并比较它们的差异。如果差异很小，那么你就完成了抽样。如果差异较大，那么你可以调整抽取的比例，直到达到满意的结果。
>
> 这是我给出的一种通过抽样来实现曝光量相同或接近的方法，你也可以尝试其他方法，如分层抽样或者配对抽样。如果你还有其他问题，欢迎继续提问。☺

AI 建议根据两组方案的总体曝光量差异比例，对测试组的原始记录生成随机数，然后选择随机数小于或等于 0.8 的样本。由于原始数据量较大，此处仅以少量数据进行示范，详见图 6-19。

- ❑ 生成随机数：筛选出方案组标记为“测试组”的数据。在 Excel 的 D 列使用随机数函数 RAND() 生成随机数，并下拉填充所有记录，如图中①所示。
- ❑ 复制粘贴纯文本：复制 D 列的所有数据，在 D 列上单击鼠标右键，选择菜单中的“粘贴选项”→“值”，如图中②所示。粘贴的结果显示如图中③所示。
- ❑ 排序：选中 D 列，在 Excel 中选择“开始”→“排序和筛选”→“升序”，将 D 列的值按从小到大排序。
- ❑ 寻找 0.8 界限点：在 D 列找到数值小于或等于 0.8 的最大值对应的记录行，如图中④所示。在该记录行之上的记录将被保留。

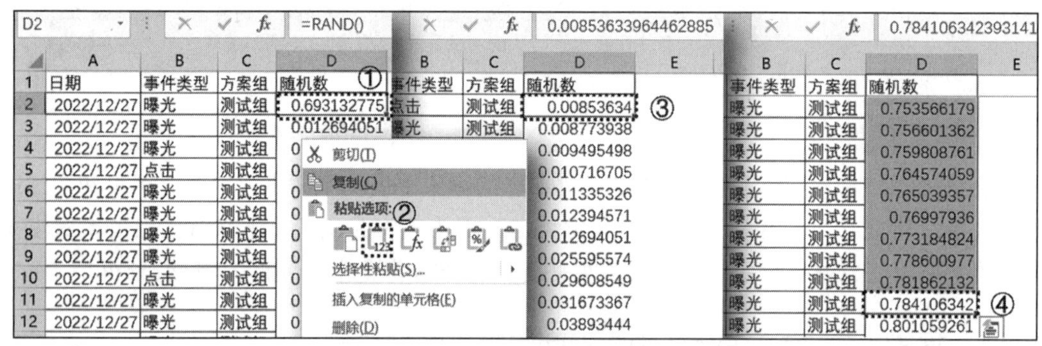

图 6-19 在 Excel 中完成数据抽样

完成上述步骤后，删除超出 0.8 界限点的记录，以使测试组的规模与对照组接近。在实施抽样时需注意：

- ❑ 抽样比例。此比例基于对照组曝光量 / 测试组曝光量 =0.796 计算得出，而非恰好等于 0.8。
- ❑ 按日规模。如果要求每日规模均衡，则需单独计算每日两组的曝光量比例，并按日抽样，尽管这种方法更复杂，但结果更精确。
- ❑ 方案范围。仅对曝光量较大的测试组进行抽样。
- ❑ 事件范围。对测试组的曝光量和点击量数据均进行抽样，而非仅限于曝光量数据。
- ❑ 点击率误差。抽样误差是由随机抽样的波动性导致的，影响样本代表性和可信度。要减小误差，可增加抽样比例或采用更有效的抽样方法，如分层抽样。

注意 如果原始数据是从数据库获取的，那么在数据库中进行抽样会更高效。Excel 处理大量数据时可能会遇到困难，且受到行数限制，如 Excel 2016 最多支持 104 万行数据。

6.6.5　利用 AI 完成 T 检验

在通过数据抽样和汇总后，我们得到了样本基本均衡的数据统计结果，如图 6-20 所示。两组（测试组和对照组）方案在曝光量上基本相等；测试组抽样后的点击率与抽样前的点击率分别是 3.57% 与 3.56%，差异率仅为 0.01%，我们可以认为样本在很大程度上代表了总体结果。这样，我们就能检验对照组和抽样后测试组的效果数据。

	A	B	C	D	E	F	G
1	日期	对照组点击量	对照组曝光量	测试组点击量	测试组曝光量	对照组点击率	测试组点击率
17	2023/1/11	6171	211470	5662	155317	2.92%	3.65%
18	2023/1/12	2521	70886	3538	133477	3.56%	2.65%
19	2023/1/13	1318	64419	3593	96593	2.05%	3.72%
20	2023/1/14	1697	81972	4814	106556	2.07%	4.52%
21	2023/1/15	2119	75141	3252	140756	2.82%	2.31%
22	2023/1/16	2176	86083	3211	112290	2.53%	2.86%
23	2023/1/17	1213	45559	3661	52328	2.66%	7.00%
24	汇总	53606	2532501	90366	2532506	2.12%	3.57%

图 6-20　样本抽样后的数据结果

为方便后续分析，我们将抽样后的数据中的 F 列和 G 列（分别代表对照组和测试组的点击率）复制到一个新的 Excel 工作簿中。这样，我们就可以更清晰地进行比较分析了。

下一步是在 Excel 中实施两样本 T 检验，以验证两组方案之间的点击率是否有显著性差异。为了确保会话不受其他信息干扰，我们在新的对话中输入如下提示指令：

```
[New Bing Chat] 6/13/1 我想让你担任数据分析咨询顾问。在 Excel 中，AB 列分别是对照组点击率、
    测试组点击率，数据已经按日汇总，一共 22 条记录。我想让你帮我判断测试组和对照组的点击率是否
    有显著差异，我应该选择何种假设检验方法以及如何在 Excel 中实现该过程？
```

在这个对话中，我们告诉 AI 数据现状和任务需求，并希望 AI 给出假设检验方法和过程。New Bing Chat 基于提示指令，提供了如下操作方案：

```
    你好，这是 Bing。我可以帮你进行数据分析咨询。根据网上的搜索结果，你可以使用 Excel 中的 T.TEST
函数或者数据分析工具包来进行假设检验。
    如果你的数据是成对的，比如同一组人在不同条件下的点击率，你可以选择配对样本 T 检验。
    如果你的数据是独立的，比如不同组人的点击率，你可以选择两样本 T 检验。在两样本 T 检验中，你还需要
判断两组数据的方差是否相等，如果相等，选择方差相等；如果不等，选择方差不等。具体操作步骤如下：

    1. 如果使用 T.TEST 函数，你需要输入以下参数：
       Array1：第一组数据
       Array2：第二组数据
       Tails：检验类型，1 表示单尾检验，2 表示双尾检验
       Type：样本类型，1 表示配对样本，2 表示方差相等的两样本，3 表示方差不等的两样本
    2. 如果使用数据分析工具包，你需要先在 Excel 中启用该工具包，在文件选项中选择添加插件，勾选分析
       工具包并确定。然后，在数据菜单中选择数据分析，在弹出的窗口中选择 T 检验，并根据你的数据类型
       选择相应的选项。例如：
       如果选择两样本假设不等方差 T 检验，你需要输入以下参数：
       变量 1 范围 ：第一组数据
       变量 2 范围 ：第二组数据
       假设均值差异 ：一般为 0
```

> 输出范围：你想要显示结果的单元格
> 置信水平：一般为 95%
> 3. 在得到结果后，你需要查看 *T* 统计量和 *P* 值来判断是否拒绝原假设。如果 *P* 值小于显著性水平（一般为 0.05），则拒绝原假设，认为两组数据有显著差异。如果 *P* 值大于显著性水平，则不能拒绝原假设，认为两组数据没有显著差异。

根据 AI 的建议，我们认为数据是独立的，因为两套方案是通过线上随机分组得到的，并且收集了不同人群的点击率数据，所以适用于两样本 T 检验。关于两组点击率的方差，我们可以通过 =VAR.P(F2:F23) 和 =VAR.P(G2:G23) 分别计算总体样本方差，结果分别为 0.00012431、0.000264744，由此可见方差不相等且差异很大。

在 Excel 中实施 T 检验的步骤如下：

- ❑ 在数据分析工具包中选择“t- 检验：双样本异方差假设”，如图 6-21 中①所示。
- ❑ 在设置窗口中，将变量 1 的输入区域指定为对照组点击率的 A 列，变量 2 的输入区域指定为测试组点击率的 B 列。
- ❑ 勾选“标志”选项，将 α 值设置为 0.05（默认），并假设平均差为 0，如图 6-21 中②所示。

设置完成后，我们可以得到如图 6-21 中③所示的结果。

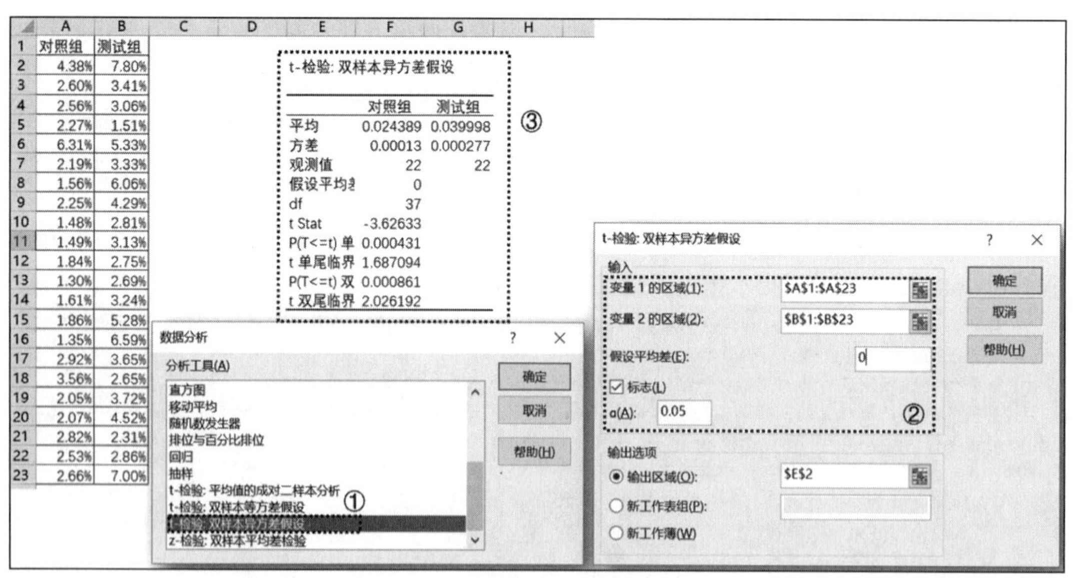

图 6-21　Excel 完成 T 检验

6.6.6 利用 AI 解读假设检验结果

在完成假设检验后，我们得到了包含多个指标的结果。为了更准确地理解这些数据，我们可以借助 AI 来解读假设检验结果。以下是提示指令：

```
[New Bing Chat] 6/13/2 我已经通过 Excel 的“t- 检验：双样本异方差假设”完成假设检验，并输
    出如下检验结果。请你解读下面的结果。
                | 对照组          | 测试组          |
                |--------------|-------------|
| 平均          | 0.024388976  | 0.03999754  |
| 方差          | 0.00013023   | 0.000277351 |
| 观测值        | 22           | 22          |
| 假设平均差    | 0            |             |
| df            | 37           |             |
| t Stat        | -3.626331909 |             |
| P(T<=t) 单尾  | 0.000430531  |             |
| t 单尾临界    | 1.68709362   |             |
| P(T<=t) 双尾  | 0.000861061  |             |
| t 双尾临界    | 2.026192463  |
```

在提示指令中，我们提供了假设检验的方法和所得结果，请求 AI 进行数据解读。New Bing Chat 输出如下解读：

```
你好，这是 Bing。我可以帮你解读 Excel 的 T 检验结果。根据你提供的结果，我可以得出以下结论：
- 你的原假设是两组数据的平均值没有差异，即 H0: μ1 = μ2。
- 你的备择假设是两组数据的平均值有差异，即 HA: μ1 ≠ μ2。
- 你选择了双尾检验，因为你没有指定两组数据的平均值差异的方向。
- 你的显著性水平是 0.05，因为这是常用的水平。
- 你的自由度是 37，因为这是两组数据的观测值之和减去 2。
- 你的 T 统计量是 -3.6263，表示两组数据的平均值差异在标准误差单位上的大小。
- 你的 P 值是 0.0009，表示如果原假设成立，观察到这样或更极端的差异的概率。这个概率非常小，远小
  于显著性水平。
- 你的 T 临界值是 2.0262，表示在显著性水平下，拒绝原假设的临界点。因为你的 T 统计量绝对值大于这
  个临界值，所以你可以拒绝原假设。

综上所述，你可以认为两组数据的平均值有显著差异，即测试组的点击率高于对照组的点击率。
```

根据 AIGC 的解读，结论如下：两组数据的平均值存在显著差异，且测试组的点击率高于对照组。这一发现表明测试组的效果更佳，为我们提供了更可靠的结论依据。因此，在后续的业务决策中，我们可以推荐使用测试组的方案。

6.7 广告效果评估分析

在本节中，我们将深入探讨 AIGC 技术在广告效果评估分析中的应用，包括利用 AI 分析不同的广告归因模型对广告效果的影响，并确定最优的广告归因模型，以及 AI 辅助 Python 分析广告投放因素对广告效果的影响。

6.7.1 利用 AI 分析并确定最优广告归因模型

广告归因模型是一种分析广告效果的方法，它的核心在于确定用户的转化行为是由哪些广告触点或渠道引起的。选择合适的广告归因模型对于广告的分析和优化至关重要，因

为它直接影响广告效果的评估和分配，进而影响广告投放的决策和策略。

广告归因模型有多种类型，包括但不限于：

- 最后点击模型：将所有的广告效果归因于用户转化前的最后一个触点或渠道。
- 第一点击模型：将所有的广告效果归因于用户转化前的第一个触点或渠道。
- 线性模型：将广告效果均等地分配给用户转化前的所有触点或渠道。
- 时间衰减模型：将更多的广告效果分配给用户转化前较近的触点或渠道，较远的触点或渠道则分配较少。
- U 型模型：将更多的广告效果分配给用户转化前的第一个和最后一个触点或渠道，中间的触点或渠道则分配较少。
- W 型模型：在 U 型模型的基础上，将一部分广告效果分配给用户转化前的关键触点或渠道。
- 数据驱动模型：基于算法或模型，根据用户转化前每个触点或渠道的实际贡献，动态分配广告效果。典型算法包括 Shapley 值、马尔可夫链模型等。

选择适合的广告归因模型并非易事，因为不同模型对广告触点或渠道的重要性和作用有不同的假设和解读。为了解决这个问题，我们可以借助 AI 帮助我们更深入地理解各种归因模型的含义以选择最合适的模型。

在本示例中，我们是从网站分析工具提取出不同渠道分组在不同归因模型下的结果。你可以在附件的“广告归因数据 .xlsx”中找到。让 AI 帮助我们分析归因结果的提示指令如下：

```
[ChatGPT] 6/14/1 我想让你扮演数据分析专家。下面的Markdown格式的数据列出了基于Google
    Analytics得到的不同渠道分组在不同的广告归因模型下的评估结果。请你完成如下任务：
1.首先，基于数据进行分析并得出简要结论。
2.其次，请你先向我提出一些问题，再基于我的回答，综合判断我应该如何选择归因模型。

以下是Markdown格式的不同渠道分组在不同归因模型下的数据。
| 渠道分组 | 最终互动的转化次数 | 线性的转化次数 | 根据位置的转化次数 | 根据数据模型的转化次数 |
|---------|----------------|------------|---------------|-------------------|
| 付费搜索 | 5404            | 5957        | 6129           | 7259               |
| 联盟广告 | 4692            | 5088        | 5188           | 4003               |
| 直接     | 5810            | 4925        | 4509           | 4003               |
| 电子邮件 | 1638            | 1483        | 1559           | 2018               |
| 其他广告 | 1161            | 1212        | 1256           | 1098               |
| 自然搜索 | 606             | 676         | 703            | 763                |
| 社交网络 | 316             | 286         | 291            | 511                |
| 引荐     | 71              | 61          | 60             | 58                 |
| 展示广告 | 39              | 49          | 41             | 24                 |
```

在上述提示指令中，我们已经为 AI 设定了一个明确的角色，并提供了需要分析的原始数据。我们的主要目标包括两方面：

- 首先是让 AI 基于我们提供的数据结果，帮助我们解读和分析归因数据。
- 其次是让 AI 提出相关问题，并基于我们的回答协助我们完成归因模型的选择，这样AI能够结合实际情况，为我们做出更合理的归因模型决策，而非仅仅给出泛泛的建议。

ChatGPT基于提示指令，返回如下信息：

```
首先，分析这些不同渠道分组在不同的广告归因模型下的数据，并得出一些结论：
1. 付费搜索渠道在根据数据模型的转化次数归因模型下表现最好，转化次数为7259次，远高于其他模型下的转化次数。
2. 自然搜索渠道在根据数据模型的转化次数归因模型下表现较好，转化次数为763次，相对于其他模型也有所提高。
3. 联盟广告、直接和其他广告渠道在线性的转化次数归因模型下表现较好，但在根据数据模型的转化次数归因模型下表现不佳，转化次数相对较低。
4. 社交网络在根据数据模型的转化次数归因模型下表现相对较好，相对于其他模型下的转化次数有所提高。
5. 渠道分组的表现在不同的归因模型下有所不同，表明不同的归因模型会导致不同的结果。

现在，我想向你提出一些问题，以便更好地了解你的情况和需求，然后综合考虑这些问题来帮助你选择合适的归因模型：
1. 你的广告活动目标是什么？是增加转化次数、提高品牌知名度还是其他目标？
2. 你对不同渠道的贡献有特定的关注点吗？例如，是否有一些渠道对你的业务更重要？
3. 你对不同归因模型的理解和偏好是什么？你更倾向于使用哪种模型来评估广告效果？
4. 你是否有其他数据或指标，例如广告成本或ROI，需要在选择归因模型时考虑？
5. 你的广告预算是否有限制，是否需要考虑如何最大化投资回报？

请提供更多关于你的广告活动和业务目标的信息，以便我可以为你提供更具体的建议和决策支持。
```

通过上述AI返回的结论，我们确实看到AI的分析结果与我们自行分析得出的结论相似：不同的广告渠道在不同的归因模型下呈现出不同的结果。接着，AI进一步向我们提出了5个关键问题，目的是帮助我们确定最优的广告渠道归因模型。

为了响应这些问题并深入分析，我们需要与AI进行更具体的交互，输入信息如下：

```
[ChatGPT] 6/14/2
1. 你的广告活动目标是什么？是增加转化次数、提高品牌知名度还是其他目标？——增加转化次数。
2. 你对不同渠道的贡献有特定的关注点吗？例如，是否有一些渠道对你的业务更重要？——没有特定关注的渠道，但付费搜索和联盟广告的成本最高，因此这两个渠道更重要些。
3. 你对不同归因模型的理解和偏好是什么？你更倾向于使用哪种模型来评估广告效果？——没有特定偏好。
4. 你是否有其他数据或指标，例如广告成本或ROI，需要在选择归因模型时考虑？——有，主要考虑付费搜索和联盟广告，二者成本占总成本的比例分别是46%，37%。
5. 你的广告预算是否有限制，是否需要考虑如何最大化投资回报？——暂时没有，如果有必要，可以继续增加广告预算。
```

在接收到我们针对每个问题的直接回答后，AI将利用这些信息继续其分析过程，由于我们继续使用相同的会话区间，因此不需要输入额外的信息和背景，只需要回答问题即可。基于这些进一步的交互和回答，AI最终给出了以下关于选择最佳广告归因模型的建议：

```
感谢提供更多的信息。根据你的情况，我可以提供以下建议。

1. 你的主要目标是增加转化次数，而且没有特定关注的渠道，但付费搜索和联盟广告的成本较高。在这种情况下，可以考虑以下策略：
   - 如果你希望最大程度地增加转化次数，你可以优先选择根据数据模型的转化次数归因模型，因为该模型在大多数渠道上都表现较好，并且可能会为你提供更多的转化次数。
```

- 同时，你可以考虑使用线性或根据位置的归因模型，因为它们可以提供对不同渠道分组的相对贡献的信息，以确保所有渠道都得到一定程度的公平评估，而不仅仅依赖于最后一次互动。
- 考虑跟踪广告成本和 ROI，以确保你的广告投资能够实现良好的回报。对于付费搜索和联盟广告，特别关注它们的性能，并确保它们的 ROI 仍然高于其他渠道。

2. 虽然你目前没有广告预算限制，但继续增加广告预算可能会导致成本上升，并且不一定会带来线性的增长。因此，在增加广告预算时，请密切监控广告效果和 ROI，并确保投资回报仍然是可接受的。
3. 最终的选择仍然取决于你的实际试验和观察结果。建议你在一段时间内使用不同的归因模型，并监控它们的效果，以确定哪种模型最符合你的目标。此外，还可以考虑使用 AB 测试等方法来进一步优化广告策略。

总之，根据你的目标和情况，根据数据模型的转化次数和线性的转化次数归因模型可能是合适的选择，但请继续跟踪广告效果和成本以确保获得最佳投资回报。

在 AI 的回复中，我们得到了有关选择广告归因模型的重要建议。AI 建议优先使用基于数据的归因模型，其次考虑线性归因或基于位置的归因模型，这样的策略有助于全面考虑转化路径上的所有广告渠道。此外，AI 还强调了两个关键的注意事项。

- **广告效果和 ROI 的非线性增长**：AI 指出，增加广告预算并不总会带来广告效果和 ROI 的线性增长。即使我们选择了正确的归因模型，当我们增加效果良好的广告渠道投入时，也可能会发现特定广告渠道的效果增长不明显，甚至出现下降。这可能是因为该广告渠道的投入已经超出了最优区间，从而导致效果不如预期。这提示我们在增加预算时要谨慎，考虑各广告渠道的最佳投入水平。
- **持续监控和优化广告策略**：AI 还建议我们持续监控广告效果，并基于 A/B 测试进一步验证和优化广告投放策略。这意味着归因模型的分析与设定不是一成不变的，需要持续跟踪和分析，并基于实际的测试结果进行调整和优化，以找到更合理的广告策略。

最后，在进行归因分析时，我们可以根据具体情况选择不同的广告层级进行分析，如使用渠道分组、来源、媒介或广告系列等不同的广告主体进行分析。这将有助于我们更细致地了解不同层级的广告效果，进而更精准地进行策略调整。

6.7.2 AI 辅助 Python 分析广告投放因素对广告效果的影响

在广告投放中，多种因素共同影响着广告的最终效果。这些因素包括广告创意、定位、投放时间、类型、位置、出价策略、目标受众、投放渠道以及竞争对手等。要想提升广告效果，关键在于理解这些因素如何单独及共同影响广告效果，并据此调整广告策略。首先，我们需要确定不同广告投放因素对广告效果的影响程度，然后找出需要优化的因素，并对其进行深入的分析与测试。

在本示例中，我们以 Google Ads 的真实广告投放数据为例，你可以在附件“广告投放数据 .xlsx”中找到，该数据包括如下字段。

- 预算：每个广告组的预算，例如，50。
- 设备：广告投放的设备类型，例如，手机。
- 周几：广告投放在一周中的哪一天，即周几投放，例如，星期日。

- 搜索关键字匹配类型：搜索关键字的匹配类型，例如，广泛匹配。
- 广告类型：广告类型，例如，加大型文字广告。
- 广告组：表示不同广告组的 ID，这里已经进行编码转换处理，例如，A001。
- 广告组出价策略类型：广告组的出价策略类型，例如，每次点击费用人工出价。
- 投放网络：广告投放网络，例如，Google 搜索。
- CTR：点击率，例如，0.07。
- Clicks：点击次数，例如，277。
- CPC：每次点击成本，例如，2.3。
- CVR：转化率，例如，0.00。

这些数据中，预算、设备、周几、搜索关键字匹配类型、广告类型、广告组、广告组出价策略类型、投放网络等属于广告投放的控制因素。CTR、Clicks、CPC、CVR 则属于广告效果的关键指标。我们追求的目标是高 CTR、高 Clicks、高 CVR，以及低 CPC。

接下来，我们将演示如何利用 AI 辅助 Python 进行数据分析，以确定哪些广告投放因素对广告效果的影响最大，并分析这些因素的影响权重。提示指令如下：

```
[New Bing Chat] 6/15/1 我想让你担任资深数据分析师。你需要基于 Google Ads 的广告投放效果
    数据，分析不同广告投放因素对广告效果的影响程度。请完成如下任务。
1. 读取数据：读取“广告投放数据 .xlsx”并返回 df 对象。
2. 处理字符串特征：对字符串型字段“设备”“周几”“搜索关键字匹配类型”“广告类型”“广告组”“广告组
   出价策略类型”“投放网络”使用 pandas 的 get_dummies 做独热编码转换，转换后的对象为 df_str。
3. 处理数值型特征：对数值型字段“预算”使用 max-min 方法做数据归一化，转换后的对象为 df_num。
4. 构造新特征：合并上述步骤构造的 df_str 和 df_num 对象，形成新对象 feature。
5. 构造目标字段：基于字段“CPC”构造新字段“CPC_NEW”，逻辑是 1/(CPC的值+1)，并对
   “CTR”“Clicks”“CPC_NEW”“CVR”做数据归一化后求和得到新字段 label。
6. 模型训练：以第 4 步的 feature 为特征，以第 5 步的 lable 为目标，使用随机森林构建回归模型。
7. 输出模型特征重要性：基于模型输入 feature 的列名与模型训练后的特征重要性，构建 feature_
   importance。
8. 重新计算原始字段的特征重要性：基于 feature_importance，重新构造原始特征的特征重要性，具体
   方法是：
   - 字符串特征：将 feature_importance 列按照“设备”“周几”“搜索关键字匹配类型”“广告类型”“广
     告组”“广告组出价策略类型”“投放网络”的特征重要性求和。例如独热编码前字段“设备”的值为
     web 和 mobile，该字段独热编码后形成两个新字段 device_web、device_mobile，模型训练后
     基于特征重要性方法会分别输出 device_web 和 device_mobile 的权重，将这两个权重相加，得
     到原始字段“设备”的权重。
   - 数值型特征：数值型特征“预算”的权重不需要额外处理。
   - 将上述字符串特征和数值型特征的特征重要性合并为一个数据对象。
9. 输出“设备”“周几”“搜索关键字匹配类型”“广告类型”“广告组”“广告组出价策略类型”“投放网络”“预算”
   的名称以及特征重要性的值。

请以 Markdown 格式返回实现上述功能的 Python 代码。
```

上述提示指令的内容较多，重点内容是关于数据分析与建模的过程描述。整个过程包括以下几个关键步骤。

- 读取数据：此步骤涉及指定并读取特定文件名的数据。

- 处理字符串特征：鉴于在 Python 中处理的对象是数值型字段，因此需要对众多字符串特征进行独热编码。此处选用 pandas 方法，原因是该方法简单且版本间兼容性强，可以减少执行错误的可能性。此外，转换后的对象将被明确命名以便于后续引用。
- 处理数值型特征：对于数值型特征的处理，我们采用最大最小值（max-min）归一化方法。同样，处理后的对象将被明确命名以便后续使用。
- 构造新特征：本步骤的目的在于将处理后的字符串特征和数值型特征合并，作为数据建模的输入信息。
- 构造目标字段：此步骤旨在基于四个指标构建一个综合的预测目标。对于 CPC，我们采用倒数转换，以使数值较大时表示更佳的结果，并在分母中加 1 以避免出现零值而无法计算的情况。经转换的字段将与其他三个数值指标一起进行归一化处理，以便加权求和（此处假设权重均等，故直接相加）。
- 模型训练：此步骤使用上面构建的特征和目标完成建模，这里指定使用随机森林算法，因此在大多数情况下，随机森林算法会得到一个相对稳定且效果还不错的输出。
- 输出模型特征重要性：此步骤可揭示各特征在建模过程中的重要性。值得注意的是，由于原始字符串特征在独热编码后会分化为多个特征，因此特征可能会相对分散。
- 重新计算原始字段的特征重要性：此步骤是整个过程中的关键自定义逻辑。我们需要重新整合经过独热编码后分散的字符串特征，然后与原始数值型特征合并，以得出完整的结果。
- 输出原始特征的重要性：输出原始特征的重要性名称和权重值。

针对复杂的数据分析过程，选择高效且强大的 AI 模型至关重要。为了应对此类挑战，我们推荐使用基于 ChatGPT-4 架构的 AI 系统。对于拥有 ChatGPT 付费版本的读者，我们建议优先使用 ChatGPT-4，以便充分利用其先进的理解和推理能力。对于未订阅付费版本的读者，推荐使用 New Bing Chat。这两个 AI 系统均基于 ChatGPT-4 架构，能够有效地处理和解析复杂问题。

在本例中，我们将采用免费的 New Bing Chat 作为辅助工具。AI 基于提示指令提供相应的 Python 代码。你也可以在附件 ad_feature_importance.ipynb 中找到源代码。

```
# 导入所需的库
import pandas as pd
import numpy as np
from sklearn.ensemble import RandomForestRegressor
from sklearn.preprocessing import MinMaxScaler

# 读取数据
df = pd.read_excel("广告投放数据 .xlsx") # 你需要提供这个文件或链接
# 处理字符串特征
```

```
df_str = pd.get_dummies(df[[" 设备 ", " 周几 ", " 搜索关键字匹配类型 ", " 广告类型 ", " 广
    告组 ", " 广告组出价策略类型 ", " 投放网络 "]])
# 处理数值型特征
scaler = MinMaxScaler() # 创建归一化对象
df_num = pd.DataFrame(scaler.fit_transform(df[[" 预算 "]]), columns=[" 预算 "]) #
    转换并保留列名
# 构造新特征
feature = pd.concat([df_str, df_num], axis=1) # 按列合并
# 构造目标字段
df["CPC_NEW"] = 1 / (df["CPC"] + 1) # 逻辑是 1/(CPC 的值 +1)
label = pd.DataFrame(scaler.fit_transform(df[["CTR", "Clicks", "CPC_NEW",
    "CVR"]]), columns=["CTR", "Clicks", "CPC_NEW", "CVR"]).sum(axis=1) # 按行求和
# 模型训练
model = RandomForestRegressor() # 创建随机森林对象
model.fit(feature, label) # 训练模型
# 输出模型特征重要性
feature_importance = pd.DataFrame({"feature": feature.columns, "importance":
    model.feature_importances_}) # 创建数据框
# 重新计算原始字段的特征重要性
original_feature_importance = feature_importance.groupby(feature_
    importance["feature"].str.split("_").str[0]).sum().reset_index() # 按照下划
    线分割列名，取第一个元素作为分组依据，求和并重置索引
# 输出“设备”“周几”“搜索关键字匹配类型”“广告类型”“广告组”“广告组出价策略类型”“投放网络”“预算”
  的名称以及特征重要性的值
print(original_feature_importance)
```

在使用 Jupyter Notebook 执行数据分析代码后，我们得到了以下关键结果。该结果展示了各原始特征在模型中的重要性，其中值越大表示特征越重要。所有特征的权重总和为 1，这提供了一个量化的视角来评估各特征对模型预测结果的影响程度。

```
   feature          importance
0  周几              0.142094
1  广告类型          0.000000
2  广告组            0.458226
3  广告组出价策略类型 0.012591
4  投放网络          0.045135
5  搜索关键字匹配类型 0.024416
6  设备              0.140496
7  预算              0.177043
```

根据模型输出结果，我们观察到，在所有考虑的广告控制因素中，广告组的影响最为显著，其次是预算，然后是周几和设备。这一发现为我们后续的分析工作指明了方向。具体来说，我们下一步的工作重点包括如下内容。

- **聚焦广告组分析**：以广告组为核心，深入探究不同广告组之间的数据差异和表现。通过这种方法，我们可以筛选出 TOP 20% 的最具价值广告组或者其他具有最大价值的广告组，对它们进行集中分析。
- **基于筛选数据的再分析**：在对广告组进行初步筛选后，我们将再次运用上述模型，

以获得新的特征重要性数据。该步骤将帮助我们识别哪些特征对选定的广告组有最大影响。

- **资源优化与 A/B 测试**：在识别出对特定广告组影响最大的特征后，我们将进一步细化分析，并进行 A/B 测试。这将使我们能够更精确地调整和优化广告资源，以提高广告效果和投资回报率。

6.8 基于 AIGC+Excel 实现广告价值因素解读与投放预测

在广告分析领域，常常需要处理外部广告系统导出的 Excel 格式数据。本节深入讲解如何运用 AIGC 技术进行不同场景下的回归分析，以及模型效果的对比分析，探索自变量与因变量的相互关系，并演示回归模型在预测广告效果中的应用。

回归分析是分析自变量（因素）对因变量（结果）影响程度和方向的统计方法。常用的回归分析算法包括简单线性回归、多元线性回归、多项式回归、岭回归、Lasso 回归和逻辑回归等。本节将采用这些回归方法来预测广告效果。

6.8.1 准备广告费与订单量数据

本案例旨在分析广告费与订单量之间的关系。我们从广告系统中提取了 2022 年每日的广告费与订单量统计数据。数据可在附件“广告预测数据 .xlsx”中找到，格式如下：

```
日期        广告费   订单量
2022/1/1   14030   668
2022/1/2   15334   721
2022/1/3   14295   756
```

我们的目标是分析广告费对订单量的影响，并预测广告费变化时订单量的变化。这是一个典型的回归分析问题，其中广告费为自变量，订单量为因变量。

6.8.2 研究自变量和因变量的关系

在进行回归分析前，首先需要分析自变量与因变量的关系。考虑到变量数量较少，我们可以通过散点图来展示它们的关系，并据此选择合适的回归模型。以下是让 AI 输出如何在 Excel 中对二者的关系进行研究的提示指令：

```
[New Bing Chat] 6/16/1  请你扮演数据分析师，B、C 两列分别是广告费和订单量，如何在 Excel 中
    针对 B、C 两列制作散点图？
```

New Bing Chat 针对上述提示指令，给出如下操作建议：

```
你可以按照以下步骤，在 Excel 中制作散点图：

1. 选中 B、C 两列的数据，选择“插入”菜单，选择“散点图”图标，再选择“散点图”选项。
```

2. 在弹出的对话框中，可以调整图表的标题、坐标轴、网格线、图例等，也可以选择不同的样式和颜色。
3. 单击“确定”按钮，就可以在工作表中看到生成的散点图了。你可以拖动或缩放图表，以适应你的需求。

按照 AIGC 操作指南，我们绘制出如图 6-22 所示的散点图，结果显示自变量和因变量之间有明显的线性相关性。基于此发现，我们选择线性模型作为回归建模的基础模型。

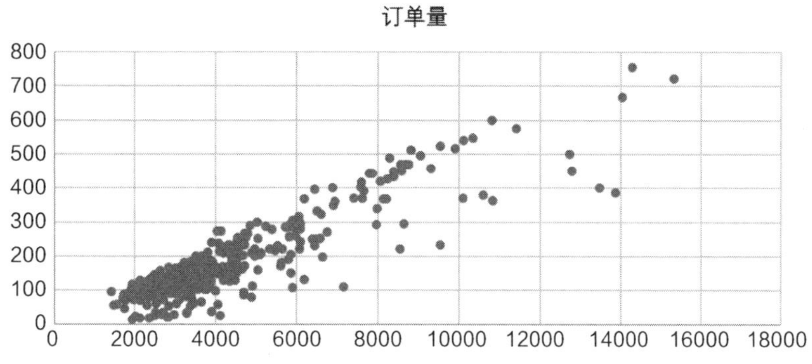

图 6-22 广告费与订单量散点图

提示 在本案例中，由于广告费与订单量展现出线性关系，因此我们采用线性模型进行建模。若存在其他类型的关系（例如指数关系或幂等关系），则应选择相应的模型进行回归分析。

6.8.3 基于 AI 的推理能力完成回归分析

利用 AI 的推理能力，我们可以直接输入原始数据让 AI 自动完成回归分析，并返回结果。如下是直接让 AI 完成回归分析的提示指令：

```
[New Bing Chat] 6/17/1 你是一个数据分析师，请你直接基于下面的数据，计算并输出广告费 x 和订单量 y 的线性回归方程，以及 R² 值来衡量拟合程度。不需要详细解释中间过程。下面是原始数据：
| 广告费 | 订单量 |
|--------|------|
| 14030 | 668 |
| 15334 | 721 |
…
| 10598 | 380 |
| 8648 | 294 |
| 8246 | 426 |
```

在上述指令中，有以下几点需要注意：

- 使用新对话框。确保 AI 不会基于之前的会话内容，避免 AI 误认为需要使用 Excel 进行计算。
- 使用完整数据。鉴于原始数据量比较大（超过 300 条），为节约版面空间，此处只展示部分数据。

❑ 仅需要回归方程和 R^2 信息。我们的重点是获取分析结果，而非详细过程。

我们将上述完整信息和数据输入给 New Bing Chat 后，得到如下回归分析结果：

```
广告费 x 和订单量 y 的线性回归方程为：y = 0.0209x + 18.3039
R² 值为：0.8337
```

由 AIGC 分析得出的结果可知，广告费 x 与订单量 y 的关系可通过线性回归方程 $y = 0.0209x + 18.3039$ 来表示，其决定系数 R^2 为 0.8337。这表明广告费 x 对订单量 y 具有显著的影响。然而，这个结果仍需进一步验证。

注意 当前版本的 ChatGPT 免费版及 New Bing Chat 并未集成 ChatGPT-4 中的数据分析功能（即之前的 Code Interpreter）。因此，上述结果是基于 AI 的推理能力得出的，并非通过直接执行相关程序和代码获得。这一点对于理解和评估 AI 提供的分析结果至关重要。

6.8.4 AI 辅助 Excel 趋势线的回归分析

为了验证 AIGC 分析结果的准确性和可信度，我们将基于 AI 的指导在 Excel 的散点图上添加趋势线，进而进行回归分析。提示指令如下：

```
[New Bing Chat] 6/18/1 你是一个数据分析师。B、C 两列分别是广告费和订单量，如何针对 B、C 两
    列的散点图，通过增加趋势线的方式完成回归分析，并输出广告费 x 和订单量 y 之间的线性回归方程，
    以及决定系数 R²？
```

在执行上述指令时，由于采用了新对话，因此我们需要重新定义 AI 的角色和数据源。提示指令的重点包括：在散点图上添加线性趋势线，并展示回归方程和 R^2 值。

New Bing Chat 基于提示指令，返回如下操作步骤：

```
    你好，这是 Bing。我可以帮你完成这个任务。
    首先，你需要在 Excel 中选择 B、C 两列的数据，然后点击“插入”菜单，选择“散点图”，插入一个散点图。
    接下来，你需要在散点图上右击任意一个数据点，添加趋势线，在弹出的对话框中选择线性趋势线，并勾选
显示方程和 R 平方值的选项。
    这样，你就可以在散点图上看到广告费和订单量之间的线性回归方程，以及决定系数 R²。方程的形式是
y=ax+b，其中 y 是订单量，x 是广告费，a 是斜率，b 是截距。R² 是衡量回归模型拟合程度的指标，越接近 1
表示越拟合。
```

鉴于我们在 6.8.2 节已经创建了散点图，可以在此基础上继续操作。具体步骤：在趋势线设置中选择“线性”模型，并确保勾选显示公式和 R 平方值。

上述操作完成后，得到如图 6-23 所示结果，图中方程式为 $y = 0.0461x - 15.759$，R^2 值为 0.7976。与 6.8.4 节的分析结果相比较，我们发现二者的结果存在不一致性。

6.8.5 AI 辅助 Excel 数据分析工具的回归分析

在数据验证过程中，面对两种不一致的方案结果，我们无法直接判断哪种方案有误，

甚至可能两者都存在错误。因此，实施第三种验证方案变得十分必要。

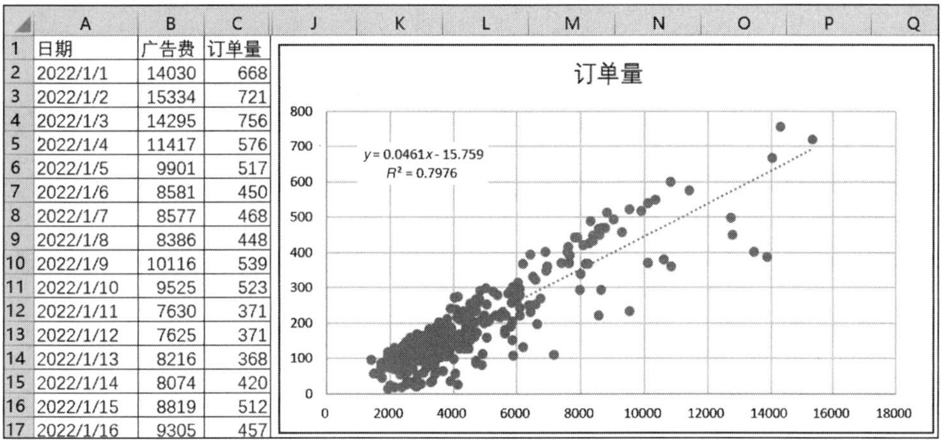

	A	B	C
1	日期	广告费	订单量
2	2022/1/1	14030	668
3	2022/1/2	15334	721
4	2022/1/3	14295	756
5	2022/1/4	11417	576
6	2022/1/5	9901	517
7	2022/1/6	8581	450
8	2022/1/7	8577	468
9	2022/1/8	8386	448
10	2022/1/9	10116	539
11	2022/1/10	9525	523
12	2022/1/11	7630	371
13	2022/1/12	7625	371
14	2022/1/13	8216	368
15	2022/1/14	8074	420
16	2022/1/15	8819	512
17	2022/1/16	9305	457

图 6-23　在 Excel 中用趋势线做回归分析

为了进一步验证 AIGC 结果的真实性和可靠性，我们决定使用 Excel 内置的数据分析工具进行回归分析。提示指令如下。

> [New Bing Chat] 6/19/1　你是一个数据分析师。B、C 两列分别是广告费和订单量，如何使用 Excel 数据分析模块中的回归功能，实现对 B、C 两列的回归分析，并输出广告费 x 和订单量 y 之间的线性回归方程，以及决定系数 R^2？

在提示指令中，我们需要新的对话，防止之前对话的信息对本次任务造成干扰。由于采用了新对话，因此需要重新定义 AI 的角色和数据源。在指令中，我们明确指出要使用回归功能及其输出内容。New Bing Chat 根据提示指令返回了如下操作步骤。

> 你好，这是必应。你可以按照以下步骤使用 Excel 数据分析模块中的回归功能：
>
> 1. 在数据选项卡上，点击分析组中的数据分析。
> 2. 选择回归，然后点击“确定”按钮。
> 3. 选择 Y 区域（A1:A8）。这是你的因变量（订单量）所在的单元格区域。
> 4. 选择 X 区域（B1:B1）。这是你的自变量（广告费）所在的单元格区域。
> 5. 勾选标签。这表示你的数据区域包含列标题。
> 6. 点击输出区域框，并选择单元格 A11。这是你想要显示回归结果的位置。
> 7. 勾选残差。这会显示每个观测值与回归线的偏差。
> 8. 点击“确定”按钮。
>
> 你将看到一个输出表，其中包含了回归方程和决定系数 R^2 等统计信息。回归方程的形式为 y = b0 + b1x，其中 b0 是截距，b1 是斜率。决定系数 R^2 表示自变量对因变量的解释程度，越接近 1 越好。

AIGC 根据提示指令返回了上述操作步骤，这些步骤在总体上是正确的，但在某些细节上存在偏差：

- 虽然我们指定使用 B、C 两列数据，但 AI 的建议却涉及了 A、B 两列。
- 在 Excel 中，我们指定的数据范围与 AI 的建议存在出入，例如 Y 区域并非 A1:A8。

由于我们对 Excel 中数据所在列及其范围有清晰的认识，因此能够独立调整数据输入，不需要再次与 AI 交流以获取新的操作步骤。

根据实际数据分布和范围，我们按照如图 6-24 所示的方法进行操作：

- ❑ 在 Excel 中点击“数据分析”—“回归”模块。
- ❑ 在输入的 X 和 Y 值区域中选择实际数据区域（广告费在 B 列，订单量在 C 列，如图中①所示），同时勾选“残差”和“正态分布”等相关选项（如图中②所示）。

操作完成后，会得到相关分析结果。图中③所示的 R Square 表示 R 平方值，图中④所示的 Coefficients 表示系数，Intercept 表示截距。根据这些值，我们得出的回归方程为 $y = 0.0461x - 15.759$。

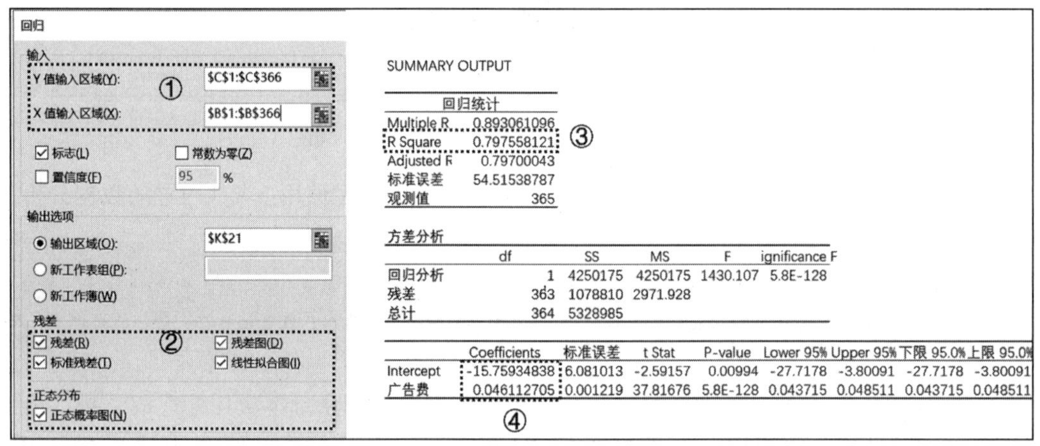

图 6-24 在 Excel 中用数据分析—回归模块做回归分析

如果对上述 Excel 输出的模型统计含义存在疑问，或者难以直接解读各个回归分析结果的指标，我们可以将这些结果直接输入 AI，让 AI 帮助我们准确理解和输出回归方程和各指标含义。提示指令如下：

```
[New Bing Chat] 6/19/2 请你基于下面的回归分析的输出结果，写出方程式和R²，其中y为订单量，
    x为广告费。
| 回归统计           |             |
|-------------------|-------------|
| Multiple R        | 0.893061096 |
| R Square          | 0.797558121 |
| Adjusted R Square | 0.79700043  |
| 标准误差           | 54.51538787 |
| 观测值             | 365         |

| 方差分析 |     |             |             |             |                |
|---------|-----|-------------|-------------|-------------|----------------|
|         | df  | SS          | MS          | F           | Significance F |
| 回归分析 | 1   | 4250175.079 | 4250175.079 | 1430.107248 | 5.8079E-128    |
| 残差     | 363 | 1078809.688 | 2971.927515 |             |                |
```

```
| 总计       | 364 | 5328984.767 |

|Coefficients| 标准误差         | t Stat         | P-value         |
|------------|--------------|-------------|--------------|
| Intercept  | -15.75934838 | 6.081012992 | -2.591566307 | 0.009939575 |
| 广告费      | 0.046112705  | 0.001219372 | 37.81675883  | 5.8079E-128 |
```

在上述提示指令中，考虑到 Excel 输出的统计结果格式不统一，因此我们分别输入了三个不同格式的 Markdown 表格来表示数据。根据输入的指令，New Bing Chat 能够自动提取这些表格中的相关参数信息：

```
你好，这是必应。我可以帮你基于回归分析的输出结果，写出方程式和 R²。根据表格中的数据，方程式为：
y =-15.759 +0.046x
其中 y 为订单量，x 为广告费。R² 为 0.798，表示广告费可以解释订单量的 79.8% 的变异。
```

经过三种不同的方法（AI 自行推理的回归分析、Excel 中散点图趋势线的回归分析，以及 Excel 统计分析工具的回归分析），我们得到了三组不同的回归分析结果，如表 6-1 所示。

表 6-1　三组回归分析结果对比

序号	方程式	R^2	来源
1	$y = 0.0209x + 18.3039$	0.8337	AI
2	$y = 0.0461x - 15.759$	0.7976	Excel 趋势线—线性模型
3	$y = -15.759 + 0.046x$	0.798	Excel 统计分析—回归

这些结果来看，AI 独立推理计算得出的方程式和 R^2 值与通过 Excel 得到的其他两种方法的结果有所不同。这表明直接利用 AI 的推理能力并获得运算结果可能存在不可靠性。因此，我们应该以 Excel 的计算结果作为回归模型分析和预测应用的主要依据。

6.8.6　让 AI 解读回归模型结论

在通过 Excel 得到正确的回归方程和 R^2 之后，我们面临的一个关键问题是：这个方程是否真实地反映了广告费和订单量之间的关系。为了解答这个问题，我们向 AI 输入如下提示指令：

```
[New Bing Chat] 6/19/3  回归分析结果告诉我们什么？该模型是否具有显著性？广告费对订单量的影响是否是决定性的？
```

在上述提示指令中，我们并未提供具体的回归分析结果和模型细节，而是依赖于上下文信息进行推断。此外，我们还特别强调了一些关注点，例如模型的显著性以及广告费对订单量影响的决定程度。根据这些提示指令，New Bing Chat 提供了相关的解释。

```
你好，这是必应。我可以帮你解释回归分析结果的含义。回归分析结果可以告诉我们以下几点：
方程式和 R²：方程式表示自变量和因变量之间的线性关系，R² 表示自变量可以解释因变量的方差的百分比。你的方程式是 y = -15.759 + 0.046x，R² 是 0.798，表示广告费和订单量有正相关关系，广告费可以解释订单量的 79.8% 的变异。
```

> 模型显著性：模型显著性检验是通过 F 检验来进行的，F 检验的原假设是自变量对因变量没有影响，也就是 R^2 等于 0。你的 F 值是 1430.107，P 值是 5.808E-128，远小于 0.05，表示拒绝原假设，接受备择假设，即模型是显著的。
>
> 广告费对订单量的影响：广告费对订单量的影响可以通过回归系数和 T 检验来评估。回归系数表示自变量每增加一个单位，因变量预期增加或减少多少。你的回归系数是 0.046，表示广告费每增加一个单位，订单量预期增加 0.046 个单位。T 检验的原假设是回归系数等于 0，也就是自变量对因变量没有影响。你的 T 值是 37.817，P 值是 5.808E-128，远小于 0.05，表示拒绝原假设，接受备择假设，即广告费对订单量有显著影响。

AIGC 的解释结果清晰明确。通过这一解释，我们不仅理解了模型的基本含义，还确认了两个重要的事实：该模型具有显著性，且广告费对订单量具有显著的影响力。这一发现为我们下一步的预测提供了坚实的基础。

6.8.7 基于广告费预测订单量

接下来，我们将利用先前确定的方程式（$y = 0.0461x - 15.759$），通过调整 x（广告费）的值来预测 y（订单量）的值。在 Excel 中进行这类预测操作是非常简便的。对于不熟悉方程式应用的用户，我们也可以寻求 AI 的帮助。下面是相应的提示指令：

> [New Bing Chat] 6/19/4 在 Excel 中，我们已经得到了广告费 x 和订单量 y 之间的方程：$y = 0.0461x - 15.759$。如果我们想要预测不同的广告费对应的订单量，我们需要怎么做呢？

New Bing Chat 根据提示指令，返回如下操作指导：

> 如果你想要预测不同的广告费对应的订单量，你可以在 Excel 中使用数据分析工具来绘制函数曲线，或者直接在方程中代入不同的 x 值来计算 y 值。
>
> 例如，如果你想要预测广告费为 1000 元时的订单量，你可以在 Excel 中输入 =0.0461×1000-15.759，得到结果为 30.341。

遵循 AIGC 的建议，在 K19 单元格中输入广告费，在 L19 单元格中输入公式：= 0.0461*K19 − 15.759，即可计算出预期的订单量。如图 6-25 所示，当 K19 单元格的值为 1000 时，L19 单元格显示的结果为 30.341。考虑到订单量通常为整数，我们可以使用 Excel 中的 INT 函数对结果取整，最终得到 30。

= INT(0.0461*K19 - 15.759)

J	K	L
	广告费	订单量
	1000	30

图 6-25 New Bing Chat 关于使用方程式的解释

6.8.8 小结

本案例详尽地展示了利用 AIGC 完成回归分析的整个流程。案例的核心在于揭示了 AIGC 在事实一致性领域的局限，并介绍了如何验证和处理这类问题。

目前的 AI 系统，例如 ChatGPT，在推理和简单计算方面表现出色，但在涉及复杂数据计算、建模以及强调事实一致性的任务中，其能力还有待增强。因此，ChatGPT 等 AI 工具通常会结合使用专业领域工具的插件或者使用 ChatGPT-4 的数据分析能力来补足这些不足。

在实际操作中，即使面对简单的数据运算任务，也不建议完全依赖 AI 进行计算。因为每次获取 AI 的结果后，还需要进行准确性的校验，这可能会增加工作量。只有充分发挥 AI 在专业领域的优势，才能最大化地利用 AI 的能力。

除了数据运算，AIGC 在其他领域的内容生成中也时常出现错误，有时是部分出错，也有时是全部出错。因此，使用 AIGC 的人员不仅需要学会如何提问和与 AI 对话，还必须具备验证 AI 给出的结果和反馈的正确性的能力。

此外，在本案例中，采用不同的对话区间进行三次回归分析是关键。这种方法可以避免不同信息之间的相互影响，确保结果的准确性，并防止可能引起偏差的情况。

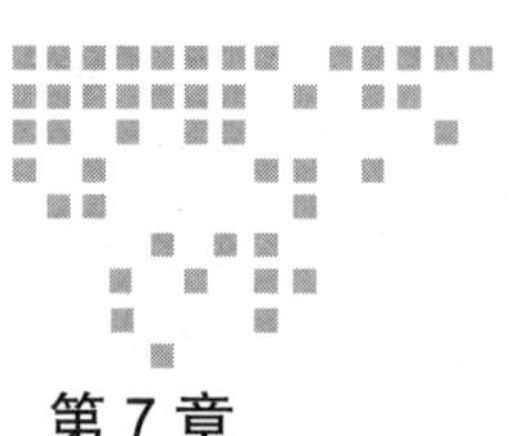

Chapter 7 第 7 章

AIGC 辅助商品运营分析

商品运营分析是实现企业销售和利润目标的关键途径之一。本章将介绍如何利用 AIGC 进行商品运营分析，包括商品选品、爆款商品运营、商品库存、商品定价、商品流量运营和商品销售分析。通过学习本章内容，读者将了解如何借助人工智能技术优化商品选品、提升爆款商品销量、合理管理库存和制定有效的定价策略，从而提升商品运营效率和效果。

7.1 AIGC 在商品运营分析中的应用

在本节中，我们将详细介绍 AIGC 在商品运营分析中的应用，包括背景、价值、流程等方面。

7.1.1 应用背景

商品运营分析旨在通过收集、处理、分析和呈现商品的相关数据，助力商品运营人员在策略、规划、设计、定价、推广、销售和服务等环节中进行优化，从而提升商品在市场中的竞争力和用户满意度。

AIGC 在商品运营分析中的应用是指充分利用 AIGC 技术，为商品运营分析提供更高效、更智能、更灵活的数据分析和内容生成解决方案。这有助于商品运营人员更好地理解商品数据，更迅速地发现商品问题和机会，更准确地制定商品决策和采取行动。

7.1.2 应用价值

AIGC 在商品运营分析中的应用为商品运营人员带来以下价值。

- **提升数据分析效率和质量**：AIGC 可根据用户输入和需求，自动选择适用的数据源、

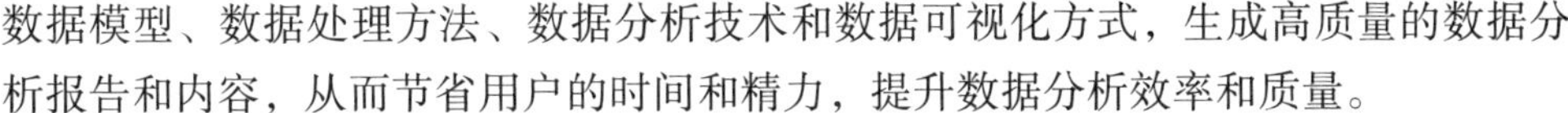

数据模型、数据处理方法、数据分析技术和数据可视化方式，生成高质量的数据分析报告和内容，从而节省用户的时间和精力，提升数据分析效率和质量。

- **增强数据分析的智能和灵活性**：AIGC 可根据用户反馈和交互，实时调整和优化数据分析参数、逻辑和结果，生成更符合用户期望和需求的数据分析报告和内容，以此增强数据分析的智能和灵活性。
- **拓展数据分析的范围和深度**：AIGC 可根据用户输入和需求，自动发现和挖掘数据中的隐藏规律、趋势、关联和异常，生成更多维度和层次的数据分析报告和内容，从而拓展数据分析的范围和深度。
- **丰富数据分析交付的类型和形式**：AIGC 可根据用户输入和需求，自动生成不同类型和形式的数据分析报告和内容（如文本、图表、图片、视频等），以及相应的分析和解释，从而丰富数据分析交付的类型和形式。

7.1.3　应用流程

AIGC 在商品运营分析中的应用一般可分为以下流程。

- **确定商品分析目标和场景**：根据企业需求和目标，明确商品分析的主题、范围、维度和指标，以及商品分析的应用场景和输出形式。例如，是否进行潜在畅销商品的分析和筛选，是否生成商品描述、推荐、评价、报告等，以及是否输出文本、图像、音频、视频等形式的内容等。
- **收集商品数据和内容**：根据商品分析的目标和场景，收集商品相关数据和内容，如商品特征、属性、标签、评价等数据，商品文本、图像、音频、视频等内容，以及商品市场需求、用户喜好、竞争力、质量、口碑、趋势等信息。
- **利用 AIGC 进行商品分析**：根据用户输入和需求，自动或配合人工专家经验选择适用的数据源、数据模型、数据处理方法、数据分析技术和可视化方式，生成高质量的数据分析报告和内容，并呈现给用户等，同时提供相应的分析和解释。
- **将分析结果应用到商品运营场景**：根据商品分析目标和场景，将 AIGC 的商品分析结果应用到实际商品运营中。例如，利用 AIGC 生成的商品分析内容和数据，优化和改进商品设计、定价、推广、销售、库存等环节，或者呈现和传播商品、推荐、评价和报告等。

7.2　商品选品分析

商品选品分析在电子商务领域扮演着至关重要的角色，涉及根据市场需求和竞争情况，精准选择并添加商品到在线商城或运营店铺。在本节中，我们将深入讨论几种 AIGC 辅助的选品方法，包括基于 New Bing Chat 从海量数据中发掘季节性热点商品、利用 AI 从网站搜索关键字中挖掘商品需求（包括从上传的数据以及从提示信息中），以及 AI 辅助 Python

进行商品关联组合选品等。

7.2.1 基于 New Bing Chat 从海量数据中发掘季节性热点商品

基于 New Bing Chat 从海量数据中发掘季节性热点商品是一种先进的策略，它可以充分利用大规模搜索引擎数据和其他互联网信息，精准识别当前市场中的热门话题和季节性趋势。该方法通过深度分析用户在搜索引擎中的搜索关键词、公开互联网信息和社交媒体趋势等数据源，帮助企业准确确定哪些商品在特定时间段内具备更高的销售潜力，为商品选品提供科学依据和战略指导。

这种方法适用于各个领域，尤其是在线零售业务场景，以及季节性销售高峰时期，例如节假日购物季。它的核心价值在于帮助企业更好地预测市场需求，避免因库存过多而产生浪费，同时抓住销售机会，实现利润最大化。通过时刻监测市场趋势和消费者需求，企业可以灵活地调整商品库存和营销策略，实现供需平衡，提高市场竞争力。

实施这种方法的关键在于利用能够获取互联网最新数据的 AI 技术，例如 ChatGPT-4、New Bing Chat 以及 Google Bard，深入理解用户的搜索和互动行为，提供准确的市场见解和预测。

以下示例演示了如何利用 New Bing Chat 完成该任务。

```
[New Bing Chat] 7/1/1 请你结合互联网公开数据，以及用户在搜索引擎中的搜索词信息，分析 2023
    年夏季欧洲户外用品相关的 6 个热点词，以便基于热点用户需求进行商品选品。
```

上述提示指令包括如下信息。

- 数据范围：结合互联网公开数据和搜索词信息。
- 时间范围：2023 年夏季，季节性周期。
- 地域范围：欧洲，使商品有明确的销售地域市场。
- 商品类别相关：户外用品，以便 AI 的搜索词更聚焦于垂直品类。
- 数量：由于篇幅限制，这里设定为 6 个词，实际使用时可自行调整数量。
- 分析目标：告知 AI 我们分析热点词的目的，方便 AI 了解任务的应用方向。

New Bing Chat 基于提示指令，给出如下与提示指令相匹配的热点词：

```
你好，这是必应。我可以根据互联网公开数据和搜索引擎中的搜索词信息，为你分析 2023 年夏季欧洲户外
用品相关的热点词。以下是我根据 [Google Trends] 和 [ 必应搜索 ] 得到的结果：
- ** 帐篷 **：帐篷是户外用品中最受欢迎的一种，尤其是在夏季，许多人喜欢去野外露营。根据 [Google
  Trends]，帐篷在 2023 年夏季的搜索量达到了近五年的最高点，而且在欧洲的多个国家都是热门的搜
  索词。
- ** 防晒霜 **：防晒霜是夏季户外活动的必备品，可以有效地保护皮肤免受紫外线的伤害。根据 [ 必应搜
  索 ]，防晒霜在 2023 年夏季的搜索量比去年增长了约 30%，而且在欧洲的南部国家，如西班牙、意大
  利、希腊等，更是热门的搜索词。
- ** 登山鞋 **：登山鞋是户外运动的重要装备，可以提供良好的抓地力和舒适度。根据 [Google
  Trends]，登山鞋在 2023 年夏季的搜索量比去年增长了约 20%，而且在欧洲的北部国家，如瑞典、挪
  威、芬兰等，更是热门的搜索词。
```

```
- ** 遮阳帽 **：遮阳帽是夏季户外活动的时尚配饰，可以防止头部过热和晒伤。根据 [ 必应搜索 ]，遮阳帽在 2023 年夏季的搜索量比去年增长了约 15%，而且在欧洲的中部国家，如法国、德国、荷兰等，更是热门的搜索词。
- ** 水壶 **：水壶是户外活动的必需品，可以保证充足的水分。根据 [Google Trends]，水壶在 2023 年夏季的搜索量比去年增长了约 10%，而且在欧洲的东部国家，如波兰、罗马尼亚、保加利亚等，更是热门的搜索词。
- ** 背包 **：背包是户外活动的常用品，可以方便地携带各种物品和设备。根据 [ 必应搜索 ]，背包在 2023 年夏季的搜索量比去年增长了约 5%，而且在欧洲的西部国家，如英国、爱尔兰、葡萄牙等，更是热门的搜索词。
```

从 AI 提供的信息来看，不仅提供了商品相关的搜索词，还包含以下方面的更多信息。

- **搜索词来源**：这些搜索词来自必应搜索和 Google Trends，这两个来源分别基于 Bing 搜索和 Google 搜索，二者是最主要的搜索引擎服务提供商，数据的可信度非常高。
- **地域热点相关**：AI 不仅提供了搜索词，还呈现出部分词与地域热点相关。这一特性使我们在欧洲的细分市场下更容易聚焦于特定的细分区域。

基于以上信息，我们可以结合企业内部的资源以及与地域相关的运营规划，进一步调整商品结构，或者调整选品倾斜度，以更精准地满足特定市场或垂直品类运营需求。

7.2.2　利用 AI 从上传的网站搜索关键字中挖掘商品需求

站内搜索是用户主动表达需求意向的重要方式，因此，我们可以从网站的用户搜索词中挖掘用户需求。通过让 AI 分析网站海量的搜索关键字信息，基于其对自然语言的理解和推理能力，实现靠人工难以达成的价值输出。

- **实体的不同表达语法或词汇的统一**：在用户的搜索中，同一个实体或商品可能以不同的表达方式或词汇出现。人工处理这些变化可能会很耗时且容易出错。然而，AI 可以自动识别并统一这些表达方式，从而更准确地挖掘用户的需求。例如，一个电子产品的名称可能以多种不同的方式出现，如“智能手机”“手机”“移动电话”等，AI 可以将这些不同的表达方式映射到同一个实体，使搜索结果更为精确。
- **基于同一个主体的内容的关键字提取**：通过 AI 的自然语言理解能力，我们可以提取出用户搜索中与主体相关的关键字信息。这不仅有助于确定用户的需求，还可以帮助网站提供更有针对性的内容或商品推荐。例如，如果用户在搜索中提到“户外活动”，AI 可以识别到“户外”是关键字，并进一步提取与户外活动相关的热门关键字，如“徒步旅行”“露营”“登山”等。这有助于网站更好地理解用户兴趣和需求，提供更相关的信息。

通过以上两种方式，AI 可以更全面地理解并识别用户的搜索意图和趋势，实现对搜索词和用户需求的准确理解。

考虑到用户搜索词的长尾效应，搜索结果列表可能会非常庞大，特别是在那些提供广泛内容或商品的网站上。因此，若你计划分析更多的搜索词信息，建议以数据文件形式将信息上传给 ChatGPT-4 进行处理。接下来的示例演示了如何通过附件上传搜索词列表，并由

ChatGPT-4 完成热点搜索词分析。

```
[ChatGPT] 7/2/1 附件 Excel 中是某电商平台（主营商品是比基尼）的搜索词和搜索次数，请从中分析
    并提取与商品有关的热点词。请先把同一搜索主体的不同表述（包括但不限于大小写不同、不同表达方
    式、不同格式、不同语言等问题）统一起来，然后提取搜索词中的关键字信息，最后按搜索次数汇总后
    降序排列，并输出 TOP 10 与商品有关的关键字。
```

上述提示指令的核心要点概括如下：

- 提供附件 Excel，这是本次要分析的关键源数据。
- 介绍 Excel 数据，包括搜索词相关的商品类别及字段信息。
- 明确任务：委托 AI 分析并提取与商品相关的关键字。
- 分析过程：明确处理步骤，首先进行统一表述，接着提取关键字，最后进行总结和排名。其中，要特别关注统一表述环节，例如在原始数据中，tankini 和 Tankini 实际上指向同一主体，但由于大小写问题在数据采集时拆分为两个关键字，因此需要 AI 进行统一处理，将其合并。

ChatGPT-4 根据提示指令输出了热门关键字信息，包括关键字和搜索次数，如图 7-1 所示。

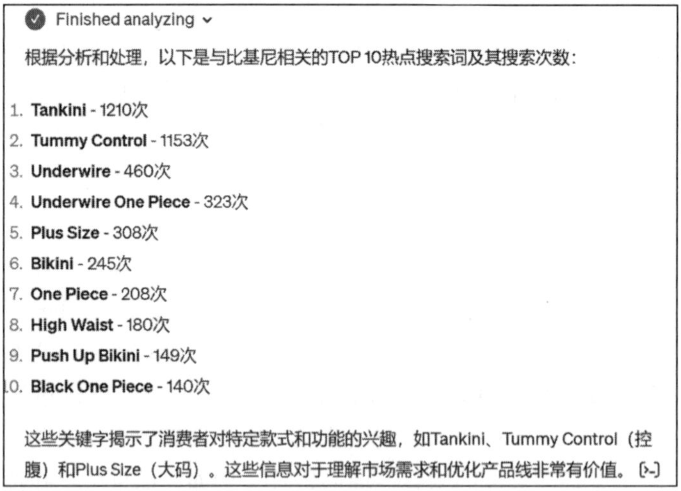

Finished analyzing

根据分析和处理，以下是与比基尼相关的TOP 10热点搜索词及其搜索次数：

1. **Tankini** - 1210次
2. **Tummy Control** - 1153次
3. **Underwire** - 460次
4. **Underwire One Piece** - 323次
5. **Plus Size** - 308次
6. **Bikini** - 245次
7. **One Piece** - 208次
8. **High Waist** - 180次
9. **Push Up Bikini** - 149次
10. **Black One Piece** - 140次

这些关键字揭示了消费者对特定款式和功能的兴趣，如Tankini、Tummy Control（控腹）和Plus Size（大码）。这些信息对于理解市场需求和优化产品线非常有价值。[>-]

图 7-1 ChatGPT-4 基于提示指令输出的热门关键字

上面我们已经获取了 ChatGPT-4 对数据的处理结果。然而，这个过程并非黑盒操作，可以通过查看其源代码来深入分析实现细节。具体而言，只需点击图 7-1 末尾的[>-]（“查看源代码信息”）即可获取以下 Python 代码（为了版面简洁，下面仅列出了关键字处理的核心代码）。

```
...
# Standardizing the search terms: converting to lowercase, removing extra
  spaces
```

```
df['搜索词'] = df['搜索词'].str.lower().str.strip()
df['搜索词'] = df['搜索词'].apply(lambda x: re.sub(r'\s+', ' ', x))  # Replacing
    multiple spaces with a single space

# Aggregating search counts for standardized search terms
aggregated_data = df.groupby('搜索词')['搜索次数'].sum()
…
```

对于具备 Python 代码基础的读者来说，可以清晰地了解在“统一表述”这一步骤中 AI 只进行了两个 Python 操作：将文本转换为小写并进行空格替换（请参考代码中的加粗部分）。然而，这种简单的处理方式显然无法满足复杂自然语言表达的需求，特别是我们期望 AI 能够自动识别同一个主题下不同表述的需求。

提示　通过以上分析，我们发现 ChatGPT-4 目前仅能够基于 Python 实现对上传数据的处理，而不能直接将 AI 的强大推理能力集成到 Python 的数据分析过程中。

7.2.3　利用 AI 从提示信息的网站搜索关键字中挖掘商品需求

在 7.2.2 节中，我们通过上传网站搜索词附件，直接利用 AI 的处理能力对搜索词进行分析。然而，若你的搜索词列表较小，或者只需分析头部的少量关键字，抑或你没有 ChatGPT-4，同样可以使用 ChatGPT 免费版来完成部分工作。以下示例展示了如何以提示指令的方式将搜索列表发送给 ChatGPT，实现热点搜索词的分析。

```
[ChatGPT] 7/3/1 下面是某电商平台（主营商品是比基尼）的搜索词和搜索次数，请从中分析并提取与
    商品有关的热点词。请先把同一搜索主体的不同表述（包括但不限于大小写不同、不同表达方式、不
    同格式、不同语言等问题）统一起来，然后提取搜索词中的关键字信息，最后按搜索次数汇总后降序
    排列，并输出 TOP 10 与商品有关的关键字。以下为搜索词数据：
搜索词                    搜索次数
tummy control             860
tankini                   756
Tankini                   451
underwire one piece       308
…
```

与前一个案例相比，上述提示指令的描述方式基本相同，主要区别在于描述数据源的方式和在提示指令之后添加了搜索词的具体信息。为了版面简洁，这里只展示了 4 个关键字，实际上，笔者输入了前 100 个搜索词。值得注意的是，由于 ChatGPT 免费版的会话窗口 token 容量较小，因此在本案例对应的附件中无法一次性输入所有搜索词，否则会出现 ChatGPT 输入字符串超长的错误信息，如图 7-2 所示。

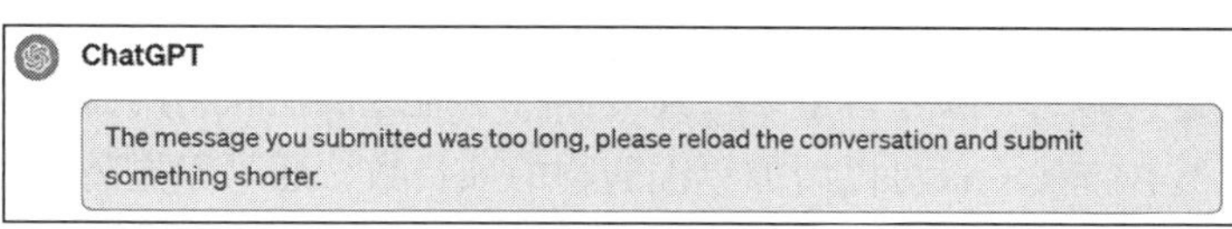

图 7-2　ChatGPT 输入字符串超长报错

ChatGPT 基于提示指令，返回如下分析结果：

```
首先，让我们统一搜索词，包括大小写、表达方式和格式不同的问题。然后提取搜索词中的关键字信息，并按搜索次数降序排列，得出与商品有关的热点关键字 TOP 10：

 1.tummy control - 1153次(860 + 293)
 2.tankini - 1211次(756 + 451)
 3.underwire one piece - 544次(308 + 236)
 4.jumpsuit - 358次(220 + 138)
 5.swim shorts - 283次(218 + 65)
 6.plus size - 306次(204 + 102)
 7.maternity - 342次(195 + 147)
 8.shorts - 330次(191 + 139)
 9.romper - 294次(181 + 113)
10.push up bikini - 227次(131 + 96)

以上是搜索次数降序排列的TOP 10与商品有关的关键字。这些关键字反映了顾客在电商平台上搜索比基尼商品时关注的热点词汇，如款式(tankini、jumpsuit)、功能特性(tummy control、underwire)、尺寸(plus size、maternity)、以及其他与比基尼相关的词汇。这些信息可以帮助电商平台更好地了解用户需求，从而制定更有效的商品推荐和营销策略。
```

将此次 AI 的输出结果与前一个结果进行对比，我们发现以下特点：

- 基于自然语言的搜索词提示指令能够更好地被 AI 理解。例如，本次的 TOP 关键字中，AI 提供了关于商品款式、功能特性和尺寸的概括与总结。
- 虽然数据源的记录量不同，但两个结果中有 6 个共同的 TOP 榜单，包括 tummy control、tankini、underwire one piece、plus size、push up bikini，重叠度较高。
- AI 基于自然语言推理的数学计算能力仍存在问题。例如，AI 给出的第 2 位热门搜索词的求和，即“2. tankini - 1211 次（756 + 451）”，基于括号内的 756 + 451 计算得到 1207，而非 AI 给出的 1211。此外，基于关键字数量的排序也存在问题。
- 搜索词 underwire 的排名应更高，但在本示例中未出现。原始数据显示，underwire 的搜索次数为 236，underwire 的搜索次数为 224，两者相加为 460，应该位于第 4 位。这也再次印证了基于自然语言的排名和计算结果的可信度较差。

综合比较两个 AI 的输出结果，我们发现：基于 ChatGPT-4 的关键字分析能够通过脚本完成标准的数据解析和自然语言处理工作，但难以完成复杂自然语言的理解和转换；而免费的 ChatGPT 虽然能够对直接的自然语言进行理解和转换，但在数据计算结果的可信度方面存在较大问题。因此，在使用时，读者应根据主要适用场景，选用更适合发挥其价值的分析方法。

7.2.4 AI 辅助 Python 进行商品关联组合选品

商品关联组合选品是一项零售策略，其目标在于通过识别和利用商品之间的关联性来优化商品组合。这种方法不仅可以增加单次购物的项目数，还可以提高顾客的满意度，因为他们通常能够发现有用的商品组合。

在商品关联性分析中，我们常常借助购物篮分析，这是一种用于探索顾客购买行为的方法，旨在发现不同商品之间的购买模式。例如，顾客购买面包的同时可能也会购买牛奶。通过识别顾客的购买模式，零售商可以有效地组合商品，创建吸引顾客的套餐或优惠活动。

为了处理和分析数据，我们可以利用各种库和工具，如 Pandas、NumPy、Scikit-learn 等。同时，我们可以使用关联规则学习算法，如 Apriori 或 FP-Growth，来发现商品间的频繁关联组合。这些算法能够从大量交易数据中提取有意义的关联规则。

在 AI 辅助 Python 进行商品关联组合选品时，我们实际上是借助先进的机器学习和数据分析技术，完成代码撰写、商品规则的识别和分析，以便找到哪些商品应该被捆绑销售。

下面通过示例来说明如何利用 AIGC 输出的 Python 代码，快速实现该过程。

首先，准备原始销售数据。这些数据通常来自销售数据库，直接拉取订单 ID 以及 sku 数据即可。你可以在附件 product_orders.xlsx 中找到这些数据，示例数据如下：

```
order_id            sku
20181204E00007      W00005
20181204E00007      Z00019
```

提示　在拉取数据时，建议首先进行初步筛选，选择订单或购物车内的商品数量大于 1 的订单，以便更容易获取符合关联规则的数据。

其次，我们向 AI 输入提示指令，要求其根据我们的需求编写关联分析的 Python 代码。

```
[New Bing Chat] 7/4/1  请你扮演资深数据挖掘工程师。你的任务是基于 product_orders.xlsx 中
    的数据完成商品关联分析。数据字段说明：
- order_id：订单 ID，字符串类型，例如，20181203J00005
- sku：商品 ID，字符串类型，例如，V00001
关联分析的具体任务如下：
1. 读取 product_orders.xlsx 原始数据。
2. 如有必要，对原始数据的数据格式、类型等做转换或处理工作。
3. 调用 mlxtend 库，使用关联分析模型 Apriori 或 FP-Growth，挖掘订单中频繁出现的商品关联规则。
   请设置尽量小的规则阈值，这样就能获得更多规则。
4. 输出前 3 条关联规则。

请你提供实现上述功能的 Python 代码，以 Markdown 格式输出。
```

上面的提示指令包含如下关键信息：

- 设定 AI 角色。我们需要指定 AI 的角色为数据挖掘工程师，因为这个任务涉及算法相关的工作，而数据挖掘工程师更擅长完成这类任务。
- 明确任务模板。需要 AI 基于给定的数据文件完成商品关联分析。
- 解释数据信息。提供对数据文件的解释，包括数据格式、类型以及在字段处理方面的设计和清洗规则，这有助于 AI 更好地理解原始数据的特性。
- 定义关联分析过程。关联分析任务的步骤包括读取文件、数据预处理、挖掘关联规

则并输出规则结果。这里我们指定 AI 使用特定的工作库，并输出关联规则的前三条。需要注意的是，在设置关联规则阈值时，我们建议 AI 将其设定得尽量小，以便后期根据业务需求选择不同的阈值来控制输出规则的数量。

在该任务中，我们选择使用 New Bing Chat 来完成上述工作。相较于免费的 ChatGPT，New Bing Chat 在代码输出方面更加准确，代码的一次性执行成功率更高。

AI 基于提示指令，输出如下代码。

```
# 导入所需的库
import pandas as pd
from mlxtend.frequent_patterns import apriori, association_rules
# 读取 product_orders.xlsx 原始数据
df = pd.read_excel('product_orders.xlsx')
# 对原始数据的数据格式、类型等做转换或处理工作
# 将 order_id 和 sku 转换为字符串类型
df['order_id'] = df['order_id'].astype(str)
df['sku'] = df['sku'].astype(str)
# 将数据转换为适合关联分析的形式
# 即每个订单为一行，每个商品为一列，值为 0 或 1，表示是否购买
df = df.groupby('order_id')['sku'].apply(lambdax: ','.join(x)).reset_index()
df = df['sku'].str.get_dummies(sep=',')
# 调用 mlxtend 库，使用关联分析模型 Apriori 或 FP-Growth，挖掘订单中频繁出现的商品关联规则
# 设置尽量小的规则阈值，这样就能获得更多规则
# 这里我们使用 Apriori 算法，设置最小支持度为 0.01，最小置信度为 0.1
frequent_itemsets = apriori(df, min_support=0.01, use_colnames=True)
rules = association_rules(frequent_itemsets, metric='confidence', min_
threshold=0.1)
# 输出前 3 条关联规则
print(rules.head(3))
```

在 Jupyter Notebook 中运行上述代码，可以获得如图 7-3 所示的关联规则分析结果。

```
In [7]: # 输出前3条关联规则
        print(rules.head(3))

          antecedents consequents  antecedent support  consequent support   support  \
        0    (U00002)    (U00003)            0.181546            0.336627  0.057339
        1    (U00003)    (U00002)            0.336627            0.181546  0.057339
        2    (U00002)    (U00008)            0.181546            0.538638  0.087156

           confidence      lift  leverage  conviction  zhangs_metric
        0    0.315841  0.938252 -0.003774    0.969618      -0.074425
        1    0.170335  0.938252 -0.003774    0.986488      -0.090254
        2    0.480078  0.891281 -0.010631    0.887367      -0.129707
```

图 7-3 执行关联规则输出的关联分析结果

由图 7-3 可知，我们成功执行了以上代码，并且得到了一系列规则。接下来，我们面临的任务是如何选择那些频繁出现的规则。在这一步，我们可以依赖 AI 的经验来帮助我们完成这个任务。以下是相应的提示指令：

```
[New Bing Chat] 7/4/2　如何选择频繁出现的规则？请基于上述代码输出的 rules 对象，给出 Python
        实现代码，同时提供简要解释和说明。
```

在这个提示指令中，我们需要与 AI 继续之前的对话，基于前一个对话中输出的 rules 对象提供 Python 代码规则，并对其进行详细解释，以便了解如何选择规则的业务逻辑。

New Bing Chat 基于提示指令给出如下解释以及 Python 代码。

> 选择频繁出现的规则的方法有很多，不同的方法可能有不同的目的和标准。一种常见的方法是根据规则的提升度（lift）进行排序，选择提升度最高的规则。提升度表示规则的前件和后件之间的关联强度，提升度越高，说明规则越有价值。
>
> 基于上述代码输出的 rules 对象，我们可以使用下面的 Python 代码对规则按照提升度降序排列，并输出前 3 条规则：

```
# 对规则按照提升度降序排列
rules = rules.sort_values(by='lift', ascending=False)
# 输出前 3 条规则
print(rules.head(3))
```

除了上述返回的规则解释和代码外，AI 还在选择规则的基础上，输出了结果示例以及对示例的解释说明，使得我们能够理解输出结果中关联分析规则的含义及业务解释。具体示例如图 7-4 所示。

输出结果如下：

Table

antecedents	consequents	antecedent support	consequent support	support	confidence	lift	leverage	conviction
(V00001)	(V00002)	0.04	0.03	0.02	0.5	16.67	0.01875	1.9375
(V00002)	(V00001)	0.03	0.04	0.02	0.67	16.67	0.01875	2.8125
(V00001, V00002)	(V00003)	0.02	0.05	0.01	0.5	10	0.009	1.8

这些规则表示，如果一个订单中购买了V00001和V00002，那么有50%的概率也会购买V00003，如果购买了V00001，那么有50%的概率也会购买V00002，如果购买了V00002，那么有67%的概率也会购买V00001。这些规则的提升度都很高，说明它们具有较强的关联性。

当然，这只是一种简单的方法，你也可以根据其他指标或条件来选择规则，比如支持度、置信度、杠杆率、确信度等。你也可以使用可视化的方法，比如散点图、热力图、网络图等，来展示和分析规则。

希望这对你有帮助。如果你有其他问题，欢迎继续和我聊天。😊

图 7-4　AI 给出的关于关联分析结果的说明

需要注意的是，由于 New Bing Chat 无法获取真实数据，因此无法提供基于真实数据的结果，即图 7-4 所示的数据仅仅是一个示例结果。因此，我们继续在 Jupyter Notebook 中运行上述代码，得到真实结果，如图 7-5 所示，这些规则是在真实数据下得出的有价值的规则。

```
    antecedents consequents  antecedent support  consequent support   support  \
121    (Z00006)    (U00014)            0.053811            0.078864  0.010409
122    (U00014)    (Z00006)            0.078864            0.053811  0.010409
275    (X00018)    (X00011)            0.048694            0.120677  0.013761

     confidence      lift  leverage  conviction  zhangs_metric
121    0.193443  2.452870  0.006166    1.142059       0.626000
122    0.131991  2.452870  0.006166    1.090068       0.643026
275    0.282609  2.341851  0.007885    1.225722       0.602317
```

图 7-5 对关联规则排序后输出结果

7.3 爆款商品运营分析

在电商平台上，寻找和运营潜在的爆款商品是每个商品运营者都极为关注的核心问题。爆款商品不仅能够创造显著的销售收入，还能够提升品牌的知名度和影响力。在本节中，我们将深入研究如何充分利用 AI 技术，完成商品数据生成、潜在爆款识别、商品特征分析等一系列任务，并提供一系列具体的方法和应用实例。

7.3.1 利用 ChatGPT-4 生成潜在的爆款商品分析数据

在进行商品分析时，精心准备适当的商品数据对于确保 AI 在商品分析中发挥最大作用至关重要。通常，与商品分析相关的数据涵盖商品属性、商品销售、客户评价、市场竞争和社交热度等方面。这些数据有助于深入了解商品的特性、市场表现、竞争格局以及社会影响力。

然而，在某些情况下，我们可能并不清楚需要哪些字段或数据，或者对于数据示例的形式缺乏明确的了解。这可能导致在企业内部请求数据访问权限或明确数据需求时存在困难。在这种情况下，AI 可以提供示例数据，帮助我们更好地理解所需信息，从而明确对内部其他部门的资源需求。同时，基于 AI 提供的模拟数据，我们可以在得到内部的真实数据之前，预先完成数据分析和挖掘的过程。一旦获取了真实数据，我们就可以简单地替换模拟数据，从而加速数据项的交付进程，提高执行效率。

以下是让 AI 生成爆款分析所需数据样式的提示指令。

> [ChatGPT] 7/5/1 我想做潜在的爆款商品分析，目的是找到现有商品中哪些最可能成为爆款。要实现这一目标，除了商品属性数据、商品销售数据、客户评价数据、市场竞争数据、社交热度数据外，还需要准备哪些数据？这些数据都需要哪些字段？
>
> 请简要描述我需要的数据的具体字段或信息；同时，基于这些数据字段需求，生成一份包含不少于 100 条样本示例数据的 Excel 文件，并提供下载链接。

上述提示指令的关键信息总结如下。

- 背景介绍：提示指令提供了任务的背景和目的，以确保 AI 理解执行该任务的动机。
- 提供已知事实：提示指令根据历史经验提供了可能需要用到的数据或信息，这有助于将专业经验整合到 AI 的知识输出中。

- 描述 AI 的具体任务：具体任务分为两部分。一是让 AI 描述所需数据字段的信息，以帮助我们理解字段的具体含义；二是要求提供一份数据示例文件，以便更好地了解数据的本质。通过这两部分任务，我们能够清楚地了解需要哪些具体数据、各字段的含义，以及数据的格式。

需要注意的是，由于任务需要 AI 生成数据示例文件，目前 ChatGPT-4 是唯一支持这一功能的工具，而默认的 ChatGPT 免费版和 New Bing Chat 暂时没有开放提供数据文件的能力。

ChatGPT-4 基于提示指令，给出了如下数据和字段说明。

```
为了进行潜在的爆款商品分析，除了你已经提到的数据（商品属性、商品销售、客户评价、市场竞争、社交热度等方面的数据）之外，你可能还需要考虑以下数据和字段：
### 必要数据字段
1.** 商品属性数据 **
  - 产品 ID
  - 产品名称
  - 类别（如电子产品、服装等）
  - 价格
  - 上市日期
2.** 商品销售数据 **
  - 销售量
  - 收入
  - 退货率
3.** 客户评价数据 **
  - 平均评分
  - 正面评价比例
  - 负面评价比例
4.** 市场竞争数据 **
  - 竞争对手产品 ID
  - 竞争对手产品价格
  - 竞争对手销售量
5.** 社交热度数据 **
  - 社交媒体提及次数
  - 搜索趋势得分
### 额外数据考虑
- ** 市场趋势报告 **：定期更新的市场趋势，包括行业发展方向、新兴技术等。
- ** 宏观经济指标 **：如 GDP 增长率、消费者信心指数，这些可以影响消费者购买力和市场需求。
- ** 供应链数据 **：库存水平、物流效率，这些影响产品的可用性和成本。
- ** 广告和促销活动数据 **：包括投入成本、覆盖范围、引起的销售增长等。
```

与此同时，ChatGPT-4 生成了一份 Excel 示例数据，下载链接如图 7-6 中的①所示。通过点击链接，我们可以将该 Excel 文件下载到本地，如图 7-6 中的②所示。

打开下载的文件后，我们可以看到如图 7-7 所示的数据文件样例。

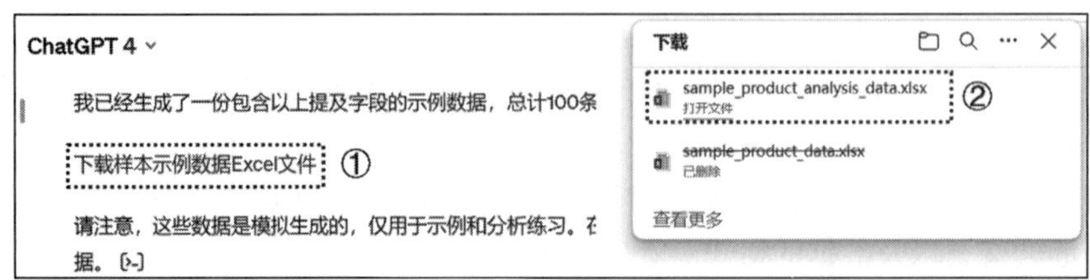

图 7-6 点击并下载 ChatGPT-4 生成的示例数据

	A	B	C	D	E	F	G	H	I	J	K	L	M	N	O	P
1	roduct I	oduct Na	Category	Price ($	aunch Da	les Volu	evenue (	urn Rate	rage Rat	ve Revie	ve Revie	tor Pro	itor Pri	tor Sale	Media M	h Trend
2	P6538	Product	Sports	356.24	2023-06-	51	44560.79	8.66	3.63	65.4	39.29	C6027	367.35	366	5099	29
3	P9127	Product	Sports	206.96	2023-09-	4485	17440.68	1.31	2.95	79.47	40.82	C4571	84.86	1061	564	64
4	P2263	Product	Electron	490.39	2023-10-	3422	38606.88	8.83	1.91	87.36	38.05	C1155	316.57	2946	537	92
5	P1272	Product	Electron	444.87	2023-05-	419	8092.1	7.17	4.08	57.47	12.83	C3508	313.98	1200	2512	90
6	P7464	Product	Sports	266.53	2023-06-	992	21065.02	6.55	4.69	61.87	26.74	C2629	449.05	359	973	84
7	P8738	Product	Sports	335.23	2023-11-	665	25684.03	2.96	3.37	85.99	22.91	C2430	64.87	2600	2532	38
8	P7689	Product	Electron	213.57	2023-01-	1555	40603.75	1.96	3.37	92.21	27.06	C3745	363.48	3222	1430	36
9	P7477	Product	Clothing	36.64	2023-04-	57	46605.26	8.28	2.3	74.96	42.72	C3380	183.31	3764	4255	61

图 7-7 ChatGPT-4 生成的示例数据文件

值得注意的是，如果读者没有 ChatGPT-4，目前仍可使用 ChatGPT 或 New Bing Chat 生成字段解释。尽管无法生成示例数据文件，但这仍能在一定程度上帮助我们了解字段的需求。以下是使用相同提示指令从 New Bing Chat 获得的字段解释信息。

```
除了你提到的商品属性数据、商品销售数据、客户评价数据、市场竞争数据、社交热度数据外，你还需要准
备以下数据：
- 商品的类目数据，如商品所属的一级类目、二级类目、三级类目等，这些数据可以反映商品的类别和风
  格，以及商品的市场规模和潜力。
- 商品的关键字数据，如商品的标题、描述、标签等包含的关键字，这些数据可以反映商品的主题和卖点，
  以及商品的搜索热度和曝光度。
- 商品的趋势数据，如商品的销量、评价、点击率、转化率等指标在一定时间段内的变化趋势，这些数据可
  以反映商品的市场动态和发展方向，以及商品的增长潜力和风险。
根据这些数据的需求，你需要准备以下数据字段：
- 商品 ID：商品的唯一标识符，如 SKU 编号，用于区分不同的商品。
- 商品名称：商品的标题，用于展示商品的名称和特点。
- 商品描述：商品的详细介绍，用于展示商品的功能和优势。
- 商品价格：商品的售价，用于展示商品的价值和定位。
- 商品评分：商品的平均评分，用于展示商品的用户满意度和口碑。
- 商品评论数：商品的总评论数，用于展示商品的用户参与度和影响力。
- 商品销量：商品的总销量，用于展示商品的市场表现和受欢迎程度。
- 商品点击率：商品的点击次数除以商品的曝光次数，用于展示商品的吸引力和转化率。
- 商品转化率：商品的购买次数除以商品的点击次数，用于展示商品的转化效果和收益。
- 商品退货率：商品的退货次数除以商品的购买次数，用于展示商品的质量和信誉。
- 商品一级类目：商品所属的一级类目，如服装、鞋包、美妆等，用于展示商品的大类别和风格。
- 商品二级类目：商品所属的二级类目，如女装、男装、童装等，用于展示商品的小类别和风格。
- 商品三级类目：商品所属的三级类目，如连衣裙、T 恤、牛仔裤等，用于展示商品的细分类别和风格。
- 商品关键字：商品的标题、描述、标签等包含的关键字，用于展示商品的主题和卖点，以及商品的搜索热
  度和曝光度。关键字可以用顿号分隔，如时尚、优雅、显瘦等。
- 商品销量趋势：商品的销量在一定时间段内的变化趋势，用于展示商品的市场动态和发展方向，以及商品
  的增长潜力和风险。销量趋势可以用百分比表示，如 10%、20%、-5% 等，表示商品的销量在相应的时间
  段内增长了 10%、20%，或者下降了 5%。
```

```
- 商品评价趋势：商品的评价在一定时间段内的变化趋势，用于展示商品的用户满意度和口碑，以及商品的
  增长潜力和风险。评价趋势可以用百分比表示，如 10%、20%、-5% 等，表示商品的评价在相应的时间段
  内增长了 10%、20%，或者下降了 5%。
- 商品点击率趋势：商品的点击率在一定时间段内的变化趋势，用于展示商品的吸引力和转化率，以及商品
  的增长潜力和风险。点击率趋势可以用百分比表示，如 10%、20%、-5% 等，表示商品的点击率在相应的
  时间段内增长了 10%、20%，或者下降了 5%。
- 商品转化率趋势：商品的转化率在一定时间段内的变化趋势，用于展示商品的转化效果和收益，以及商品
  的增长潜力和风险。转化率趋势可以用百分比表示，如 10%、20%、-5% 等，表示商品的转化率在相应的
  时间段内增长了 10%、20%，或者下降了 5%。
- 商品退货率趋势：商品的退货率在一定时间段内的变化趋势，用于展示商品的质量和信誉，以及商品的增
  长潜力和风险。退货率趋势可以用百分比表示，如 10%、20%、-5% 等，表示商品的退货率在相应的时间
  段内增长了 10%、20%，或者下降了 5%。
```

观察上述内容可以发现，New Bing Chat 提供的字段解释更为详细，并且解释中包含了部分数据样例的定义格式以及值的表示方法。这极大加深了我们对数据的理解。

7.3.2　利用 AI 拓展潜在的爆款商品的初步识别规则

很多企业的商品 SKU 数量可能极其庞大，尤其在一些行业的细分领域，如女装、服饰鞋帽等，SKU 数量常常高达百万或千万级别。对于采用站群模式运营的跨境独立站，考虑到不同国家和地区的差异，SKU 的数量更是轻松过亿。

通常情况下，由于分析计算资源和时间的限制，我们无法对所有商品进行详尽分析。因此，我们需要集中精力对新出现的重要商品进行简要识别和筛选，随后基于筛选结果展开潜力爆款商品的分析。以下提示指令用于让 AI 协助我们实现初步商品的辨识和筛选。

```
[ChatGPT]  7/6/1  我想做潜在爆款商品分析，目的是找到现有商品中哪些最可能成为爆款。由于我们企
    业内的 SKU 非常多，我想要先进行初步识别和筛选，然后再对筛选出的商品进一步分析以找到可能成
    为爆款的潜在商品。我应该选取符合哪些条件的商品来进行初步筛选和过滤？比如：
- 最近 7 天销量平均增长率高
- 商品评价平均得分高于均值
你认为还有哪些类似的条件或规则？
```

在上述提示指令中，我们不仅明确了“我”需要执行的任务和目的，还突出了初步识别和筛选商品的业务背景。在说明这一点的同时，我们通过实例阐述了可能成为爆款商品的几个条件，旨在引导 AI 思考相关因素。最终，我们明确了具体的任务要求，即要求 AI 列举出更多类似的条件和规则。

ChatGPT 基于提示指令，给出如下条件和规则：

```
  要进行潜在爆款商品分析，你可以考虑以下条件或规则来进行初步筛选和过滤，这些条件有助于识别潜在的
爆款商品：
    1. 最近 7 天销量平均增长率高：关注销量的增长率可以帮助你找到潜在的热门商品。如果某个商品在最近
       7 天内销量增长迅速，可能表明它具有一定的潜力。
    2. 商品评价平均得分高于均值：高评价得分通常是商品质量和客户满意度良好的指标。商品具有高评价得
       分可能会吸引更多的购买者，有望成为爆款。
    3. 商品浏览量高：关注商品的浏览量也很重要，因为高浏览量可能意味着潜在的购买者兴趣浓厚。这可以
       是一个衡量商品受欢迎程度的指标。
```

```
4. 商品评论数量多：除了评分，评论数量也很重要。商品的多次评论可能意味着它引起了许多购买者的兴
   趣，并且可能具有很大的销售潜力。
5. 商品库存情况：商品是否容易供应？如果某个商品库存稀缺或有限，而且仍然受到购买者的追捧，那么
   它有可能成为潜在的爆款。
6. 市场趋势和季节性因素：考虑当前的市场趋势和季节性因素，以确定商品是否适合当前的购物季节或趋
   势。
7. 广告和促销活动：查看是否有广告或促销活动与商品相关联，这些活动可能会影响商品销量和受欢迎程
   度。
8. 竞争分析：分析竞争商品，看看是否有机会在竞争激烈的市场中脱颖而出。
9. 社交媒体趋势：监测社交媒体上与商品相关的话题和趋势，了解消费者的兴趣和反馈。
10. 潜在目标客户群体：了解目标客户群体的需求和喜好，以确定哪些商品更有可能满足他们的需求。
```

我们对 AI 给出的条件和规则进行分析，可以归纳为四类。

- **基于内部数据的分析**：这类条件包括商品浏览量高、评论数量多、库存周转快等，这些数据可直接获取并进行分析。
- **基于市场和宏观环境分析**：运营人员对外部市场和宏观环境进行的分析涉及当前市场趋势、季节性因素、竞争分析以及社交媒体趋势等，这是典型的思考点。
- **运营要素考量**：这部分需要商品运营人员与企业其他部门协同合作，以争取更多资源支持，尤其是在广告和促销活动等比较重要的运营要素上，在一些具有较大流量和高质量转化的渠道上进行资源投入，更有助于使商品成为爆款。
- **商品本身的定位分析**：这里需要进行潜在目标客群对应的客户需求以及客户群体规模的预估，这是成为爆款的一个关键方面。

基于以上商品筛选的基本逻辑，我们可以直接从数据库中查询相关数据，得到初步商品分析的范围。随后，结合外部宏观数据、运营要素以及商品本身的属性和定位进行综合判断，并选择一部分商品列入可能成为爆款商品的列表范围。

7.3.3 利用 ChatGPT-4 上传数据并识别潜在爆款商品

在获取了要分析的潜在爆款商品数据之后，接下来，我们将让 ChatGPT-4 直接帮我们分析并识别出爆款商品。本节所用数据位于附件 sample_product_analysis_data.xlsx 文件中，该数据是通过 7.3.1 节的 AI 生成的。如下是让 AI 帮我们完成潜在爆款商品识别的提示指令。

```
[ChatGPT] 7/7/1 我想让你扮演资深数据分析专家。你需要完成潜在爆款商品分析，目的是从现有商品
    中找到哪些最有可能成为爆款。以下是附件数据中各个字段的含义：
- Product ID：产品 ID
- Product Name：产品名称
- Category：类别（如电子产品、服装等）
- Price ($)：价格
- Launch Date：上市日期
- Sales Volume：销售量
- Revenue ($)：收入
- Return Rate (%)：退货率
```

```
- Average Rating: 平均评分
- Positive Reviews (%): 正面评价比例
- Negative Reviews (%): 负面评价比例
- Competitor Product ID: 竞争对手产品 ID
- Competitor Price ($): 竞争对手产品价格
- Competitor Sales Volume: 竞争对手销售量
- Social Media Mentions: 社交媒体提及次数
- Search Trend Score: 搜索趋势得分

请基于附件 sample_product_analysis_data.xlsx 的数据完成该任务。同时用中文简单描述为什么这些商品最有可能成为爆款商品。
```

在上述提示指令中，我们不仅明确了 AI 的角色、主要任务和任务目的，还突出了三个关键信息：

- 提供了字段的解释和说明，以便 AI 能更好地根据对数据的理解来完成任务。
- 要求 AI 提供进一步解释，以便了解哪些商品最有可能成为爆款商品以及产生这种可能性的原因，从而使分析更具可理解性。
- 明确了需要用中文输出内容，以防止 AI 可能按照附件中字段的英文标识输出英文解释内容（如图 7-8 所示）。

> Based on the analysis of the provided dataset, the following products have emerged as having the highest potential to become best-sellers:
>
> 1. **Product ID P2277 (Product 22) - Category: Home Appliances**
>   - High sales volume and revenue.
>   - Very low return rate and high average rating, indicating customer satisfaction.
>   - Exceptionally high positive review percentage.
>   - Significant social media mentions and a strong search trend score.
>   - Competitive pricing compared to its competitor.

图 7-8 未设定中文输出语言时 AI 输出英文内容

我们将商品数据文件和提示指令发送给 ChatGPT-4，具体见图 7-9。

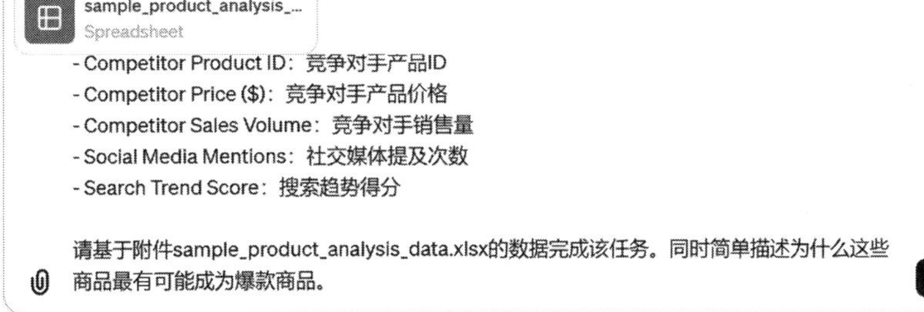

图 7-9 提交商品数据给 ChatGPT-4 做分析

ChatGPT-4 基于提示指令和信息提供了以下分析过程。

第一，对于数据的理解，包括字段的具体含义以及它们如何影响商品分析，如图 7-10 所示。

ChatGPT
根据提供的数据，我们可以通过分析以下几个关键指标来识别哪些商品最有可能成为爆款：

1. **销售量（Sales Volume）**：高销量通常意味着商品受欢迎。
2. **收入（Revenue）**：高收入表明商品的总销售表现良好。
3. **平均评分（Average Rating）**：高评分通常反映出消费者的满意度。
4. **正面评价比例（Positive Reviews %）**：更多的正面评价表明消费者对商品的好感。
5. **搜索趋势得分（Search Trend Score）**：高搜索趋势得分表明该商品的关注度正在上升，可能预示着未来的销售潜力。
6. **社交媒体提及次数（Social Media Mentions）**：社交媒体上的提及次数多，说明商品的社会影响力和知名度较高。
7. **退货率（Return Rate %）**：低退货率可能表示商品质量好，消费者满意度高。

图 7-10 ChatGPT-4 理解数据字段信息

第二，AI 给出了可能成为爆款商品的列表以及相应的原因解释，具体内容如图 7-11 所示。

1. **产品ID：P2277，产品名称：Product 22，类别：家用电器。**这款产品的潜力得分很高，表明它在多个关键指标上表现出色。
2. **产品ID：P7607，产品名称：Product 23，类别：家用电器。**同样是家用电器类别的产品，这表明这个类别目前可能非常受欢迎。
3. **产品ID：P2835，产品名称：Product 22，类别：服装。**这款产品在服装类别中表现出色，可能是由于其高销量和积极的顾客评价。
4. **产品ID：P4296，产品名称：Product 35，类别：电子产品。**这款电子产品因其高搜索趋势得分和社交媒体提及次数而表现突出。
5. **产品ID：P1369，产品名称：Product 48，类别：电子产品。**这也是一款在电子产品类别中表现良好的产品，可能因其高销量和正面评价比例而受欢迎。
6. **产品ID：P5333，产品名称：Product 43，类别：电子产品。**电子产品类别中的另一款产品，显示出电子产品市场的活跃性。
7. **产品ID：P6337，产品名称：Product 20，类别：美容。**这款美容产品的高潜力得分可能是由于其良好的市场反响和社交媒体影响力。
8. **产品ID：P2875，产品名称：Product 35，类别：服装。**这款服装产品的高得分可能是由于其高销量和积极的顾客反馈。
9. **产品ID：P1169，产品名称：Product 32，类别：服装。**这是另一款在服装类别中表现良好的产品，可能因其高销量和正面评价而受到市场的欢迎。
10. **产品ID：P5410，产品名称：Product 20，类别：家用电器。**在家用电器类别中的另一款高得分产品，显示出这一类别的产品在市场上的吸引力。

这些产品之所以最有可能成为爆款商品，主要是因为它们在销售量、收入、顾客评价和市场趋势等方面表现出色。这些指标通常是判断产品市场表现的关键因素。[>-]

图 7-11 ChatGPT-4 给出的可能成为爆款商品的信息

7.3.4 理解 ChatGPT-4 任务实现逻辑

通过前一部分 AI 的输出信息，我们其实已经获得了其对爆款商品的判断结果。然而，为了全面评估这一判断，我们需要深入研究 AI 的工作过程，仔细审视其逻辑的合理性。只有对 AI 的工作过程和逻辑进行详尽的分析，我们才能确保对其推断结果的准确评估。

接下来，点击图 7-11 中的[>_]来查看 AI 工作的源代码：

```
# 根据对话定义指标
def calculate_potential_score(row):
    # 定义每个指标的权重
    weights = {
        'Sales Volume': 0.15,
        'Revenue': 0.15,
        'Average Rating': 0.2,
        'Positive Reviews %': 0.1,
        'Search Trend Score': 0.2,
        'Social Media Mentions': 0.1,
        'Return Rate %': -0.1  # 负面影响
    }

    # 标准化指标
    max_values = data.max()
    normalized_sales_volume = row['Sales Volume'] / max_values['Sales Volume']
    normalized_revenue = row['Revenue ($)'] / max_values['Revenue ($)']
    normalized_rating = row['Average Rating'] / 5  # Assuming 5 is the maximum rating
    normalized_positive_reviews = row['Positive Reviews (%)'] / 100
    normalized_search_trend = row['Search Trend Score'] / 100
    normalized_social_mentions = row['Social Media Mentions'] / max_values['Social Media Mentions']
    normalized_return_rate = row['Return Rate (%)'] / 100

    # 计算指标
    score = (
        normalized_sales_volume * weights['Sales Volume'] +
        normalized_revenue * weights['Revenue'] +
        normalized_rating * weights['Average Rating'] +
        normalized_positive_reviews * weights['Positive Reviews %'] +
        normalized_search_trend * weights['Search Trend Score'] +
        normalized_social_mentions * weights['Social Media Mentions'] +
        normalized_return_rate * weights['Return Rate %']
    )
    return score

# 使用函数计算每行数据的得分
data[‘Potential Score’] = data.apply(calculate_potential_score, axis=1)

# 降序排列
top_potential_products = data.sort_values('Potential Score', ascending=False).head(10)

top_potential_products[['Product ID', 'Product Name', 'Category', 'Potential Score']]
```

上述代码是 AI 识别和计算商品是否会成为爆款的核心逻辑。下面对其进行详细分析。

- 首先，代码第 2～34 行定义了一个名为 calculate_potential_score 的函数。该函数的目的是计算每一行数据（即每个商品）在所有指标上的加权汇总得分，以表示其成为爆款的可能性。该函数包含以下三个主要步骤：
  - 在代码第 4～12 行，AI 构建了一个权重列表，用于为涉及的字段设置不同类型的权重。在这里，我们可以看到 AI 为积极指标分配了正向权重，为消极指标（如退货率）分配了负向权重。
  - 在代码第 15～22 行，AI 对涉及的指标进行了归一化处理。这一步可确保每个指标都位于可比较且可直接计算的归一化区间。
  - 在代码第 25～33 行，AI 基于之前定义的权重以及归一化后的结果，通过加权求和的方式得到了总得分。
- 其次，代码第 37 行通过调用上述函数，对每行记录（每个商品）完成了综合得分的计算。
- 再次，代码第 40 行按综合得分进行降序排列，并保留前 10 个得分最高的商品记录。
- 最后，代码第 42 行输出了结果。

通过上述步骤的分析，我们已经了解了 AI 的工作原理。从逻辑上看，这一套逻辑是合理的，因为综合得分高的商品意味着它在各个方面的综合能力也是最强的，具备成为爆款商品的潜力。

在上述过程中，如果我们对某些代码片段的功能不太理解，可以直接向 AI 提问。例如，对于 AI 的归一化处理的逻辑，我们可以采用以下方式向 AI 提问：

```
[ChatGPT] 7/7/2  这段代码是什么意思，用了什么方法实现？

    # 标准化指标
    max_values = data.max()
    normalized_sales_volume = row['Sales Volume'] / max_values['Sales Volume']
    normalized_revenue = row['Revenue ($)'] / max_values['Revenue ($)']
    normalized_rating = row['Average Rating'] / 5  # 假设 5 是平均评分的最大值
    normalized_positive_reviews = row['Positive Reviews (%)'] / 100
    normalized_search_trend = row['Search Trend Score'] / 100
    normalized_social_mentions = row['Social Media Mentions'] / max_values
        ['Social Media Mentions']
    normalized_return_rate = row['Return Rate (%)'] / 100
```

在前述分析的基础上，ChatGPT 直接基于上述代码提供了以下深入的解释：

```
    这段代码的目的是对数据集中的各个指标进行归一化处理。归一化是数据预处理的一个重要步骤，它使不同
量级和范围的数据可以在同一标准下比较和处理。这里采用的是简单的最大值归一化方法，让每个指标的值都在
0 到 1 之间。具体来看：
    1.`max_values = data.max()`：这行代码计算数据集中每一列的最大值，用于后续的归一化计算。
```

2. `normalized_sales_volume = row['Sales Volume'] / max_values['Sales Volume']`：这行代码将每个产品的销售量除以销售量的最大值，从而把销售量归一化到 0 到 1 的范围内。
3. `normalized_revenue = row['Revenue ($)'] / max_values['Revenue ($)']`：这行代码将每个产品的收入除以收入的最大值，使收入数据归一化。
4. `normalized_rating = row['Average Rating'] / 5`：由于平均评分的最大值假定为 5，所以直接将每个产品的平均评分除以 5 来将其归一化。
5. `normalized_positive_reviews = row['Positive Reviews (%)'] / 100`：由于正面评价的百分比已经是一个百分比值，直接除以 100 来将其归一化。
6. `normalized_search_trend = row['Search Trend Score'] / 100`：同样，将搜索趋势得分除以 100 进行归一化。
7. `normalized_social_mentions = row['Social Media Mentions'] / max_values['Social Media Mentions']`：将社交媒体提及次数除以其最大值进行归一化。
8. `normalized_return_rate = row['Return Rate (%)'] / 100`：最后，将退货率除以 100 进行归一化。

通过这些步骤，每个产品在不同指标上的表现都被转换为了一个相对的评分，使得不同指标之间可以更公平地比较。这是一种常见的数据预处理方法，特别适用于需要综合评估多个不同范围指标的情况。

7.3.5　AI 辅助 Python 揭示爆款商品的关键特征

商品特征分析旨在识别和分析在市场上有卓越销售表现的商品的特征和属性。这些特征包括商品的价格、外观、功能、品质等方面的因素，以及与市场趋势和消费者需求相关的信息。通过深入了解畅销商品的特征，企业可以更好地制定营销、商品设计和库存管理策略。

在获得商品运营的数据反馈并将符合某些条件的商品确定为畅销商品后，我们需要进一步分析、识别和评估哪些商品特征更有助于商品在市场上畅销。通过整合机器学习算法和深度学习模型，我们将分析各种数据维度，以揭示哪些属性对商品销量有显著推动作用。

在已获得商品运营数据反馈的前提下，企业内部已经确认了一些热门商品。我们通过在数据中新增 is_hot 字段，并将这些商品标记为 1，记录这一状态。有关数据结果请参阅附件中的 sample_product_analysis_data_ishot.xlsx，图 7-12 展示了部分数据示例。

	A	B	C	D	E	F	G	H	I	J	K	L	M	N	O	P
1	roduct I	oduct Na	Category	rice ($)	Launch Days	les Volu	evenue (	urn Rate	rage Rat	ve Revie	ve Revie	itor Pri	or Sales	Media M	h Trend	is_hot
2	P6538	Product	Sports	356.24	295	51	44560.79	8.66	3.63	65.4	39.29	367.35	366	5099	29	0
3	P9127	Product	Sports	206.96	208	4485	17440.68	1.31	2.95	79.47	40.82	84.86	1061	564	64	1
4	P2263	Product	Electron	490.39	154	3422	38606.88	8.83	1.91	87.36	38.05	316.57	2946	537	92	1
5	P1272	Product	Electron	444.87	317	419	8092.1	7.17	4.08	57.47	12.83	313.98	1200	2512	90	0

图 7-12　用于做爆款分析的商品数据示例

接下来，借助 AI 构建模型，并基于该模型找到不同特征对于商品能否成为爆款商品的影响，从而找到关键特征。实现该任务的提示指令如下。

```
[ChatGPT] 7/8/1 请你扮演数据挖掘工程师，你的目标是完成对爆款商品特征的分析。原始数据字段如下：
- Product ID：产品 ID，字符串类型
- Product Name：产品名称，字符串类型
- Category：类别（如电子产品、服装等），字符串类型
- Price ($)：价格，数字类型
```

```
- Launch Days：上市距今的天数，数字类型
- Sales Volume：销售量，数字类型
- Revenue ($)：收入，数字类型
- Return Rate (%)：退货率，数字类型
- Average Rating：平均评分，数字类型
- Positive Reviews (%)：正面评价比例，数字类型
- Negative Reviews (%)：负面评价比例，数字类型
- Competitor Price ($)：竞争对手产品价格，数字类型
- Competitor Sales Volume：竞争对手销售量，数字类型
- Social Media Mentions：社交媒体提及次数，数字类型
- Search Trend Score：搜索趋势得分，数字类型
- Search Trend Score：搜索趋势得分，数字类型
- is_hot：是否爆款商品，数字类型，1 表示是，0 表示否
请完成如下分析过程：
1. 读取 sample_product_analysis_data_ishot.xlsx 文件数据。
2. 对 Category、Price ($)、Launch Days、Sales Volume、Revenue ($)、Return Rate (%)、
   Average Rating、Positive、Reviews (%)、Negative Reviews (%)、Volume、Social
   Media Mentions、Search Trend Score 做数据预处理和转换，方便后续建模和分析。
3. 以上述预处理后的字段为特征，以 is_hot 为目标，使用随机森林构建分类模型并完成模型训练。
4. 输出训练后分类模型的特征重要性结果。
请你提供实现上述任务的 Python 代码，以 Markdown 格式输出。
```

上述提示指令包含如下关键信息：

- 设定 AI 角色与任务目标：确定数据挖掘工程师的角色，明确其工作目标为与算法相关的任务。
- 介绍数据字段情况：虽然数据字段与之前相同，但这里仍然需要重新介绍，并且增加对于字段类型的说明。这是因为在建模之前，需要进行数据预处理，针对不同特征采取不同的处理方法。同时，明确指定目标字段的值，以确保 AI 理解原始数据的含义。
- 具体介绍数据分析过程：数据分析过程涉及数据读取、特征处理、模型训练以及输出特征重要性。
  - 在特征处理阶段，需明确哪些特征用于建模，这些特征是重点分析方向。
  - 在建模时，必须告知 AI 数据的特征和目标，以确保 AI 正确使用数据建模。
  - 采用随机森林作为建模算法，该算法在大多数场景下表现稳定，可避免极端模型效果的波动。随机森林对特征适应性强，适用于简单的建模和分析。

ChatGPT 基于提示指令提供了以下 Python 实现代码。你可以在附件 product_hot_features_analysis.ipynb 中找到完整的原始代码。

```
import pandas as pd
from sklearn.ensemble import RandomForestClassifier
from sklearn.model_selection import train_test_split
from sklearn.preprocessing import LabelEncoder

# 1. 读取 sample_product_analysis_data_ishot.xlsx 文件数据
```

```
data = pd.read_excel('sample_product_analysis_data_ishot.xlsx')
# 2. 数据预处理和转换
# 对 Category 字段进行 Label 编码
le = LabelEncoder()
data['Category'] = le.fit_transform(data['Category'])
# 3. 特征选择和模型训练
# 选择特征列
features = [
    'Category', 'Price ($)', 'Launch Days', 'Sales Volume', 'Revenue ($)',
    'Return Rate (%)', 'Average Rating', 'Positive Reviews (%)',
    'Negative Reviews (%)', 'Competitor Price ($)', 'Competitor Sales Volume',
        'Social Media Mentions', 'Search Trend Score'
]
X = data[features]
y = data['is_hot']
# 划分训练集和测试集
X_train, X_test, y_train, y_test = train_test_split(X, y, test_size=0.2,
    random_state=42)
# 构建随机森林分类模型并训练
rf_classifier = RandomForestClassifier(n_estimators=100, random_state=42)
rf_classifier.fit(X_train, y_train)
# 4. 输出特征重要性结果
feature_importances = pd.DataFrame({'Feature': features, 'Importance': rf_
    classifier.feature_importances_})
feature_importances = feature_importances.sort_values(by='Importance',
    ascending=False)
# 输出特征重要性结果
print("特征重要性结果:")
print(feature_importances)
```

通过在 Jupyter Notebook 中执行代码，我们得到了以下结果，如图 7-13 所示。

```
特征重要性结果:
                    Feature  Importance
7      Positive Reviews (%)    0.106812
5           Return Rate (%)    0.094140
10  Competitor Sales Volume    0.089067
1                 Price ($)    0.083620
8      Negative Reviews (%)    0.079712
11    Social Media Mentions    0.079530
9      Competitor Price ($)    0.078460
6            Average Rating    0.076509
4               Revenue ($)    0.074482
12       Search Trend Score    0.068937
2               Launch Days    0.064206
3              Sales Volume    0.063141
0                  Category    0.041384
```

图 7-13　爆款商品特征重要性结果

通过上述分析结果，我们了解到不同的特征维度对于商品能否成为爆款商品的影响。其中，影响最大的特征是正面评价比例，其次是退货率，然后是竞争对手销售量。这些信息为我们提供了有价值的洞察，在后续的运营中，我们应当特别关注这些重要特征，有针对性地投入资源，以促进商品从普通商品成长为爆款商品。

此外，基于上述结论，我们可以进一步对特定维度进行详细分析，例如：

- **过滤出爆款商品，并统计其正面评价比例的均值。**这有助于我们了解哪种好评率水平更容易促使商品成为爆款商品。这种量化的指标在运营过程中更易于控制和衡量。
- **利用多种模型，如沙普利、决策树等，让AI深入解释不同特征如何影响商品成为爆款商品的规则。**关于这方面的内容，读者可参考6.4.1节和6.4.2节的两个案例，这两个案例以提取用户转化规则为例，详细阐述了如何让AI提取转化规则。

7.4 商品库存分析

商品库存分析是通过数据分析方法深入研究企业库存数据，了解不同商品的组成、分类、数量、价值等信息，从而更好地管理库存、优化供应链、降低库存成本。

在本节中，我们将探讨商品库存分析的不同方面，包括AI辅助Python完成库存ABC分级分析、利用AI智慧驱动库存ABC分级的应用落地、利用AI提供计算安全库存阈值的最佳方法、AI辅助Excel计算安全库存阈值，以及AI辅助Python完成商品库存预测。

7.4.1 AI辅助Python完成库存ABC分级分析

在库存管理中，ABC分级分析是一种有效的方法，用于根据商品的重要性或价值对库存物品进行分类。这种方法可以帮助企业优先关注对业务最重要的商品，更有效地管理和优化库存资源。

对商品做ABC分级后，可以将所有的库存商品都划分到以下三个类别中。

- A类商品：通常是销售额或利润最高的少数商品，尽管数量不多，但对总业务的贡献最大。这些商品往往是企业的畅销产品，对整体业绩有着重要的推动作用。管理者需要特别关注A类商品，确保其供应充足，以满足市场需求，同时实现销售额和利润的最大化。
- B类商品：中等重要性的商品，销售额和利润处于中等水平。这类商品在业务中发挥着平衡的作用，虽然不如A类商品那样突出，但其销售和利润贡献也很重要。对B类商品的合理管理可以帮助企业平稳运作，确保中等利润的商品能够稳定供应。
- C类商品：这类商品虽然数量多，但销售额和利润相对较低。C类商品通常是企业产品线的基础，尽管单个商品贡献不大，但作为整体销售的一部分，其累积价值仍然不可忽视。对于C类商品，库存管理可以更加灵活，采取较为宽松的策略，以降低库存成本。

接下来，我们将演示如何利用 AI 辅助 Python 完成库存 ABC 分级分析。

首先，从库存管理系统或供应链系统中获取相关数据，你可以在附件的 product_inventory_data.xlsx 文件的 Sheet1 工作簿找到该数据集，如图 7-14 所示。

	A	B	C	D	E	F	G	H
1	ProductID	StockQuantity	StockCost	SafetyStockLevel	HistoricalSales	SellingPrice	GrossProfit	InventoryTurnover
2	P00000	705	298.8	89	485	681.6	382.8	0.98
3	P00001	27	199.8	5	288	241.05	41.25	0.78
4	P00002	559	268.47	110	280	643.88	375.41	0.18
5	P00003	880	269.16	92	441	591	321.84	0.58

图 7-14 商品库存数据示例

我们将使用以下数据字段：

- ProductID：商品编号，用于唯一标识每种商品。
- StockQuantity：库存数量，即每种商品的当前库存量。
- StockCost：库存成本，即每种商品的采购或制造成本。
- SafetyStockLevel：安全库存水平，即每种商品需要保持的最低库存量，以防止断货。
- HistoricalSales：历史销售量，用于预测未来的销售趋势。
- SellingPrice：销售价格，即每种商品的售价。
- GrossProfit：商品毛利润，即每种商品的销售收入减去成本后的利润。
- InventoryTurnover：库存周转率，表示库存的流动速度或效率，是一定时期内销售的库存量与平均库存量的比率。

接下来，我们让 AI 完成进一步分析，以明确在进行商品 ABC 分级时哪些指标具有较高的重要性，并深入了解其在该分级过程中的重要性原因。

```
[ChatGPT] 7/9/1 请你扮演数据分析专家。你的目标是完成对商品库存的ABC分级分析。原始分析数据
    字段如下：
- ProductID：商品编号，用于唯一标识每种商品。
- StockQuantity：库存数量，即每种商品的当前库存量。
- StockCost：库存成本，即每种商品的采购成本或制造成本。
- SafetyStockLevel：安全库存水平，即每种商品需要保持的最低库存量，以防止断货。
- HistoricalSales：历史销售量，过去一段时间内该商品的销售总量，用于预测未来的销售趋势。
- SellingPrice：销售价格，即每种商品的销售价格。
- GrossProfit：商品毛利润，即每种商品的销售收入减去成本后的利润。
- InventoryTurnover：库存周转率，表示库存的流动速度或效率，是一定时期内销售的库存量与平均库
  存量的比率。
你认为做商品ABC分级分析时，哪些分析指标最重要，为什么？
```

以上提示指令明确定义了 AI 的工作角色和目标，同时提供了对原始数据字段的详细描述。它的关键任务是要求 AI 在所有字段中选择其认为在商品 ABC 分级分析中最重要的字段，并陈述选择的原因。这有助于确保 AI 在评估商品重要性时聚焦最具决定性的因素，提高分析的精准性和实用性。

ChatGPT 基于提示指令，给出如下解释说明：

```
在完成商品库存的 ABC 分级分析时，以下指标是最重要的，因为它们可以帮助你更有效地管理库存和优化供应链：
  1.HistoricalSales（历史销售量）：历史销售量是评估商品销售情况的关键指标。它可以帮助你了解哪些
    商品在过去的销售周期中表现良好，哪些表现不佳，进而确定哪些商品需要更多的库存管理关注。
  2.InventoryTurnover（库存周转率）：库存周转率反映了库存的流动速度和效率。高库存周转率表示库
    存得到有效利用，而低库存周转率可能表明库存积压或不足。这个指标可以帮助你确定哪些商品需要更频
    繁的重新订购或再加工。
  3.GrossProfit（商品毛利润）：商品毛利润告诉你每种商品的销售收入减去成本后的利润。这是一个关键
    的财务指标，可以帮助你确定哪些商品对公司的盈利贡献较大，哪些商品可能需要调整定价策略或成本
    管理。
  4.SafetyStockLevel（安全库存水平）：安全库存水平是为了防止断货而需要保持的最低库存量。这个指
    标可以帮助你确保库存的可用性，满足客户需求，并降低因库存不足而导致的销售机会成本。

  这些指标可以帮助你将商品划分为不同的 ABC 分级，例如：
  - A 类商品：通常是销售量最多、库存周转率高且毛利润率高的商品。
  - B 类商品：销售量适中、库存周转率适中、毛利润率适中的商品。
  - C 类商品：销售量相对较低、库存周转率低、毛利润率较低的商品。
```

AI 提供的分析过程和结论总体上是正确的。不过我们决定将 AI 关于安全库存水平指标的建议移除。这个决策基于以下考虑：尽管安全库存水平是重要的，但实际上与销售情况高度相关，即销量高的商品通常需要更高的安全库存水平。因此，我们选择让 AI 着重分析历史销售水平、库存周转率和商品毛利润，这些指标能更直接地反映商品的实际表现和对业务的贡献，有助于更全面地评估商品 ABC 分级。

```
[ChatGPT] 7/9/2  请完成如下分析过程：
1. 读取 product_inventory_data.xlsx 中 Sheet1 工作簿的数据。
2. 请基于历史销售水平，利用 ABC 分级法对库存商品进行分级。
3. 汇总求和，计算 A、B、C 三个类别的历史销售水平、库存周转率和商品毛利润。

请你提供实现上述任务的 Python 代码，以 Markdown 格式输出。
```

由于上述提示指令是继续上个会话，因此这里不需要再次介绍字段、字段含义以及任务背景等信息。以下是提示指令包含的几个关键信息。

- ❑ 指定数据源：明确数据来源于特定工作簿，避免默认读取第一个工作簿的情况。
- ❑ ABC 分级字段：指定在进行 ABC 分级时使用的字段。通常，选择公司价值最大的指标，例如销售额、销售量等。
- ❑ 汇总求和：通过对不同类别下的核心分析指标进行求和，了解它们在各个类别下的总体表现。

ChatGPT 基于提示指令提供以下代码，你可以在附件的 product_inventory_abc.ipynb 中找到：

```
# 导入所需的库
import pandas as pd
# 1. 读取数据
```

```
data = pd.read_excel('product_inventory_data.xlsx', sheet_name='Sheet1')
# 2. 计算 ABC 分级
# 首先，按历史销售水平从高到低对数据进行排序
data_sorted = data.sort_values(by='HistoricalSales', ascending=False)
# 然后，计算历史销售水平的累积百分比
data_sorted['CumulativeSalesPercentage']= (data_sorted['HistoricalSales'].
    cumsum()/ data_sorted['HistoricalSales'].sum()) * 100
# 接下来，基于 ABC 分级法，将商品分为 A、B 和 C 类
A_threshold = 20  # 假设 A 类商品的累积销售占比不超过 20%
B_threshold = 70  # 假设 B 类商品的累积销售占比不超过 70%
A_class=data_sorted[data_sorted['CumulativeSalesPercentage']<= A_threshold]
B_class= data_sorted[(data_sorted['CumulativeSalesPercentage'] > A_threshold) &
    (data_sorted['CumulativeSalesPercentage'] <= B_threshold)]
C_class= data_sorted[data_sorted['CumulativeSalesPercentage'] > B_threshold]
# 3. 汇总计算 A、B、C 三个类别的历史销售水平、库存周转率和商品毛利润
summary_A = {
    'Total Historical Sales': A_class['HistoricalSales'].sum(),
    'Average Inventory Turnover': (A_class['HistoricalSales'] / A_class
        ['StockQuantity']).mean(),
    'Total Gross Profit': (A_class['SellingPrice'] - A_class['StockCost']).sum()
}
summary_B = {
    'Total Historical Sales': B_class['HistoricalSales'].sum(),
    'Average Inventory Turnover': (B_class['HistoricalSales'] / B_class
        ['StockQuantity']).mean(),
    'Total Gross Profit': (B_class['SellingPrice'] - B_class['StockCost']).sum()
}
summary_C = {
    'Total Historical Sales': C_class['HistoricalSales'].sum(),
    'Average Inventory Turnover': (C_class['HistoricalSales'] / C_class
        ['StockQuantity']).mean(),
    'Total Gross Profit': (C_class['SellingPrice'] - C_class['StockCost']).sum()
}
# 输出汇总信息
print("Summary for Class A Products:")
print(pd.Series(summary_A))
print("\nSummary for Class B Products:")
print(pd.Series(summary_B))
print("\nSummary for Class C Products:")
print(pd.Series(summary_C))
```

我们在 Jupyter Notebook 中执行代码，得到如下输出结果，如图 7-15 所示。

7.4.2　利用 AI 智慧驱动库存 ABC 分级的应用落地

在获取了不同商品分级的数据后，我们需要进一步将其与业务需求结合。在这一阶段，可以向 AI 提出问题，询问在获得这些分级数据后，应该如何进行下一步的分析，或者如何基于这些数据驱动商品库存管理。

```
Summary for Class A Products:
Total Historical Sales        215729.000000
Average Inventory Turnover         2.060599
Total Gross Profit             94199.480000
dtype: float64

Summary for Class B Products:
Total Historical Sales        540712.000000
Average Inventory Turnover         1.796099
Total Gross Profit            316662.450000
dtype: float64

Summary for Class C Products:
Total Historical Sales        324206.000000
Average Inventory Turnover         0.642481
Total Gross Profit            521600.460000
dtype: float64
```

图 7-15 库存商品 ABC 分级结果

[ChatGPT] 7/9/3 我已经通过ABC分级法对库存商品完成分级，也统计了不同分级下的历史销售水平、库存周转率和商品毛利润（具体见下面的结果），我应该如何继续分析或者驱动库存管理？

```
Summary for Class A Products:
Total Historical Sales        215729.000000
Average Inventory Turnover         2.060599
Total Gross Profit             94199.480000

Summary for Class B Products:
Total Historical Sales        540712.000000
Average Inventory Turnover         1.796099
Total Gross Profit            316662.450000

Summary for Class C Products:
Total Historical Sales        324206.000000
Average Inventory Turnover         0.642481
Total Gross Profit            521600.460000
```

在该提示指令中，我们将 Python 执行的结果再次输入 AI，并要求 AI 基于此提供一些建议，指导我们在库存管理方面的下一步行动。ChatGPT 基于这一提示指令给出如下建议：

根据你提供的ABC分级结果和汇总信息，你可以采取以下措施来继续分析和驱动库存管理：

1.** 制定库存管理策略 **
   - A类商品：历史销售水平高，库存周转率也相对较高，但库存金额可能较低。因此，你可以采取较为积极的库存管理策略，确保这些商品的库存水平能够满足高销售需求。
   - B类商品：虽然历史销售水平较高，但库存周转率稍低。你可以考虑优化库存周转率，例如通过促销或优化供应链来提高销售速度。
   - C类商品：历史销售水平相对较低，库存周转率也低，但库存金额可能较高。在这种情况下，你可以考虑减少库存，避免过度积压，同时寻找降低成本的方法或采用库存最小化策略。
2.** 预测和订购管理 **
   - 基于历史销售数据，使用时间序列分析或其他预测方法来预测未来销售趋势。这有助于确保你在需要时能够及时订购库存，避免断货或过多库存。

```
    - 考虑建立自动化的订购系统，以根据销售预测自动触发订购操作，减少手动干预。
3. ** 定价策略 **
    - 根据商品毛利润情况，重新审视定价策略。对于高毛利润的 A 类商品，你可以考虑适度提高价格，从而提高利润。
    - 对于低毛利润的 C 类商品，可以考虑寻找优化成本或定价策略的机会，以提高毛利润。
4. ** 供应链优化 **
    - 对于 A 类和 B 类商品，考虑与供应商建立更紧密的合作关系，以确保及时供应，并降低库存成本。
    - 对于 C 类商品，可以考虑减少订购频率，以降低库存持有成本。
5. ** 监测和反馈 **
    - 定期监测库存、销售和毛利润的变化，以确保所采取的策略仍然有效，并随时进行调整。
    - 与销售团队紧密合作，了解市场变化和客户需求的动态，及时调整库存策略。
```

考虑到这些因素，我们能够制定更有效的库存管理策略，以充分优化库存、增加利润并降低库存管理成本。在库存管理的实际应用中，有以下几点值得关注。

- **库存管理是一个动态过程**：应时刻保持敏锐，不断调整和优化策略，以适应市场和业务的不断变化。灵活性和迅速的反应能力是库存管理成功的关键。
- **定期监测商品 ABC 分级的变化**：定期审视商品的 ABC 分级，结合市场趋势和销售预测，对库存水平和采购计划进行调整。这样可以确保库存策略与市场需求一致，最大程度地满足客户需求。
- **考虑自动化的库存管理系统**：采用自动化的库存管理系统能够提高操作的响应速度和准确性。通过自动化，可以更有效地执行库存调整、订单处理和供应链管理，降低人为错误的风险，提高工作效率。

7.4.3 利用 AI 提供计算安全库存阈值的最佳方法

在充满不确定性的供应链环境中，安全库存的计算至关重要，它用于确保生产和销售不受外界的影响。AI 定义的安全库存管理阈值具有动态调整的特性，可以根据不同商品的需求波动和供应不确定性进行实时调整，从而降低库存成本，减少滞销风险。同时，精确的安全库存管理提高了供应链的韧性，降低了由于供应中断而导致的销售供不应求的问题。

首先，我们向 AI 咨询如何科学地计算安全库存阈值，提示指令如下。

```
[ChatGPT] 7/10/1 我想请你扮演供应链管理专家，你认为通过什么方法可以更科学地确定安全库存阈值。请提供 3 种最佳方法，并简单说明理由和实现过程。
```

在上述提示指令中，我们将 AI 角色定位为供应链管理专家，以更直接地实现任务目标。接下来，我们要求 AI 提供 3 种科学且可行的方法，用于确定安全库存阈值，并详细说明理由和实施过程。

ChatGPT 基于提示指令，给出如下确定安全库存阈值的方法：

```
以下是 3 种科学确定安全库存阈值的最佳方法：
1. 使用统计方法
    - 理由：统计方法基于历史数据和需求变化的概率分布，是一种常见的确定安全库存阈值的方法。它充分考虑了需求的变化和不确定性。
```

```
   - 实现过程：
      1）收集历史需求数据，包括销售数据、供应延迟等信息。
      2）使用统计工具（如标准差、均值、正态分布等）来分析数据。
      3）基于分析结果计算出安全库存水平，通常是在需求的均值上加上一个特定的安全系数（例如，Z 分数）
         以考虑不确定性。
      4）定期更新和重新评估安全库存阈值以反映变化的需求模式。
2. 基于需求预测和服务水平的方法
   - 理由：这种方法结合了需求预测和期望的服务水平，以确保库存满足客户需求。
   - 实现过程：
      1）基于历史需求数据和需求预测模型来估计未来需求。
      2）设定期望的服务水平，即满足客户需求的概率（通常以百分比表示）。
      3）使用概率分布函数（如正态分布、泊松分布等）来计算所需的安全库存水平，以满足期望的服务水平。
      4）定期监测需求预测准确性，调整库存水平以适应新的情况。
3. 基于风险评估的方法
   - 理由：这种方法考虑到了供应链中可能出现的风险和不确定性因素，如供应延迟、市场波动等。
   - 实现过程：
      1）识别和评估可能影响供应链的风险因素，包括供应商的可靠性、自然灾害、政治事件等。
      2）为每个风险因素分配权重和概率，以评估它们对库存的潜在影响。
      3）基于风险评估的结果来确定安全库存水平，确保供应链可以应对各种风险情景。
      4）定期更新风险评估结果，以反映新的风险和变化。
```

7.4.4 AI 辅助 Excel 计算安全库存阈值

在 AI 提供的三种方法中，第一种属于相对容易实现的统计分析方法，第二种需要基于模型进行预测，而第三种则基于宏观和定性分析的因素来确定。在此，我们选择采用第一种方法。

接下来，我们让 AI 详细说明如何基于统计分析方法计算库存安全阈值。

```
[ChatGPT] 7/10/2  Excel 中的 A、B 两列分别是 Date 和 Quantity，表示某商品按日的销售量。请说
    明如何在 Excel 中使用上述统计方法完成安全库存阈值计算的完整过程。
```

在上述提示指令中，我们明确了数据存储在 Excel 中及其存储的位置，以便 AI 更好地理解数据现状。同时，我们要求 AI 指导我们如何通过 Excel 实现基于统计方法的安全库存阈值计算，以便我们能够按照 AI 提供的步骤在 Excel 中完成这个计算过程。

ChatGPT 基于提示指令，给出如下实现步骤。

```
** 步骤 1：计算历史数据的平均值和标准差 **
1. 在 Excel 中，选择一个空白单元格，例如 C1，用于计算平均值。使用以下公式计算销售量的平均值：
   =AVERAGE(B2:Bn)
   其中，B2:Bn 是包含销售量的列范围，n 表示最后一行的行号。
2. 选择另一个空白单元格，例如 C2，用于计算标准差。使用以下公式计算销售量的标准差：
   =STDEV.P(B2:Bn)
   同样，B2:Bn 是包含销售量的列范围，n 表示最后一行的行号。
** 步骤 2：确定安全系数（Z 分数）**
3. 选择一个单元格，例如 C3，设定所需的安全系数（Z 分数），通常选择 1.96（对应于 95% 的置信水平，
   如果你想获得更高的置信水平，可以选择更高的 Z 分数）。
** 步骤 3：计算安全库存阈值 **
```

```
4. 选择另一个单元格，例如 C4，使用以下公式计算安全库存阈值：
   =C1 + C3 * C2
   其中，C1 是平均值，C3 是安全系数，C2 是标准差。

现在，C4 中的值将是你的安全库存阈值。这个值表示在考虑历史销售数据的基础上需要保留的额外库存，以满足未来需求的不确定性。
```

我们按照 AI 的提示，在 Excel 中顺利完成了上述操作过程，得到的结果如图 7-16 所示。

在计算安全库存阈值时，有如下几个要点需要大家额外注意。

	A	B	C	D
1	Date	Quantity	144.5306	销售量的平均值
2	2023/11/1	8	110.9659	销售量的标准差
3	2023/11/2	10	1.96	Z系数
4	2023/11/3	7	362.0238	安全库存阈值

C1 =AVERAGE(B2:B50)

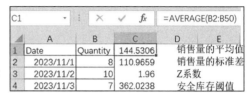

图 7-16 在 Excel 中计算商品安全库存阈值

- **批量计算安全库存阈值**：通过程序可以实现多个商品的安全库存阈值计算，提高操作效率。
- **建立库存预警机制**：设定商品库存阈值，触发预警通知，及时通知相关角色采取行动。
- **灵活定义销售周期**：根据商品性质，选择合适的时间周期，以适应不同商品的销售状态。季节性商品可选用与当前季节周期相关的销售数据，而非季节性商品可采用过去滑动的时间窗口。
- **采用加权平均值计算销售量均值**：使用带有权重的平均值，使近期销量权重更高，更准确地反映最近的销售趋势。
- **系统化的库存管理体系**：通过提高操作逻辑性，强化整体库存管理的系统性，帮助企业更有效地管理不同商品的库存情况，并提高对市场变化的应变能力。

7.4.5 AI 辅助 Python 完成商品库存预测

商品库存预测是通过对历史销售数据和需求趋势进行分析，结合时间序列分析、市场趋势、季节性因素等，预测不同商品未来的需求。

商品库存预测有利于避免库存过剩或供应不足，提高库存周转率。通过准确的预测结果，企业能够制定更精准的生产和采购计划，有效降低库存成本。此外，库存预测还有助于企业更好地应对季节性需求波动和市场变化。

下面通过一个示例来说明如何实现该过程。示例使用了 product_inventory_data.xlsx 的 Sheet2 的数据，这也是前述案例中使用的数据源。

```
[ChatGPT] 7/11/1 请你扮演数据挖掘工程师。你的任务是基于商品销售数据完成商品库存备货预测。
  请你完成下面的任务：
1. 读取 product_inventory_data.xlsx 的 Sheet2 中的 Date、Quantity 两列，得到商品按日的销
   售数据。
2. 使用 Prophet 的时间序列模型，对 Quantity 列构建 ARIMA 模型。
3. 预测未来 7 天的商品销售数据。

请提供实现上述任务的 Python 代码，以 Markdown 格式输出。
```

在上述提示指令中，除了设置 AI 角色和明确任务外，我们着重关注预测需求的过程描述。

- ❑ 读取数据源：指定 AI 读取的数据文件为 product_inventory_data.xlsx，在工作簿中使用的是 Sheet2，同时提供了数据字段名。
- ❑ 指定 AI 使用特定的模型和库进行时间序列建模：强调了 AI 在完成任务时应使用特定的模型和库，以确保在时间序列建模方面得到准确的结果。
- ❑ 明确预测未来 7 天的数据：指定了 AI 的任务是预测未来 7 天的商品销售数据，这样我们将得到未来每日需求的具体结果。

ChatGPT 根据上述提示指令返回了相应的 Python 实现代码，你可以在附件 product_inventory_prediction.ipynb 中找到完整的源代码。

```
1  # 导入必要的库
2  import pandas as pd
3  from fbprophet import Prophet
4  # 1. 读取 product_inventory_data.xlsx 的 Sheet2 中的 Date、Quantity 两列，得到商品
       按日的销售数据。
5  # 请确保你已经安装了 pandas 和 fbprophet 库
6  # 读取 Excel 文件中的数据
7  file_path = 'product_inventory_data.xlsx'
8  sheet_name = 'Sheet2'
9  df = pd.read_excel(file_path, sheet_name=sheet_name)
10 # 为 Prophet 模型准备数据，需要将列名改为 'ds' 和 'y'
11 df.rename(columns={'Date': 'ds', 'Quantity': 'y'}, inplace=True)
12 # 2. 使用 Prophet 的时间序列模型，对 Quantity 列构建 ARIMA 模型。
13 # 创建 Prophet 模型
14 model = Prophet()
15 # 拟合模型
16 model.fit(df)
17 # 3. 预测未来 7 天的商品销售数据。
18 # 创建一个包含未来 7 天日期的 DataFrame
19 future = model.make_future_dataframe(periods=7)
20 # 进行销售数据的预测
21 forecast = model.predict(future)
22 # 提取未来 7 天的销售数据
23 forecast_7_days = forecast.tail(7)
24 # 输出预测结果
25 print(forecast_7_days[['ds', 'yhat']])
```

在上述 AI 提供的代码中，存在一个由于信息过时导致的错误。具体而言，在代码第 3 行导入时间序列库时，原本的用法 from fbprophet import Prophet 在当前版本中已不再支持，应更改为 from prophet import Prophet 以确保正确执行。

在 Jupyter Notebook 中执行修复后的代码，你将得到如下结果。

```
            ds        yhat
49 2023-12-20  175.877187
```

```
50 2023-12-21  168.161126
51 2023-12-22  191.164591
52 2023-12-23  218.454547
53 2023-12-24  232.742229
54 2023-12-25  209.880643
55 2023-12-26  175.588650
```

在获取商品销售预测结果后，为确保备货策略更准确和更有效，你可以结合更多信息和数据来更好地管理商品库存。

- **当前库存情况**：了解当前库存水平至关重要。获取每个商品的当前库存量，可通过库存管理系统轻松获取。
- **供应链信息**：考虑供应链的延迟和可用性。深入了解供应商的交货时间和可靠性，及时掌握任何潜在的供应链问题，以决定是否需要备货。
- **季节性因素**：商品销售通常受季节性因素的影响。考虑到季节性销售趋势，可以在季节性高峰期到来之前进行备货，以满足潜在需求。
- **市场需求**：监测市场需求和竞争情况。进行市场研究和竞争分析，有助于预测未来的销售趋势，使你制定出更合适的备货决策。
- **销售渠道**：不同的销售渠道可能表现出不同的销售速度和需求模式。了解每个渠道的表现，有助于合理分配库存，以最大程度地满足市场需求。

7.5　商品定价分析

商品定价作为企业运营的关键环节，直接影响企业的收入和利润。如何科学合理地制定商品价格，以适应市场需求和竞争，一直是企业经营者面临的挑战。在本节中，我们将介绍 AI 辅助 Python 进行商品定价分析，重点分析商品价格对销量的影响及相互关系。

7.5.1　利用 AI 确定价格与销量关系的分析思路

商品价格是影响消费者购买决策的关键因素，不同价格水平对销量有着不同的影响。通过 AI 辅助 Python 来分析商品价格对销量的影响，企业可以深入了解商品的价格弹性，即价格变动对销量变动的敏感程度，在不同价格区间，掌握商品销量的变化情况，为制定更为合理的定价策略提供支持。

接下来，我们将向 AI 请教如何分析商品价格与销量关系的方法，以借助 AI 的经验深化我们的认识。相关提示指令如下。

```
[New Bing Chat] 7/12/1  我想请你扮演数据分析专家。请问：
1. 如何分析商品价格波动是否会影响销量？
2. 如何分析商品价格波动对销量的影响是否显著？
```

在上述提示指令中，我们直接描述了我们的分析需求，以探询 AI 在此问题上的思考方法。这里选择了 New Bing Chat 作为 AI 的回答者。相比免费版 ChatGPT，New Bing Chat 的回答更为准确和严谨。New Bing Chat 基于提示指令，提供了以下简要回复，用于指导我们的分析：

```
你好，这是必应。我可以尝试回答你的问题，但请注意，我不是真正的数据分析专家，我的回答可能不完全准确或适用于你的情况。☺

  1. 分析商品价格波动是否会影响销量的一种常用方法是 **相关分析**。相关分析是一种统计方法，用于测
     量两个变量之间的线性关系强度。在这里，两个变量是商品价格和销量。相关分析可以计算出一个 ** 相
     关系数 **，它是一个介于 -1 和 1 之间的数字，表示两个变量之间的相关程度。如果相关系数接近 1，
     表示两个变量正相关，即一个变量增加时，另一个变量也增加；如果相关系数接近 -1，表示两个变量负
     相关，即一个变量增加时，另一个变量减少；如果相关系数接近 0，表示两个变量不相关，即一个变量的
     变化不影响另一个变量的变化。因此，通过计算商品价格和销量的相关系数，可以初步判断价格波动是否
     会影响销量。
  例如，如果相关系数是 -0.8，表示价格和销量呈强负相关，即价格上涨时，销量下降，反之亦然；如果相
关系数是 0.2，表示价格和销量呈弱正相关，即价格上涨时，销量略有增加，反之亦然；如果相关系数是 0，表
示价格和销量不相关，即价格波动不影响销量。
  2. 分析商品价格波动对销量的影响是否显著的一种常用方法是 **回归分析**。回归分析是一种统计方法，
     用于建立一个数学模型，描述一个变量（因变量）如何依赖于一个或多个其他变量（自变量）。在这里，因
     变量是销量，自变量是价格。回归分析可以得到一个 ** 回归方程 **，它是一个表达式，用于基于自变
     量的值，预测因变量的值。回归方程通常有一个 ** 截距项 ** 和一个或多个 ** 斜率项 **，分别表示自
     变量为零时因变量的值，以及自变量每变化一个单位时，因变量的变化量。回归方程还有一个 ** 回归系
     数 **，它是一个介于 0 和 1 之间的数字，表示自变量对因变量的解释程度。回归系数越高，表示自变量
     对因变量的影响越大，回归模型的拟合度越好。因此，通过建立商品价格和销量的回归方程，可以进一步
     判断价格波动对销量的影响是否显著。
  例如，如果回归方程是 `y = 100 - 2x`，表示销量（y）等于 100 减去价格（x）的两倍，相关系数是
0.9，表示价格对销量有很强的解释力，价格波动对销量的影响是显著的；如果回归方程是 `y = 50 + 0.5x`，
表示销量（y）等于 50 加上价格（x）的一半，相关系数是 0.1，表示价格对销量的解释力很弱，价格波动对销量
的影响是不显著的。
```

通过 AI 的回复，我们了解到可以采用以下方法来分析商品价格和销量之间的关系。

- 相关性分析：通过相关性分析来评估商品价格和销量之间的关系。相关系数的符号可用于判断二者的相关方向，如正相关、负相关或者不相关。
- 回归分析：利用回归方程的系数，可以判断商品价格对销量是否具有显著影响。回归分析提供了更为深入的洞察，可以帮助判断价格变动对销量的实际影响程度。

7.5.2 AI 辅助 Python 分析价格对销量的影响

在明确了分析思路后，接下来，我们请教 AI 如何在 Python 中实现上述分析。这涉及两个主要内容：相关性分析和回归分析。

```
[New Bing Chat] 7/12/2 product_sales_price.xlsx 中包含商品价格和销量数据，请你基于“价
    格”和“销量”字段，按照上面的分析方法，分别对商品价格与销量做相关性分析和回归分析，并输出
    相关系数、回归方程和回归系数。
请提供实现上述任务的 Python 代码，以 Markdown 格式输出。
```

在上述提示指令中，我们增加了对数据源的详细描述，同时要求 AI 基于“价格”和

“销量”两列数据完成相关性分析和回归分析，输出相关系数、回归方程和回归系数等关键信息。

New Bing Chat 基于提示指令，返回了相应的实现代码，你可以在附件 product_sales_price.ipynb 中找到完整的源代码。

```
# 导入所需的库
import pandas as pd
import numpy as np
import matplotlib.pyplot as plt
import statsmodels.api as sm
# 读取 Excel 文件中的数据
df = pd.read_excel("product_sales_price.xlsx")
# 提取价格和销量两列数据
price = df[" 价格 "]
sales = df[" 销量 "]
# 计算价格和销量的相关系数
corr = np.corrcoef(price, sales)[0, 1]
print(f" 价格和销量的相关系数是: {corr:.2f}")
# 建立价格和销量的回归方程
X = sm.add_constant(price) # 添加截距项
Y = sales
model = sm.OLS(Y, X) # 最小二乘法
results = model.fit() # 拟合模型
print(results.summary()) # 输出回归结果
# 提取回归方程的截距项、斜率项和回归系数
intercept = results.params[0]
slope = results.params[1]
r_squared = results.rsquared
print(f" 回归方程是: y = {intercept:.2f} + {slope:.2f}x")
print(f" 回归系数是: {r_squared:.2f}")
# 绘制价格和销量的散点图和回归线
plt.scatter(price, sales, label="Data")
plt.plot(price, intercept + slope * price, color="red", label="Regression Line")
plt.xlabel("Price")
plt.ylabel("Sales")
plt.legend()
plt.show()
```

在 Jupyter Notebook 中执行代码后，获得以下输出结果。

首先，程序输出了价格和销量的相关系数为 −0.25。根据该结果，我们可以得出结论：价格与销量呈负相关，即价格越高，销量越差；价格越低，销量越好。然而，值得注意的是，二者相关系数的绝对值仅为 0.25，说明相关性并不强烈。

其次，程序输出回归分析的详细结果，同时展示了回归方程：

```
回归方程是: y = 331.96 + -4.33x
回归系数是: 0.06
```

回归分析的详细结果如图 7-17 所示。回归系数的值较小，表明价格对销量的影响有

限，没有决定性的影响。

```
                            OLS Regression Results
==============================================================================
Dep. Variable:                     销量   R-squared:                       0.064
Model:                            OLS   Adj. R-squared:                  0.061
Method:                 Least Squares   F-statistic:                     22.66
Date:                Thu, 21 Dec 2023   Prob (F-statistic):           2.89e-06
Time:                        00:28:02   Log-Likelihood:                -1973.5
No. Observations:                 334   AIC:                             3951.
Df Residuals:                     332   BIC:                             3959.
Df Model:                           1
Covariance Type:            nonrobust
==============================================================================
                 coef    std err          t      P>|t|      [0.025      0.975]
------------------------------------------------------------------------------
const        331.9626     45.834      7.243      0.000     241.802     422.123
价格            -4.3303      0.910     -4.760      0.000      -6.120      -2.541
==============================================================================
Omnibus:                      208.619   Durbin-Watson:                   0.224
Prob(Omnibus):                  0.000   Jarque-Bera (JB):             1701.458
Skew:                           2.568   Prob(JB):                         0.00
Kurtosis:                      12.792   Cond. No.                         472.
==============================================================================
```

图 7-17　回归分析结果

最后，程序绘制并输出了散点图，如图 7-18 所示，回归线向下倾斜，可直观地观察到价格与销量的负相关关系。然而，样本点在回归线附近分布较为散乱，表明价格对销量的解释性较差，无法直接或无法对销量产生决定性影响。

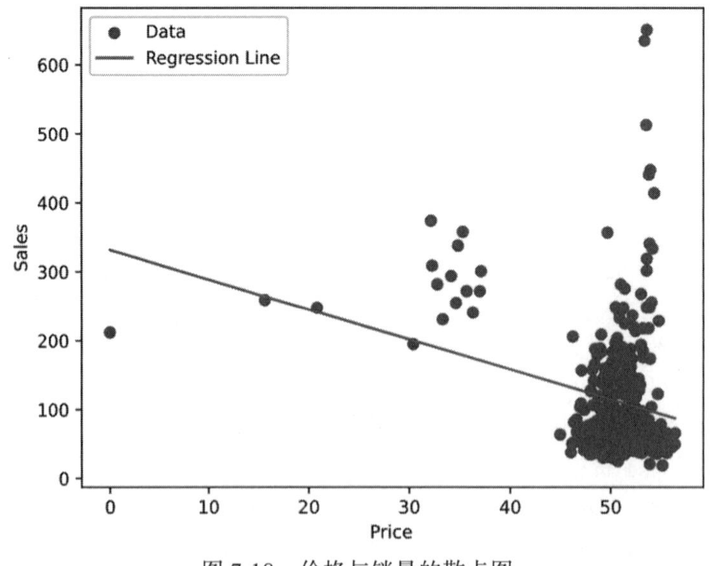

图 7-18　价格与销量的散点图

7.6　商品流量运营分析

商品流量是产生销售的基石，获取并合理利用流量是实现销售目标的关键。在本节中，我们将分析影响商品流量的几个关键场景，包括：利用 AI 诊断大流量下商品转化差的问题、寻找内部优质网站运营流量来源、利用 AI 分析资源位位置与点击量的关系、利用 AI 排除商品品类因素对资源位点击量的影响等。

7.6.1　利用 AI 诊断大流量下商品转化差的问题

在电子商务领域，商品流量是指潜在客户通过各种渠道（例如搜索引擎、社交媒体、电子邮件营销等）访问商品相关页面的用户规模或数量。获得流量对于创造商品曝光机会、引发用户购买兴趣并最终促成交易至关重要。

然而，许多企业普遍面临的问题是，尽管有大量流量涌入，但并非所有流量都能转化为实际销售量。当企业遭遇这一问题时，商品运营人员面临的挑战是如何系统地分析问题，以确定销售转化效果差是不是源于特定流量渠道。以下通过一个示例来详细阐述如何借助 AI 进行问题诊断。

```
[ChatGPT] 7/13/1 我是一家 B2C 电商公司的商品运营人员，我发现某商品详情页的站外推广流量非常
    大，但是商品转化（用户将商品加入购物车）效果比较差。我想请你扮演数据咨询专家，你的目标是为
    商品运营提供专业咨询或建议，最终促进商品转化或销售的提升。我该通过什么方式判断是不是流量的
    问题？
```

上述提示指令中包含如下关键信息：

- 介绍提问者的角色：首先，我们需要介绍提问者所属的行业和具体角色，以便 AI 更全面地理解提问者在提出问题时的立场和视角。
- 描述背景问题：在问题描述中，详细阐述了提问者发现的业务问题。具体而言，即使拥有大量流量，商品转化（即用户将商品加入购物车）却存在差异。这个明确的业务问题定义有助于 AI 准确理解我们所面临的具体挑战。
- 设定 AI 的角色和工作目标：在提示指令中明确指定了 AI 的角色和工作目标。这有助于 AI 明确自身定位，以及需要达成的最终效果和目标。
- 提出具体问题：最终，我们围绕背景问题提出了具体问题，即如何判断是否存在流量问题。值得注意的是，其中隐含的意义是提问者倾向于认为流量问题可能是导致转化效果差异的主要原因。

ChatGPT 基于上述提示指令，给出了如下诊断和分析建议：

```
要确定是不是流量导致商品详情页的低转化率，你可以采取以下方式来进行分析和判断：
1.** 分析流量来源 **:
   - 查看站外推广的流量来源，了解不同渠道的质量和效果。可能有多个广告渠道，例如社交媒体广告、
     搜索引擎广告、合作伙伴推广等。
   - 使用网站分析工具（如 Google Analytics）跟踪各个渠道的流量，查看各个渠道的转化率和跳出率
     （用户在进入详情页后未执行其他操作而直接离开的比率）。
2.** 分析受众定位 **:
   - 检查不同流量来源的受众定位，包括年龄、性别、地理位置、兴趣等因素。可能是某些受众群体对商
     品不感兴趣，因此导致低转化率。
```

```
3.** 关注流量质量 **:
  - 考虑流量的质量而不仅仅是数量。有时候，大量的点击并不一定意味着高质量的访问者。关注是不是
    有大量的跳出访问，因为这可能表示流量质量较差。
4.** 审查广告内容 **:
  - 仔细审查站外推广的广告内容，确保广告文案和宣传图片与实际商品详情页一致，以避免误导用户。
5.** 考虑页面质量 **:
  - 检查商品详情页的质量，确保它具备以下要素：清晰的商品图片、详细的商品描述、价格明确、购买
    流程简单明了等。优化页面设计和内容以提升用户体验。
6.**A/B 测试 **:
  - 进行 A/B 测试，将一部分流量引导至经过优化的详情页，然后比较不同版本的转化率。这可以帮助你
    确定哪些变化能够改善转化率。
7.** 与销售团队协作 **:
  - 与销售团队沟通，了解他们收到的客户反馈。他们可能会提供有关为何用户不愿购买的有用见解。
8.** 反馈循环 **:
  - 建立一个持续的反馈循环，定期评估和调整流量与详情页优化策略，以不断改进转化率。
```

在 AI 提供的诊断建议中，包含了三个逐步推进的工作步骤：

- **第一步，通过数据层面获取真实结果反馈**。即按照 AI 的第一条和第三条建议，我们需要分析各渠道的效果指标和质量。这一步能够明确哪些渠道表现较差，或者所有渠道普遍存在问题。若所有渠道效果均不佳，则可初步排除渠道问题，转而检视其他方面，如页面和商品。若某些渠道效果差异显著，便可按下一步继续排查。
- **第二步，分析特定广告和投放特征**。遵循 AI 的第二条和第四条建议，我们需要研究效果差的主要渠道的用户特征，并分析这些渠道的站外广告投放内容。通过这一步，我们将获得更多事实依据，可与营销推广部门深入沟通问题的根本原因。
- **第三步，进一步检查测试与沟通**。该步骤包括 AI 的第五至第八条建议，涉及与网站商品详情页相关的内容，进行 A/B 测试以进一步验证结果，并与其他团队进行沟通和闭环流程构建。

基于上述 AI 建议，我们首先进行第一步。在网站流量分析系统中，比如 Google Analytics，我们可以通过自定义探索报告来获取如图 7-19 所示的数据。在数据中，转化率被定义为加入购物车的商品数与用户总数之比。通过对数据的深入分析，我们得出以下基本判断：

- 除了 google 和（direct），其他渠道的转化率均低于总体平均水平。
- 结合用户占比和累计占比，我们发现前五个渠道的用户占比总和达到 90%。在这些主要渠道中，google 和（direct）的用户占比总和为 55.6%，转化效果良好；而 facebook 和 snapchat 的用比占比总和为 32.4%，效果较差。
- 综上所述，主要渠道中商品转化较差的问题主要是出在 facebook 和 snapchat 上。

至此，我们已完成对商品转化较差问题的主要诊断，并明确了其根本原因，即某些主要渠道存在问题。因此，下一步需要深入分析这些渠道的特征。在网站流量分析系统中，我们可以采用以下方法进行进一步分析：

	A	B	C	D	E	F	G	H	I
1	商品名称	会话来源	用户总数	活跃用户数	跳出率	加入购物车的商品数	转化率	用户占比	用户累计占比
2	汇总		159292	154235	3.8%	2523	1.58%	100.0%	100.0%
3	F	google	76236	73934	3.0%	1261	1.65%	47.9%	47.9%
4	F	facebook	41668	40135	3.7%	559	1.34%	26.2%	74.0%
5	F	(direct)	12287	12138	2.5%	342	2.78%	7.7%	81.7%
6	F	snapchat	9854	9477	3.2%	150	1.52%	6.2%	87.9%
7	F	fb	6279	6122	1.8%	73	1.16%	3.9%	91.9%
8	F	ig	2712	2659	1.3%	29	1.07%	1.7%	93.6%
9	F	bing	1847	1699	5.9%	16	0.87%	1.2%	94.7%
10	F	lm.faceboo	1536	1468	2.2%	14	0.91%	1.0%	95.7%
11	F	m.faceboo	1220	1190	0.8%	12	0.98%	0.8%	96.5%

图 7-19　细分特定商品的来源渠道信息

- **在数据报表中增加一个细分类别，将细分条件设定为来源渠道，具体是上文提到的 Facebook 和** Snapchat。然后，分析这两个渠道的用户特征、设备使用情况、地域分布等，将获得的信息及时反馈给营销推广人员。
- **与营销推广人员积极沟通，了解当前外部广告投放素材或媒体的情况**。通过对比外部信息与实际落地信息，分析是否存在一致性问题，这有助于更准确地把握问题的关键点。
- **进行 A/B 测试，评估不同优化版本下的效果改进**。通过监控报表，进行数据跟踪和持续分析，以确保针对问题渠道的优化方案的有效性。这将有助于及时调整策略，提高商品转化率。

7.6.2　寻找内部优质网站运营流量来源

在寻找内部优质网站运营流量来源的过程中，我们可以根据流量结构是否为企业内部所有对来源进行划分，分为内部流量来源和外部流量来源。在前文中，我们已经对不同外部流量来源进行了分析，并通过与营销部门的沟通，实现了更多外部资源的引入。然而，除了外部流量入口之外，网站上还存在大量的内部流量入口，这些入口通常是网站的运营资源位。通过在这些资源位上设置跳转链接，我们可以将内部流量有针对性地导流到商品详情页，例如促销活动、焦点图、楼层位置、超市页广告位等都是非常重要的内部流量入口。

为了找到网站内部流量最大的来源，一般分为两步。

1. 分析网站页面流量分布

不同电商公司的情况可能会有所不同，但通常来说，以下是一些可能具有较大流量的网站页面。

- 首页：通常是流量最大的页面之一，可以通过在首页上突出推广某个商品或类别，引导用户前往相关的详情页。
- 分类页：吸引了浏览特定产品类别的用户的页面，可以在这些页面上推广相关商品，引导用户进一步探索。

- ❑ 热门商品页面：列出最畅销或最受欢迎商品的页面，可以考虑将目标商品加入这些页面，提高曝光度。
- ❑ 购物车页面：用户已经选择了商品但尚未完成交易的地方，可以在购物车页面上显示推荐商品，鼓励用户继续购买。
- ❑ 博客或内容页面：提供了有价值的博客文章或其他内容的页面，可以通过在相关内容页面插入商品链接或推广内容来引导用户转向商品详情页。
- ❑ 引导流程页面：在用户完成某项动作之前，例如注册、登录或订阅通知，可以引导他们前往商品详情页。例如，在注册成功页面上显示特别优惠的商品。

在网站分析工具中，一般都有关于页面流量的报告，以 Google Analytics 4 为例，如图 7-20 所示，可以在“Life cycle”—“互动度”—“网页和屏幕”中找到该报告。在报告中，可以按浏览次数、用户数降序排列，找到流量最大的页面。

图 7-20 Google Analytics 中的网页报告

2. 分析不同运营资源位的流量

在找到最大流量页面的基础上，可以继续细分，找到该页面上哪些运营资源位的点击量最大。通常，可以使用基于事件跟踪的方式，对网站的互动资源位进行跟踪。以 Google Analytics 4 为例，在进行事件跟踪时，主要跟踪的设置信息如下。

- ❑ **事件名称**：网站运营资源位的名称，例如 banner001、search 等。
- ❑ **事件参数**：根据不同运营资源位的属性具体设置，一般包含的自定义参数列举如下。
  - ❍ 页面位置：资源位于页面的哪个区块内，一般会将网站资源位划分为大的区块，以首页为例，可能包括左侧导航、顶部通栏、顶部导航、搜索、焦点图、楼层区等。
  - ❍ 细分位置：资源位在区块内的具体位置，例如，在焦点图的第几帧，这样可以明确该资源位的具体位置索引。
  - ❍ 资源 ID：与该资源位上投放的资源相关的 ID，基于该 ID 可以匹配出素材、落地页、商品信息、活动信息等。

跟踪代码正确实施以及配置后，在 Google Analytics 4 的探索报告中，可以拉取你的自定义跟踪事件的数据。如图 7-21 所示，这里拉取了事件名称、网页标题，以及三个自定义事件跟踪参数（分别为 event category、event action、event label），这些自定义字段包含了我们对运营资源位的详细跟踪。

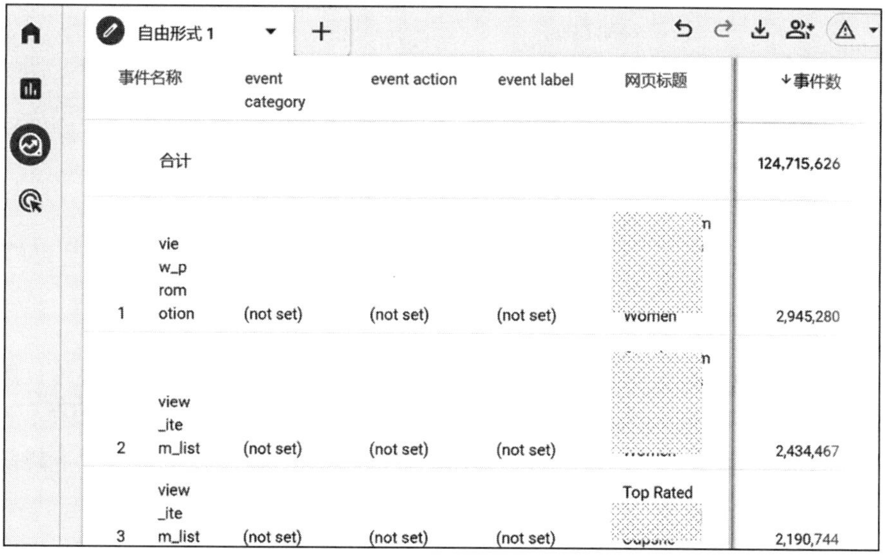

自由形式 1

	事件名称	event category	event action	event label	网页标题	↓事件数
	合计					124,715,626
1	view_promotion	(not set)	(not set)	(not set)	Women	2,945,280
2	view_item_list	(not set)	(not set)	(not set)		2,434,467
3	view_item_list	(not set)	(not set)	(not set)	Top Rated	2,190,744

图 7-21　从 Google Analytics 4 中拉取事件报告

然后，可以将上述数据下载到本地，进行进一步分析。在分析时，需要重点针对可修改内容和具有运营权限的资源做分析。分析过程包括：

- ❑ 基于流量高的页面进行筛选和过滤，仅保留这些目标页面的资源位。
- ❑ 将不同的资源位的区块按层级聚合，这样能够得到更高汇总粒度的结果，方便我们从宏观上找到流量最大的区块。
- ❑ 除了分析事件数，还可以增加用户量，这样可以从用户的角度分析有多少用户点击了特定资源位。

如图 7-22 所示，我们对 banner、hot_resources、header 中的 slider、search 中的默认搜索词和热门搜索词等进行了详细分析。有些位置虽然流量可能较高，但是不具备资源导流价值，因为这些位置的链接都有固定的页面或功能导向，例如登录注册功能、logo 图链接等。

找到这些核心页面的重点资源渠道后，商品运营人员可以与网站运营人员沟通和协调资源，进而获得更多的流量入口和内部资源支持。

行标签	求和项:事件数
⊞(not set)	8851642
⊞login	1133361
⊞subscription	715641
⊞side_popup	674622
⊞banner	163227
⊞hot_resources	85305
⊟header	83647
slider	54755
menu L1	12034
menu L2	8948
logo	6449
session_start	825
currency	636
⊞search	36229

图 7-22 详细分析不同资源位的效果

7.6.3 利用 AI 分析资源位位置与点击量的关系

企业内部的运营资源位位置与点击量的关系分析是商品运营中的一个关键议题。由于靠前位置的资源是有限的，因此我们需要关注电商平台上商品展示位置（资源位）与消费者点击行为之间的关系，以更有效地申请和利用资源位，最大限度地优化资源上架与展示策略，提升整体商品点击效果。

在分析运营资源位位置与点击量的关系时，我们的重点在于研究不同位置上的商品点击率分布规律和点击量的衰减趋势。

- **点击率分布规律：**一般而言，用户在浏览网页时展现出特定的点击趋势。首先，随着页面深度的增加，大多数用户的点击量逐渐减少，导致页面顶部元素相较底部更容易引起用户的关注。其次，点击量通常从页面左侧到右侧逐渐降低，因为用户有左侧阅读内容的习惯，使得左侧元素更富有吸引力。
- **点击量衰减趋势：**通过分析不同位置上的点击量数据，我们观察到用户更偏向于点击靠近页面顶部和左侧的位置。从顶部到底部，从左到右的点击量如何逐渐减少，以及这种递减是否遵循一定规律，成为我们分析点击量衰减的关键目标。

首先，我们可以从网站流量分析系统中导出特定区块的资源位的效果。可以根据你的需求，选择特定区块下的资源位，或者按资源区块级别选择数据，例如：

- 选择所有焦点图每帧的资源位点击数据，用来分析不同帧的位置与点击量分布的关系。
- 选择首页所有的区块，分析不同区块的点击量随位置的变化。

我们以首页焦点图的帧位置为例，分析不同位置点击量的数据。在效果分析中，我们重点需要如下信息。

- 区块：资源位所属的类别，例如焦点图、顶通、中通、不同楼层等。

❑ 帧位置：图片帧在焦点图的位置，例如第一位、第二位等。

❑ 点击量：在该图片帧上的具体点击量，例如 100、300 等。

你可以在附件 product_resources_data.xlsx 中找到本案例的数据，该数据来源于网站流量分析系统，统计周期为一周。数据展示了焦点图区块上不同帧位置的点击量，具体如表 7-1 所示。

表 7-1　首页焦点图不同帧位置的点击量

帧位置	点击量
1	128985
2	111199
3	69300
4	69452
5	52176
6	42330

接下来，我们需要利用人工智能来分析该焦点图不同帧的位置与点击量之间的关系。以下是相应的提示指令：

```
[ChatGPT] 7/14/1 我想让你扮演数据分析师。请你基于网站焦点图的不同帧位置和点击量的数据，分
    析二者之间的关系。其中，position 表示帧位置索引，即图片在焦点图中的位置，值越大表示位置越
    靠后；clicks 表示点击量。具体数据如下：
| position | clicks    |
|----------|-----------|
| 1        | 128985    |
| 2        | 111199    |
| 3        | 69300     |
| 4        | 69452     |
| 5        | 52176     |
| 6        | 42330     |
请你基于上述数据，围绕下面的分析要点，说明如何展开分析，然后给出相应的 Python 实现代码：
- 随着帧位置变化，点击量有何种衰减趋势
- 是否存在一个明显的帧位置节点，超过该帧位置时，点击量有显著下降
- 是否存在类似这样的规律，帧位置每增加一时，点击量变化的具体值或者范围
```

在上述提示指令中，我们除了确定 AI 的工作角色和工作目标外，还包含了两个值得关注的信息：

首先，我们介绍了数据，除了提供了 Markdown 格式的数据外，还解释了帧位置索引的含义。这样有助于 AI 理解“帧位置索引”的业务意义及其对分析的影响。

其次，我们明确了需要 AI 回答的问题。在这里，我们给出了明确的分析角度，让 AI 进行深入分析和实现。在需要 AI 实现时，我们期望 AI 首先解释各个要点的实现过程，然后提供对应的 Python 代码，以便我们可以在自己的更完整的数据集上进行二次修改并运行，得出新的结论。

- **随着帧位置变化，点击量有何种衰减趋势**：通过此问题，我们旨在找到点击量随帧位置变化的筛选趋势或规律。
- **是否存在一个明显的帧位置节点，超过该帧位置时，点击量有显著下降**：通过此问题，我们希望了解在哪个帧位置之后，出现明显的点击量下降。
- **是否存在类似这样的规律，帧位置每增加一时，点击量变化的具体值或者范围**：通过此问题，我们旨在了解点击量的衰减量化程度，期望得到类似于每增加一帧，点击量降低 20% 这样的结论。

ChatGPT 基于提示指令，首先给出了如下分析过程说明。

```
首先，我们可以通过绘制点击量和帧位置的散点图来观察它们之间的趋势。
然后，可以使用线性回归分析来估计点击量随帧位置变化的趋势。
接着，可以计算帧位置之间的差异，以探索是否存在一个明显的帧位置节点。
最后，通过计算帧位置每增加一时点击量的变化，我们可以得到点击量变化的具体值或者范围。
```

同时，AI 还提供了相应的 Python 实现代码。你可以在附件 position_clicks_analysis.ipynb 中找到完整的源代码。

```
import pandas as pd
import matplotlib.pyplot as plt
from sklearn.linear_model import LinearRegression

# 输入数据
data = {'position': [1, 2, 3, 4, 5, 6],
        'clicks': [128985, 111199, 69300, 69452, 52176, 42330]}
df = pd.DataFrame(data)
# 绘制散点图
plt.scatter(df['position'], df['clicks'])
plt.title('Scatter Plot of Clicks vs Position')
plt.xlabel('Position')
plt.ylabel('Clicks')
plt.show()
# 线性回归分析
X = df[['position']]
y = df['clicks']
model = LinearRegression().fit(X, y)
# 获取回归系数和截距
slope = model.coef_[0]
intercept = model.intercept_
# 输出回归方程
print(f"Regression Equation: Clicks = {intercept:.2f} + {slope:.2f} * Position")
# 绘制回归线
plt.plot(df['position'], model.predict(X), color='red', linewidth=2)
plt.scatter(df['position'], df['clicks'])
plt.title('Linear Regression of Clicks vs Position')
plt.xlabel('Position')
plt.ylabel('Clicks')
plt.show()
# 计算帧位置之间的差异
```

```
df['position_diff'] = df['position'].diff()
# 找到帧位置节点
node_index = df['position_diff'].idxmin()
node_position = df.loc[node_index, 'position']
print(f"Node Position: {node_position}")
# 计算帧位置每增加一时点击量的变化
df['clicks_diff'] = df['clicks'].diff()
average_change = df['clicks_diff'].mean()
print(f"Average Clicks Change per Frame Increase: {average_change:.2f}")
```

我们在 Jupyter Notebook 中执行上述代码，得到相应的输出结果。

首先，程序生成并展示了如图 7-23 左侧所示的散点图。根据 AI 返回的操作说明，从该趋势图可以明显观察到，随着帧位置的增加，点击量呈下降趋势。

其次，代码输出了线性回归方程："Regression Equation: Clicks = 139926.20 + (−17434.06) × Position"。借助这个回归方程，我们能够评估不同帧位置的点击量变化。例如，在第 4 帧时，点击量的预估值为：Clicks = 139926.20 + (−17434.06) × 4 = 70189.96。这使得我们能够基于帧位置对点击量的分布进行评估。

再次，程序绘制了如图 7-23 右侧所示的图形，相对于左侧的原始散点图，右侧图形增加了回归线。这有助于我们了解基于数据拟合的回归线与实际数据点分布之间的差异。通过图 7-23，我们可以观察到在第三个点（帧位置为 3）时，点击量明显减少。

最后，程序输出了关键信息："Node Position: 2, Average Clicks Change per Frame Increase: −17331.00"。这一信息表明程序发现在第 2 个节点之后，点击量显著下降，这一结论与上一步的结论一致。同时，AI 计算得到了每帧位置增加时，点击量平均下降 17331 的结果，这是基于所有位置下降数据的均值。

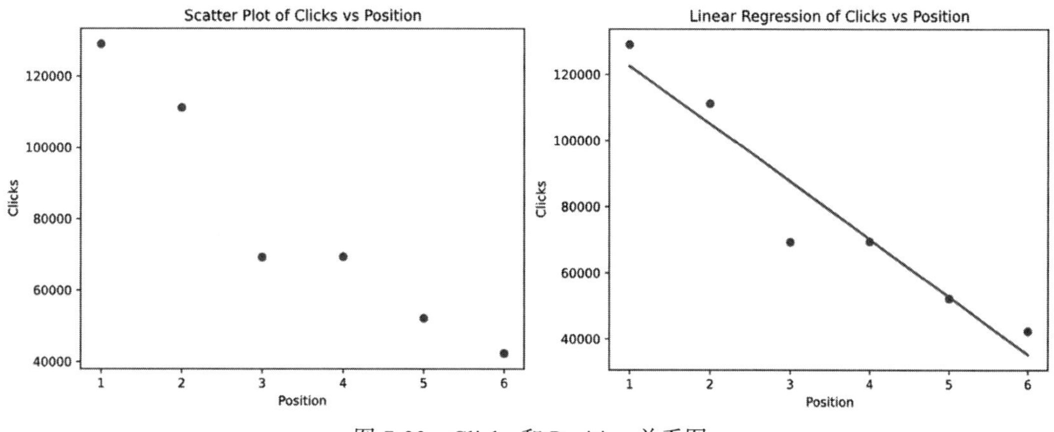

图 7-23　Clicks 和 Position 关系图

7.6.4　利用 AI 排除商品品类因素对资源位点击量的影响

商品品类对资源位点击量的影响是显而易见的。例如，热门商品只要有曝光机会，无论放在何处都较容易吸引用户点击。本节的分析旨在理解资源位点击量的变化，同时排除商品品类的干扰，从而确定资源位位置本身对点击量的真实影响。

根据对这一规律的分析，商品运营团队能够更精确地评估不同资源位的效果，制定更有效的运营策略，平衡资源位和商品品类的曝光与点击情况。这有助于确保目标运营资源在整体上都能获得良好的曝光机会。

以下通过示例说明如何排除商品品类因素对资源位点击量的影响，具体过程如下。

第一步，确定资源位跟踪商品 ID 信息。

如 7.6.2 节介绍的，在每个焦点图的广告位跟踪时，我们已经记录了资源位 ID 信息。这一信息在商品投放和推广时可以设置为商品 ID 或 SKU 信息。

第二步，确定分析商品因素的层级。

为了提炼规律，我们需要选择商品品类、品牌或 SKU 的用户喜好程度作为分析层级。如果商品较多且品类不固定，可选择商品品类层级进行分析。如果品牌比较集中，可选择品牌层级进行分析。如果商品集中于特定几款，选择商品维度进行分析。在这里，我们选择了商品品类层级进行分析。

第三步，分析全站范围内用户对商品品类的喜好。

该因素需要统计全站范围内的所有品类的“喜好”情况。由于数据范围涉及全站，商品品类在获得推广资源支持上可以视为近似平等。因此，品类的点击或互动喜好信息即用户对商品品类的喜好程度。当然，如果读者在企业内已通过其他方式测试，在相同资源情况下得到了不同品类的点击喜好信息，也可以使用这些信息。

关于喜好程度，可以选择多个评估指标，如会话数、点击量、页面浏览量等。从用户评估的角度，建议选择会话数，以评估每次访问下用户对商品的喜好程度。通过网站流量统计分析工具，如 Google Analytics 的探索报告，可以轻松获取商品品类的会话数占比数据。因为我们只需了解不同品类间的相对喜好分布，所以只需关注会话数占比即可。结果见表 7-2。

表 7-2 商品品类会话数占比分布

商品品类	商品品类会话数占比
手机	21%
电脑	20%
奶粉	20%
冰箱	16%
家纺用品	15%
美妆	8%

第四步，匹配商品点击与品类喜好数据。

我们需要将每个帧每日的商品点击数据与商品品类信息进行匹配，从而获得每个帧位置上商品所属的不同品类以及相关的点击量信息。为了更清晰地说明分析过程，我们假设每个帧上的商品品类都相同。整合商品品类和不同帧位置的点击量信息后，得到如表 7-3 所示的结果。

表 7-3　首页焦点图不同帧位置上整合后的商品品类数据

帧位置	点击量	商品品类	商品品类会话数占比
1	128985	手机	21%
2	111199	电脑	20%
3	69300	奶粉	20%
4	69452	冰箱	16%
5	52176	家纺用品	15%
6	42330	美妆	8%

第五步，计算不同品类的调节系数。

我们需要排除商品品类喜好权重因素，计算每个位置的实际点击量情况。为了排除品类因素对效果分析的影响，我们采用了“标杆品类法”。该方法的实现逻辑是，如果每个帧位置上都推广相同品类，就需要为现有实际品类设定一个“相对权重”，通过调整该权重以实现品类喜好的均等化。以“手机”品类为标杆，我们计算其他品类相对于手机的调节系数，计算方式如下：

```
调节系数 = 手机品类的会话数占比 / 特定品类的会话数占比
```

例如，我们计算电脑相对于手机的调节系数，具体计算方式如下：

```
调节系数 = 手机品类的会话数占比 / 电脑品类的会话数占比 = 21% / 20% = 1.03
```

这表示电脑品类需要乘以 1.03 倍的系数，才能达到与手机品类相同的关注度。按照这个逻辑，可以分别计算不同品类的调节系数，具体如表 7-4 所示。

表 7-4　首页焦点图商品品类数据增加权重信息

帧位置	点击量	商品品类	商品品类会话数占比	调节系数
1	128985	手机	21%	1.00
2	111199	电脑	20%	1.03
3	69300	奶粉	20%	1.07
4	69452	冰箱	16%	1.32
5	52176	家纺用品	15%	1.39
6	42330	美妆	8%	2.50

第六步，重新计算不同帧位置的点击量。

在获取了每个商品品类相对于手机品类的调节系数之后，接下来，我们只需将不同帧位置的点击量乘以调节系数，即可得到在该位置上排除商品品类因素后（都推广手机品类）的实际点击量，结果如表 7-5 所示。

表 7-5 首页焦点图增加权重后的实际点击量

帧位置	点击量	商品品类	商品品类会话数占比	调节系数	实际点击量
1	128985	手机	21%	1.00	128985
2	111199	电脑	20%	1.03	114535
3	69300	奶粉	20%	1.07	74151
4	69452	冰箱	16%	1.32	91677
5	52176	家纺用品	15%	1.39	72525
6	42330	美妆	8%	2.50	105825

通过表 7-5 所示的数据，我们注意到点击量并不严格随位置增加而递减，并且在最后一帧上反而有较高的点击量，这一现象相当奇怪。在这里，我们借助 AI 的智慧来帮助我们找出一些原因，以更好地分析这个问题。

```
[ChatGPT] 7/15/1 我想让你扮演数据分析师。我已经获取网站焦点图的不同帧位置和点击量的数据，
    并已经排除了商品品类因素对点击量的影响。具体数据如下：
| 帧位置 | 实际点击量 |
|-------|-----------|
| 1     | 128985    |
| 2     | 114535    |
| 3     | 74151     |
| 4     | 91677     |
| 5     | 72525     |
| 6     | 105825    |
我发现，实际点击量并不严格随着位置的增加（位置更靠后）而逐渐降低，并且在最后一帧上的点击量反而
非常高。你认为原因是什么？请你基于上述现象做简要分析，并给出你认为的原因。
```

上述提示指令除了设定 AI 的角色、明确任务的背景信息，并提供了相关数据之外，还直接陈述了我们遇到的问题，要求 AI 对上述现象进行说明并给出简要分析。ChatGPT 基于这些提示指令提供了如下解释和说明。

```
根据提供的数据，确实存在一个有趣的现象，即实际点击量并不严格随着位置的增加而逐渐降低，而在最后
    一帧上的点击量反而非常高。这可能涉及用户行为和视觉认知的一些因素。以下是可能的解释：
1.** 注意力分布：** 用户在浏览网页时，可能在一开始更加关注页面的上部，因此前几帧的点击量相对较
    高。然而，随着用户滚动页面，最后一帧可能包含一些引人注目或吸引人的元素，带来了更多点击量。
2.** 信息层次结构：** 页面上的内容可能按照信息的层次结构呈现，前几帧可能包含更加基础或普遍的信
    息，而最后一帧可能包含更为深入或吸引人的信息，因此带来了更多点击量。
3.** 视觉吸引力：** 最后一帧可能具有更大的视觉吸引力，可能是由于颜色、图像或其他吸引人的设计元
    素，导致用户更愿意点击。
4.** 用户期望破坏：** 用户可能在预期之外找到了有趣或不同寻常的内容，这种突发性可能导致最后一帧
    的点击量增加。

为了更深入地了解这个现象，你可以考虑采用以下方法：
- ** 用户调查：** 进行用户调查，了解他们在点击网站焦点图时的考虑因素和偏好。
```

```
- **眼动追踪实验：** 进行眼动追踪实验，观察用户在浏览页面时的注意力分布，以了解不同位置的焦点。
- **A/B 测试：** 在不同位置或设计方案上进行 A/B 测试，以评估不同设计元素对点击量的影响。
```

AI 提供的解释信息从用户行为习惯、心理因素、网页设计等方面提供了参考，并给出了如何进一步验证的思路和方向。除此之外，我们还需要考虑更多因素，列举如下。

- **焦点图的轮播规则**：一般的焦点图都具有轮播功能，例如每隔一定时间会自动切换到下一帧。此时，位置最靠前的图片虽然曝光机会最多，但并不一定被用户看到，因此头部几个位置的点击量不一定非常高。
- **最后一帧的停止规则**：当焦点图所有图片轮播结束后，通常会稍作停顿，然后再开始新一轮的轮播。在停顿的时间内，用户有更多的曝光和点击机会。因此，需要根据实际焦点图的停止和循环规则进行进一步分析。
- **推广和运营活动**：不同时期，网站推广的品类、商品或爆款信息可能不同，这些会影响用户到达网站后的兴趣或点击。例如，当网站主力推广 A 商品时，用户点击该商品的广告进入网站，倾向于寻找 A 商品相关的活动或信息。而其他商品由于不是这批推广用户的兴趣所在，因此点击倾向度不同。

因此，我们需要综合考虑上述内外部活动和信息，基于用户行为研究，进一步分析和确认导致点击量差异的主要因素。

7.7　商品销售分析

在本节中，我们将专注于商品销售分析的两个重要领域：利用 AI 定义商品销售转化漏斗和利用 AI 完成竞品波士顿矩阵分析。这两个方面分别聚焦于企业内部销售和外部竞品，以助力企业优化销售路径，实现精准竞品评估与战略决策。然后，本节对利用 AI 扩展波士顿矩阵应用场景进行了介绍。

7.7.1　利用 AI 定义商品销售转化漏斗

商品销售转化漏斗分析是一种常用的方法，它展示了用户从进入网站到完成商品目标行为的线性流程，同时呈现每个阶段的转化率和流失率。转化漏斗的定义主要包括两个关键要素：转化目标和转化过程。这两个要素的具体定义取决于实际业务场景和分析经验。通过利用 AIGC，我们能够更精准地进行阶段定义。

首先，我们需明确业务目标，明确转化的业务目标以及数据目标。随后，依据业务需求和数据分析要求，利用 AI 为我们提供阶段定义的参考。

以下是以在线交易为目标的实际过程示例。在线交易是电商零售企业的核心运营目标，每个企业都会对该目标进行漏斗分析。以下是相关的提示指令。

```
[New Bing Chat] 7/16/1  请你扮演资深数据分析师。你现在要对电商零售企业的在线交易转化过程做
    漏斗分析。请问：
```

```
1. 用什么数据或事件来表示已经完成在线交易?
2. 围绕在线交易做漏斗分析，如何定义中间的各个阶段或过程? 请简要介绍每个阶段的定义、特点以及使用
   何种数据来表示该阶段已经完成。
请回答上述问题，如果涉及多个要点，请使用列表格式展示，每个要点不超过 50 个字。
```

前述提示指令除了确定 AI 角色、呈现样式和字数限制等方面的信息外，主要任务是要求 AI 详细描述漏斗的定义。这包括对转化目标（在线交易）的明确定义，着重考虑使用哪种数据标识目标已经成功实现；以及对转化过程各个阶段的明确定义，包括这些阶段的含义、特点、数据表示方式。这些清晰的定义和特点有助于 AI 更好地理解每个阶段的内涵，相关数据则为我们确定数据提取、加工和处理逻辑提供了明确方向。

New Bing Chat 基于提示指令，给出如下建议：

```
1. 用什么数据或事件来表示已经完成在线交易?
一般来说，可以用订单状态来表示已经完成在线交易。如果订单状态为已支付、已发货、已收货或已评价，
则说明该订单已经完成在线交易。
另外，也可以用支付金额或支付方式来表示已经完成在线交易。如果支付金额大于 0，并且支付方式为有效
的在线支付渠道（如微信、支付宝、银行卡等），则说明该订单已经完成在线交易。
2. 在线交易的漏斗分析可以分为以下几个阶段：
  - 访问网站或 App：用户打开电商零售企业的网站或 App，开始浏览商品或服务。这个阶段可以用访问
    量或活跃用户数来表示。
  - 搜索或浏览商品：用户在网站或 App 上输入关键词进行搜索，或者点击分类、推荐、热销等栏目进行
    浏览。这个阶段可以用搜索次数、浏览量或点击量来表示。
  - 查看商品详情：用户在搜索或浏览商品后，点击某个商品进入其详情页，查看商品的图片、介绍、评
    价等信息。这个阶段可以用详情页浏览量或停留时间来表示。
  - 加入购物车或收藏夹：用户在查看商品详情后，选择将商品加入购物车或收藏夹，以便稍后下单或再
    次查看。这个阶段可以用加入购物车次数或加入收藏夹次数来表示。
  - 提交订单并结算：用户在购物车或收藏夹中选择要购买的商品，点击提交订单并进入结算页面，填写
    收货地址、选择配送方式和支付方式等信息。这个阶段可以用提交订单次数或结算页面浏览量来表示。
  - 完成在线交易（见第 1 点）。
```

根据 AI 提供的信息，我们可以观察到在线交易的转化目标可以基于两种状态来界定，即订单提交成功和支付成功。前者表示订单已经成功提交，后者则表示订单已经成功支付。对于转化过程的定义，包括到站访问、查找商品、查看详情、加车或收藏、提交订单、支付成功等步骤。上述定义和特点有助于我们理解各个阶段的含义，相关数据有助于为我们确定数据提取、加工和处理的逻辑，从而更有效地进行漏斗分析。

基于以上定义的逻辑，我们可以在网站流量分析系统中拉取相应的报表进行分析。图 7-24 展示了部分商品销售转化漏斗数据结果。

7.7.2 利用 AI 完成竞品波士顿矩阵分析

波士顿矩阵分析模型是由波士顿咨询公司（Boston Consulting Group，BCG）于 1970 年提出的基于产品市场份额和市场增长率的竞争对手分析模型。该模型将企业的产品或业务划分为四种类型，即明星产品（Star）、问题产品（Question Mark）、现金牛（Cash Cow）产品和瘦狗（Dog）产品，并根据不同类型的产品或业务制定不同的投资、发展和退出策略。

	商品名称	查看过的商品数	加入购物车的商品数	结账的商品数	已购买的商品数	商品收入	↓ 在列表中查看过的商品数	在列表中点击过的商品数
		3,026,607 占总数的 100%	500,898 占总数的 100%	277,237 占总数的 100%	113,485 占总数的 100%	$1,998,285.10 占总数的 100%	1,912,579,913 占总数的 100%	1,366,545 占总数的 100%
1	[illegible]	5	0	0	0	$0.00	1,474,942,235	0
2	[illegible]	1	0	0	2	$1.98	276,999,385	0
3	[illegible]	0	0	0	3	$29.89	47,999,750	0
4	[illegible]	70	2	0	0	$0.00	11,161,866	19,602
5	[illegible]	53,694	12,037	7,380	3,056	$69,162.38	467,719	13,586
6	[illegible] k	37,643	5,837	2,107	1,007	$21,858.59	400,384	13,478
7	[illegible] &	11,945	2,499	1,028	444	$9,789.12	337,364	7,953
8	[illegible]	41,060	10,778	5,780	2,482	$47,356.05	330,030	8,599
9	[illegible]	13,182	2,781	1,109	511	$12,270.77	318,419	6,289

图 7-24　部分商品销售转化漏斗数据结果示例

波士顿矩阵分析的价值体现在以下几个方面：

- 分析竞争对手的产品或业务的市场表现及发展潜力，从而优化资源分配和战略规划。
- 识别和培育具有长期竞争优势的明星产品或业务，及时调整或放弃无法带来收益的问题产品或瘦狗产品。
- 平衡现金流和利润，利用现金牛产品为明星产品或问题产品提供资金支持，同时控制瘦狗产品的成本和风险。

波士顿矩阵分析将产品或业务的市场份额和市场增长率作为两个维度，将市场划分为四个象限，每个象限代表一种类型的产品或业务，如图 7-25 所示。

- 明星产品：市场份额高，市场增长率高，是企业的核心竞争力，具有较高的收入和利润，但需要较高的投资成本以保持市场领先地位。策略是继续投资，增加市场份额，巩固竞争优势，为未来的现金流做准备。
- 问题产品：市场份额低，市场增长率高，是企业的潜在明星产品，具有较高的发展潜力，但也面临较大的不确定性和风险，需要较高的投资成本以提高市场份额。策略是根据市场情况和竞争力，选择继续投资或适当削减，将问题产品转化为明星产品或瘦狗产品。
- 现金牛产品：市场份额高，市场增长率低，是企业的稳定收入来源，具有较高的现金流和利润，但也面临市场饱和与衰退的风险，不需要太多的投资成本以维持市场份额。策略是保持现有的市场份额，利用现金流为明星产品或问题产品提供资金支持，同时提高效率和质量，增加客户忠诚度。
- 瘦狗产品：市场份额低，市场增长率低，是企业的负担，具有较低的收入和利润，甚至可能亏损，面临市场淘汰和竞争压力，不值得投资，只能依靠现有的客户和资源。策略是尽快退出市场，减少损失，释放资源，或者寻找合作伙伴，转型或创新，提高竞争力。

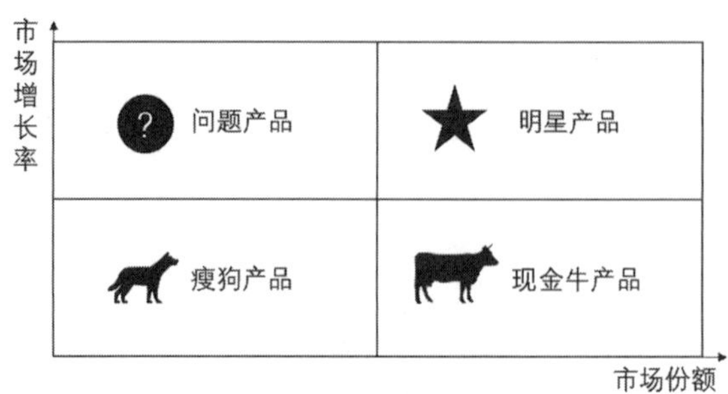

图 7-25 波士顿矩阵

下面用一个示例来介绍如何让 AI 帮我们完成竞争对手的波士顿矩阵分析：

```
[New Bing Chat] 7/17/1 请你作为资深市场分析师，以苹果公司为例进行波士顿矩阵分析并输出分析结果。
```

在上述提示指令中，我们让 AI 以资深市场分析师的角色完成针对苹果公司的波士顿矩阵分析。

New Bing Chat 基于提示指令，输出如下信息：

```
我可以作为资深市场分析师，以苹果公司为例进行波士顿矩阵分析并输出分析结果。现在我将为你输出分析结果，包括对每种类型的产品或业务的市场份额和市场增长率的估计，以及相应的策略建议。

- 明星产品：iPhone、iPad、MacBook、Apple Watch 等，这些产品在各自的市场中占有较高的份额，且市场增长率较高，是苹果公司的主要收入和利润来源，也是苹果公司的品牌形象和创新能力的体现，需要持续投资和创新，以保持市场领先地位和竞争优势。根据 [Statista] 的数据，2023 年第一季度，苹果公司的智能手机市场份额为 **15.8%**，平板电脑市场份额为 **36.5%**，个人电脑市场份额为 **8.5%**，智能手表市场份额为 **55%**。根据 [Market Research Future] 的预测，2023 年至 2028 年，智能手机市场的年均增长率为 **3.8%**，平板电脑市场的年均增长率为 **5.9%**，个人电脑市场的年均增长率为 **5.4%**，智能手表市场的年均增长率为 **16.2%**。因此，这些产品都属于明星产品，建议苹果公司继续投资，增加市场份额，巩固竞争优势，为未来的现金流做准备。
- 问题产品：Apple TV、HomePod、Apple Arcade 等，这些产品在各自的市场中占有较低的份额，但市场增长率较高，是苹果公司的潜在明星产品，也是苹果公司拓展新领域和增加用户黏性的尝试，需要根据市场情况，选择继续投资或适当削减，以提高市场份额和竞争力。根据 [Statista] 的数据，2023 年第一季度，苹果公司的电视流媒体设备市场份额为 **13.2%**，智能音箱市场份额为 **7.1%**，游戏订阅服务市场份额为 **10.5%**。根据 [Grand View Research] 的预测，2023 年至 2028 年，电视流媒体设备市场的年均增长率为 **17.2%**，智能音箱市场的年均增长率为 **18.6%**，游戏订阅服务市场的年均增长率为 **15.3%**。因此，这些产品都属于问题产品，建议苹果公司根据市场情况和竞争力，选择继续投资或适当削减，将问题产品转化为明星产品或瘦狗产品。
- 现金牛产品：iTunes、App Store、Apple Music、iCloud 等，这些产品在各自的市场中占有较高的份额，但市场增长率较低，是苹果公司的稳定收入和利润来源，也是苹果公司的生态系统和用户体验的基础，不需要太多的投资和创新，只需要保持现有的市场份额和用户忠诚度，同时利用现金流为明星产品或问题产品提供资金支持。根据 [Statista] 的数据，2023 年第一季度，苹果公司的数字音乐下载服务市场份额为 **24.7%**，移动应用商店市场份额为 **65.4%**，音乐流媒体服务市场份额为 **19.2%**，云存储服务市场份额为 **16.8%**。根据 [Market Research Future] 的预测，2023 年至 2028 年，数字音乐下载服务市场的年均增长率为 **-2.8%**，移动应用商店市场的年均增长率为 **18.3%**，音乐流媒体服务市场的年均增长率为 **17.8%**，云存储服务市场的年均增长率为 **25.3%**。因此，这些产品都属于现金牛产品，建议苹果公司保持现有的市场份额，利用现金流为明星产品或问题产品提供资金支持，同时提高效率和质量，增加客户忠诚度。
```

- 瘦狗产品：iPod、AirPort、Apple Pay 等，这些产品在各自的市场中占有较低的份额，且市场增长率较低，是苹果公司的负担，也是苹果公司失败或落后的产品，不值得投资和创新，只能依靠现有的客户和资源，或者尽快退出市场，或者寻找合作伙伴，转型或创新，提高竞争力。根据 [Statista] 的数据，2023 年第一季度，苹果公司的便携式音乐播放器市场份额为 **48.9%**，无线路由器市场份额为 **3.2%**，移动支付服务市场份额为 **11.8%**。根据 [Market Research Future] 的预测，2023 年至 2028 年，便携式音乐播放器市场的年均增长率为 **-7.6%**，无线路由器市场的年均增长率为 **8.4%**，移动支付服务市场的年均增长率为 **31.2%**。因此，这些产品都属于瘦狗产品，建议苹果公司尽快退出市场，减少损失，释放资源，或者寻找合作伙伴，转型或创新，提高竞争力。

通过 AI 的分析，我们获得了翔实的波士顿矩阵分析结果，其中既包括了定量数据（市场份额和市场增长率的具体数字），也涵盖了定性评估（根据市场份额和市场增长率将不同产品划分到不同象限）。这份分析论证全面，论点充足。值得注意的是，AI 还为各个象限中的产品提供了具体的战略建议，使整体分析成为一份相当完备的波士顿矩阵报告。

7.7.3　利用 AI 扩展波士顿矩阵应用场景

除了将市场份额和市场增长率作为分析维度进行波士顿矩阵分析，我们还可以向 AI 请教其他竞争分析中使用波士顿矩阵的可能方式。

[New Bing Chat] 7/17/2　除了将市场份额和市场增长率作为分析维度进行波士顿矩阵分析，我们还能如何在竞争分析中使用波士顿矩阵？

New Bing Chat 基于提示指令，给出更多参考建议：

你好，这是必应。我可以为你提供一些关于波士顿矩阵分析的其他维度的信息，以帮助你在竞争分析中使用波士顿矩阵。根据我为你搜索的结果，我发现以下几点：

- 波士顿矩阵分析的两个维度，市场份额和市场增长率，都是相对的，而不是绝对的。这意味着，你需要根据你的竞争对手的表现，来确定你的产品或业务在市场中的相对位置，而不是仅仅依据你自己的数据。
- 波士顿矩阵分析的两个维度，市场份额和市场增长率，都是可以变化的，而不是固定的。这意味着，你需要根据市场的变化，定期更新你的产品或业务的分类，以及相应的策略，而不是一成不变地执行你的计划。
- 波士顿矩阵分析的两个维度，市场份额和市场增长率，都是可以替换的，而不是唯一的。这意味着，你可以根据你的目标和需求，选择其他的维度，来分析你的产品或业务的竞争优势，而不是仅仅局限于市场份额和市场增长率。

例如，你可以使用以下的维度来替换市场份额和市场增长率：

- 利润率和市场规模：这两个维度可以帮助你分析你的产品或业务的盈利能力，以及市场的潜力。利润率高、市场规模大的产品或业务是明星产品，利润率低、市场规模小的产品或业务是瘦狗产品，利润率高、市场规模小的产品或业务是现金牛产品，利润率低、市场规模大的产品或业务是问题产品。
- 市场占有率和市场饱和度：这两个维度可以帮助你分析你的产品或业务的市场竞争力，以及市场的成熟度。市场占有率高、市场饱和度低的产品或业务是明星产品，市场占有率低、市场饱和度高的产品或业务是瘦狗产品，市场占有率高、市场饱和度高的产品或业务是现金牛产品，市场占有率低、市场饱和度低的产品或业务是问题产品。
- 产品生命周期和市场生命周期：这两个维度可以帮助你分析你的产品或业务的发展阶段，以及市场的发展阶段。产品生命周期长、市场生命周期短的产品或业务是明星产品，产品生命周期短、市场生命周期长的产品或业务是瘦狗产品，产品生命周期长、市场生命周期长的产品或业务是现金牛产品，产品生命周期短、市场生命周期短的产品或业务是问题产品。

AI 提供了有关波士顿矩阵分析的更多应用方式。

- 首先，我们可以利用竞争对手的分析结果来评估自身的市场地位，这有助于制定更精准的战略。
- 其次，根据分析结果，动态调整产品，以适应市场的变化。
- 此外，除了市场份额和市场增长率这两个分析维度，我们还可以采用其他维度，如利润率、市场规模等，根据企业实际市场需求来灵活划分波士顿矩阵。这为我们提供了更灵活的应用选项。

在沿着前文的思路继续深入时，我们还可以要求 AI 执行特定的分析任务，例如：

- 请你用市场占有率和市场饱和度两个维度，对苹果公司进行波士顿矩阵分析。
- 请你用产品生命周期和市场生命周期两个维度，对苹果公司进行波士顿矩阵分析。

7.8 利用 AIGC+Python 完成商品序列销售分析

商品序列销售分析，即商品序列关联分析，序列关联规则类似于 7.2.3 节中的关联规则，但不同之处在于它专注在序列数据中发现模式或规律，理解事件的顺序和关联性。这种关联通常用于描述时间序列数据，其中事件按照时间先后顺序发生，例如用户浏览了某个商品后还会浏览哪个商品，或者用户购买了某个商品后，下次可能购买哪个商品。

本案例通过结合 AIGC 和 Python 编程，旨在深入了解和优化商品的序列销售过程。该分析方法不仅仅关注单一商品的销售情况，更关注通过智能算法挖掘潜在的交叉销售机会，以提升企业的销售额和客户满意度。本节通过一个完整案例介绍其实施和应用过程。完整代码可在本章附件 product_up_sellings.ipynb 中找到。

7.8.1 准备商品销售数据

商品序列销售分析通常以特定用户为中心，主要研究用户在购买特定商品后可能购买的其他商品。这两次购买的商品信息通常发生在不同的时间，因此存在明显的先后顺序。在此过程中，我们需要准备与用户相关的销售数据，包括用户 ID、订单时间、订单 ID 和 SKU。示例数据如下：

```
用户 ID      订单时间                  订单 ID          SKU
u0000001   2023-12-25 19:49:56   O0000001       p000002
u0000001   2023-12-25 19:49:56   O0000001       p000003
u0000001   2023-12-25 19:49:56   O0000001       p000004
```

在上述数据中，用户 ID 用于区分不同的个体，与订单时间的配合能够获取同一用户在不同时间的订单行为；而订单 ID 和 SKU 则用于标识同一订单内的商品列表。一个用户可能涉及多个订单，一个订单则可能包含多个 SKU。相关源文件可在附件的 product_order_details.xlsx 中找到。

在准备商品销售数据时，有两点需要特别注意。

- **仅保留有复购记录的用户销售数据**：为了挖掘购买了 2 次或更多次的用户的购物规律，在提取原始数据时，建议过滤掉仅包含一个订单商品的用户数据。
- **时间范围需覆盖主要复购周期**：商品序列销售的本质主要是用户的复购行为，因此在选择数据时，必须确保时间范围覆盖到用户主要的复购时间周期。例如，若平均用户复购周期为 2 个月，则选择的数据时间范围不能少于 2 个月。具体涉及每个企业不同业务或品类的复购周期时，可以先计算不同用户的复购间隔，然后基于复购间隔进行频数统计，找到或计算用户主要分布的复购间隔作为参考。

7.8.2　AIGC 辅助 Python 完成两项序列模式的销售分析

接下来，我们将借助 AI 辅助完成主要商品的序列关联模式挖掘。在本案例中，我们首先进行一个简单的模式分析，即挖掘用户在不同订单中频繁购买的单个商品之间的序列模式。举例来说，当用户购买了特定商品后，下一个订单中购买了哪些商品，这时序列关联模式中仅涉及前项和后项两个订单商品列表的关系挖掘。以下是相关提示指令。

```
[New Bing Chat] 7/18/1 请你扮演资深数据挖掘工程师，基于商品销售数据完成商品序列关联模式的
    挖掘。如下是原始数据格式：
| 用户 ID    | 订单时间             | 订单 ID   | SKU     |
|----------|---------------------|----------|---------|
| u0000001 | 2023-12-25 19:49:56 | O0000001 | p000002 |
| u0000001 | 2023-12-25 19:49:56 | O0000001 | p000003 |
| u0000030 | 2023-12-25 05:04:00 | O0000031 | p000024 |
| u0000055 | 2023-12-25 09:45:22 | O0000066 | p000207 |
| u0000055 | 2023-12-25 09:45:22 | O0000066 | p000208 |
| u0000066 | 2023-11-15 21:53:32 | O0000077 | p000277 |
请你编写 Python 代码来完成如下任务：
1. 读取 product_order_details.xlsx 文件并返回 df。
2. 对 df 进行如下预处理：
  - 按用户 ID、订单时间正序排列，返回 df_sort。
  - 基于用户 ID、订单 ID 将 SKU 聚合为元组，返回 df_gb_order。
  - 基于用户 ID 将 SKU 聚合为元组，返回 df_gb_user。
  - 将 df_gb_user 的 SKU 转换为列表，列表内每个元素表示每个用户在所有订单序列内的所有商品模式
    嵌套元组，例如这是其中一个元素：((p000002, p000003),( p000024)) 表示用户一共有 2 个
    订单，第一个订单包含了 p000002 和 p000003 两个商品，第二个订单包含 p000024 一个商品。
3. 基于 PrefixSpan 算法，设置频繁模式的最小和最大长度为 2，频繁项集的最小支持度为 2，完成序列关
   联挖掘。
4. 输出 TOP 10 结果。
请以 Markdown 格式提供实现上述需求的 Python 代码。
```

上述提示指令除了设定 AI 的工作角色和目标，以及介绍数据源格式外，主要内容是引导 AI 完成序列关联模式的挖掘过程。

- 读取数据：指定 AI 读取特定 Excel 中的数据，确保从正确的数据源中获取信息。
- 预处理：预处理包括排序、两次聚合为元组以及转换为列表。

- ❍ 排序是形成有效序列模式的基础，因为订单序列本身与订单时间的先后顺序相关。
- ❍ 两次聚合为元组的目的是首先将一个订单内的多个商品记录聚合为元组，然后将一个用户的多个订单内的商品列表再次聚合为元组。在此过程中必须将聚合结果指定为元组，因为在频繁项集挖掘时，被挖掘的对象必须是不可变元素。

- ❑ 序列模式挖掘：在此步骤中指定了使用 PrefixSpan 算法。该算法在序列模式挖掘中应用广泛，是许多大型机器学习系统（例如 Spark ML）内置的关联挖掘库。两个关键参数的设置如下：
  - ❍ 频繁模式的最小和最大长度：表示在一个序列模式中包含几个关联项。这里设置为 2 个关联项，更便于基于用户上次购买的商品模式推荐下一次可能购买的商品模式。
  - ❍ 频繁项集的最小支持度：表示序列关联模式出现的次数。此处设置为至少 2 次，以确保结果具有相对较高的频繁度，而非偶然出现的结果。
- ❑ 输出 TOP 关联模式：输出结果，方便查看和分析。

基于上述提示指令，New Bing Chat 提供了如下实现代码：

```
# 导入所需的库
import pandas as pd
from prefixspan import PrefixSpan

# 读取 product_order_details.xlsx 文件并返回 df
df = pd.read_excel('product_order_details.xlsx')
# 对 df 进行如下预处理
# 按用户 ID、订单时间正序排列，返回 df_sort
df_sort = df.sort_values(by=['用户 ID', '订单时间'])
# 基于用户 ID、订单 ID 将 SKU 聚合为元组，返回 df_gb_order
df_gb_order = df_sort.groupby(['用户 ID', '订单 ID'])['SKU'].apply(tuple).reset_
index()
# 基于用户 ID，将 SKU 聚合为元组，返回 df_gb_user
df_gb_user = df_gb_order.groupby('用户 ID')['SKU'].apply(tuple).reset_index()
# 将 df_gb_user 的 SKU 转换为列表，列表内每个元素表示每个用户在所有订单序列内的所有商品模式嵌
  套元组
sequences = df_gb_user['SKU'].tolist()
# 基于 PrefixSpan 算法，设置频繁模式的最小和最大长度为 2，频繁项集的最小支持度为 2，完成序列
  关联挖掘
ps = PrefixSpan(sequences)
ps.minlen = 2
ps.maxlen = 2
ps.min_support = 2
patterns = ps.frequent()
# 输出 TOP 10 结果
print('TOP 10 frequent patterns:')
for pattern in patterns[:10]:
    print(pattern)
```

我们在 Jupyter Notebook 中执行以上代码，得到了错误的结果，如图 7-26 所示。通过仔细检查错误信息，我们发现在代码的第 26 行缺少了一个必要的参数“minsup”。

```
---------------------------------------------------------------------------
TypeError                                 Traceback (most recent call last)
Cell In[43], line 26
     24 ps.maxlen = 2
     25 ps.min_support = 2
---> 26 patterns = ps.frequent()
     28 # 打印输出TOP 10结果
     29 print('TOP 10 frequent patterns:')

TypeError: PrefixSpan_frequent() missing 1 required positional argument: 'minsup'
```

图 7-26　序列关联代码执行报错

7.8.3　利用 New Bing Chat 的图片识别能力解决代码报错问题

如果读者对代码比较熟悉，看到上述问题后可能已经有了解决方向。通常解决问题的方式有以下几种。

- ❑ 查询源代码库：可以在代码库中找到一些常见问题的解决方案或者示例代码，根据这些示例来修改代码。
- ❑ 在搜索引擎或 Stack Overflow 上查找解决方案：这种方式适用于通用性问题，直接搜索其他用户对类似问题的回答。

在 AI 模式下，我们可以利用 AI 的图片识别能力来解决这个问题。下面是具体的实施流程。

第一步　将错误信息截图并保存到文件。我们需要截取图 7-26 中的完整信息，确保将所有错误信息都截图并保存，以便 AI 能够了解代码信息和完整的错误信息。

第二步　在 New Bing Chat 上传错误图片。在图 7-27 中，单击 New Bing Chat 中的①，选择图中的②，然后选择本地图片文件；上传完成后，得到如图③所示的缩略图。接下来，可以输入文字提示指令，例如“代码执行报错，请提供正确的代码。”（图中④），这样 AI 能够基于图片和文字提示信息给出正确的反馈。

图 7-27　在 New Bing Chat 中上传错误图片

第三步　发送文本和图片提示指令，并获得解决方案。单击发送按钮后，如图 7-28 所示，①是已经发送的文本和图片指令，在提示指令信息下方是 AI 返回的报错解释和改正方案（图中②）。

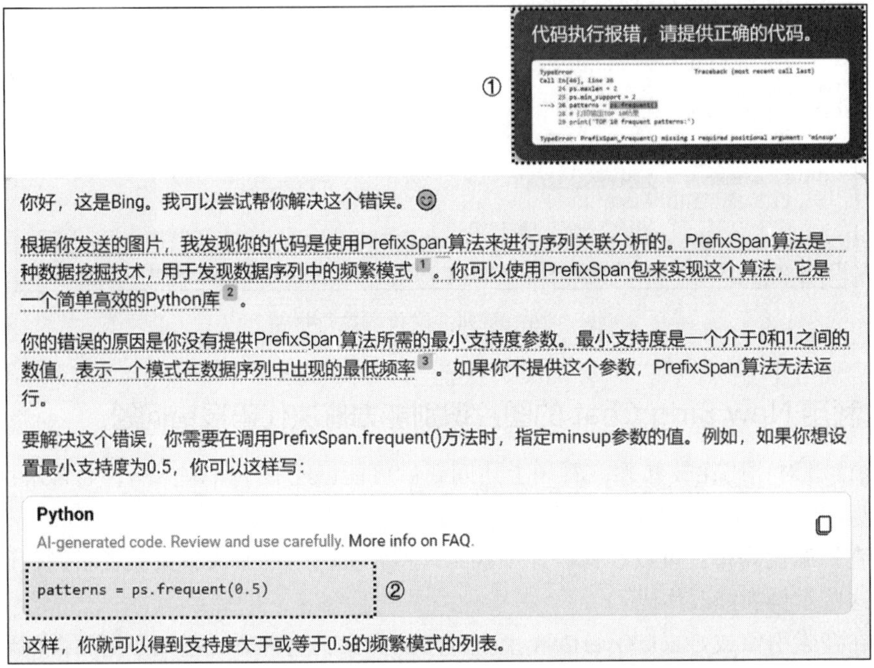

①

代码执行报错，请提供正确的代码。

```
TypeError                                 Traceback (most recent call last)
Call In[46], line 26
     24 ps.maxlen = 2
     25 ps.min_support = 2
---> 26 patterns = ps.frequent()
     29 print('TOP 10 frequent patterns:')

TypeError: PrefixSpan_frequent() missing 1 required positional argument: 'minsup'
```

你好，这是Bing。我可以尝试帮你解决这个错误。😊

根据你发送的图片，我发现你的代码是使用PrefixSpan算法来进行序列关联分析的。PrefixSpan算法是一种数据挖掘技术，用于发现数据序列中的频繁模式[1]。你可以使用PrefixSpan包来实现这个算法，它是一个简单高效的Python库[2]。

你的错误的原因是你没有提供PrefixSpan算法所需的最小支持度参数。最小支持度是一个介于0和1之间的数值，表示一个模式在数据序列中出现的最低频率[3]。如果你不提供这个参数，PrefixSpan算法无法运行。

要解决这个错误，你需要在调用PrefixSpan.frequent()方法时，指定minsup参数的值。例如，如果你想设置最小支持度为0.5，你可以这样写：

Python

AI-generated code. Review and use carefully. More info on FAQ.

```python
patterns = ps.frequent(0.5)
```

②

这样，你就可以得到支持度大于或等于0.5的频繁模式的列表。

图 7-28　New Bing Chat 基于提示指令给出正确代码

从 AI 给出的解决方案来看，总体的结论和建议内容是正确的。然而，关于最小支持度参数的值范围，不同的工具可能有不同的设定。在 Python 中，prefixspan 包的最小支持度参数值的范围不是处于该区间。该库的支持度表示频繁模式出现的次数，因此最小值为 0（没有模式），最大值是无限大。

第四步　基于 AI 的建议修改代码并执行，获得频繁模式结果。基于上述分析，我们将最小支持度设置为 2，即只过滤出现 2 次或更多次的模式。再次执行代码后，得到如下结果：

```
TOP 10 frequent patterns:
(3, [('p000062',), ('p000062',)])
(2, [('p000732',), ('p000732',)])
(2, [('p000892',), ('p000892',)])
(5, [('p003973',), ('p003973',)])
(2, [('p005245',), ('p005285',)])
(2, [('p005245',), ('p005286',)])
(2, [('p005245',), ('p006419',)])
(2, [('p005285',), ('p005245',)])
(2, [('p005286',), ('p005285',)])
(2, [('p005286',), ('p005245',)])
```

从结果中，我们可以看到序列模式中比较频繁的购买模式主要是相同商品的复购以及不同商品的复购，例如：

- (3, [('p000062',), ('p000062',)]) 表示用户在上次购买了 p000062 后，下次还会购买该商品一共发生了 3 次。
- (2, [('p005286',), ('p005285',)]) 表示用户在上次购买了 p005286 后，下次还会购买 p005285 一共发生了 2 次。

7.8.4 AIGC 辅助 Python 完成多项序列模式的销售分析

在 7.8.3 节中，我们已经得到了两项模式的序列关联规则。这种序列关联规则具有较强的可理解性和可落地性，但是，该模式是基于用户上一次的购买模式完成下次购买模式的挖掘，没有考虑到更早之前的用户序列模式的影响。

例如，通过两项序列挖掘我们得到了商品序列销售的模式：('p005285',), ('p005245',)；然而，如果我们将用户的购买路径考虑得更广泛一些，可能会得到 ('p005286',), ('p005285',), ('p005245',) 这样的规律。因此，我们可以基于更详细的规则来进行更多项订单模式的序列挖掘。

- 两项关联模式：('p005285',), ('p005245',)——用户购买了 p005285 后，推荐 p005245 给用户。
- 多项关联模式：('p005286',), ('p005285',), ('p005245',)——用户先购买了 p005286，然后购买了 p005285，再推荐 p005245 给用户。

可以看到，当条件更加详细时，对用户的细分会更深入，同时，得到的结果会更加完整和详细。

要实现多项序列模式的挖掘，我们只需要修改 7.8.2 节中频繁模式的最小和最大长度的阈值。由于我们已经得到了 2 项序列模式的结果，因此在这里，我们将输出频繁模式的最小和最大长度设定在 3～5 之间。主要代码修改内容如下：

```
ps.minlen = 3 # 原来是 2
ps.maxlen = 5 # 原来是 2
```

在 Jupyter Notebook 中再次执行修改后的代码，得到新的多项序列关联规则，具体如下：

```
TOP 10 frequent patterns:
(2, [('p000062',), ('p000062',), ('p000062',)])
(2, [('p003973',), ('p003973',), ('p003973',)])
(2, [('p005286',), ('p005285',), ('p005245',)])
(2, [('p006419',), ('p005285',), ('p005245',)])
(2, [('p008584',), ('p008584',), ('p008584',)])
(2, [('p008584',), ('p008584',), ('p008584',), ('p008584',)])
```

通过上述输出，我们可以将最后一个商品或商品组合作为目标推荐或营销产品。在这个过程中，我们以前面所有的商品作为序列查询条件来获得目标用户，然后匹配出要营销的目标商品。

注意 由于关联序列的长度越长，对应的规则越多，因此能得到的符合最小支持度条件的序列关联模式也就越少。在选择推荐或营销产品时，我们可以根据实际情况和业务需求灵活调整关联序列的长度，以达到更精准和更有效的推荐效果。

7.8.5 商品序列关联分析结果的落地应用

商品序列关联规则的落地应用主要体现在复购或up-sellings（向上销售）方面，即当用户购买了特定商品后，在下一次的购物引导中，引导客户购买更高价值的商品或升级版产品。

例如，用户购买了价格为1500元的手机后，下次可能会升级到购买2000元左右的手机，这就是常见的消费升级模式。在这种情况下，我们可以基于商品的序列关联模式来促进用户消费的升级，有针对性地引导用户购买下一款最可能的升级产品。

此外，可以借助AI的经验来拓展应用场景，如通过以下提示指令引导AI提供更多创意和策略：

```
[ChatGPT] 7/19/1 请你扮演资深数据分析师，当你得到了如下的商品序列关联分析的结果后，如何在
    商品运营中使用这些规则和分析结果，使用时需要注意什么？
  以下是商品序列关联分析结果示例，其中，(3, [('p000062',), ('p000063',)]) 表示用户先购买了
商品 p000062，在下一次买了 p000063，具有该模式的频繁规则发生了 3 次。
  (3, [('p000062',), ('p000063',)])
  (2, [('p000732',), ('p000732',)])
  (2, [('p008584',), ('p008584',), ('p008584',)])
  (2, [('p008584',), ('p008584',), ('p008584',), ('p008584',)])
```

在上述提示指令中，我们明确了AI的角色，并向AI提出了两个关键问题：一是如何使用商品序列关联规则，二是在使用过程中需要注意哪些事项。最后，通过给出结果示例，旨在帮助AI更好地理解我们的输出结果。ChatGPT基于提示指令，提供如下应用建议和注意点。

```
  商品序列关联分析的结果可以提供有关用户购买行为的有价值信息，可以用来指导商品运营策略。以下是在
商品运营中使用这些规则和分析结果的建议：
  1.** 推荐搭配商品：** 根据频繁规则中的商品序列，可以为用户提供搭配购买的建议。例如，在用户购买
    了商品 p000062 后，推荐商品 p000063 作为搭配商品，以提高交易价值。
  2.** 优惠券和促销活动：** 针对频繁规则中的商品组合，可以设计相应的优惠券或促销活动，以鼓励用户
    购买这些搭配商品。这有助于提高销售量和用户满意度。
  3.** 库存管理：** 根据分析结果，可以合理调整库存，确保搭配销售的商品有足够的库存，以避免因需求
    上升而导致的缺货情况。
  4.** 定向广告和推广：** 利用频繁规则识别出的商品序列，可以有针对性地进行广告投放和推广，将相关
    商品推送给对应的用户群体，提高广告效果。
  5.** 用户个性化推荐：** 将分析结果融入个性化推荐系统，根据用户的购买历史为其推荐可能感兴趣的商
    品，提高用户体验和购买转化率。
```

```
在使用商品序列关联分析结果时，需要注意以下几点：
1.** 样本大小：** 确保分析的样本大小足够大，以确保结果的可靠性和代表性。
2.** 频繁规则的支持度和置信度：** 了解频繁规则的支持度和置信度，以确定规则的稳定性和可靠性，只
  有支持度和置信度较高的规则才值得应用在实际运营中。
3.** 实时性：** 分析结果可能会随着时间变化而变化，因此需要定期更新，确保运营策略与市场变化保持
  一致。
4.** 用户隐私：** 在使用分析结果时，务必确保符合相关的隐私法规和政策，保护用户的隐私权。
5.** 多维度分析：** 结合其他维度信息，如用户属性、购买时间等，进行多维度分析，以更全面地了解用
  户行为和提高预测准确性。
```

7.8.6 小结

本案例以商品序列关联销售为核心，聚焦用户和订单级别的分析。相较于购物篮内的商品关联分析，这种分析更关注购物事件按照时间先后顺序的发生，以及基于订单模式下的商品购买模式的挖掘，特别适用于推动用户复购和向上销售等销售场景。

在实际应用时，需要注意以下几点。

- **数据准备**：数据必须包含用户 ID、订单时间、订单 ID 和商品 ID 这四个字段，以支持基于订单级别的商品序列关联模式挖掘。在此模式中，订单内的商品组合被视为最细粒度的集合，这些商品组合表示同一个订单内的商品集合。
- **数据建模**：在模型构建过程中，需要清晰告知 AI 使用哪种模式进行序列挖掘分析。由于序列关联挖掘对原始数据集有一定的要求，因此需要根据算法的需求明确指导 AI 如何处理数据，以满足序列关联挖掘的需求。
- **代码调试**：除了使用传统的搜索引擎和代码交流网站外，直接利用 AI 进行代码调试是高效解决问题的方法。即使 AI 无法完全解决问题，也能根据错误提供有力的解决方向，提高代码开发和调试效率。
- **规则应用**：根据业务场景需求决定采用哪种规则。本案例使用了用户级别的商品关联规则，同时细粒度地控制关联规则包含的集合元素数量，以更细致地划分用户群体。注意平衡准确性和规模性，用户细分越清晰，转化效果越好，但用户规模也越小。

商品购物篮交叉关联销售分析和序列关联销售分析是商品销售中的两种重要分析模式。它们从不同角度揭示了消费者购物行为和商品之间的关联关系，为商品运营提供了有力的决策支持。通过综合运用这两种分析模式，我们可以更全面地了解消费者需求和购物习惯，优化商品搭配、陈列、组合销售、个性化推荐和线上销售等场景。同时，加强与顾客的互动，提升购物体验，建立更牢固的客户关系。

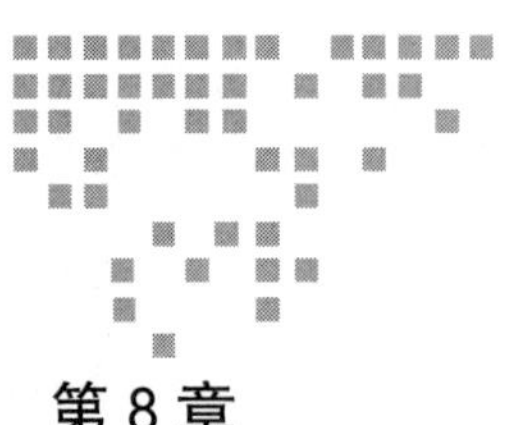

Chapter 8 第 8 章

AIGC 辅助促销活动运营分析

促销活动是企业吸引顾客、提升销售的重要手段。本章将介绍如何利用 AIGC 辅助进行促销活动运营分析，包括优惠券分析、促销活动营销组合与引流分析、利用热图分析促销活动页面用户互动、促销活动主会场流量来源与导流分析、促销活动内容个性化推荐、促销活动复盘与总结、利用 New Bing Chat 收集分析竞争对手促销活动信息等内容。通过学习本章内容，读者将了解如何借助 AI 技术优化促销活动策略、提升促销活动效果，从而提升企业的竞争力。

8.1 AIGC 在促销活动运营分析中的应用

在本节中，我们将简单介绍 AIGC 在促销活动运营分析领域的核心内容，具体包括 AIGC 在促销活动运营分析中的背景、价值，以及详细的应用流程。

8.1.1 应用背景

AIGC 在促销活动分析中的应用是指运用先进的 AI 技术，深入挖掘并解析促销活动相关数据，以实现对促销活动的策略制定、推广执行、营销投放、会场流量资源的精细化管理。其核心目的是通过 AI 和数据科学手段，揭示促销活动数据中的潜在价值和关键洞察，为企业提供更智能、更精准的促销决策支持。

8.1.2 应用价值

AIGC 在促销活动运营分析中的应用具有重要的作用和价值：

- **提升促销策略科学性**：AIGC 的目标是提高促销策略的科学性。借助 AI 的跨行业与跨领域的知识，对大规模促销活动数据进行分析，识别其中的关键模式和趋势，帮助企业制定更科学、更有针对性的促销策略。
- **提高促销策略实效性**：AIGC 不仅关注科学性，还追求提高促销策略的实效性。通过智能处理促销数据，AIGC 能够快速、准确地进行反馈，使企业更及时地应对市场变化，实现促销决策的高效执行。
- **优化资源配置与利用**：通过深入分析促销活动数据，帮助企业更合理地配置内部资源，包括优惠券组合、渠道组合、内部流量分发管理等，实现资源的最大化利用。
- **优化个性化促销活动**：通过分析顾客行为和偏好，为每位顾客提供个性化的促销活动，包括展示商品、匹配促销活动等，提高促销活动的精准度，更好地满足不同顾客的不同需求。
- **应对市场和竞争对手挑战**：通过 AI 的互联网信息获取能力，全面跟踪、分析市场环境和竞争对手。识别潜在的市场机会和风险，使企业更具前瞻性地制定促销策略，提高市场竞争力。

8.1.3 应用流程

为了确保 AIGC 在促销活动运营中充分发挥作用，企业促销活动运营人员需要遵循一系列明晰的步骤和流程。

- **数据准备与清洗**：准备和清洗相关数据，包括历史促销数据、销售数据、营销推广数据、网站流量数据、顾客反馈等。
- **统计分析与数据建模**：结合 AIGC 完成统计分析、数据建模等工作，包括选择合适的特征变量、标签、调整算法参数，并结合其他工具（例如 Python）协同工作等。
- **智能分析与洞察**：通过 AIGC 深入挖掘促销活动数据中的关键洞察，包括市场趋势、消费者行为模式、渠道推广等方面的洞察，为制定促销策略提供数据支持。
- **制定智能化促销策略**：结合 AIGC 的分析结果，制定更智能的促销策略，包括优惠券策略、活动排期策略、营销组合策略、内容推荐策略等。
- **实时监测与调整**：在促销活动实施过程中，利用 AIGC 的互联网信息获取能力，实时监测外部竞争对手信息和市场反馈数据，对促销策略进行实时调整。
- **结果评估与优化**：促销活动结束后，通过 AIGC 对活动效果进行全面评估，包括销售增长、客户增长、投资回报率等多个方面。基于评估结果，优化未来的促销策略，实现促销活动运营的持续改进。

8.2 优惠券分析

在企业促销活动中，优惠券扮演着不可或缺的重要角色。为了更全面地理解优惠券的实际贡献，本节将深入探讨其生命周期工作流程，包括漏斗分析、数据采集以及多角度的实际贡献分析，旨在为企业制定更高效的优惠券策略提供深刻的理论支持。

8.2.1 利用 AI 完善优惠券的生命周期漏斗分析

在理解优惠券的生命周期漏斗时，通过 AI 的协助，我们可以更细致地分析每个阶段的关键指标，包括发放率、领取率、使用率等。同时，我们可以从用户的视角，深入了解不同用户群体在优惠券生命周期中的参与情况。

- **优惠券申请阶段**：申请优惠券是优惠券生命周期分析的起点。AI 可以协助企业在创建促销活动时，根据不同用户群体的需求，智能调整优惠券的类型（例如通用券、品类券、品牌券、店铺券）和数量，提高申请的精准性。
- **优惠券发放阶段**：通过 AI 精准目标定位，企业可以更灵活地制定优惠券发放策略，包括是否发放、发放渠道、发放方式、发放类型、发放时间、发放金额等，确保优惠券有效传达给潜在用户，激发其参与的兴趣。
- **优惠券领取阶段**：AI 通过分析用户领取习惯和渠道选择，可以为企业提供深入的用户参与度信息，优化促销活动设计，提高用户的参与度。
- **优惠券使用阶段**：通过用户角度的分析，企业可以了解不同用户群体在使用优惠券方面的差异，尤其是分析对销售的杠杆价值，进而调整策略以提高使用率。

在分析优惠券生命周期漏斗时，AI 可以提供更多的细分用户群体，以及不同用户在各个阶段的参与情况，使企业能够更精准地了解用户行为。表 8-1 为优惠券生命周期数据指标。

表 8-1 优惠券生命周期数据指标

券面额/元	申请数量	申请金额/元	发放数量	发放金额/元	发放率	领取数量	领取金额/元	领取率	使用数量	使用金额/元	使用率	订单金额/元	ROI
50	1000	50000	900	45000	90%	800	40000	89%	700	35000	88%	150000	4.3
100	800	80000	750	75000	94%	700	70000	93%	650	65000	93%	180000	2.8

通过对这些指标的详细分析，企业能够精准地识别在优惠券生命周期中可能出现问题的阶段，从而有针对性地调整和优化策略。

- **领取率与发放率不匹配**：若领取率低于发放率，可能表示在用户看到优惠券后，他们的兴趣不足以使他们真正领取。这时企业可以考虑改进发放策略，更精准地将优惠券发放给潜在用户。
- **使用率低**：如果用户领取了优惠券但使用率较低，可能是促销活动的吸引力不够，或者用户在购物过程中遇到使用上的障碍。优化优惠券设计和提供更简便的使用方式可以提高使用率。
- **ROI 不理想**：如果 ROI 低于期望，可能是由于活动的总投入超过了预期，或者用户对促销活动的响应不如预期。企业应当仔细评估投入产出比，优化预算分配和活动设计，以提高 ROI。

在表 8-1 中，我们是以优惠券为中心进行分析。然而，为了更全面地了解优惠券的影响和效果，我们需要转向用户角度，以深化对用户规模和实际效果的理解。如下是让 AI 帮助我们实现此类扩展应用的提示指令。

```
[ChatGPT] 8/1/1 我想请你扮演促销活动运营专家。将下面的优惠券生命周期漏斗分析指标从优惠券角度更换为用户角度。这样便于从用户的视角分析优惠券的效果如何。请你给出新的渲染后的表格，并给出简单解释。
| 券面额 | 申请数量 | 申请金额 | 发放数量 | 发放金额 | 发放率 | 领取数量 | 领取金额 | 领取率 | 使用数量 | 使用金额 | 使用率 | 订单金额 | ROI |
|-----|------|--------|------|--------|-----|------|--------|-----|------|--------|-----|---------|-----|
| 50 | 1000 | 50000 | 900 | 45000 | 90% | 800 | 40000 | 89% | 700 | 35000 | 88% | 150000 | 4.3 |
| 100 | 800 | 80000 | 750 | 75000 | 94% | 700 | 70000 | 93% | 650 | 65000 | 93% | 180000 | 2.8 |
```

通过上述提示指令，我们设定了 AI 的工作角色并直接明确了需求，即希望 AI 能够提供以用户为中心的漏斗分析表格和用户群体特征表格；同时附上简要而清晰的文字解释，以便更好地理解和利用分析结果。ChatGPT 基于提示指令，给出如图 8-1 所示的新表格内容。

券面额	申请用户数	申请金额	发放用户数	发放金额	发放率	领取用户数	领取金额	领取率	使用用户数	使用金额	使用率	订单金额	ROI
50	800	40000	700	35000	88%	650	32500	81.25%	600	30000	75%	120000	3.0
100	700	70000	650	65000	93%	600	60000	92.31%	550	55000	91.67%	150000	2.1

图 8-1　AI 提供的基于用户视角的漏斗分析指标

同时，AI 还提供了对用户级别各个指标的具体说明。

```
申请用户数：申请优惠券的独立用户数量，这更准确地反映了用户的参与度。
发放用户数：实际获得发放的用户数量，这有助于了解实际参与的用户规模。
领取用户数：领取并激活了优惠券的独立用户数量，这是考虑到实际优惠券使用前的用户数。
使用用户数：最终成功使用了优惠券的独立用户数量，这是最终转化为实际销售的用户数。
发放率、领取率、使用率：分别是发放用户数占申请用户数的比例，领取用户数占发放用户数的比例，使用用户数占领取用户数的比例。这些指标更直观地反映了用户参与和转化的过程。
```

在进行优惠券生命周期分析时，通过增加可关联的 ID，我们可以提供更多维度的信息，进一步深化对促销活动效果的分析。以下是一些可关联的 ID 及其意义。

- **预算号**：用于标识活动所属预算的编号，有助于企业追踪和管理优惠券发放的预算，以确保活动在财务上的可持续性。
- **活动号**：标识具体促销活动的编号，帮助企业在分析中识别不同活动的效果，为未来活动设计提供参考经验。

- **到期时间**：记录优惠券的有效期限，方便分析不同时间段内优惠券的使用情况，为规划促销活动时长和频率提供数据支持。
- **消费限制**：标识优惠券使用时的最低消费金额，有助于了解用户更倾向在哪种订单金额范围内使用优惠券，以调整促销策略。
- **品类限制**：标识优惠券可用于哪些产品或服务的类别，帮助分析不同品类在促销活动中的表现，为目标市场定位提供更精准的信息。
- **店铺限制**：用于标识优惠券可在哪些店铺或线上平台使用，对于拥有多个销售渠道或分店的企业尤为重要，有助于追踪不同渠道的销售表现。
- **活动码**：追踪和识别具体促销活动的代码，以便在后续分析中关联不同活动及其效果，评估不同活动的成功度。
- **订单 ID**：与用户的订单关联，帮助深入了解每个订单中使用了哪些优惠券，从而更具体地分析优惠券对订单的影响。
- **商品 ID**：与被购买的商品关联，有助于了解优惠券对不同商品的促销效果，为商品的定价和推广策略提供优化建议。

8.2.2 利用 AI 设计优惠券发放渠道的数据采集方案

制定多渠道下的优惠券数据检测和跟踪策略是确保数据完整性和准确性的关键一步。以下是针对各个发放渠道的具体策略。

- **在线购物网站**：使用 cookie 或用户登录信息，追踪用户跨页面的浏览和交互信息，监测专用页面、弹窗和广告条幅的点击率、领取率，记录用户在网站上的行为，实现对优惠券在购物流程中的影响分析。
- **电子邮件营销**：关联用户的邮件点击数据和购买历史记录，监测电子邮件的开启率、点击率，记录用户通过邮件领取和使用优惠券的情况，深入了解邮件中优惠券对购物决策的贡献。
- **手机应用**：通过应用内的用户标识，追踪用户在应用内的行为，监测应用内消息、推送通知和专用页面的用户点击率、领取率，分析用户对不同类型优惠券的偏好和使用情况。
- **社交媒体**：通过社交媒体账号关联用户 ID，追踪用户在企业社交媒体渠道上的行为，监测社交媒体平台上促销活动的参与率、分享率，记录用户通过社交媒体获取优惠券的行为，分析社交媒体对优惠券传播的影响。
- **线下商店**：利用 POS 系统或扫码技术，实时记录线下商店发放的优惠券数量和用户领取情况。整合线上线下数据，分析线下发放的优惠券对整体销售的贡献，评估线上线下联动效果。
- **会员专享**：建立会员行为档案，监测会员专属渠道的领取率、使用率，记录会员对专属优惠券的响应情况，分析不同级别会员在专属优惠券使用上的差异。

- **合作伙伴推广**：建立合作伙伴关系档案，追踪合作伙伴渠道的引流效果，记录通过合作伙伴渠道领取和使用优惠券的用户行为。评估合作伙伴对优惠券传播的贡献。

接下来，我们请 AI 协助制定全面的数据检测和跟踪策略，以满足在各种场景下对优惠券来源渠道和发放方式进行全面数据跟踪的需求。提示指令如下：

```
[ChatGPT] 8/2/1 我想请你扮演促销活动运营专家。我们打算在促销活动期间，通过多个渠道针对不同
    类型的潜在用户发放优惠券。请你设计发放渠道的数据跟踪策略。要求如下：
1. 能覆盖线上（例如网站）和线下（例如店铺）全接触渠道，Web 和 App 全应用终端，企业内部运营系统和
   外部合作伙伴推广，以及线上多种数字推广渠道（主要是 Email 和短信）的数据跟踪。
2. 识别网站上细分的资源位置，例如网站优惠券发放可以细分为优惠券领取页面、消息推送页面、个人中心
   页面等。
3. 跟踪每张优惠券 ID。
4. 识别用户领取优惠券时的来源发放渠道信息。
请基于上述需求，基于 Google Analytics 4 设计数据跟踪方案。方案需要包括如下信息：
1. 跟踪方案概述，简要描述该方案如何实现，包括哪些主要步骤和方法。
2. 分别针对线上和线下渠道，介绍如何实现来源渠道跟踪和识别。
3. 如何实现用户在网站上领取优惠券信息的跟踪。
4. 如何在 Google Analytics 4 中进行相关配置，以满足数据跟踪和后续分析需求。
```

上述提示指令内容较多，除了设定 AI 角色为促销活动运营专家外，主要包括以下方面。

- **介绍业务背景**：提示指令详细介绍了任务的业务背景，即计划在促销期间进行优惠券发放。
- **明确 AI 任务要求**：要求 AI 设计发放渠道的数据跟踪策略，并明确了涉及的渠道、网站资源信息、优惠券信息以及与来源渠道关联的详细要求。
- **明确 AI 输出内容**：明确了需要基于 Google Analytics 4 设计跟踪方案，并在后期进行数据分析。随后，分别介绍了该方案包含的四个模块，以便 AI 可以据此要求撰写内容。

ChatGPT 基于上述提示指令，输出如下数据采集设计方案。

```
### 1. 跟踪方案概述：
- 创建 Google Analytics 4（GA4）账户和属性。
- 设置合适的事件和参数以跟踪用户活动。
- 使用 GA4 的用户属性进行更深入的用户分析。
- 配置目标以衡量优惠券领取等关键转化事件。

### 2. 线上渠道：
- **网站：** 使用 UTM 参数追踪所有网站链接，将不同页面的链接标记为不同的来源媒介和广告
  系列。例如，将优惠券领取页面链接标记为 `/coupon-landing?utm_source=website&utm_
  medium=coupon_page`。
- **Web 和 App：** 使用 GA4 的事件追踪功能，为 App 和网站上的活动设置事件。例如，使用
  `coupon_claimed` 事件来追踪优惠券的领取情况。
- ** 数字推广渠道（Email 和短信）：** 在发送电子邮件或短信时，使用独特的链接或 UTM 参数，以追踪
  用户在这些渠道上的优惠券领取情况。
```

```
### 3. 线下渠道：
- ** 店铺：** 对于线下活动，可以使用优惠券上的独特二维码或促销码进行追踪。在结账时，店员可以输
  入促销码，将线下销售与优惠券领取关联。
- ** 企业内部运营系统和外部合作伙伴推广：** 通过为内部系统和合作伙伴分配独特的标识符，可以追踪
  用户在这些渠道上的优惠券领取情况。

### 4. 优惠券信息跟踪：
- ** 每张优惠券 ID 跟踪：** 在 GA4 中，可以为每次领取事件添加自定义参数，例如 `coupon_id`。这
  样可以跟踪每张优惠券的使用情况。
- ** 用户领取信息跟踪：** 当用户领取优惠券时，触发一个 GA4 事件，并包含有关领取渠道、具体优惠
  券 ID 等信息的参数。

### 5. Google Analytics 4 配置：
- ** 事件配置：** 在 GA4 控制台中，配置相关事件，如 `coupon_claimed`，并添加必要的参数，如
  `coupon_id`。
- ** 用户属性：** 使用 GA4 的用户属性功能，例如创建一个 `coupon_claimed_count` 属性，以跟踪
  每个用户领取的优惠券数量。
- ** 目标设置：** 配置目标，例如“成功领取优惠券”，以便进行转化分析。
- ** 漏斗分析：** 利用 GA4 的漏斗分析来监测用户从访问网站到成功领取优惠券的整个过程。
```

AI 提供的方案总体思路非常完整，但有几个值得注意的地方：

- 在“3. 线下渠道”中，特别是涉及“店铺”二维码或促销码时，除了店员可以手动输入信息外，我们建议在二维码中（本质上是一个 URL 地址）通过 UTM 参数标记该二维码的位置。这将有助于用户在线下扫描获取优惠券，然后在线上进行使用。
- 在“5. Google Analytics 4 配置”关于“用户属性”的描述中，需要注意目前 GA4 中的自定义维度只支持用户、会话和商品级别。如果选择使用自定义维度跟踪用户领取优惠券的数量，建议使用用户级别。不过，更为推荐的方法是利用自定义指标来跟踪用户领取的优惠券数量，这样更便于将其作为指标进行后续分析。

8.2.3 利用 AI 分析优惠券对订单量和订单收入的参与度

优惠券通常能够激发潜在顾客做出购买决策，尤其是在竞争激烈的市场环境中。它的吸引力有助于拉拢更多顾客，从而提升订单收入额。接下来，我们将通过四种逐步深入的方法分析优惠券对销售的实际贡献和影响。

首先，我们研究优惠券在整体企业订单中的参与度。这里的参与度是指使用了优惠券的订单数量与总订单数量的比例，当然，这里的订单数量也可以更换为订单金额。计算公式为：

$$参与度=\frac{使用优惠的订单数量或订单金额}{总订单数量或订单金额}\times 100\%$$

上述数据可以直接从销售系统或订单系统中获取。表 8-2 展示了某电商网站在圣诞节期间（12 月 1 日到 12 月 31 日）有无优惠券的订单数据汇总。

表 8-2　某电商网站圣诞节期间有无优惠券的订单数据汇总

是否有优惠券	订单量	订单收入	参与度（订单量）	参与度（订单金额）
无	899	80600	3%	6%
有	34883	1345847	97%	94%
总计	35782	1426447	100%	100%

接下来，我们借助 AI 解读上述数据，以获取有关优惠券对销售的影响的结论。以下是相应的提示指令。

```
[ChatGPT] 8/3/1 我想请你扮演数据分析师。下面的数据是某电商网站圣诞节期间，按是否有优惠券分
    类统计的全站的订单和销售信息。请你基于数据简要汇总数据结论，包括优惠券对销售的影响程度以及
    可能的原因。
| 是否有优惠券 | 订单量 | 订单收入 | 参与度（订单量）| 参与度（订单金额）|
|------------|-------|---------|--------------|----------------|
| 无          | 899   | 80600   | 3%           | 6%             |
| 有          | 34883 | 1345847 | 97%          | 94%            |
| 总计        | 35782 | 1426447 | 100%         | 100%           |
```

上述提示指令除了规定了 AI 的角色，还详细介绍了任务的背景、完整数据和目标，这里直接要求 AI 总结数据结论以及可能的原因，以便为后续提供更多分析角度和启发。

ChatGPT 根据这一提示指令提供了以下结论信息。

```
1.** 优惠券对销售影响程度：**
   - 订单量方面，有优惠券的订单量占比高达 97%，而没有优惠券的订单量只有 3%。这表明，优惠券在圣
     诞节期间对订单量有显著的促进作用。
   - 订单收入方面，有优惠券的订单贡献了 94% 的总订单金额，而没有优惠券的订单只贡献了 6%。因此，
     优惠券在销售额方面也起到了重要的推动作用。

2.** 可能的原因：**
   - ** 促销效果：** 优惠券作为促销手段，显然在圣诞节期间起到了吸引顾客的作用，带来订单量和销
     售额的显著增加。消费者更愿意在有优惠券的情况下完成购买。
   - ** 节日购物习惯：** 圣诞节通常是购物季，人们更倾向于在这个时候购物。有优惠券可能使得顾客
     更积极参与购物，从而拉动整体销售。
   - ** 价格敏感度：** 有优惠券的订单金额占比高，可能意味着消费者对价格比较敏感，他们更关注折
     扣和优惠，更愿意在有优惠券的情况下购买。

3.** 参与度分析：**
   - 优惠券参与度在订单量和订单金额两个方面都非常高，分别达到 97% 和 94%。这表明消费者对优惠券
     的积极响应，表明优惠券促使更多用户参与购物。
   - 没有优惠券的订单虽然在订单量和订单金额上的贡献较小，但也不可忽视。可能有一部分用户更注重
     产品本身而不是折扣，或者这些订单来自原本就有忠诚度的顾客。
```

总体而言，优惠券在电商网站圣诞节期间的销售中发挥了至关重要的作用。这为未来的促销活动提供了有力的指导，例如可以考虑在特定时期增加优惠券的发放数量，以更有效地激发顾客的购买欲望。这种战略性的优惠券发放策略有望进一步提升销售业绩，提高顾客对品牌的忠诚度。

8.2.4 利用 AI 设计不同群组的销售对比方案

在上一节中，我们发现几乎所有的订单都使用了优惠券。然而，仅凭此数据不能得出优惠券是产生订单的唯一原因，因为用户下单还可能受到需求、品牌忠诚度、竞争情况等多种因素的影响。因此，我们需要深入分析在相同的条件下，有优惠券和没有优惠券的群体在销售上存在的差异。

要实现有优惠券和没有优惠券的群体的数据差异对比，我们需要一套完整的设计方案，这个工作可以通过 AI 的支持来实现。AI 能够帮助制订详细的对比计划，从而更全面地理解不同群体在销售表现上的差异。

```
[ChatGPT] 8/4/1 请你设计一套方案，用于分析在促销活动（例如圣诞节）中，有优惠券和没有优惠券
    对于企业销售的影响。请你提供完整方案，包括：
1. 任务目标。
2. 随机分组。基于哪种方案对用户分组。
3. 活动推广。针对不同群组如何发放（或不发放）优惠券、如何宣传以及记录优惠券的发放信息。
4. 数据收集。计划采集的数据及具体字段说明、采集时间周期、预期样本量等。
5. 统计分析。如何汇总数据，使用哪种方法对比和检验两组数据的差异性。
```

在上述提示指令中，我们首先简要概述了需要 AI 完成的任务目标以及业务需求。核心任务是让 AI 提供一个完整的对比方案，并在大纲信息中详细介绍了方案的要点，包括任务目标、随机分组、活动推广、数据收集、统计分析等主要步骤。在每个步骤中，我们强调并提供了必要信息的提示和补充。

ChatGPT 基于这些指令，提供了以下设计方案。

```
** 促销活动分析方案 **
1.** 任务目标 :**
   - 主要目标是评估在促销活动期间，使用优惠券和不使用优惠券对企业销售的影响。
   - 了解优惠券能否促使更多的购买行为，以及是否对销售额和客户留存率有积极影响。
2.** 随机分组 :**
   - 采用随机对照试验设计，将用户随机分为两组：实验组（发放优惠券）和对照组（不发放优惠券）。
   - 确保两组在关键特征上的分布是相似的，以避免偏差。
3.** 活动推广 :**
   - ** 实验组：**
     - 发放优惠券，可以通过电子邮件、短信、App 通知等途径进行。
     - 宣传方式可以包括在广告中突出优惠券的使用、网站首页横幅广告等。
     - 记录优惠券的发放信息，包括优惠券数量、发放时间、使用条件等。
   - ** 对照组：**
     - 不发放优惠券，但可以进行正常的广告宣传活动。
     - 记录对照组的宣传信息，以保持实验组和对照组在宣传上的一致性。
4.** 数据收集 :**
   - ** 计划采集的数据 :**
     - 用户信息：包括用户 ID、性别、年龄、地理位置等。
     - 购买行为：购买时间、购买数量、购买金额等。
     - 优惠券使用情况：优惠券领取时间、使用时间、折扣金额等。
     - 宣传渠道：用户接触的宣传渠道，包括广告点击、浏览网页等。
   - ** 数据字段说明 :**
```

```
        - 用户 ID、性别、年龄、地理位置等为用户基本信息。
        - 购买时间、购买数量、购买金额等为销售数据。
        - 优惠券领取时间、使用时间、折扣金额等为优惠券使用情况。
        - 宣传渠道、广告点击次数等为宣传信息。
    - ** 采集时间周期 :**
        - 促销活动期间和一段时间后的用户行为变化，最好覆盖销售高峰期。
    - ** 预期样本量 :**
        - 根据业务规模和统计学原理确定，确保样本量足够大以获取可靠的结果。
5.** 统计分析 :**
    - ** 数据汇总 :**
        - 汇总实验组和对照组的关键指标，如平均购买金额、购买次数、客户留存率等。
    - ** 对比和检验 :**
        - 使用统计学方法，例如 T 检验或者方差分析，比较实验组和对照组之间的差异。
        - 注意控制其他潜在变量，以确保观察到的效果是由于优惠券而不是其他因素引起的。
    - ** 可视化 :**
        - 制作可视化图表，如柱状图、折线图等，直观地展示两组数据的差异。
        - 分析用户在不同条件下的购买行为，以便更好地理解优惠券的影响。
```

AI 提供的设计方案总体内容较为完整，符合任务基本需求。唯一模糊的地方在于预期样本量的说明。一般而言，小型企业至少需要几千样本量，而大型企业可能需要几万以上的样本才能达到显著性水平。接下来，我们可以进一步细化上述方案，与业务方讨论相关的落地细节，并与 IT、产品、数据等部门共同推动项目的实施。

关于对收到的数据进行两组效果的检验分析的相关内容，读者可参考 6.6 节，本节后续的操作流程与 6.6 节基本相似。通过该流程，可以查看订单量和订单收入是否存在显著差异。

除了可以使用 6.6 节中提到的检验分析流程外，我们还可以基于自定义的净销售贡献率来分析优惠券对销售额的实际影响。净销售贡献率的具体定义如下：

$$\text{净销售贡献率}=\frac{\text{使用优惠的订单数量或金额}-\text{未使用优惠券的订单数量或金额}}{\text{未使用优惠券的订单数量或金额}}\times 100\%$$

通过这一指标，我们可以具体了解使用优惠券的用户相对于未使用优惠券的用户在订单数量或订单金额上的增长贡献。这为更全面的效果评估提供了有价值的信息。

8.2.5 AI 辅助 Python 分析优惠券数量与订单量的相关性

通过分析销售数据，我们可以获取每日优惠券使用量和订单量的统计信息，从而深入探讨二者之间的相关性。为了实现这一分析过程，我们将充分利用 AI 的力量，通过以下步骤获得相应的 Python 代码。

首先，我们需要使用附件中提供的原始数据文件“优惠券数据 .xlsx”，该文件详细记录了按日统计的优惠券数量和订单量数据。以下是示例数据：

```
日期          优惠券数量    订单量
20231201      1158          1193
20231202      1204          1233
```

```
20231203   1562    1607
```

接下来，让 AI 为我们生成实现任务的 Python 代码。提示指令如下。

```
[ChatGPT] 8/5/1  请你撰写 Python 代码，从“优惠券数据 .xlsx”中读取数据，实现对字段“优惠券
    数量”和“订单量”的相关性分析，最终输出相关性分析结果。
```

该提示指令较为简洁，我们直接概述了 AI 所需完成的任务，即生成 Python 代码。我们明确指定了原始数据文件名称以及需要计算相关性的两个字段的名称。ChatGPT 按照提示指令提供了以下 Python 代码。你可以在附件 coupon_analysis.ipynb 文件中获取完整的原始代码。

```
import pandas as pd
from scipy.stats import pearsonr
# 读取 Excel 文件
excel_file = "优惠券数据 .xlsx"
df = pd.read_excel(excel_file)
# 提取“优惠券数量”和“订单量”字段
coupon_column = df["优惠券数量"]
order_quantity_column = df["订单量"]
# 进行相关性分析
correlation_coefficient, p_value = pearsonr(coupon_column, order_quantity_column)
# 输出相关性分析结果
print(f"优惠券和订单量的相关系数：{correlation_coefficient}")
print(f"P-value: {p_value}")
# 根据 P-value 判断相关性的显著性
if p_value < 0.05:
    print("相关性是显著的")
else:
    print("相关性不显著")
```

我们在 Jupyter Notebook 中执行上述代码后，获得以下输出结果：

```
优惠券和订单量的相关系数：0.9997090542051353
P-value: 1.8047211979498016e-48
相关性是显著的
```

在拓展分析时，可通过不同优惠券数量指标，如每日发放量、每日领取量等，进一步深入了解优惠券在不同生命周期指标下与最终订单量的关系。同时，你还可以考虑将数量替换为金额，例如利用优惠券金额与订单收入（或订单金额）进行相关性分析。这样的拓展分析有助于更全面地洞察优惠券在商品运营中的影响。

8.2.6 AI 辅助 Python 分析优惠券数量对订单量的解释程度

在上一节中，我们通过相关性分析得知优惠券数量与订单量之间存在高度相关性，但相关性并不意味着因果关系。为了更深入地理解二者的关系，我们将继续借助 AI 完成优惠券数量和订单量的建模分析，以通过模型进一步验证它们之间的关系。本案例的数据源与

上一节相同，以下是相应的提示指令：

> [ChatGPT] 8/6/1　请你撰写 Python 代码，从“优惠券数据 .xlsx”中读取数据，并以字段“优惠券数量”为特征，以“订单量”为目标，使用 statsmodels 库完成回归建模，最终输出模型结果。

该提示指令的核心是让 AI 完成回归建模分析的过程，主要包括数据读取、特征和目标构建、回归建模以及输出模型结果四个关键步骤。指令除了明确指定了数据源外，还清晰描述了特征和目标字段的信息。在此过程中，我们特意选择了 statsmodels 库，因为该库输出的模型结果更为详细，有助于后续更深入的解释和分析。ChatGPT 根据提示指令输出了以下 Python 代码。

```
import pandas as pd
import statsmodels.api as sm
# 从 Excel 文件中读取数据
file_path = '优惠券数据 .xlsx'
df = pd.read_excel(file_path)
# 提取特征 (X) 和目标 (y)
X = df['优惠券数量']
y = df['订单量']
# 添加常数列 (截距项)
X = sm.add_constant(X)
# 使用 OLS 进行回归建模
model = sm.OLS(y, X).fit()
# 输出模型结果
print(model.summary())
```

我们在 Jupyter Notebook 中执行代码，得到如下结果：

```
                            OLS Regression Results
==============================================================================
Dep. Variable:                    订单量   R-squared:                       0.999
Model:                            OLS   Adj. R-squared:                  0.999
Method:                 Least Squares   F-statistic:                 4.982e+04
Date:                Fri, 05 Jan 2024   Prob (F-statistic):           1.80e-48
Time:                        17:15:03   Log-Likelihood:                -106.41
No. Observations:                  31   AIC:                             216.8
Df Residuals:                      29   BIC:                             219.7
Df Model:                           1
Covariance Type:            nonrobust
==============================================================================
                 coef    std err          t      P>|t|      [0.025      0.975]
------------------------------------------------------------------------------
const         11.8400      5.304      2.232      0.033       0.992      22.688
优惠券数量      1.0152      0.005    223.194      0.000       1.006       1.025
==============================================================================
Omnibus:                       17.481   Durbin-Watson:                   2.258
Prob(Omnibus):                  0.000   Jarque-Bera (JB):               25.776
Skew:                           1.319   Prob(JB):                     2.53e-06
Kurtosis:                       6.605   Cond. No.                     4.45e+03
==============================================================================
```

上述结果中的指标对我们而言不够直观，难以直接理解和解释，可以进一步委托 AI 来解读这些结果。以下是相应的提示指令：

```
[ChatGPT] 8/6/2 请你基于statsmodels模型的输出结果，解释“优惠券数量”对“订单量”的贡献
    和影响是否显著，以及程度如何。
Dep. Variable:              订单量   R-squared:                     0.999
Model:                         OLS   Adj. R-squared:                0.999
Method:              Least Squares   F-statistic:               4.982e+04
Date:             Fri, 05 Jan 2024   Prob (F-statistic):         1.80e-48
Time:                     17:15:03   Log-Likelihood:              -106.41
No. Observations:               31   AIC:                           216.8
Df Residuals:                   29   BIC:                           219.7
Df Model:                        1
Covariance Type:         nonrobust
==============================================================================
                 coef    std err          t      P>|t|      [0.025      0.975]
------------------------------------------------------------------------------
const         11.8400      5.304      2.232      0.033       0.992      22.688
优惠券数量      1.0152      0.005    223.194      0.000       1.006       1.025
```

在上述提示指令中，只需输入具体任务和需要 AI 参考的模型结果即可，不需要提供完整的输出信息。根据此提示，ChatGPT 生成的解读结果如下：

```
这个模型是一个普通最小二乘回归模型（OLS），用于解释"订单量"（Dependent Variable）的变化。以
下是对模型结果的解释：
  1.**R-squared（R平方）：**
    - R-squared衡量了模型对目标变量（订单量）变异性的解释程度。在这个模型中，R-squared为
      0.999，表示模型可以解释99.9%的订单量的变异。这表明模型在解释目标变量方面非常强大。
  2.**F-statistic（F统计量）：**
    - F-statistic检验模型整体的显著性。在这里，F-statistic为4.982e+04，对应的概率（Prob
      (F-statistic)）为1.80e-48，概率非常接近于零。这表明模型整体上是显著的，模型中至少有一
      个解释变量对目标变量的影响是显著的。
  3.** 回归系数（Coefficients）：**
    - 我们关注“优惠券数量”这个解释变量。回归系数为1.0152，表示每增加一个单位的“优惠券数量”，
      “订单量”平均会增加1.0152个单位。由于P值（P>|t|）为0.000，远小于一般的显著性水平（通
      常设为0.05），我们可以拒绝零假设，即“优惠券数量”的系数显著不等于零。
  4.** 置信区间（Confidence Intervals）：**
    - 对于“优惠券数量”的回归系数，95%的置信区间为[1.006, 1.025]。这表示我们对“优惠券数量”
      对“订单量”的影响相当有信心，因为在95%的情况下，系数值会在这个区间内。
  5.** 常数项（Const 项）：**
    - 常数项为11.8400，表示当“优惠券数量”为零时，预测的“订单量”为11.8400。由于p值为
      0.033（小于0.05），我们可以拒绝零假设，即常数项不为零。

总体来说，根据这个模型，我们可以得出结论：“优惠券数量”对“订单量”有显著正向影响，且影响程度很
大。每增加一个单位的优惠券数量，订单量平均会增加1.0152个单位。
```

上述结果明确指出，优惠券对订单量的贡献非常显著。除了关注已使用的优惠券，我们还可以将特征更改为发放的优惠券数量、领取的优惠券数量等。通过这样的调整，我们能够在运营过程中更细致地掌握不同优惠券运营阶段的预期效果，从而更好地优化订单转

化率。这一策略的优势在于能够更有针对性地运用不同阶段的优惠券，以最大限度地推动订单的转化和增长。

8.2.7 拓展分析：优惠券对企业运营的更多贡献场景

在分析优惠券对企业运营的影响的基础上，我们还可以进一步探索优惠券在不同方面的价值和应用场景。以下是一些可能的分析方向。

- **客单价和客单件的影响**：优惠券可能会显著提高客单价和客单件。我们可以通过分析优惠券在购物车中的使用比例和它与平均交易金额的相关性，来深入了解优惠券如何激励顾客增加购物车中的商品数量或提高每次购物的金额。
- **订单成交周期的影响**：优惠券可能会缩短订单成交周期。我们可以通过分析优惠券对顾客购买决策的加速效果，来优化企业的库存和供应链管理。
- **拉新和客户增长的影响**：优惠券可能会有效地拉新，带来客户增长。我们可以通过分析优惠券对新客户的吸引力和留存率，以及新客户的忠诚度，来评估优惠券在扩大顾客基础方面的作用。
- **老客复购和购买频次的影响**：优惠券可能会促进老客户的复购行为和购买频次。我们可以通过分析老客户在优惠券推出后的购买模式，来了解优惠券对提升顾客忠诚度和购买频次的作用。
- **发放优惠券对转化率的影响**：优惠券可能会提高整体转化率，从而增加销售量和销售收入。我们可以通过观察优惠券的使用率和它与转化数据的关联性，来评估发放优惠券对促进实际销售的效果，进而制定更有效的营销策略。

8.3 促销活动营销组合与引流分析

促销活动的成功，很大程度上取决于营销组合和引流策略的精准度。本节将通过分析用户在不同营销渠道的转化路径，探讨不同营销渠道在转化过程中的作用，以及不同营销渠道的组合效果，从而帮助企业更有针对性地调整营销组合传播策略，提升促销活动的效果。

本节所用的数据源在附件“用户来源渠道数据.xlsx”，代码则都可以在“path_data.ipynb”找到。

8.3.1 AI 辅助 Python 完成热门转化路径分析

在促销活动中，我们通常会定义一个核心转化目标（例如订单）。当用户完成订单转化时，他们可能会多次访问网站，而且可能会从多个渠道进入网站。我们可以将用户从第一次进入网站到完成订单的整个过程，汇总成一个营销渠道转化路径，以全面地了解用户的转化行为。

例如，用户可能先通过社交媒体广告进入网站，然后在搜索引擎中搜索产品，最后在电商平台下单。转化路径分析方法不仅考虑了单个渠道的影响，还揭示了社交媒体和搜索引擎这两个渠道对于订单转化的协同作用。

热门转化路径分析是一种通过挖掘用户在不同营销渠道之间的转化组合，找出用户最常使用的渠道组合规律，以及这些路径对于订单转化的贡献的分析方法。这种分析方法不仅有助于理解用户的群体行为，关注用户在多个渠道上的行为关联，还能为企业提供更具体和更有针对性的决策支持。热门转化路径的示例如图 8-2 所示。

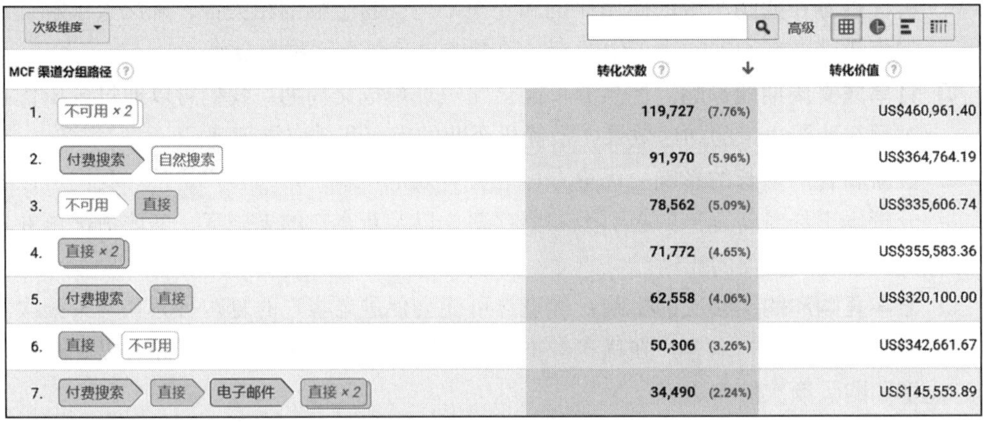

次级维度 高级

MCF 渠道分组路径	转化次数		转化价值
1. 不可用 × 2	119,727	(7.76%)	US$460,961.40
2. 付费搜索 > 自然搜索	91,970	(5.96%)	US$364,764.19
3. 不可用 > 直接	78,562	(5.09%)	US$335,606.74
4. 直接 × 2	71,772	(4.65%)	US$355,583.36
5. 付费搜索 > 直接	62,558	(4.06%)	US$320,100.00
6. 直接 > 不可用	50,306	(3.26%)	US$342,661.67
7. 付费搜索 > 直接 > 电子邮件 > 直接 × 2	34,490	(2.24%)	US$145,553.89

图 8-2 热门转化路径示例

在本示例中，我们将演示如何利用 AI 基于用户流量来源的原始数据，完成热门路径的汇总和分析。本示例的数据源位于“用户来源渠道数据 .xlsx”，示例数据如下：

```
user_id   date_time              source        label
14        2023/10/25 00:00:06    omardizer     0
76        2023/10/25 00:00:18    direct        0
76        2023/10/25 00:00:20    tiktok        0
76        2023/10/25 00:00:22    tiktok        1
```

在数据中，user_id 用于标识用户身份，date_time 表示用户访问网站的时间戳，source 表示用户的访问来源渠道，label 则表示用户在从该渠道进入网站后是否完成了订单转化。

> **注意** 在进行数据处理时，我们明确选择仅获取已完成订单转化的用户群体，并仅包括与订单转化过程相关的访问来源渠道。未产生转化的用户数据以及已完成转化后的无转化访问数据均未包含在此数据集中。此外，为了保护数据隐私，我们对用户 ID、访问时间戳和访问来源渠道进行了不同程度的处理。

接下来，我们借助 AI 基于 Python 构造热门转化路径。以下是提示指令。

```
[ChatGPT] 8/7/1 请你扮演 Python 数据工程师。你的工作是通过 Python 实现数据清洗和处理，并完
    成用户访问来源渠道的转化路径构造。具体要求：
```

```
1. 读取"用户来源渠道数据 .xlsx"数据，返回 df。
2. 按字段 user_id、date_time 正序排列，返回 df_sort。
3. 对 df_sort 构造新字段 path_id，构造逻辑是基于 label 进行判断，当 label 为 1 时返回一个 uuid
   唯一值，否则为空。
4. 对 df_sort 的 path_id 字段使用 bfill 后向填充缺失值。
5. 基于 df_sort，对字段 path_id 做分类汇总，聚合字段为 source，聚合方式为 list，返回 df_
   path。
6. 基于 df_path 的字段 source 构造新字段 paths，构造逻辑是将 source 从列表转换为字符串，并通
   过">"连接。
7. 基于 df_path 的字段 paths 做分类汇总，聚合字段为 path_id，计算方式为计数，得到 path_data。
8. 对 path_data 按 path_id 降序排列，输出前 5 条结果。
请基于上述需求，以 Markdown 格式提供相应的 Python 代码。
```

上述提示指令的执行过程相对复杂，主要集中在如何实现归因路径的整个计算过程。

第一步　数据读取。在此阶段，我们简单地指定了数据源。

第二步　排序。由于后续需要基于时间序列构造路径，我们需确保每个用户的来源渠道按时间顺序生成。

第三步　构造新路径标记字段。此处的路径标记是指每一条转化路径的唯一识别标志。例如，若用户总共有 2 个转化，则会有 2 个唯一标记。在订单转化中，该标记通常是订单 ID。在构造路径时，我们将基于该唯一标记识别不同的转化路径。

第四步　对新路径标记字段进行填充。我们使用后向填充方法，即利用后面的值填充前面的缺失值。在图 8-3 上半部分数据（图中①）中，原始数据第二行存在缺失值，通过数据判断，第二、三行属于同一个虚拟转化周期，即用户 13 通过 youtube 和 direct 进入网站并完成订单；因此，我们将第三行（索引值为 2）的 path_id 的值填充到第二行的缺失值中。填充后的结果如图 8-3 下半部分（图中②）所示。由于在获取数据时，我们已经排除了用户未进行订单转化的访问，因此可以确保每个用户的最后一条记录一定是订单转化标记。为了保证路径 ID 的唯一性，我们使用 uuid 生成 ID 值。

	user_id	date_time	source	label	path_id
1927	11	2023-11-09 00:00:00	direct	1	26b105cd-61cc-4217-93f9-33c78caaf26e
598	13	2023-10-28 00:00:02	youtube	0	None
599	13	2023-10-28 00:00:04	direct	1	a6d1141a-34b8-4d06-b743-f3ca6616282b
0	14	2023-10-25 00:00:06	omardizer	0	None

①

	user_id	date_time	source	label	path_id
1927	11	2023-11-09 00:00:00	direct	1	26b105cd-61cc-4217-93f9-33c78caaf26e
598	13	2023-10-28 00:00:02	youtube	0	a6d1141a-34b8-4d06-b743-f3ca6616282b
599	13	2023-10-28 00:00:04	direct	1	a6d1141a-34b8-4d06-b743-f3ca6616282b
0	14	2023-10-25 00:00:06	omardizer	0	73d3d4cd-088a-4d81-8848-1744fc63067f

②

图 8-3　使用后向填充法填充路径缺失值

第五步　构造来源渠道路径列表。在这里，我们使用 groupby 逻辑，基于 path_id（唯一路径标记）对 source 进行列表构造，以获取每个 path 中对应的 source 列表。基于图 8-3

中②标记的用户路径 ID，我们可以查询基于该 ID 生成的路径信息，示例结果如图 8-4 所示。

	path_id	source
1508	a6d1141a-34b8-4d06-b743-f3ca6616282b	[youtube, direct]

图 8-4 基于 list 方法构造的来源渠道转化路径

第六步 将来源渠道路径列表转化为字符串路径。在第五步中，我们已经形成了渠道路径列表。但由于我们需要计算热门转化路径，需要对路径再次进行汇总计算，而渠道路径列表是 list 对象，无法直接汇总，因此，这里需要将其转换为字符串路径。

第七步 对字符串路径进行分类汇总。在这一步，我们对路径出现的次数进行汇总，次数越多表示路径越热门，即形成的订单转化越多。

第八步 对热门路径进行排序并输出。为了方便查看结果，我们通过程序降序排列，指定排序字段为热门路径的汇总次数。

ChatGPT 基于提示指令，返回如下 Python 代码：

```
import pandas as pd
import uuid
# 1. 读取数据
df = pd.read_excel("用户来源渠道数据.xlsx")
# 2. 按字段 user_id、date_time 正序排列
df_sort = df.sort_values(by=["user_id", "date_time"])
# 3. 构造新字段 path_id
df_sort["path_id"] = df_sort.apply(lambda row: str(uuid.uuid4()) if row
    ["label"] == 1 else None, axis=1)
# 4. 后向填充缺失值
df_sort["path_id"].bfill(inplace=True)
# 5. 分类汇总
df_path = df_sort.groupby("path_id")["source"].agg(list).reset_index()
# 6. 构造新字段 paths
df_path["paths"] = df_path["source"].apply(lambda x: ">" .join(map(str, x)))
# 7. 分类汇总计数
path_data = df_path.groupby("paths")[“path_id”].count().reset_index()
# 8. 按 path_id 降序排列，输出前 5 条结果
path_data = path_data.sort_values(by="path_id", ascending=False).head(5)
print(path_data)
```

在 Jupyter Notebook 中执行代码，得到如下结果：

```
             paths  path_id
198  google>direct      364
19          direct      289
53   direct>google      241
93     direct>meta      111
337    meta>direct      107
```

8.3.2　AI 辅助 Python 完成渠道转化角色分析

在渠道转化角色分析中，由于不同营销渠道在转化过程中扮演着不同的角色，对最终转化目标有不同的贡献倾向，因此我们需要深入了解不同营销渠道的实际价值。通常，我们将营销渠道分为三类：首次接触渠道、中间支撑渠道和末次转化渠道。

- **首次接触渠道**：主要吸引潜在用户的注意力，使其首次接触到产品或服务。有效的首次接触可以帮助用户了解品牌，建立对产品或服务的认知。
- **中间支撑渠道**：致力于通过辅助和支撑性的作用，维护与用户的良好关系。通过提供多次的访问支撑，强化用户对品牌、商品或服务的认知。在订单转化中，中间支撑渠道扮演着引导潜在用户的角色，提供详细信息，解决疑虑，促使他们进入末次转化渠道。
- **末次转化渠道**：位于订单转化的关键环节，促使潜在用户做出购买决策。它的价值在于将潜在用户的兴趣和需求转化为实际销售，直接影响企业的销售收入和市场份额。

例如，在图 8-5 中，付费搜索在转化路径中首次接触用户，属于首次接触渠道；直接渠道和电子邮件在中间辅助用户多次到达网站，是中间支撑渠道；直接渠道在最后直接促进了用户订单转化，同时承担了末次转化渠道的价值。

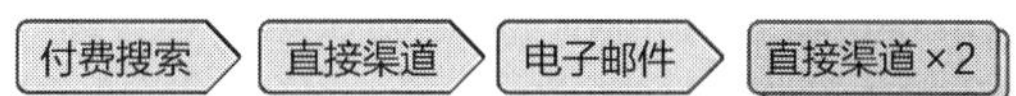

图 8-5　转化路径中的渠道

上述渠道中的首次接触渠道和中间支撑渠道，也可以称为辅助转化渠道；而末次转化渠道也被称为最终点击或直接互动转化渠道。接下来，我们将继续使用 8.3.1 节的原始数据，让 AI 协助完成这两类渠道的分析。以下是相关的提示指令：

```
[ChatGPT] 8/8/1 请你扮演 Python 数据工程师。你的工作是通过 Python 实现数据清洗和处理，并完
    成营销渠道的贡献倾向度和角色分析。具体要求：
1. 读取“用户来源渠道数据 .xlsx”数据，返回 df。
2. 按字段 user_id、date_time 正序排列，返回 df_sort。
3. 对 df_sort 构造新字段 source_type，构造逻辑是基于 label 进行判断，当 label 为 1 时返回
   final_channel；否则返回 assistant_channel。
4. 基于 df_sort 做数据透视表，行字段为 source，列字段为 source_type，计算字段为 label，计算
   方式为计数，返回 df_pivot。
5. 基于 df_pivot 构造新字段 role，构造逻辑是字段 assistant_channel 除以 final_channel
6. 基于 df_pivot，按字段 final_channel 降序排列，输出前 5 条结果。
请基于上述需求，以 Markdown 格式提供相应的 Python 代码。
```

在上述提示指令中，前两步的数据读取和排序与 8.3.1 节的步骤相同，这里不再赘述。下面重点介绍不同的部分。

- **第三步**　构造渠道角色。在此，我们将根据原始 label 的值直接判断，若 label 为 1，则标记为末次转化渠道，否则标记为辅助转化渠道。

- **第四步** 构造数据透视表。表中的行对应营销渠道，列对应辅助转化或末次转化渠道的计算指标；计算指标可基于任意指标计数汇总。
- **第五步** 构建新字段。在这里，role 字段表示辅助转化参与的次数除以末次转化参与的次数。如果结果大于 1，表示该渠道的主要角色和贡献在于辅助转化过程；否则，说明该渠道主要价值在于末次转化过程，直接带来客户订单转化。

ChatGPT 基于提示指令，提供如下实现代码：

```
import pandas as pd
# 1. 读取数据
file_path = "用户来源渠道数据 .xlsx"
df = pd.read_excel(file_path)
# 2. 按字段排序
df_sort = df.sort_values(by=["user_id", "date_time"])
# 3. 构造新字段 source_type
df_sort["source_type"] = df_sort["label"].apply(lambda x: "final_channel" if x
    == 1 else "assistant_channel")
# 4. 数据透视表
df_pivot = pd.pivot_table(df_sort, values="label", index="source", columns=
    "source_type", aggfunc="count", fill_value=0)
# 5. 构造新字段 role
df_pivot["role"] = df_pivot["assistant_channel"] / df_pivot["final_channel"]
# 6. 按字段 final_channel 降序排列，输出前 5 条结果
df_pivot_sorted = df_pivot.sort_values(by="final_channel", ascending=False).
    head(5)
print(df_pivot_sorted)
```

我们在 Jupyter Notebook 中执行上述代码，得到如下结果：

```
source_type  assistant_channel    final_channel        role
source
direct                    1461             1431    1.020964
google                    1536              494    3.109312
meta                       610              215    2.837209
hakim                       24               67    0.358209
tiktok                     195               66    2.954545
```

由示例输出的结果可知，direct 渠道的 role 值为 1.02，表明该渠道在两个角色之间的价值相对均衡；而 google、meta、tiktok 的值远远大于 1，说明它们主要在辅助转化过程中具有较大的价值；而 hakim 的值远远小于 1，表明该渠道的主要价值在于推动最终转化，它在最终转化过程中的贡献非常显著。

8.3.3 AI 辅助 Python 完成基于渠道序列访问的组合分析

在 8.3.1 节中，我们已经能够获取热门的转化路径，但这些路径通常非常庞大，无法查看和利用所有的转化路径。所以，我们需要从这些转化路径中找到不同营销渠道之间的访问模式或组合规律。

基于渠道序列访问的组合分析是一种分析和理解渠道序列在特定组合中影响的方法。它主要涉及用户完成转化的过程中，不同营销渠道之间，在到达网站的顺序上相互作用的方式，以及它们在整体组合中的效果。这种模式与 7.8 节中的商品序列关联相似，不同之处在于 7.8 节中的序列关联基于用户购买的订单商品，而这里的序列关联基于用户访问网站的渠道。

在本节中，我们将继续使用与 7.8 节相同的工作方式，让 AI 协助我们编写代码，挖掘用户转化路径中渠道序列之间的组合模式和规律。以下是相关的提示指令。

```
[New Bing Chat] 8/9/1 请你扮演资深数据挖掘工程师，基于用户访问网站的来源渠道数据完成渠道
    序列关联模式的挖掘。如下是原始数据格式：
| user_id | date_time           | source     | label |
|---------|---------------------|------------|-------|
| 14      | 2023/10/25 00:00:06 | omardizer  | 0     |
| 76      | 2023/10/25 00:00:18 | direct     | 0     |
| 76      | 2023/10/25 00:00:20 | tiktok     | 0     |
| 76      | 2023/10/25 00:00:22 | tiktok     | 1     |
请你编写 Python 代码完成如下任务：
1. 读取“用户来源渠道数据 .xlsx”数据，返回 df。
2. 按字段 user_id、date_time 正序排列，返回 df_sort。
3. 对 df_sort 构造新字段 path_id，构造逻辑是基于 label 进行判断，当 label 为 1 时返回一个 uuid
   唯一值，否则为空。
4. 对 df_sort 的 path_id 字段使用 bfill 后向填充缺失值。
5. 基于 df_sort ，对字段 path_id 做分类汇总，聚合字段为 source，聚合方式为 list，返回 df_
   path。
6. 将 df_path 的 source 转换为列表。
7. 基于 PrefixSpan 算法，设置频繁模式的最小和最大长度为 2，频繁项集的最小支持度为 2，完成序列关
   联挖掘。
8. 输出 TOP 10 结果。
请以 Markdown 格式提供实现上述需求的 Python 代码。
```

上述提示指令主要分为两个关键部分：

- 设定 AI 角色，介绍任务目标和数据信息。
- 详细描述 AI 的工作流程。在该部分中，前五个步骤的含义已在 8.3.1 节中详细说明；而第六步到第八步的逻辑与 7.8.2 节的基本一致，唯一区别在于第六步，需要将路径列表的对象设定为之前输出的 df_path，将字段名相应修改为 source。

我们选择继续使用 New Bing Chat 来完成这个任务，该 AI 工具在此项任务中的工作表现较为出色。根据提示指令，New Bing Chat 提供以下实现代码：

```
# 导入所需的库
import pandas as pd
import uuid
from prefixspan import PrefixSpan
# 读取 " 用户来源渠道数据 .xlsx" 数据，返回 df
df = pd.read_excel(" 用户来源渠道数据 .xlsx")
# 按字段 user_id、date_time 正序排列，返回 df_sort
```

```
8   df_sort = df.sort_values(by=["user_id", "date_time"])
9   # 对df_sort构造新字段path_id，构造逻辑是基于label进行判断，当label为1时返回一个uuid唯一值，否则为空
10  df_sort["path_id"] = df_sort["label"].apply(lambda x: uuid.uuid4() if x == 1 else None)
11  # 对df_sort的path_id字段使用bfill后向填充缺失值
12  df_sort["path_id"] = df_sort["path_id"].bfill()
13  # 基于df_sort ，对字段path_id做分类汇总，聚合字段为source，聚合方式为list，返回df_path
14  df_path = df_sort.groupby("path_id")["source"].agg(list)
15  # 将df_path的source转换为列表
16  source_list = df_path.tolist()
17  # 基于PrefixSpan算法，设置频繁模式的最小和最大长度为2，频繁项集的最小支持度为2，完成序列关联挖掘
18  ps = PrefixSpan(source_list)
19  ps.minlen = 2
20  ps.maxlen = 2
21  ps.min_support = 2
22  result = ps.frequent()
23  # 输出TOP 10结果
24  print(result[:10])
```

上述代码仍然存在与7.8.2节相同的问题，即第22行的代码中ps.frequent缺少minsup参数，导致程序报错。由于我们已经在7.8.3节中分析过该问题，也知道解决方案，因此这里直接进行修改。修改后的第22行代码如下：

```
result = ps.frequent(minsup=2)
```

我们在Jupyter Notebook中执行上述修改后的完整代码，得到如下结果：

```
[(278, ['direct', 'meta']), (19, ['direct', 'bing']), (510, ['direct',
    'google']), (383, ['direct', 'direct']), (59, ['direct', 'hakim']), (96,
    ['direct', 'tiktok']), (52, ['direct', 'bd']), (3, ['direct', 'yandex']), (4,
    ['direct', 'abdullahrakha']), (56, ['direct', 'facebook'])]
```

这些结果展示了由两个渠道组成的不同渠道组合的出现次数，次数越高表示这些组合出现的频率越高，用户对这些组合的访问更为普遍。随后，我们可以基于这两个渠道的组合来设计营销组合和引流模式，制定广告投放策略等。另外，我们还可以采用7.8.4节中的方法，探索包含更多渠道的组合模式，例如用户通过3个或更多渠道形成访问路径的行为模式。

8.3.4 AI辅助Python完成基于渠道无序访问的组合分析

在8.3.3节中，我们依据用户访问网站时各个渠道的先后顺序来分析营销渠道的组合模式。这一组合模式展现了明显的先后序列关系。在进行广告投放时，营销人员可根据用户的访问模式选择先投放先前关联的渠道，再投放后续关联的渠道。然而，在某些情境下，营销人员可能需要排除序列关联，选择将这些渠道一同投放。在这种情况下，渠道之间的

先后顺序将被忽略，而我们只关注渠道的组合模式。

这一模式与购物篮商品关联的情形非常相似。在购物篮商品关联分析中，我们分析的是在一个订单内，用户会一同购买哪些商品。而在转化路径中，我们分析的是哪些渠道的组合（无视先后顺序）会促使用户形成订单转化。

在本节，我们将实现基于无序渠道访问的组合分析。我们仍然选择借助 AI 来快速完成这项任务。以下是相关的提示指令：

```
[New Bing Chat] 8/10/1  请你扮演资深数据挖掘工程师，基于用户访问网站的来源渠道数据完成渠道
   关联模式的挖掘。如下是原始数据格式：
| user_id | date_time           | source      | label |
|---------|---------------------|-------------|-------|
| 14      | 2023/10/25 00:00:06 | omardizer   | 0     |
| 76      | 2023/10/25 00:00:18 | direct      | 0     |
| 76      | 2023/10/25 00:00:20 | tiktok      | 0     |
| 76      | 2023/10/25 00:00:22 | tiktok      | 1     |
请你编写 Python 完成如下任务：
1. 读取“用户来源渠道数据 .xlsx”数据，返回 df。
2. 按字段 user_id、date_time 正序排列，返回 df_sort。
3. 对 df_sort 构造新字段 path_id，构造逻辑是基于 label 进行判断，当 label 为 1 时返回一个 uuid
   唯一值，否则为空。
4. 对 df_sort 的 path_id 字段使用 bfill 后向填充缺失值。
5. 基于 df_sort，以 path_id 为主体，对 source 字段做预处理，处理后的数据格式为每个 path_id 为
   一行，每个 source 为一列，值为 0 或 1 表示是否访问过。
6. 调用 mlxtend 库，使用关联分析模型 Apriori 或 FP-Growth，挖掘 path_id 中频繁出现的 source
   关联规则。请设置尽量小的规则阈值，以获得更多规则。
7. 输出前 3 条关联规则。
请以 Markdown 格式提供实现上述需求的 Python 代码。
```

本节的提示指令与 8.3.3 节类似，都包含设定 AI 工作角色、介绍任务背景、介绍数据、详细描述 AI 的工作步骤等内容。其中，前四步与上一节相同，这里不再赘述。本节的重点是第五步和第六步的工作描述。

第五步　描述如何对数据进行预处理。本节的任务是利用商品关联分析方法来做渠道关联分析，但是由于我们在前面的步骤中对数据进行了很多自定义的处理，因此，AI 可能不清楚什么是“渠道关联分析”以及如何对我们的数据进行数据预处理。为了避免出现错误或不完整的结果，我们需要详细地告诉 AI 如何进行数据预处理。

我们可以参考 7.2.5 节的内容，它也是让 AI 完成商品关联分析的任务。在 New Bing Chat 返回的商品关联分析的代码中，对于重要的环节，都有相应的功能注释。例如，在数据预处理的环节，代码注释和功能实现代码如下：

```
# 将数据转换为适合关联分析的形式
# 即每个订单为一行，每个商品为一列，值为 0 或 1，表示是否购买
df = df.groupby('order_id')['sku'].apply(lambda x: ','.join(x)).reset_index()
df = df['sku'].str.get_dummies(sep=',')
```

我们通过 AI 的注释，了解到在使用 mlxtend 库进行关联分析之前，数据预处理的关键是将数据转换为“每行一个订单，每列一个商品，值为 0 或 1，表示是否购买”的形式。遵循这一逻辑，我们将数据对象修改为前面我们自定义处理并生成的 df_sort 对象，然后将“订单”替换为“ path_id”，将“商品”替换为“ source”。这样，即使我们不详细说明 path_id 和 source 的定义，AI 也能明白如何进行数据预处理。

第六步 完成关联分析。本步骤我们使用的是 mlxtend 库的关联规则，而不是 prefixspan 库的序列关联，这样可以得到无序的渠道组合规则，而不是有序的渠道序列规则。在关联规则中，需要强调“挖掘 path_id 中频繁出现的 source 关联规则”，这样 AI 在建立模型时就可以使用正确的字段。

我们仍然选择代码完成度较高的 New Bing Chat 来完成这一任务。AI 根据提示指令，给出了如下实现代码。

```
# 导入所需的库
import pandas as pd
import uuid
from mlxtend.frequent_patterns import apriori, association_rules
# 读取“用户来源渠道数据 .xlsx”数据，返回 df
df = pd.read_excel("用户来源渠道数据 .xlsx")
# 按字段 user_id、date_time 正序排列，返回 df_sort
df_sort = df.sort_values(by=["user_id", "date_time"])
# 对 df_sort 构造新字段 path_id，构造逻辑是基于 label 进行判断，当 label 为 1 时返回一个 uuid
  唯一值，否则为空
df_sort["path_id"] = df_sort["label"].apply(lambda x: uuid.uuid4() if x == 1
    else None)
# 对 df_sort 的 path_id 字段使用 bfill 后向填充缺失值
df_sort["path_id"] = df_sort["path_id"].bfill()
# 基于 df_sort，以 path_id 为主体，对 source 字段做预处理，处理后的数据格式为每个 path_id 为
  一行，每个 source 为一列，值为 0 或 1，表示是否访问过
df_pivot = df_sort.pivot_table(index="path_id", columns="source",
    aggfunc="size", fill_value=0)
df_pivot[df_pivot > 0] = 1
# 调用 mlxtend 库，使用关联分析模型 Apriori 或 FP-Growth，挖掘 path_id 中频繁出现的 source
  关联规则。请设置尽量小的规则阈值，以获得更多规则
# 这里我使用 Apriori 算法，设置最小支持度为 0.01，最小置信度为 0.5
frequent_itemsets = apriori(df_pivot, min_support=0.01, use_colnames=True)
rules = association_rules(frequent_itemsets, metric="confidence", min_
    threshold=0.5)
# 输出前 3 条关联规则
print(rules.head(3))
```

我们在 Jupyter Notebook 中执行上述代码，得到如图 8-6 所示的结果。

获得了上述规则后，我们可以直接解读结果，找到渠道组合的频繁项集；另外，也可以按照 7.2.5 节的方式，委托 AI 为我们选择具有价值的规则模式，并提供相应的解读。

```
  antecedents consequents  antecedent support  consequent support   support  \
0        (bd)    (direct)            0.031109             0.92632  0.024151
1      (bing)    (direct)            0.018829             0.92632  0.015145
2       (edm)    (direct)            0.013508             0.92632  0.011461

   confidence      lift  leverage  conviction  zhangs_metric
0    0.776316  0.838064 -0.004667    0.329393      -0.166271
1    0.804348  0.868326 -0.002297    0.376586      -0.133863
2    0.848485  0.915974 -0.001051    0.486287      -0.085079
```

图 8-6 渠道关联分析结果

8.4 利用热图分析促销活动页面的用户互动

促销活动页面作为网站中的关键页面之一，它的核心目标在于引起用户的关注，激发兴趣，从而促使用户进行购买或其他相关行为。为了深入分析促销活动页面上用户的互动行为，我们可以充分利用热图这一强大的可视化工具。在本节中，我们将介绍利用 Clarity 与 New Bing Chat 协同工作的方法，完成对促销活动页面的热图分析。通过它们提供的人工智能能力，我们能够高效地深入分析热图数据，为优化页面提供有力见解和建议。

8.4.1 利用 Clarity 收集数据并生成热度地图

在利用 Clarity 进行促销活动页面的热图分析时，我们首先需要通过以下步骤收集数据并生成热度地图（简称热图）。热图是一种能够直观展示用户在网页上点击、滚动和移动热度的图形，帮助我们理解用户关注点、兴趣点，以及页面中的热门和冷门区域。

Clarity 是由微软开发的网页分析工具，它能够为网站开发者和运营者提供深入了解用户在网页上行为和体验的能力。通过 Clarity，我们可以收集用户在网页上的点击、滚动和移动的数据，并生成直观的热度地图。此外，Clarity 还具备记录用户在网页上会话并提供回放功能的特性，使我们能够观察用户的真实操作过程。

以下是利用 Clarity 完成热图分析的步骤。

第一步 注册或登录 Clarity：访问 https://clarity.microsoft.com/，完成账户注册或登录。

第二步 新建项目：登录后，若未创建项目，则需要为跟踪和分析的网站创建一个项目。通过单击“新建项目”按钮进行项目创建，根据需求选择“网站”或“移动应用”，并设置名称、网站 URL（仅网站）、包名称（仅移动应用）等信息，具体可参考图 8-7。

第三步 部署跟踪代码：跟踪代码是 Clarity 采集和分析用户行为的基础。选择适合网站情况的代码安装方式，如图 8-8 所示。对于流行的 CMS 平台（如 Shopify、WordPress 等），可直接选择相应的安装方式；对于自定义开发的网站，可选择手动安装方式，并将跟踪代码提供给开发或前端技术团队。跟踪代码需安装在需要跟踪和部署的所有网页中，通常安装在网页的公用模块中，以确保所有引用公用模块的页面都能自动使用跟踪代码。

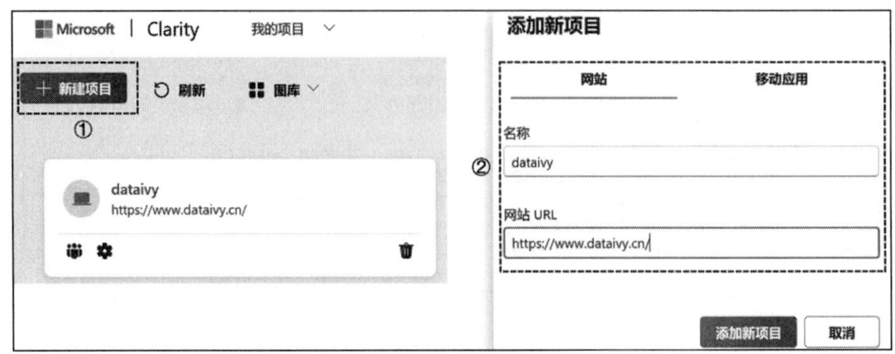

图 8-7 在 Clarity 中新建项目

图 8-8 Clarity 代码部署方式

第四步 使用 Clarity 分析网站数据：部署成功后，经过几个小时即可看到数据。如图 8-9 所示，在图中①选择不同的分析项目（网站或移动应用），在图中②查看当前项目的概要指标信息，在图中③设置查看更多选项功能，进一步完成数据分析和配置。

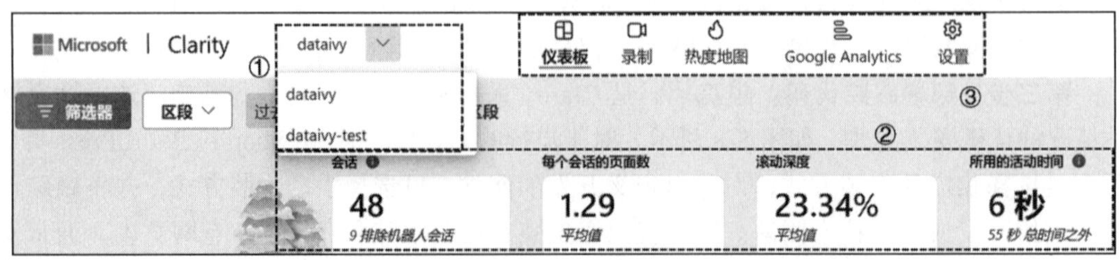

图 8-9 使用 Clarity 分析网站数据

8.4.2　利用 Clarity 的 AI 能力生成热度见解

在利用 Clarity 进行促销活动页面的深度分析时，不仅可以收集数据并生成热度地图，还可以借助 Clarity 的 AI 能力生成更深入的热度见解。Clarity 的热图主要分为三种类型，即单击热图、滚动热图和区域热图。通过这些热图，我们可以直观地了解用户在页面上的单击、滚动和区域交互情况，识别关键的用户行为和页面热点。

- 单击热图：展示用户在页面上的点击分布，用颜色深浅表示不同点击次数，深色表示点击次数较多。
- 滚动热图：显示用户在页面上的滚动深度，用不同颜色深浅度表示不同滚动比例，深色表示滚动比例较高。
- 区域热图：以网站页面元素的区域为主体，展示用户在页面上的点击分布，用颜色深浅表示不同点击集中度，深色表示点击越集中。

通过观察 Clarity 的热图，我们能够提取一系列有价值的信息，包括：

- 用户在页面上的点击热点，如按钮、链接、图片等，以及点击热点的转化率和影响力。
- 用户在页面上的滚动深度，以及滚动深度与转化率之间的关系。

下面以笔者个人博客为例介绍热图的功能、数据和使用。如图 8-10 所示，在进入 Clarity 的热度地图分析功能页面时，只需单击顶部导航中的“热度地图”按钮，即可浏览所有已经完成数据跟踪的网站页面。通过选择图中②所示的具体网页，可进入该页面对应的热图分析详情页面。

图 8-10　打开热度地图列表页

完成如图 8-10 所示的步骤后，你将进入如图 8-11 所示的热图详情页。

- **区域①**：这是过滤筛选区，可根据 URL 规则、日期、区段等条件对数据进行过滤，实现对特定条件下数据的精细化查看。
- **区域②**：这是热图功能区域，主要用于选择不同设备、不同类型的热图，并提供热图的下载、比较、修改和汇总分析等功能。
- **区域③**：包含当前热图的统计排名信息，根据不同类型的热图展示不同的数据详情，便于获取总体信息。

- **区域④**：基于网站页面的截图，渲染展示热图页面。根据热图类型的不同，包括单击热图、滚动热图和区域热图。从该区域可以直观查看用户在页面上的点击情况。

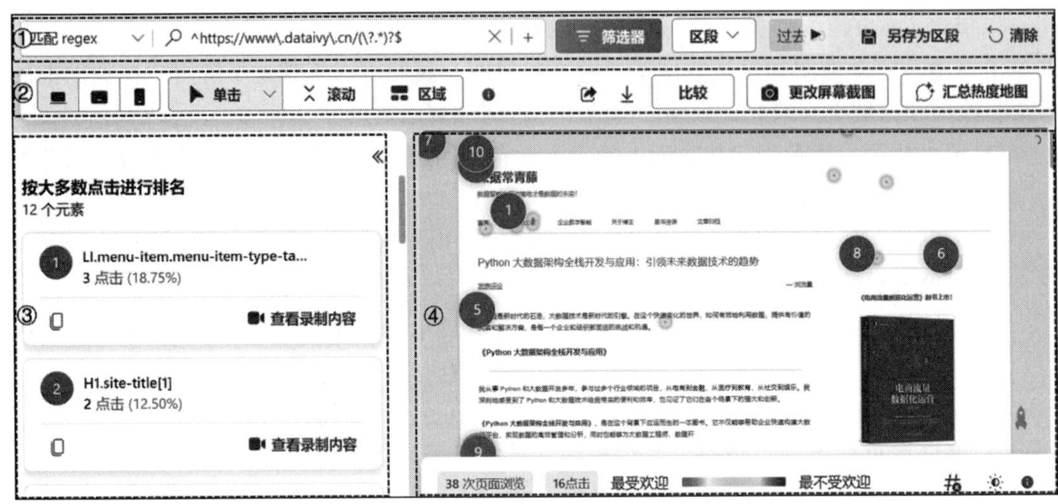

图 8-11 页面热图详情页

图 8-12 和图 8-13 分别呈现了滚动热图和区域热图的相关数据，同时结合网页的渲染效果，形成直观的热图展示。

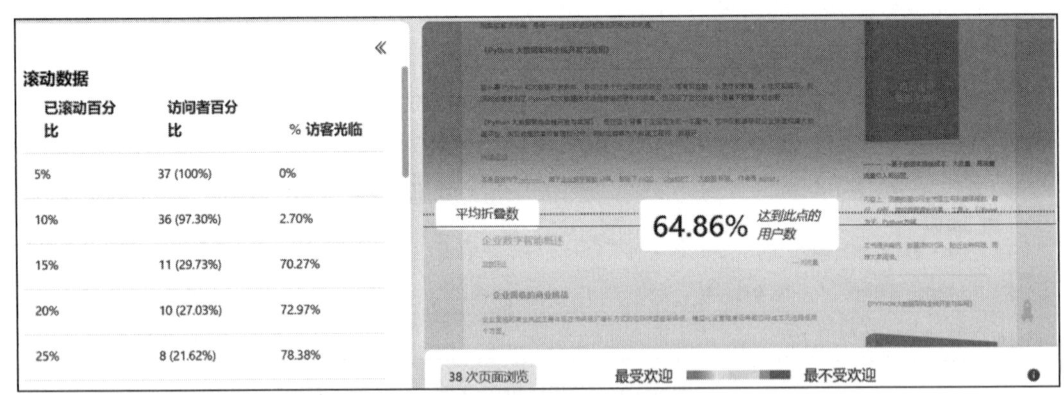

图 8-12 页面热图详情页的滚动热图

要进行热图信息的全面分析，通常采用以下三种方式。

- **定性与定量综合分析**：在热图分析中，结合图 8-11、图 8-12 和图 8-13 中的左侧数据详情及右侧渲染热图，采用定性和定量相结合的方式，深入分析用户的点击、滚动规律，以及不同元素之间的对比和差异。通过这一过程，我们能够发现热点或未达到预期的元素或区域。同时，通过对比不同细分条件，如不同人群、设备、浏览器、操作系统等，揭示它们之间的差异。

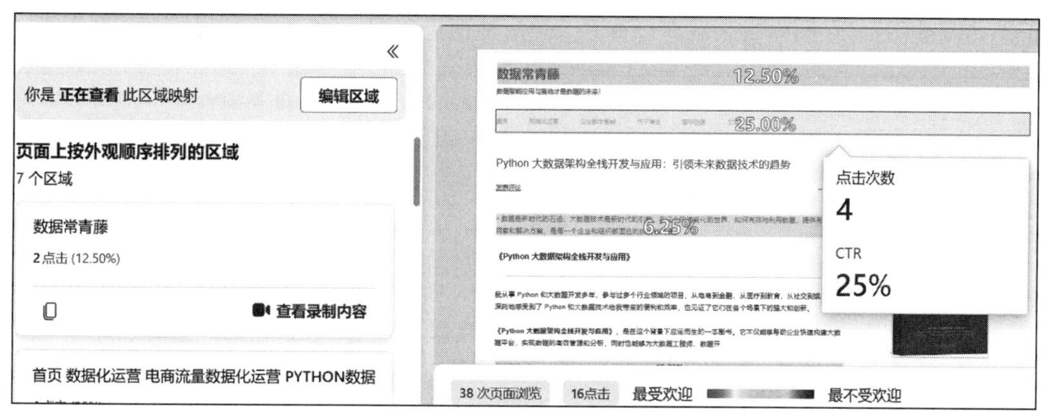

图 8-13　页面热图详情页的区域热图

- ❑ **基于原始热图数据的统计分析**：通过单击图 8-11 区域②中的"下载"按钮⬇，选择"下载 CSV"，并运用 7.6.3 节和 7.6.4 节中提到的方法，我们可以基于原始热图数据进一步实现数据统计分析。在这个阶段，我们可以对页面元素的位置、类别等信息与点击、注意力之间的关系和规律进行深入研究。
- ❑ **热图的 A/B 测试与对比分析**：对比不同版本下的页面元素效果，特别适合对网页进行 A/B 测试。这种方式用于比较不同版本中元素变动对用户点击和注意力影响的差异。单击图 8-11 区域②中的"比较"按钮 比较 ，示例对比结果如图 8-14 所示（注意：本图仅用于对比示例，请忽略 URL 的差异）。

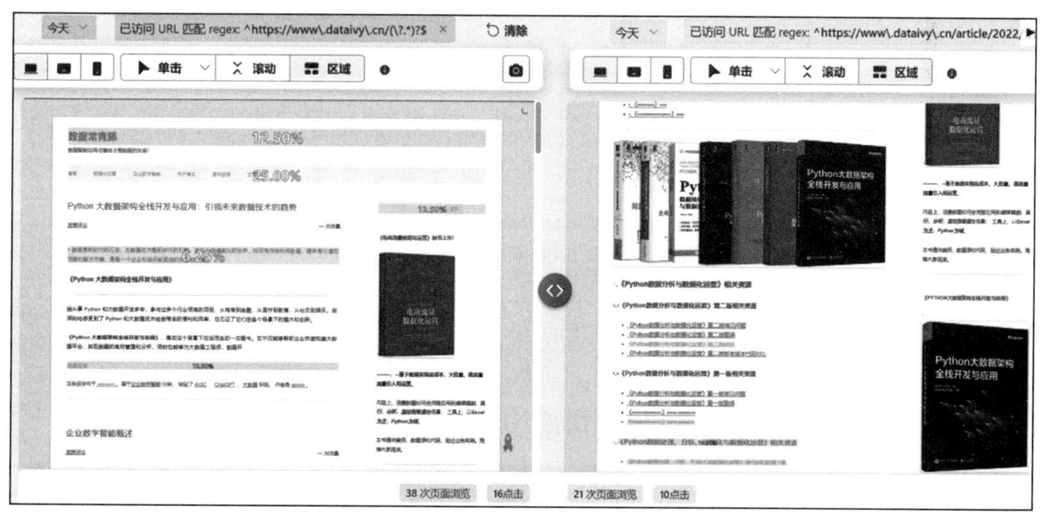

图 8-14　对比相同页面不同设计版本的热图差异

除了上述分析方法，Clarity 还能够运用 AI 来深度分析热度地图的数据，并提供一系列自动分析结果和见解，同时呈现关键要点和建议。具体操作如图 8-15 所示，单击图中①的

"汇总热度地图"，在图中②区域即可查看"热度地图见解"。

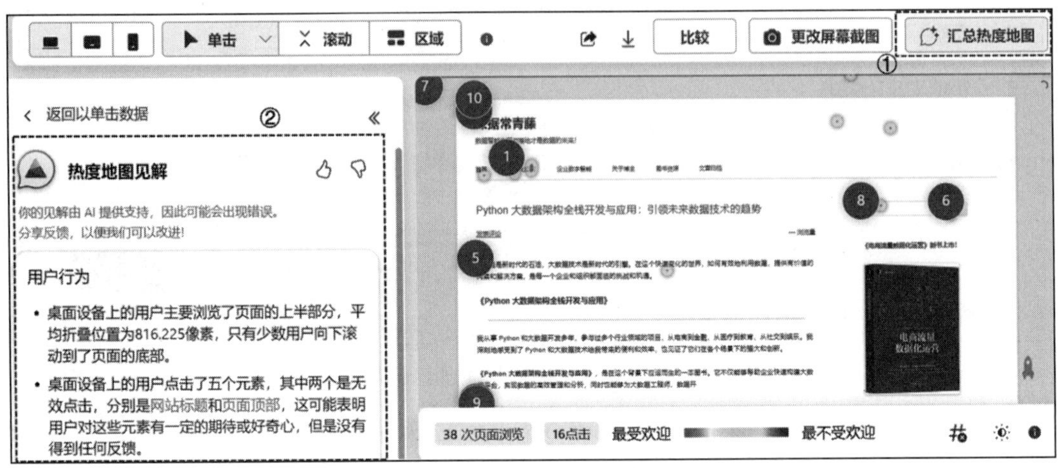

图 8-15 Clarity 提供的 AI 热度地图见解

我们将"热度地图见解"的内容呈现完整，可见 AI 提供的详尽数据解读和建议，这些见解并非仅限于特定类型的热图，而是针对所有类型热图数据的全面综合见解，如图 8-16 所示。

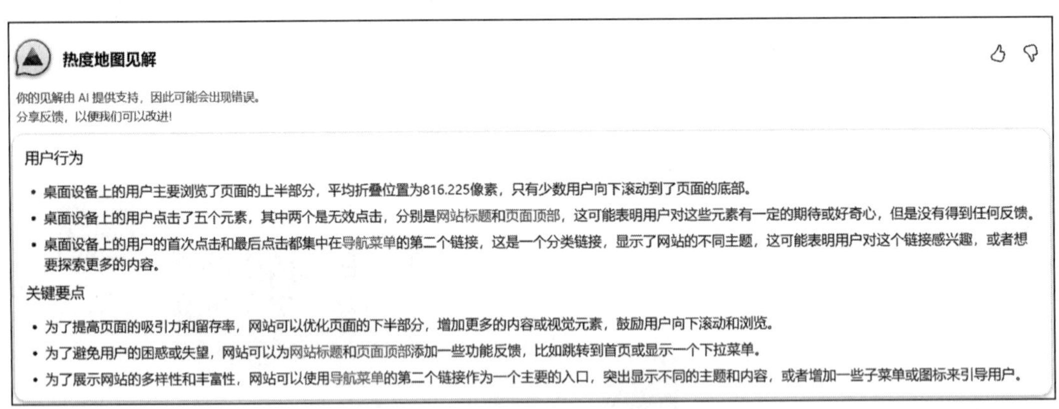

图 8-16 Clarity 提供的 AI 热度地图见解完整信息

8.4.3 利用 New Bing Chat 生成热度见解

在前文，我们直接利用 Clarity 的内置 AI 能力生成热度分析和见解。然而，由于 AI 生成的分析和见解难以满足用户个性化和定制需求，因此我们可以借助 New Bing Chat 的图片识别功能，将热图保存到本地，随后上传至 New Bing Chat 进行个性化分析。

在使用 New Bing Chat 进行热图自定义分析时，我们需要关注以下有用的信息。

- **关键元素的互动指标**：针对页面热图上的关键元素，我们需要关注点击、曝光等互动指标，同时与其他元素进行对比和排名。这有助于识别用户与关键元素的互动程度，以及在整体页面中的相对表现。

- **关键元素的优化建议**：为了提高关键元素的效果，我们应考虑包括颜色、大小、位置、文本、图标等方面的改进和调整。通过优化这些元素，可以提升用户对页面的认知和响应，从而优化整体用户体验。
- **潜在问题的评估指标**：针对潜在问题，我们需要评估其严重程度、影响范围、影响因素等指标，并将其与其他页面进行对比和排名。这有助于确定问题的优先级和关键影响因素。
- **潜在问题的优化建议**：针对潜在问题，我们需要提供相应的优化建议，涵盖布局、可用性、可访问性、用户体验等方面的改进和调整。通过有效的优化，可以最大限度地提升页面的整体性能和用户满意度。

为了完成上述任务，我们首先需要将待分析的热图下载到本地。有两种常用的下载方法，列举如下。

- **通过 Clarity 下载**：点击图 8-11 区域②中的下载按钮，选择“下载 PNG”。Clarity 会自动将热图下载到浏览器默认下载路径中，具体过程如图 8-17 所示。
- **使用自动滚动截图工具下载**：另一种下载热图的方法是借助带有自动滚动功能的截图工具。这种工具能够自动截取完整热图并保存到本地。通过选择适当的工具，我们可以确保获取到全貌清晰的热图，使后续分析更为准确和全面。

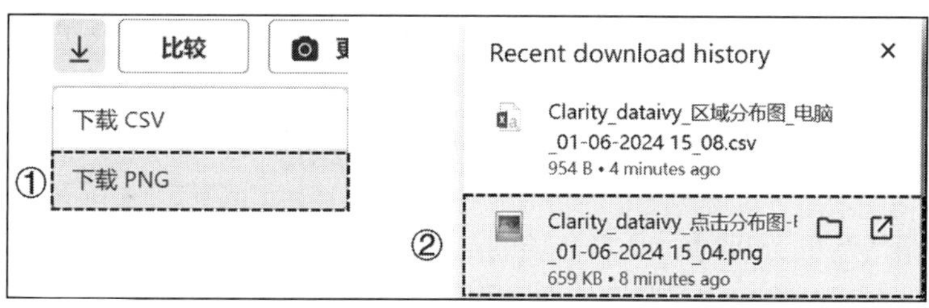

图 8-17　下载热图到本地

成功下载热图文件后，我们可以深入了解促销活动页面的表现，并确定页面的优化方向和方法。以下是相关提示指令：

```
[New Bing Chat] 8/11/1 请你扮演资深数据分析师，你同时具有专业的数据分析技能以及良好的用
    户体验（包括UI/UE/UX）意识和分析方法论。附件是网页热图文件，在热图中颜色越红表示点击越集
    中，颜色越蓝表示点击越少，无颜色的区域表示没有点击。请你基于热图分析并提供如下相关结论：
1. 概述页面的关键区域位置的点击分布规律。
2. 指出哪些页面位置的点击异常高或者异常低，并简单说明原因。
3. 陈述页面上存在哪些主要问题，包括问题简述、严重程度、影响范围、影响因素等。
4. 提出页面优化建议，如布局、颜色、大小、位置、文本、图标等方面的改进和调整建议。
```

该提示指令的关键信息包括：

- 设定 AI 的角色：将 AI 设定为数据分析师，同时明确其具备与用户体验相关的意识

和分析技能。这样的设定有助于使 AI 从定性和定量两个维度更好地分析热图。

- 介绍附件热图信息：引入附件的文件为热图文件，并详细解释不同颜色在热图中的表示意义。这样有助于确保 AI 理解热图信息的含义，更好地进行数据解读。
- 指定 AI 具体任务细节：在此，具体任务包括总结规律、发现异常、汇总主要问题、提出改进建议。每个任务中均列举了关注的一些重点内容，提供了详细的指导。建议读者按照这一思路引导 AI 进行思考。

将上述提示指令提交给 New Bing Chat，得以下见解和分析结果。

```
1.** 点击分布规律 **：页面顶部和底部的点击率较高，中间部分的点击率相对较低。
2.** 异常高或低的位置 **
  - ** 异常高 **：页面顶部的导航栏和底部的提交按钮区域点击非常集中，可能是因为这些区域包含了用
    户最关心的信息或功能。
  - ** 异常低 **：页面中间大段文字内容区域几乎没有点击，可能是因为内容过于复杂或者不够吸引人。
3.** 主要问题 **
  - ** 问题简述 **：中间内容区域缺乏互动性和吸引力。
  - ** 严重程度 **：较严重，可能影响用户体验和网站效果。
  - ** 影响范围 **：大多数访问该页面的用户。
  - ** 影响因素 **：内容布局、文本量、缺乏视觉元素等。
4.** 优化建议 **
  1）增加中间内容区域的互动元素，如图片、视频等来吸引用户注意力；
  2）简化文本内容，使信息更易消化；
  3）调整颜色搭配以增强视觉吸引力；
  4）优化导航栏和按钮设计以提供更好的用户体验。
```

AI 提供的分析洞察总体正确，读者可结合本章附件中的“区域热图 .png”进一步分析。

8.5 促销活动主会场流量来源与导流分析

在进行促销活动的分析时，对主会场的流量进行深入剖析显得至关重要。我们通常需要探究两个核心方面：流量的来源及去向。如图 8-18 所示，某页面的流量来源分为两大类。

- **外部流量**：直接从站外进入当前页面的外部流量，这类流量在促销活动期间主要以推广为主，自然流量次之（例如 SEO、直接输出等）。
- **内部流量**：从网站内其他页面通过链接跳转到当前页的流量，如站内资源位、导航链接等。

用户在当前页面产生的后续浏览同样包括两种情况。

- **直接退出网站**：用户选择离开当前网站，关闭浏览器标签或窗口，或输入新网址导致离开。
- **继续访问其他网页**：用户选择在当前网站继续浏览，点击链接或按钮进入其他页面，包括是否继续浏览相关页面、是否参与促销活动或交互式体验等。

在本节，我们将通过分析特定页面的流量来源和流量出口，深入了解用户的访问行为和偏好。这有助于我们更合理地制定营销投放策略，评估效果，以及运营和管理网站资源

位。本节所用的原始数据集来自网站分析工具的数据库，数据文件存放于“网站页面访问数据 .xlsx”，相应代码在“page_navigation.ipynb”中。原始数据的格式如图 8-19 所示。

进入 2023年12月12日 - 2023年12月12日：87.02%

先前网页 2023年12月12日 - 2023年12月12日：12.98%

退出 2023年12月12日 - 2023年12月12日：82.31%

后续网页 2023年12月12日 - 2023年12月12日：17.69%

图 8-18　页面流量导航信息

	A	B	C	D	E	F
1	user_id	time_stamp	source	is_entrance	page_type	page_id
2	326643	1704326409	google	1	campaign	page6
3	326654	1704326420	google	1	collections	page45
4	325536	1704326423	google	1	hp	page1

图 8-19　网页原始浏览数据

其中：

- user_id：每个唯一用户的标识。
- time_stamp：用户浏览网页时的时间戳。
- source：用户的来源渠道。
- is_entrance：表示用户浏览网页的事件是不是通过外部推广渠道直接进入网页。如果是，值为 1，否则为 0。
- page_type：网页类型，如首页（hp）、活动页（campaign）、列表页（collections）等。
- page_id：网页的唯一 ID，代表不同的网页。

在本节的所有分析中，我们将聚焦于 page_type 为 campaign，且 page_id=6 的页面，即某网站的促销活动页。

8.5.1　AI 辅助 Python 分析主会场站外流量来源

为了深入分析促销活动页的站外流量来源，我们需要根据数据字段的规则进行处理。核心逻辑是从原始数据中筛选出 is_entrance 为 1 的记录，然后对页面和来源渠道进行汇总。

下面，我们将借助 AI 实现这一分析过程，并提供相应的 Python 代码。提示指令如下。

```
[ChatGPT] 8/12/1　请撰写 Python 代码实现如下功能：
1. 读取“网站页面访问数据 .xlsx”，返回 df。
2. 过滤出 is_entrance 为 1、page_type 为 campaign 且 page_id 为 page6 的记录，返回 df_
   target。
3. 基于 df_target 做分类汇总，汇总字段为 page_id、source，计算字段为 is_entrance，计算方式
   为计数，返回 df_gb。
4. 基于 df_gb，对 is_entrance 降序排列，然后输出前 3 条记录。
请以 Markdown 格式提供实现上述功能的 Python 代码。
```

上述提示指令并未指定 AI 的角色，因为这项任务不需要 AI 使用特有的经验，只需按照规定的规则处理数据即可。Python 实现的步骤主要包括：读取数据、筛选数据、对页面

和来源渠道进行汇总计算以及按照规定顺序输出。基于上述提示指令，AI 提供以下 Python 代码。

```
import pandas as pd
# 1. 读取“网站页面访问数据 .xlsx”，返回 df。
df = pd.read_excel(" 网站页面访问数据 .xlsx")
# 2. 过滤出 is_entrance 为 1、page_type 为 campaign 且 page_id 为 page6 的记录，返回 df_target。
df_target = df[(df['is_entrance'] == 1) & (df['page_type'] == 'campaign') &
    (df['page_id'] == 'page6')]
# 3. 基于 df_target 做分类汇总，汇总字段为 page_id、source，计算字段为 is_entrance，计算方
    式为计数，返回 df_gb。
df_gb = df_target.groupby(['page_id', 'source']).agg({'is_entrance': 'count'}).
    reset_index()
# 4. 基于 df_gb，对 is_entrance 降序排列，然后输出前 3 条记录。
df_gb_sorted = df_gb.sort_values(by='is_entrance', ascending=False)
top3_records = df_gb_sorted.head(3)
# 输出前 3 条记录
print(top3_records)
```

我们直接在 Jupyter Notebook 中执行上述代码，得到如下结果：

```
  page_id  source  entrance_count
1   page6  google             265
0   page6  direct               2
```

从结果可以看出，该活动页的站外流量主要来自 google。如果需要更详细地细分 google 下的具体媒介，可以在数据提取阶段增加更多维度，例如添加媒介、广告活动等信息；另一种分析方法是将 source 中的“来源渠道”替换为“来源渠道 / 媒介”的交叉组合值，以提供更详尽的来源信息。

8.5.2 AI 辅助 Python 分析主会场站内流量来源

为了深入分析促销活动页的站内流量来源，我们需要根据数据字段的规则进行处理。核心逻辑是从原始数据中筛选出 is_entrance 为 0 的记录，然后按照页面浏览的先后顺序，找到活动页面的上一步浏览页面，最终再按上一步页面进行汇总。

下面，我们借助 AI 实现这一分析过程，并提供相应的 Python 代码。提示指令如下。

```
[ChatGPT] 8/13/1  请撰写 Python 代码实现如下功能：
1. 读取“网站页面访问数据 .xlsx”，返回 df。
2. 基于 df，过滤出 is_entrance 为 0 的数据，返回 df_target。
3. 对 df_target 按 time_stamp 正序排列，返回 df_sort。
4. 基于 df_sort 构造新字段 pre_page_id，查找用户浏览的当前页面的上一个页面，逻辑是以 user_id
   为窗口，查找每个 user_id 的上一个 page_id。
5. 基于 df_all 做分类汇总，汇总字段为 page_type、page_id、pre_page_id，计算字段为 is_
   entrance，计算方式为计数，返回 df_gb。
6. 基于 df_gb，过滤出 page_type 为 campaign 且 page_id 为 page6 的记录，返回 df_final。
7. 基于 df_final，对 is_entrance 降序排列，然后输出前 3 条记录。
```

```
请以Markdown格式提供实现上述功能的Python代码。
```

上述提示指令与 8.5.1 节的提示指令的主要区别在于第二步到第六步的逻辑。

- 第二步，数据过滤。由于 8.5.1 节已经单独计算了从站外渠道直接进入网页的流量数据，因此这里去除了此部分信息。
- 第三步，排序。由于需要找到每个用户基于时间排序后的上一个页面，因此必须在这里先进行排序。
- 第四步，找到上一个页面。提示指令直接陈述了找到上一个页面的逻辑，并指定了基于用户主体找到上一个页面。
- 第五步，分类汇总。由于需统计活动主会场页的上一个页面的来源次数，因此要进行数据汇总。在此过程中增加了 page_type 字段，原因是下一步将用该字段对数据进行过滤。
- 第六步，过滤出主会场的上一步流量来源。目标是主会场页面，因此需要将此部分数据单独过滤出来。

ChatGPT 基于提示指令，提供了如下实现代码。

```
import pandas as pd
# 1. 读取“网站页面访问数据.xlsx”，返回df
df = pd.read_excel("网站页面访问数据.xlsx")
# 2. 过滤出is_entrance为0的数据，返回df_target
df_target = df[df[‘is_entrance’] == 0]
# 3. 对df_target按time_stamp正序排列，返回df_sort
df_sort = df_target.sort_values(by='time_stamp')
# 4. 构造新字段“pre_page_id”
df_sort['pre_page_id'] = df_sort.groupby('user_id')['page_id'].shift(1)
# 5. 做分类汇总，汇总字段为page_type、page_id、pre_page_id
# 计算字段为is_entrance，计算方式为计数，返回df_gb
df_gb  = df_sort.groupby(['page_type',  'page_id',  'pre_page_id']).agg({'is_
    entrance': 'count'}).reset_index()
# 6. 过滤出page_type为campaign且page_id为page6的记录，返回df_final
df_final = df_gb[(df_gb['page_type'] == 'campaign') & (df_gb['page_id'] == 'page6')]
# 7. 对df_final，对is_entrance降序排列，输出前3条记录
df_final_sorted = df_final.sort_values(by='is_entrance', ascending=False)
top_3_records = df_final_sorted.head(3)
print(top_3_records)
```

我们在 Jupyter Notebook 中执行上述 Python 代码，得到如下结果：

```
   page_type page_id pre_page_id  is_entrance
65  campaign   page6    page2221            3
55  campaign   page6    page1901            2
76  campaign   page6     page361            2
```

第四步构造新字段 pre_page_id 的逻辑较为烦琐，我们需进行二次验证，以确保 AI 提供的数据处理逻辑符合预期。验证步骤如下。

首先，通过以下代码输出第一条规则涉及的用户信息，具体结果如图 8-20 所示。

```
In [20]: # 找到规则最高的上一个页面进行验证
         df_sort[(df_sort['page_id']=='page6')&(df_sort['pre_page_id']=='page2221')]
Out[20]:
```

	user_id	time_stamp	source	is_entrance	is_exit	page_type	page_id	pre_page_id
48238	399737	1704485108	google	0	0	campaign	page6	page2221
48240	399737	1704520576	google	0	0	campaign	page6	page2221
48242	399737	1704536506	google	0	0	campaign	page6	page2221

图 8-20 输出第一条规则涉及的用户信息

其次，通过以下代码输出包含上述用户 ID 列表的完整页面浏览数据，以进行验证。验证结果见图 8-21。从数据中可观察到，图 8-20 中每个时间戳对应的 page6 页面的上一个页面均为 page2221，证明 AI 提供的代码逻辑是正确的。

```
In [22]: # 验证上述用户的完整网页浏览轨迹
         df_sort[df_sort['user_id'].isin([399737])]
Out[22]:
```

		user_id	time_stamp	source	is_entrance	is_exit	page_type	page_id	pre_page_id
	48234	399737	1704412672	facebook	0	1	products	page2220	NaN
	48235	399737	1704434555	google	0	0	products	page2441	page2220
	48236	399737	1704464557	google	0	0	products	page2305	page2441
①	**48237**	399737	1704473989	google	0	0	products	page2221	page2305
	48238	399737	1704485108	google	0	0	campaign	page6	page2221
②	**48239**	399737	1704492059	google	0	0	products	page2221	page6
	48240	399737	1704520576	google	0	0	campaign	page6	page2221
③	**48241**	399737	1704530431	google	0	0	products	page2221	page6
	48242	399737	1704536506	google	0	0	campaign	page6	page2221

图 8-21 验证用户完整网页浏览轨迹

8.5.3 AI 辅助 Python 分析主会场下一步流量出口

在 8.5.2 节中，我们着重分析了特定页面的上一步流量来源。在本案例中，我们将关注相反的情景，即分析主会场下一步流量出口。以下是相关的提示指令：

```
[ChatGPT] 8/14/1 请撰写 Python 代码实现如下功能：
1. 读取“网站页面访问数据 .xlsx”，返回 df。
2. 对 df 按 time_stamp 正序排列，返回 df_sort。
3. 基于 df_sort 构造新字段 next_page_id，查找用户浏览的当前页面的下一个页面，逻辑是以 user_
   id 为窗口，查找每个 user_id 的下一个 page_id。
4. 基于 df_all 做分类汇总，汇总字段为 page_type、page_id、next_page_id，计算字段为 user_
   id，计算方式为计数，返回 df_gb。注意 dropna 设置为 False。
```

```
5. 基于 df_gb，过滤出 page_type 为 campaign 且 page_id 为 page6 的记录，返回 df_final。
6. 基于 df_final，对 user_id 降序排列，然后输出前 3 条记录。
请以 Markdown 格式提供实现上述功能的 Python 代码。
```

上述提示指令与前两个案例相比，主要的差异点如下。

- 在第三步中，我们进行了新字段的构造。我们设定了下一个字段的指标名称，并在描述和技术字段的汇总中将其修改为“下一个页面”。
- 在第四步中，我们进行了分类汇总。核心内容如下：
  - 与前两个案例不同的是，我们使用了 user_id 而不是 is_entrance，这是为了避免指标名称可能导致结果报表解读上的歧义。值得注意的是，使用 user_id 和使用 is_entrance 计算的结果是一致的。
  - 同时，我们明确指定 AI 必须将 dropna 设置为 False，以保留 next_page_id 为空的记录（即用户直接退出网站而没有下一个页面）。

基于上述提示指令，ChatGPT 提供了以下实现代码。

```
import pandas as pd
# 1. 读取“网站页面访问数据 .xlsx”，返回 df。
df = pd.read_excel(" 网站页面访问数据 .xlsx")
# 2. 对 df 按 time_stamp 正序排列，返回 df_sort。
df_sort = df.sort_values(by="time_stamp")
# 3. 基于 df_sort 构造新字段 next_page_id。
df_sort["next_page_id"] = df_sort.groupby("user_id")["page_id"].shift(-1)
# 4. 基于 df_all 做分类汇总，汇总字段为 page_type、page_id、next_page_id。
#    计算字段为 user_id，计算方式为计数，返回 df_gb。注意 dropna 设置为 False。
df_gb = df_sort.groupby(["page_type", "page_id", "next_page_id"], dropna=False)
    ["user_id"].count().reset_index()
# 5. 基于 df_gb，过滤出 page_type 为 campaign 且 page_id 为 page6 的记录，返回 df_final。
df_final = df_gb[(df_gb["page_type"] == "campaign") & (df_gb["page_id"] == "page6")]
# 6. 基于 df_final，对 user_id 降序排列，然后输出前 3 条记录。
df_final_sorted = df_final.sort_values(by="user_id", ascending=False)
print(df_final_sorted.head(3))
```

在 Jupyter Notebook 中执行上述代码后，我们获得以下输出结果：

```
    page_type page_id next_page_id  user_id
139  campaign   page6          NaN       45
32   campaign   page6        page1       27
111  campaign   page6     page3310       22
```

在结果中，第一条记录表示用户直接从活动主会场页面退出网站，而后续的记录表示用户从当前页面进入其他网站页面。

至此，我们获得了三份数据报告。随后，我们可以手动整合这三份网页流量的上下游数据，形成网页数据流量报告。同时，我们还可以计算各个流量来源或下一步流量的占比，为进一步的分析提供更多指标。

8.6 促销活动内容个性化推荐

在促销活动中，个性化推荐是优化流量分发的重要运营策略。通过巧妙的个性化推荐，我们能够引导用户直接前往最适合其需求和兴趣的促销活动页面，有效提升促销活动的效果和收益。要实现这一目标，关键在于如何充分利用数据挖掘技术，从庞大的用户数据和促销活动数据中提炼有价值的信息，构建出精准而有效的推荐模型，以实现个性化推荐策略的精准执行。

本节将深入介绍两种基于数据挖掘的个性化推荐方法，即基于协同过滤的促销活动推荐和基于用户浏览序列关联模式的商品推荐。这两种方法分别从不同的视角和层次对用户和促销活动内容进行细致的分析和匹配，实现了不同的推荐目标和效果。读者可在附件的“网页内容互动数据.xlsx”中找到本节所使用的源数据，相应的源代码则位于“recommendations.ipynb”中。

8.6.1 AI 辅助 Python 实现基于协同过滤的促销活动推荐

基于协同过滤的促销活动推荐采用用户对促销活动的评分或反馈数据，通过计算用户或促销活动之间的相似度，为用户推荐与其相似的用户喜欢或与其喜欢的促销活动相似的促销活动。协同过滤的基本假设是，如果用户 A 和用户 B 对某些促销活动有相似的喜好，那么他们对其他促销活动的评价也可能相似。

利用 AI 辅助 Python 实现基于协同过滤的促销活动推荐的核心步骤如下所示。

- **数据收集**：收集用户对促销活动的评分或反馈数据，建立用户 – 促销活动评分矩阵。每个元素表示用户对一个促销活动的评分或反馈。在促销活动中，可以将用户浏览促销活动的次数或停留的时间作为用户对促销活动的评分。
- **相似度计算**：根据用户 – 促销活动评分矩阵，计算用户之间或促销活动之间的相似度。常用的相似度度量方法有皮尔逊相关系数、余弦相似度、欧氏距离等。
- **推荐生成**：根据用户或促销活动的相似度，生成推荐列表。常用的推荐生成方法包括基于邻域的方法、基于模型的方法、基于矩阵分解的方法等。

协同过滤主要分为两种：基于用户的协同过滤和基于项目的协同过滤。基于用户的协同过滤根据用户之间的相似度，为用户推荐与其相似的用户喜欢的促销活动；基于项目的协同过滤则根据促销活动之间的相似度，为用户推荐与其喜欢的促销活动相似的促销活动。

接下来，我们将利用 AI 辅助编写 Python 代码，实现基于协同过滤的促销活动推荐。本案例所使用的数据可在“网页内容互动数据.xlsx”的 Sheet1 中找到，示例数据如下：

```
user_id    time_stamp     campaign_page
2329670    1704352015     c01
2407741    1704430086     c01
```

如下是让 AI 完成该任务的提示指令。

```
[New Bing Chat] 8/15/1 请你扮演数据挖掘工程师。你的工作是完成基于协同过滤的个性化促销活动
    的推荐。数据说明:
- user_id: 表示唯一用户 ID,数值类型,例如,2329670。
- time_stamp: 表示事件发生的时间戳,数值类型,例如,1704352015。
- campaign_page: 表示不同的促销活动的名称,字符串类型,例如,c01。
具体要求如下:
1. 读取数据。读取“网页内容互动数据 .xlsx”中 Sheet1 工作簿的数据,返回 df。
2. 预处理。将用户对促销活动的浏览次数作为用户与促销活动的评分,并完成其他协同过滤所需的数据处理
   工作。
3. 协同过滤计算。基于 surprise 库的 SVD 算法完成协同过滤模型训练和交叉检验。
4. 为用户推荐促销活动列表。重新用全量数据训练模型,然后为 user_id 为 2407741 的用户推荐可能喜
   欢的得分最高的 3 个促销活动列表(包括已经浏览过的促销活动)。
请以 Markdown 格式提供实现上述功能的 Python 代码。
```

上述提示指令详细说明了如何通过 AI 实现协同过滤的任务需求，包括 AI 的角色、工作目标、数据情况。其中设计协同过滤过程的关键点如下。

- 读取数据：提供了数据文件和工作簿的具体位置，以确保 AI 能够正确读取数据。
- 预处理：指定了协同过滤评分的规则，使 AI 能够根据数据字段理解并自行判断如何实现这一规则。同时，提示指令并未详细描述预处理过程，而是让 AI 基于经验和后续步骤用到的库自行决定如何处理数据。
- 协同过滤计算：指定了 AI 使用的库和算法，因为该库已经被安装且在常规使用中。交叉检验的目的是输出模型结果，以便对模型进行评估。
- 为用户推荐促销活动列表：首先，要求 AI 使用全量数据重新训练模型，确保模型的数据源是完整的，而不是使用交叉检验时训练的模型进行预测。然后，明确指定 AI 为特定用户推荐活动，其中包括得分最高的 3 个活动，并且已经考虑了排序和输出过滤后的 3 个结果的逻辑。同时，AI 被要求继续推荐用户已经浏览过的促销活动，这是因为用户可能已经浏览过企业的促销活动，以防止生成无推荐结果的情况。

面对这一复杂任务，我们依然选择使用 New Bing Chat 来完成。AI 基于提示指令，提供如下代码。

```
# 导入所需的库
import pandas as pd
from surprise import SVD, Dataset, Reader, accuracy
from surprise.model_selection import cross_validate, train_test_split
# 读取数据
df = pd.read_excel("网页内容互动数据 .xlsx", sheet_name="Sheet1")
# 预处理
# 将用户对促销活动的浏览次数作为评分
df["rating"] = df.groupby(["user_id", "campaign_page"])["time_stamp"].transform
    ("count")
# 去除重复的记录
df = df.drop_duplicates(["user_id", "campaign_page"])
# 定义评分范围为 1 到 5
```

```
reader = Reader(rating_scale=(1, 5))
# 将数据转换为 surprise 的 Dataset 格式
data = Dataset.load_from_df(df[["user_id", "campaign_page", "rating"]], reader)
# 协同过滤计算
# 使用 SVD 算法
algo = SVD()
# 进行 5 折交叉检验，输出 RMSE 和 MAE 指标
cross_validate(algo, data, measures=["RMSE", "MAE"], cv=5, verbose=True)
# 为用户推荐促销活动列表
# 重新用全量数据训练模型
trainset = data.build_full_trainset()
algo.fit(trainset)
# 为 user_id 为 2407741 的用户推荐可能喜欢的得分最高的 3 个促销活动列表
user_id = 2407741
# 获取所有的促销活动名称
campaign_pages = df["campaign_page"].unique()
# 预测用户对每个促销活动的评分
predictions = [algo.predict(user_id, campaign_page) for campaign_page in
    campaign_pages]
# 按照评分降序排列
predictions.sort(key=lambda x: x.est, reverse=True)
# 取前 3 个促销活动
top_3 = predictions[:3]
# 输出推荐结果
print("为用户{}推荐的促销活动列表如下：".format(user_id))
for pred in top_3:
    print("促销活动：{}，预测评分：{:.2f}".format(pred.i, pred.est))
```

我们在 Jupyter Notebook 中执行了上述代码，但遇到了一个报错情况，如图 8-22 所示。错误信息提到了“pred”对象没有属性“i”。

```
---------------------------------------------------------------------------
AttributeError                            Traceback (most recent call last)
Cell In[19], line 42
     40 print("为用户{}推荐的促销活动列表如下：".format(user_id))
     41 for pred in top_3:
---> 42     print("促销活动：{}，预测评分：{:.2f}".format(pred.i, pred.est))

AttributeError: 'Prediction' object has no attribute 'i'
```

图 8-22 协同过滤代码报错提示

为了解决这个问题，我们将错误信息直接复制粘贴到 New Bing Chat 中，如图 8-23 所示。AI 经过仔细排查后给出的结论是，代码中的“pred.i”应该修改为“pred.iid”。

按照 AI 的建议，我们修改了代码并再次执行，得到了如图 8-24 所示的正确结果。

通过上述逻辑，我们成功为每个用户计算得到其可能喜欢的促销活动。然后，我们可以在促销详情页、促销会场页等位置，有针对性地向用户推荐可能符合其兴趣的促销活动。

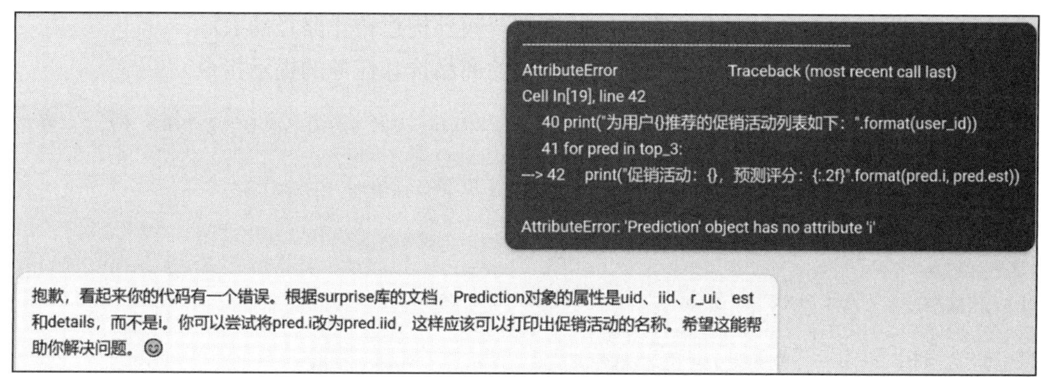

图 8-23　New Bing Chat 解决协同过滤代码错误

```
Evaluating RMSE, MAE of algorithm SVD on 5 split(s).

                  Fold 1  Fold 2  Fold 3  Fold 4  Fold 5  Mean    Std
RMSE (testset)    0.7707  0.9852  0.9060  0.7976  0.8861  0.8691  0.0774
MAE (testset)     0.3787  0.3780  0.4045  0.4009  0.3989  0.3922  0.0115
Fit time          0.02    0.02    0.02    0.02    0.02    0.02    0.00
Test time         0.00    0.00    0.00    0.00    0.00    0.00    0.00
为用户2407741推荐的促销活动列表如下：
促销活动：c07，预测评分：1.69
促销活动：c06，预测评分：1.43
促销活动：c04，预测评分：1.42
```

图 8-24　基于协同过滤的促销活动推荐结果

8.6.2　AI 辅助 Python 完成基于用户浏览序列关联模式的商品推荐

个性化商品推荐可以基于用户在网站上的浏览行为数据，通过挖掘用户的浏览序列关联模式，为用户推荐与其浏览序列关联模式相匹配的商品。用户浏览序列关联模式是指用户在浏览网站时按一定顺序和时间间隔访问不同网页或商品的模式，反映用户的兴趣、偏好、需求和购买意向等特征，为商品推荐提供有价值的信息。

利用 AI 辅助 Python 完成基于用户浏览序列关联模式的商品推荐的主要步骤如下所示。

- 数据收集：获取用户在网站上的浏览行为数据，建立用户 - 商品访问序列关系。
- 模式挖掘：利用用户 - 商品访问序列关系，采用常用的模式挖掘方法如 PrefixSpan 等算法挖掘用户的浏览序列关联模式。
- 推荐生成：基于用户的浏览序列关联模式，生成个性化的推荐列表。通过分析用户当前浏览的商品信息，推荐模式中存在的下一步浏览商品列表。

这种方法的优势在于能够实时捕捉用户兴趣和需求的动态变化，从而实现即时的商品推荐。同时，该方法会综合考虑用户浏览序列的顺序和时间信息，能够更精准地匹配用户群体的行为喜好。

这种实现逻辑与 8.3.3 节的实现逻辑完全一致，区别在于本节主要以商品作为推荐的主体，而 8.3.3 节则主要以用户为计算主体，不需要额外构建转化路径的 ID。

以下是 AI 实现基于用户浏览序列关联模式的商品推荐任务的提示指令。

```
[New Bing Chat] 8/16/1 请你扮演资深数据挖掘工程师，你的工作是完成基于用户浏览序列关联模式的个性化商品推荐。数据说明：
- user_id：表示唯一用户 ID，数值类型，例如，2329670。
- time_stamp：表示事件发生的时间戳，数值类型，例如，1704352015。
- sku_page：表示不同的商品的名称，字符串类型，例如，s0001。
请你编写 Python 代码完成如下任务：
1. 读取"网页内容互动数据 .xlsx"中 Sheet2 工作簿的数据，返回 df。
2. 按字段 user_id、time_stamp 正序排列，返回 df_sort。
3. 基于 df_sort ，对字段 user_id 做分类汇总，聚合字段为 sku_page，聚合方式为 list，返回 df_path。
4. 将 df_path 的 sku_page 转换为列表。
5. 基于 PrefixSpan 算法，设置频繁模式的最小和最大长度为 2，频繁项集的最小支持度为 2，完成序列关联挖掘。
6. 推荐商品列表。基于热门关联规则，当用户浏览了 s2996 商品后，推荐 5 个最可能后续浏览的商品列表。
请以 Markdown 格式提供实现上述需求的 Python 代码。
```

上述提示指令主要围绕协同过滤的实现，包括设定 AI 角色、介绍工作目标、说明数据情况以及详细描述 AI 需要完成的具体工作。它的核心任务是让 AI 完成以下步骤。

- 读取数据：指导 AI 读取 Excel 文件中的 Sheet2 工作簿，获取相关数据。
- 排序：确保数据按时间序列排序，以构建用户浏览商品的序列模式。
- 分类汇总：计算每个用户浏览的商品序列关系，形成用户 - 商品的关联模式。
- 转换列表：将数据转换为 prefixspan 库所需的特定格式。
- 序列关联挖掘：设定使用 prefixspan 库进行序列关联挖掘。鉴于推荐仅基于当前用户浏览的商品，保留仅包含两项商品的关联规则。
- 推荐商品列表："基于热门关联规则"已经包含了按推荐得分值排序的逻辑。指导 AI 按照得分值对推荐列表进行排序，并为用户推荐他可能最感兴趣的 5 个商品。

基于以上提示指令，New Bing Chat 生成如下代码。

```python
# 导入所需的库
import pandas as pd
from prefixspan import PrefixSpan
# 读取"网页内容互动数据 .xlsx"中 Sheet2 工作簿的数据，返回 df
df = pd.read_excel("网页内容互动数据 .xlsx", sheet_name="Sheet2")
# 按字段 user_id、time_stamp 正序排列，返回 df_sort
df_sort = df.sort_values(by=["user_id", "time_stamp"])
# 基于 df_sort ，对字段 user_id 做分类汇总，聚合字段为 sku_page，聚合方式为 list，返回 df_path
df_path = df_sort.groupby("user_id")["sku_page"].agg(list).reset_index()
# 将 df_path 的 sku_page 转换为列表
paths = df_path["sku_page"].tolist()
# 基于 PrefixSpan 算法，设置频繁模式的最小和最大长度为 2，频繁项集的最小支持度为 2，完成序列关联挖掘
```

```
13 ps = PrefixSpan(paths)
14 ps.minlen = 2
15 ps.maxlen = 2
16 ps.min_support = 2
17 patterns = ps.frequent()
18 # 推荐商品列表。基于热门关联规则，当用户浏览了 s2996 商品后，推荐 5 个最可能后续浏览的商品
   列表
19 recommendations = []
20 for pattern in patterns:
21     if pattern[1][0] == "s2996": # 如果第一个商品是 s2996
22         recommendations.append((pattern[1][1], pattern[0])) # 将第二个商品和
               支持度添加到推荐列表
23 recommendations.sort(key=lambda x: x[1], reverse=True) # 按支持度降序排列
24 top_5 = [item[0] for item in recommendations[:5]] # 取前 5 个商品
25 print("当用户浏览了 s2996 商品后，推荐的 5 个最可能后续浏览的商品列表是：")
26 print(top_5)
```

与 8.3.3 节相似，我们仍需手动设置第 17 行代码的 minsup 参数值，以避免代码报错。修改后的第 17 行代码如下：

```
patterns = ps.frequent(minsup=2) # 手动设置 minsup
```

在 Jupyter Notebook 中执行修改后的完整代码，得到以下结果：

```
当用户浏览了 s2996 商品后，推荐的 5 个最可能后续浏览的商品列表是：
['s2519', 's2996', 's0842', 's3005', 's1840']
```

基于上述实现逻辑，我们可以推导用户在浏览每个商品后最有可能浏览的其他商品，并得到相应的商品列表。在此基础上，我们能够结合促销活动的需求，将参与促销的商品位置和排名提前，以更有效地实现促销目标。

8.7　促销活动的复盘与总结

促销活动的回顾和总结绝非简单的事后检查，而是对企业运营和市场洞察的全面体检。促销活动的成功与否通常不仅仅取决于其单次效果，还需要通过持续回顾和总结，深入分析促销活动的优劣之处，找出问题和改进点，以实现促销活动的持续优化和提升。在本节中，我们将重点介绍两个关键方面：利用 AI 分析全年促销活动对销售的拉动价值和利用 AI 进行促销活动废单分析。

8.7.1　利用 AI 分析全年促销活动对销售的拉动价值

通常情况下，每次促销活动带来的销售收入往往高于日常非活动期间的销售收入，尤其是在一些大型促销节点（如国外的圣诞、黑五等），销售收入可能会成倍增长。然而，我们要注意到，在促销期间虽然有较高的收入增长，但在促销活动前后，销售收入往往又会

出现低谷。

- **促销活动前**，主要是进行活动宣传和“蓄水”阶段，此时用户的购买力被积压，出现销售低谷情况。
- **促销活动期间**，销售收入通常会迅速攀升，因为消费者被各种优惠和特别活动吸引，愿意在这个时间段内进行购买。企业通常通过打折、赠品、积分等方式刺激消费者，推动销售额的快速增长。这时，销售收入可能会达到一年中的最高点。
- **促销活动后**，用户的需求已得到满足，甚至很多长期需求也在促销活动期间提前释放。企业在促销活动结束后往往面临销售下降的情况，因为消费者在促销活动期间已完成购物计划。

长期来看，我们经常发现销售收入在促销活动周围呈现低谷、高峰、低谷的循环特性。由于企业中通常存在多个促销活动同时在线，甚至一波促销结束后立即有另一波促销活动开始的情况，这会使多种促销活动的效果叠加在一起，难以分析单次促销活动前后的真实效果。因此，我们需要拉长分析的时间周期。企业的大多数运营管理工作都是以年为单位进行规划和实施的，促销活动也不例外。我们从一年的角度来分析企业全年销售和促销的关系，更有助于分析促销对企业真实销售贡献的影响。

促销活动的显著特点之一是广告费用的高投入，较高的广告费用通常表示促销活动的规模更大，且广告费用在促销活动的顶峰达到最高点。相应地，企业的销售收入也将在这段时间内达到全年最高峰。图 8-25 呈现了某跨境电商网站全年广告费用与收入的关系，主坐标轴表示收入，次坐标轴表示广告费用。从图中可以清晰地看到，在下半年的销售旺季期间，广告费用与收入之间呈现高度相关性，它们的变化几乎是同步的。

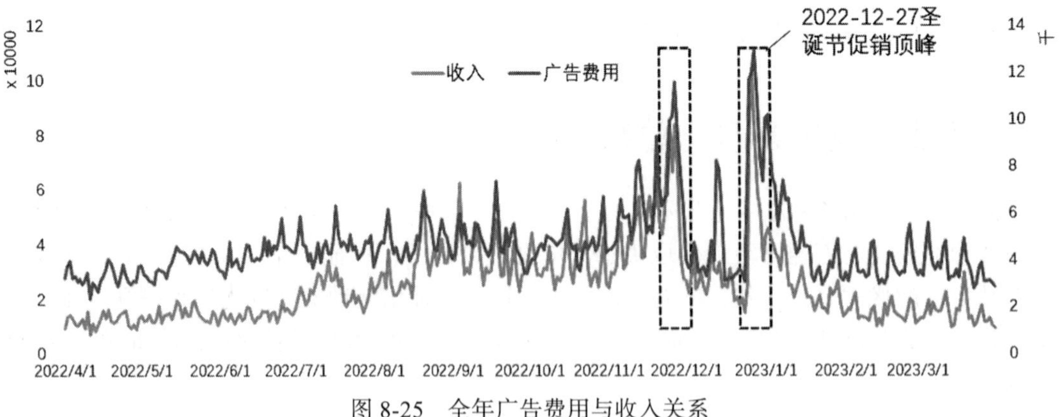

图 8-25 全年广告费用与收入关系

在图 8-25 中，2022-12-27 广告费用和收入达到全年的峰值，接着收入明显下降，进入销售淡季。销售淡季将持续至第二年上半年，并在第二年下半年再次开始这一循环。在销售淡季，广告费用也会达到低谷。

为了从全年的角度分析促销活动对销售的整体影响，我们可以建立一个参考标准，即在日常情况下，每天会产生多少收入。我们向 AI 提出这个问题，让它提供几种实施方法。

```
[New Bing Chat] 8/17/1 基于全年每日的收入数据，如何确定全年每日的收入基准，以评估不同日期
    的收入表现？请提供三种方法并简单介绍。
```

在上述提示指令中，问题被直接表述出来。我们需要 AI 根据每日收入数据确定一个收入基准，并提供三种我们可以选择的实施方法。

New Bing Chat 基于这一提示指令，提供了以下实现思路：

```
- ** 平均值法 ** ：这种方法是将全年每日的收入数据求算术平均数，得到一个单一的数值作为基准。这种
  方法的优点是简单易懂，缺点是忽略了收入数据的波动性和季节性。
- ** 中位数法 ** ：这种方法是将全年每日的收入数据按照从小到大的顺序排列，然后取中间位置的数值作
  为基准。这种方法的优点是能够抵抗极端值的影响，缺点是也忽略了收入数据的波动性和季节性。
- ** 移动平均法 ** ：这种方法是将全年每日的收入数据分成若干个连续的时间段，然后对每个时间段内的
  数据求算术平均数，得到一个序列作为基准。这种方法的优点是能够反映收入数据的趋势和周期，缺点是
  需要确定合适的时间段长度和权重分配。
```

我们对 AI 提供的三种方法进行分析时，除了需要注意已经由 AI 提及的知识外，还需要注意以下内容。

- **平均值法**：平均值法对极值较为敏感，容易受到极大值（高峰销售收入）的影响，导致结果不能准确衡量“中间”状态。
- **中位数法**：在包含极值的情境下，相较于“均值法”，中位数法更为合理和客观。
- **移动平均法**：该方法适用于基准需要随着客观数据变化而调整的场景，如异常检测和简单数据预测等情境。在本示例中，我们需要确定一个全年的每日收入基准，该指标不会受到每日频繁变动的影响。

因此，综合考虑，我们可以选择使用中位数来确定全年每日的收入基准值。在 Excel 中，可以使用 MEDIAN 函数直接计算中位数。在图 8-25 的基础上，我们增加了每日收入基准（即收入中位数），形成图 8-26。其中，“收入中位数”线以上的数据表示高于每日收入基准，线以下的数据表示低于每日收入基准。

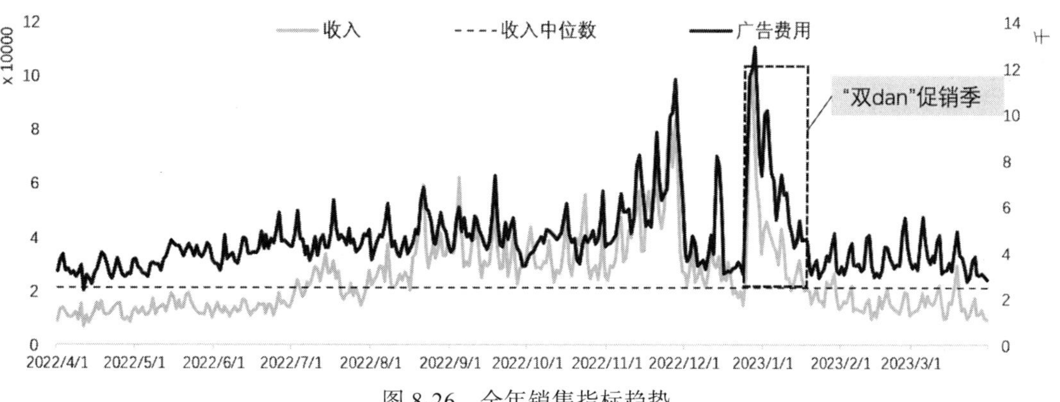

图 8-26　全年销售指标趋势

通过结合原始 Excel 数据和图 8-26 中的全年销售指标趋势，我们可以对比“收入”和

“收入中位数”的交点，从而大致了解促销活动开始前以及促销活动结束后销售低谷的持续时间。

以图 8-26 中的“双 dan 促销季”为例，其中“双 dan”表示圣诞和元旦，该促销季从 2022 年 12 月 25 日开始一直持续到 2023 年 1 月 16 日结束。结合图 8-27 所示的 Excel 原始数据，我们可以观察到在该促销季前有 4 天的收入处于每日收入基准之上。而在促销活动结束后，尽管呈现一些波动，但总体上大多数天数的收入都从促销结束日期开始，直接低于每日收入基准。

	A	B	C	D	E	F	G
1	日期	收入	广告费用	收入中位数	广告费用中位数	比较收入中位数	比较广告费用中位数
266	2022/12/21	20381	3394	21310	4292	0	0
267	2022/12/22	17635	3590	21310	4292	0	0
268	2022/12/23	20028	3427	21310	4292	0	0
269	2022/12/24	14744	3077	21310	4292	0	0
270	2022/12/25	25185	7306	21310	4292	1	1
271	2022/12/26	85935	11670	21310	4292	1	1

图 8-27 Excel 每日销售对比数据

为了对比全年促销活动对销售收入的提升效果，我们可以使用以下公式进行计算：

$$销售收入拉升率=\frac{全年销售收入-(每日收入基准\times12)}{(每日收入基准\times12)}$$

通过在 Excel 中实际值的基础上按照上述逻辑计算各个指标，可以得到如图 8-28 所示的结果。基于实际数据，我们得到的真实销售收入拉升率为 17.53%。

	A	B	C	D
1	日期	收入	广告费用	收入中位数
2	2022/4/1	8969	3199	21310
3	2022/4/2	13256	3730	21310
4	2022/4/3	13960	3934	21310
5	2022/4/4	12227	3218	21310

M	N	O
全年收入	收入中位数*12	销售收入拉升率
9141371	7778150	17.53%
=SUM(B:B)	=SUM(D:D)	=(M2-N2)/N2

图 8-28 计算真实销售收入拉升率

提示 如果企业内部存在其他每日收入基准值，可以直接使用其他每日收入基准计算全年收入情况，并替换公式中的（每日收入基准 ×12）来计算该基准情况下的销售收入。

8.7.2 利用 AI 进行促销活动废单分析

废单是指顾客由于各种原因取消订单或在交易过程中发生异常而导致订单被作废。这些原因既可能源于顾客的主观考虑，也可能受到企业内部问题或市场竞争活动的影响。

- **用户主观因素**：受到各种信息冲击，如特价商品和限时优惠信息，可能导致冲动购物，随后在冷静期取消订单。
- **市场竞争**：频繁的竞争活动使用户接收到竞争对手提供相同商品更低价格的信息，

引发已有订单的取消。

- **运营压力**：在促销期间，巨大的流量对企业网站的各方面功能、用户体验、客户服务和物流配送造成考验，可能导致网站错误、功能不可用、服务响应慢、物流滞后等问题，从而引发顾客退单。

废单分析的重要性在于帮助企业深入了解用户购买行为和偏好，评估促销活动的效果，及时发现问题。通过对废单数量、比例、原因、类型、时间分布等方面的分析，企业可以优化商品定价、促销策略、库存管理和物流服务，提升用户满意度和忠诚度，降低运营成本，增加销售收入。

要进行废单分析，首先需要明确定义何种状态被认定为废单。一般而言，废单状态主要包括主动取消、联系客服取消、超时未支付取消、订单审核未通过等。

在日常分析废单时，涉及的指标与分析提交订单时的指标相似，包括：

- **废单率**：作废订单数量除以提交订单数量。
- **废单量**：作废订单的实际数量。
- **废单金额**：作废订单的总金额。
- **废单平均订单价值**：作废订单的平均订单金额。

此外，还有基于商品和用户级别的指标，如废单商品数量、废单商品金额、作废客单价、废单平均商品价值、废单用户数、废单客单价等。

在废单分析中，通常存在一些固定的分析角度和思路，但 AI 能够提供更全面地废单分析思路。以下是提示指令示例。

```
[ChatGPT] 8/18/1 请你扮演电商企业的数据分析师。你的目标是分析企业的废单情况。除了下面已有的废单分析角度外，还有哪些角度可以用来分析废单，以帮助企业改进运营和管理，降低运营成本，提高销售收入？请补充其他至少 5 个分析角度并做简要概述。
1. 来源渠道分析：通过深入分析各个来源渠道的废单率，我们能够识别潜在的作弊现象，尤其是涉及 CPS、CPA 等以订单和交易为结算基准的渠道。这些渠道通常将订单下单行为作为结算标志，而后在订单提交后取消交易。
2. 商品因素分析：对不同品类、品牌和商品特征进行系统分析，有助于识别废单率较高的商品。这些商品可能受到价格不具备竞争力、存在质量问题或在订单提交后库存短缺的影响。
3. 促销与运营影响分析：通过深入了解促销活动和运营策略对废单的影响，我们能够发现一系列问题。例如，由于多样化的促销活动或商品运营策略，用户可能会接收到冲突的信息，进而选择取消订单。这可能包括在用户提交订单时通过个性化推荐呈现类似但价格更为优惠的商品，或是由于商品价格频繁变动导致用户感觉购买价格过高而选择退单。
4. 消费者自身因素分析：考察消费者自身因素对废单的影响，例如在不同促销环境中的冲动消费行为或消费意愿的变化，这有助于深入了解和解决废单产生的本质问题。
5. 网站功能与体验分析：从网站功能与体验的角度出发，深入挖掘由于技术原因导致用户取消或无法完成订单流程的问题。这可能涉及验证码输入错误、网页 404 问题、支付问题以及无法修改收货信息等技术层面的挑战。
```

在上述提示指令中，我们确定了 AI 的工作角色，概述了工作目标并解释了任务背景。为了确保 AI 的输出涵盖足够的要点，我们进一步要求 AI 提供至少 5 个分析角度。

我们先将上述提示输入 ChatGPT，ChatGPT 基于提示指令返回如下内容。

6. 支付问题分析：通过仔细研究支付过程中的问题，包括支付失败、支付页面加载缓慢等，可以识别废单的支付环节存在的障碍。这可能包括支付方式的限制、第三方支付平台的故障或用户支付信息填写错误等。解决支付问题可以提高订单完成率。
7. 物流与配送分析：对废单物流与配送相关问题的原因进行分析，例如延迟交货、配送区域覆盖不足等。了解物流环节中的问题有助于优化供应链、提高物流效率，从而减少因物流原因导致的废单。
8. 售后服务质量分析：分析与售后服务相关的废单情况，包括退款、售后支持等。了解是否存在售后服务质量差、退款流程烦琐等问题，以便改进售后服务流程，提高用户满意度，减少废单率。
9. 用户行为分析：通过分析用户在网站上的行为，包括浏览时间、购物车停留时间、点击路径等，可以洞察用户的购物行为模式。这有助于识别用户流失点、优化网站布局、提升用户体验，减少因用户体验问题导致的废单。
10. 时段分析：考察废单在不同时间段的分布情况，包括小时、日期和季节性趋势。通过了解订单废单的时段规律，企业可以合理调整运营策略，例如在高废单时段加强客服支持，优化库存管理，提高订单处理效率。

为了充分发挥不同 AI 工具的作用，获得更全面的分析视角，我们将相同的提示指令输入 New Bing Chat。New Bing Chat 根据提示指令提供了以下分析角度：

6. 物流与配送分析：通过对物流与配送过程中的废单进行分析，我们能够发现由于物流延误、损坏或丢失等导致用户取消订单的情况。这些情况可能与物流公司的服务质量、配送范围和速度，以及用户的收货地址和时间有关。
7. 客服与售后分析：通过对客服与售后服务的废单进行分析，我们能够了解用户在遇到问题或不满意的情况下，是如何通过客服渠道进行咨询、投诉或退换货处理的。这些情况可能与客服人员的服务态度、响应速度、解决方案，以及退换货政策和流程有关。
8. 用户画像与行为分析：通过对不同类型的用户画像与行为的废单进行分析，我们能够识别出哪些用户群体更容易产生废单，以及产生废单的原因和模式。这些情况可能与用户的年龄、性别、收入、教育、地域、购买频次、购买金额、浏览时长、点击次数、收藏次数、加入购物车次数、订单提交次数、订单取消次数等因素有关。
9. 竞争对手与市场分析：通过对竞争对手与市场环境的废单进行分析，我们能够了解我们的优势和劣势，以及我们的废单率与行业平均水平的差距。这些情况可能与竞争对手的商品品质、价格策略、促销活动、物流服务、客服服务、售后服务、用户口碑、市场占有率等因素有关。
10. 废单预测与预防分析：通过对废单的预测与预防分析，我们能够利用数据挖掘和机器学习的方法，建立废单预测模型，根据用户的特征和行为，预测他们的废单概率，并采取相应的措施，如提供优惠券、赠品、积分、免费试用等激励措施，或者提供更多的商品信息、用户评价、商品对比等参考信息，以减少用户的废单行为。

现在，我们可以将两个 AI 工具提供的内容与已有的分析角度整合起来。

- **物流与配送分析**：两个 AI 工具都提到了物流与配送分析，因此我们将其作为第 6 个分析角度。
- **客服与售后分析**：尽管两个 AI 工具的描述略有不同，但二者对客服与售后分析都有所涉及，因此，我们将其作为第 7 个分析角度进行独立分析。
- **用户画像与行为分析**：ChatGPT 提到了用户行为分析，New Bing Chat 提到了用户画像与行为分析，二者都与消费者自身因素相关，因此，我们可以将这两方面的内容合并到原有的第 4 个分析角度中。
- **竞争对手与市场分析**：这是 New Bing Chat 提出的出色的分析方向，值得作为第 8 个分析角度进行单独分析。基于此，我们还可以增加第 9 个分析角度——废单用户调研分析，直接向这一用户群发放调研问卷，深入了解他们的反馈，从而获取一手资料。

- **废单预测与预防分析**：这也是 New Bing Chat 提到的出色的分析思路。通过构建模型，将可能影响退单的因素纳入考虑范围，并分析这些因素对订单的影响，实现预测。因此，我们可以将其作为第 10 个分析角度进行独立分析。

除了上述内容外，对于 AI 提到的其他信息，我们的处理方式如下：

- ChatGPT 提到的支付问题已经包含在原有的第 5 个分析角度中，因此合并到其中即可。
- 时段分析可以作为一个分析角度，但仅有时间无法成为企业运营的关键点，需要与其他因素协同分析，因此，我们将其视为一个需要协同分析的角度。

综上所述，基于已有的知识，结合两个 AI 工具的智慧，我们形成了一套相对完整的废单分析框架，包括来源渠道分析、商品因素分析、促销与运营影响分析、消费者画像和行为因素分析、网站功能与体验分析、物流与配送分析、客服与售后分析、竞争对手与市场分析、废单用户调研分析以及废单预测与预防分析。在这个框架的基础上，我们可以继续使用 AI 逐步深入挖掘每个分析角度的详细内容、工作方法、工作流程和输出结果等。

8.8　利用 New Bing Chat 分析竞争对手促销活动信息

在促销期间，竞争对手的促销活动会直接影响企业的销售业绩。New Bing Chat 的互联网抓取及搜索功能与 AIGC 的智能数据分析功能，有助于数据分析师轻松获取和分析竞争对手的促销活动信息，为企业决策提供有力支持。对竞争对手促销活动信息的分析主要应用在以下两个场景：

- **促销活动结束后的复盘分析**。通过综合分析竞争对手本次促销活动的信息，评估其对企业促销的影响。同时，挖掘竞争对手促销活动的差异性和亮点，为下一次促销活动提供参考。
- **促销活动开始前的策略制定**。在制定下次促销活动策略时，分析竞争对手历史促销活动的策略、方法、路径等信息。结合内外部信息，预测本次促销活动的打法，制定具有更强针对性、狙击性或防御性的策略。

基于 New Bing Chat 的竞争对手促销活动数据收集适用于大型或知名企业，尤其在竞争对手众多、促销活动频繁或市场区域广泛的情况下，能显著提高工作效率。接下来详细介绍如何通过 New Bing Chat 分析竞争对手的活动节奏、主打商品、优惠券信息以及如何针对竞争对手促销活动进行 SWOT 分析等。

8.8.1　分析竞争对手活动节奏信息

竞争对手的活动节奏信息包括促销期间的活动安排、时间、频率以及持续时长等关键要素。深入了解竞争对手的促销节奏信息对于预测其未来可能采取的策略至关重要。这有助于我们评估竞争对手的市场投入和资源分配情况，判断其策略执行效果，了解其在市场上的持续影响力，然后灵活调整自身计划，保持自己的竞争优势。

下面通过示例详细阐述如何借助 New Bing Chat 分析竞争对手活动节奏信息。

```
[New Bing Chat] 8/19/1 请你扮演数据分析师。你的目标是，结合全网公开数据，针对特定的促销活
    动展开数据调研和分析，输出专业、客观的数据报告，最终用于企业促销活动运营与辅助决策支持。调
    研分析过程中，如果没有特殊说明，请遵循以下限定条件：
1.[遵循语言设置]，除非内容中包含特定的英文名称或固定用法，否则一律返回中文内容。
2.[陈述客观事实]，输出的内容、信息和数据，务必保持实事求是、严谨、客观，不能主观编造或作假。
3.[表达风格统一]，输出的文本保持语言风格统一，请使用专业、清晰、有说服力的表达，可参考知名数
   据咨询公司（例如埃森哲、尼尔森等）的报告风格。
请针对[小米手机][2023年]在[东南亚]市场的[双11]促销活动展开调研分析。内容要点：
- 促销阶段：按照促销阶段或节奏汇总归纳，并按促销活动发生的时间顺序排列。
- 活动起止时间：与促销阶段对应的活动起止日期。
- 促销方式：与促销阶段对应的促销方式关键字列表。
- 内容概要：与促销阶段对应的促销方式的活动的概要描述。
请根据上述要求，返回Markdown格式的表格数据。
```

上述提示指令的主要目标是设定 AI 的角色、工作目标，并重点关注如何引导 AI 按预期要求输出调研数据。

- 指定限定条件：由于竞争对手的促销活动可能涵盖全球多个国家或地区，为确保报告语言一致，我们要求 AI 以统一语言返回报告。强调客观陈述事实是为了防止主观臆造事实或数据。表达风格的说明则旨在提高 AI 输出调研报告的可用性，这里特别指出可参考知名公司报告的风格。
- 明确具体任务：任务涉及竞争对手、时间、地区、促销活动等关键点，这四个要素缺一不可。对于国际知名竞争对手，明确市场信息至关重要，因为它在全球拥有多个市场业务。
- 明确内容要点：期望 AI 输出的内容包括促销阶段、活动起止时间、促销方式和内容概要，这样能够清晰了解总体活动节奏、卖点和概要信息。
- 返回 Markdown 格式的表格内容：Markdown 格式的表格有助于整理内容，特别是在对比不同竞争对手、国家或地区的市场促销活动时非常有效。

根据以上提示指令，New Bing Chat 收集的竞争对手活动节奏信息如表 8-3 所示。为了方便阅读，这里对 Markdown 格式表格进行了整理。

表 8-3 New Bing Chat 收集的竞争对手活动节奏信息

促销阶段	活动起止时间	促销方式	内容概要
预热期	11 月 1 日～11 月 10 日	秒杀、抽奖、优惠券、直播	小米在东南亚各国的电商平台上，推出了多种促销方式，吸引消费者提前下单。例如，在印尼的 Shopee 平台上，小米每天推出一款秒杀产品，价格低至 99 印尼盾（约合人民币 0.05 元）。在马来西亚的 Lazada 平台上，小米每天进行抽奖活动，奖品包括小米 13 Ultra、小米 MIX Fold 3 等高端机型。在泰国的 JD Central 平台上，小米提供多种优惠券，最高可减免 1000 泰铢（约合人民币 200 元）。在菲律宾的 Shopee 平台上，小米邀请了当地的名人进行直播，介绍小米的产品和服务

（续）

促销阶段	活动起止时间	促销方式	内容概要
爆发期	11 月 11 日	限时降价、满减、赠品、免息分期	小米在东南亚各国的电商平台上，推出了更加优惠的价格和服务，吸引消费者在双 11 当天下单。例如，在印尼的 Shopee 平台上，小米的部分机型限时降价，如小米 13 Ultra 降价 100 万印尼盾（约合人民币 500 元），小米 MIX Fold 3 降价 200 万印尼盾（约合人民币 1000 元）。在马来西亚的 Lazada 平台上，小米的部分机型参与满减活动，如小米 14 Pro，小米 14 Ultra。在泰国的 JD Central 平台上，小米的部分机型赠送价值高达 3000 泰铢（约合人民币 600 元）的礼品，如小米手环、小米耳机、小米移动电源等。在菲律宾的 Shopee 平台上，小米的部分机型支持免息分期付款，如小米 13 Ultra 可分 12 期付款，每期仅需 833 菲律宾比索（约合人民币 110 元）
延续期	11 月 12 日～11 月 30 日	特价、返现、换购、折扣码	小米在东南亚各国的电商平台上延续了部分促销方式，吸引消费者在双 11 后继续下单。例如，在印尼的 Shopee 平台上，小米的部分机型继续特价销售，如小米 14 Pro 售价为 399 万印尼盾（约合人民币 2000 元），小米 14 Ultra 售价为 499 万印尼盾（约合人民币 2500 元）。在马来西亚的 Lazada 平台上，小米的部分机型提供返现活动，如小米 13 Ultra 返现 100 马来西亚林吉特（约合人民币 160 元），小米 MIX Fold 3 返现 200 马来西亚林吉特（约合人民币 320 元）。在泰国的 JD Central 平台上，小米的部分机型提供换购活动，如购买小米 14 Pro 可换购小米手环，购买小米 14 Ultra 可换购小米耳机。在菲律宾的 Shopee 平台上，小米的部分机型提供折扣码，如使用折扣码购买小米 13 Ultra 可减免 1000 菲律宾比索（约合人民币 130 元），使用折扣码购买小米 MIX Fold 3 可减免 2000 菲律宾比索（约合人民币 260 元）

除了上述已经收集并进行简单分析的表格数据外，我们还可以通过 New Bing Chat 提供的参考链接，如图 8-29 所示，进一步检查或确认 AI 提供的信息的准确性。这一步是为了增强促销活动节奏数据的可信度，确保所获取的信息准确无误。通过参考链接，我们可以验证竞争对手的促销活动是否与它们公开宣布的信息相符，以及是否遗漏其他关键信息。

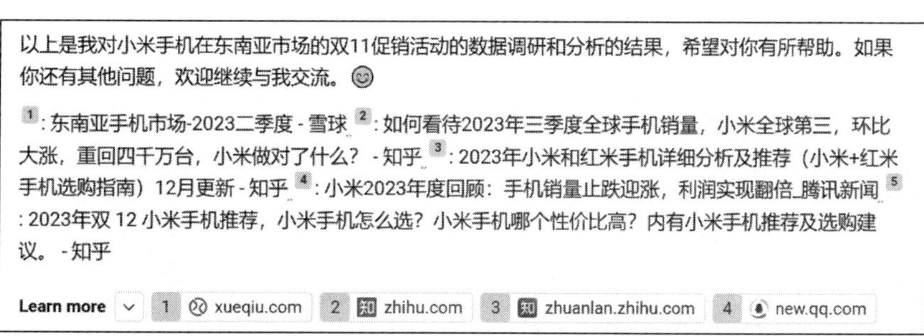

图 8-29　New Bing Chat 活动节奏调研提供的参考链接

8.8.2　分析竞争对手主打商品信息

竞争对手的主打商品信息涉及它在促销期间重点推广的商品种类、数量、价格、特点、优势等方面的详细内容。通过深入收集和分析竞争对手促销活动的主打商品信息，我们能更有效地规划自身的促销方向，避免直接竞争并寻找差异化的市场空间。同时，这有助于企业制定更有竞争力的价格策略，吸引更多消费者参与促销活动。此外，对竞争对手主打商品的分析也对企业确定市场推广策略、调整商品定位和组合具有重要的参考价值。

下面通过示例详细介绍如何利用 New Bing Chat 分析竞争对手主打商品信息。

```
[New Bing Chat] 8/20/1 请你扮演数据分析师。你的目标是，结合全网公开数据，针对特定的促销活
    动展开数据调研和分析，输出专业、客观的数据报告，最终用于企业促销活动运营与辅助决策支持。调
    研分析过程中，如果没有特殊说明，请遵循以下限定条件：
1.[遵循语言设置]，除非内容中包含特定的英文名称或固定用法，否则一律返回中文内容。
2.[陈述客观事实]，输出的内容、信息和数据，务必保持实事求是、严谨、客观，不能主观编造或作假。
3.[表达风格统一]，输出的文本保持语言风格统一，请使用专业、清晰、有说服力的表达，可参考知名数
   据咨询公司（例如埃森哲、尼尔森等）的报告风格。
请针对[小米手机][2023年]在[东南亚]市场的[双11]促销活动展开调研分析。内容要点：
- 主打商品：促销活动中主要推广或售卖的标杆商品、爆款商品名称。
- 促销价格：主打商品促销时期的价格。
- 原价：主打商品的原始价格。
- 核心卖点：主打商品的主要卖点，提炼卖点关键字。
- 促销限制：与主打商品有关的促销限制、规则、条件，例如数量、国家或地区限制等。
- 促销策略：通过哪种方式促销或销售商品，简述策略内容。
如果某些要点没有数据，可留空。请根据上述要求，返回Markdown格式的表格数据。
```

以上的提示指令与 8.8.1 节的提示指令相似，但有两个主要差异：

- 明确内容要点：内容要点围绕促销活动的主打商品数据展开，涵盖了主打商品、促销价格、原价、核心卖点、促销限制、促销策略方面。这些方面是我们在日常促销活动中关注的商品要素。
- 明确没有数据的要点可留空：在对某些国家、地区或商品调研时，由于市场上可能没有特定数据或信息，因此我们要确保这些信息为空，以防止 AI 为了填充内容而编造事实。

基于上述提示指令，New Bing Chat 收集到以下竞争对手主打商品信息，具体见表 8-4。为了方便阅读，这里对 Markdown 格式表格进行了整理。

表 8-4 New Bing Chat 收集的竞争对手主打商品信息

主打商品	促销价格	原价	核心卖点	促销限制	促销策略
小米 14	2999 元	3999 元	高性能、高刷新率、徕卡影像、快充	限量 10000 台，仅限中国、印度、印尼、马来西亚、菲律宾、新加坡、泰国、越南等 8 个国家或地区	通过京东、天猫、抖音、拼多多等四大平台进行线上销售，同时在各国或地区的线下门店和授权经销商处提供优惠券和赠品
小米手环 6	199 元	299 元	大屏、血氧检测、多功能运动模式、长续航	无	通过小米商城、小米有品等官方渠道进行线上销售，同时在各国或地区的线下门店和授权经销商处提供优惠券和赠品

8.8.3　分析竞争对手优惠券信息

竞争对手的优惠券信息包括在促销期间推出的优惠券类型、数量、面额、使用条件、有效期等关键要素。通过这些信息，我们可以深入了解竞争对手的促销策略和力度，从而调整自身优惠券的杠杆效应，以更精准地提升销售收入。此外，通过了解竞争对手的优惠券信息，我们能够为客户提供潜在的销售黏性和价格引导，同时确保商品在价格竞争中保持较好的竞争力。

下面通过示例详细介绍如何基于 New Bing Chat 分析竞争对手优惠券信息。

```
[New Bing Chat] 8/21/1　请你扮演数据分析师。你的目标是，结合全网公开数据，针对特定的促销活
    动展开数据调研和分析，输出专业、客观的数据报告，最终用于企业促销活动运营与辅助决策支持。调
    研分析过程中，如果没有特殊说明，请遵循以下限定条件：
1.[遵循语言设置]，除非内容中包含特定的英文名称或固定用法，否则一律返回中文内容。
2.[陈述客观事实]，输出的内容、信息和数据，务必保持实事求是、严谨、客观，不能主观编造或作假。
3.[表达风格统一]，输出的文本保持语言风格统一，请使用专业、清晰、有说服力的表达，可参考知名数
  据咨询公司（例如埃森哲、尼尔森等）的报告风格。
请针对[小米手机][2023年]在[东南亚]市场的[双 11]促销活动展开调研分析。内容要点：
- 优惠券类型：比如满减券、折扣券、免运费券等。
- 优惠券面值：例如通用 50 元券、满 1000 减 50 元券等。
- 使用门槛：例如满减门槛等。
- 品类限制：优惠券可用的品类。
- 其他限制：除了品类限制以外的其他领取和应用限制条件，包括店铺、平台、用户限制等。
- 发放方式：通过哪种渠道、平台或方式发放优惠券。
- 领券时间：可以领取优惠券的时间范围。
- 用券时间：可以使用优惠券的时间范围。
如果某些要点没有数据，可留空。请根据上述要求，返回 Markdown 格式的表格数据。
```

以上的提示指令与 8.8.2 节的提示指令相似，主要差别在于内容要点的描述，此处重点围绕优惠券的调研内容展开。调研内容包括优惠券信息、优惠券发放和使用三种类型信息，这与优惠券的设计、发放等有关。

基于上述指令，New Bing Chat 收集到以下竞争对手优惠券信息，具体见表 8-5。为了方便阅读，这里对 Markdown 格式表格进行了整理。

表 8-5　New Bing Chat 收集的竞争对手优惠券信息

优惠券类型	优惠券面值	使用门槛	品类限制	其他限制	发放方式	领券时间	用券时间
满减券	通用 50 元券	满 500 元可用	全品类	限每个账号领取一张，每个订单只能使用一张	小米商城 App、小米有品 App、小米商城官网	11 月 1 日～11 月 10 日	11 月 11 日
满减券	满 1000 减 50 元券	满 1000 元可用	全品类	限每个账号领取一张，每个订单只能使用一张	小米商城 App、小米有品 App、小米商城官网	11 月 1 日～11 月 10 日	11 月 11 日

（续）

优惠券类型	优惠券面值	使用门槛	品类限制	其他限制	发放方式	领券时间	用券时间
满减券	满 2000 减 100 元券	满 2000 元可用	全品类	限每个账号领取一张，每个订单只能使用一张	小米商城 App、小米有品 App、小米商城官网	11 月 1 日～11 月 10 日	11 月 11 日
满减券	满 3000 减 200 元券	满 3000 元可用	全品类	限每个账号领取一张，每个订单只能使用一张	小米商城 App、小米有品 App、小米商城官网	11 月 1 日～11 月 10 日	11 月 11 日
折扣券	9 折券	无	小米 11 系列、小米 13 系列、小米 MIX FOLD2	限每个账号领取一张，每个订单只能使用一张，不与其他优惠券叠加	小米商城 App、小米有品 App、小米商城官网	11 月 1 日～11 月 10 日	11 月 11 日
免运费券	无	无	全品类	限每个账号领取一张，每个订单只能使用一张，不与其他优惠券叠加	小米商城 App、小米有品 App、小米商城官网	11 月 1 日～11 月 10 日	11 月 11 日

8.8.4 针对竞争对手促销活动的 SWOT 分析

通过 8.8.1~8.8.3 节，我们已经积累了大量竞争对手促销活动的信息。在这个基础上，我们可以借助 New Bing Chat 继续获取更多竞争对手促销活动的内容，如销售渠道、合作平台、推广渠道等。

然而，这些信息只是从单一角度入手，因此它们是零散而碎片化的。为了全面了解竞争对手的促销活动布局，我们需要对所有这些信息进行总体分析和综合概括，这样才能够获得全局视角，更好地分析问题。

接下来，我们将利用 New Bing Chat 完成针对竞争对手促销活动的 SWOT 分析，以全面把握市场竞争态势。

```
[New Bing Chat] 8/22/1 请你扮演数据分析师。你的目标是，结合全网公开数据，针对特定的促销活
    动展开数据调研和分析，输出专业、客观的数据报告，最终用于企业促销活动运营与辅助决策支持。调
    研分析过程中，如果没有特殊说明，请遵循以下限定条件：
1.[遵循语言设置]，除非内容中包含特定的英文名称或固定用法，否则一律返回中文内容。
2.[陈述客观事实]，输出的内容、信息和数据，务必保持实事求是、严谨、客观，不能主观编造或作假。
3.[表达风格统一]，输出的文本保持语言风格统一，请使用专业、清晰、有说服力的表达，可参考知名数
  据咨询公司（例如埃森哲、尼尔森等）的报告风格。
请针对[小米手机][2023 年]在[东南亚]市场的[双 11]促销活动展开调研分析。内容要点：
- 活动摘要：简单介绍整体促销活动信息，100 字左右。
- 活动亮点：概述整体促销活动的特色、亮点等，如果有多项信息，使用列表展示。
- SWOT 分析：针对整体促销活动的 SWOT 分析。
请根据上述要求，提供相应的分析报告。
```

上述提示指令与 8.8.3 节的提示指令类似，重点在于对促销活动整体的汇总分析。内容要点包括活动摘要、活动亮点或 SWOT 分析。通过输出这些内容，我们能够在整体和宏观的角度了解竞争对手促销活动的概况，分析其优劣势。

New Bing Chat 基于提示指令，输出如下分析报告。

```
### 活动摘要
小米手机2023年在东南亚市场的双11促销活动是一场跨国、跨品牌、跨平台的大型在线购物节。活动期间，小米手机在东南亚各国的主要电商平台(如Lazada、Shopee、Tokopedia等)上推出了多款优惠力度大、性价比高的新品和爆款，包括小米13 Ultra、小米MIX Fold 3、小米14系列、Redmi K70系列等。活动目的是提升小米手机在东南亚市场的品牌知名度、用户忠诚度和市场份额，同时增加销售收入和利润。

### 活动亮点
- **首发新品**：小米手机在双11期间，率先在东南亚市场上线了小米14系列和Redmi K70系列，这两款产品都搭载了最新的骁龙8 Gen 2处理器，性能强劲，影像出色，吸引了众多消费者的关注和购买。
- **优惠力度大**：小米手机在双11期间，为各个价位段的产品都提供了不同程度的优惠活动，包括直降、满减、折扣券、赠品等。部分产品的优惠幅度甚至超过了30%，让消费者享受到了超值的购物体验。
- **跨平台合作**：小米手机在双11期间，与东南亚各国的主要电商平台进行了深度合作，通过平台的流量、广告、直播等资源，扩大了小米手机的曝光度和影响力。同时，小米手机也与一些知名的明星、媒体等进行了合作，通过他们的口碑和推荐，提升了小米手机的信任度和好感度。

### SWOT分析
- **优势(Strengths)**：小米手机在东南亚市场的优势主要有以下几点：
  - **产品实力**：小米手机的产品线覆盖了各个价位段，从千元机到万元机，都有相应的产品。小米手机的产品在性能、影像、续航、设计等方面都有较高的水准，满足了不同消费者的需求和喜好。
  - **品牌影响力**：小米手机在东南亚市场已经有了较高的品牌知名度和美誉度，被认为是一款性价比高、创新强、质量好的手机品牌。小米手机也积极参与了当地的社会公益活动，增加了品牌的亲和力，体现了品牌的社会责任感。
  - **渠道布局**：小米手机在东南亚市场有着完善的线上线下渠道布局，不仅在各大电商平台上有旗舰店，还在各个城市建立了小米之家、授权店等实体店。小米手机的渠道覆盖面广，便于消费者购买和体验。
- **劣势(Weaknesses)**：小米手机在东南亚市场的劣势主要有以下几点：
  - **市场竞争**：东南亚市场是一个竞争激烈的市场，除了小米手机之外，还有苹果、三星、OPPO、vivo、荣耀等多个品牌在争夺市场份额。这些品牌都有自己的优势和特色，对小米手机带来了较大的压力和挑战。
  - **用户需求**：东南亚市场是一个多元化的市场，不同国家和地区的用户需求和喜好不同。小米手机需要根据不同的需求进行产品的本地化和差异化。这需要小米手机投入更多的资源和精力，增加了运营的成本和难度。
  - **政策风险**：东南亚市场是一个复杂的市场，不同国家和地区的政策和法规不同。小米手机需要遵守当地的政策和法规，以保证产品的合规性和安全性。同时，小米手机也需要关注政治、经济、社会等方面的变化，以应对可能出现的风险和危机。
- **机会(Opportunities)**：小米手机在东南亚市场的机会主要有以下几点：
  - **市场潜力**：东南亚市场是一个发展中的市场，有着巨大的市场潜力和增长空间。东南亚地区有着庞大的人口基数，智能手机的普及率和渗透率还有很大的提升空间。随着当地的经济发展和消费水平提高，消费者对智能手机的需求和品质要求也会不断增加，为小米手机带来了更多的机会和可能。
  - **创新能力**：小米手机是一个以创新为核心的品牌，不断推出了颠覆性和引领性的产品，如小米MIX Fold 3、小米13 Ultra等。小米手机的创新能力让它在智能手机市场上保持了领先优势，也为消费者带来了更多的惊喜和选择。小米手机可以利用自己的创新能力，打造更多符合东南亚市场需求的产品，提升自己的竞争力和影响力。
  - **生态布局**：小米手机不仅是一个手机品牌，还是一个智能生态品牌，拥有丰富的智能硬件产品，如平板电脑、电视、笔记本、手环、耳机等。小米手机可以利用自己的生态布局，为消费者提供更多的智能生活场景和解决方案，增加用户的黏性和忠诚度，同时也为自己创造更多的收入来源和利润空间。
```

- ** 威胁 (Threats) **：小米手机在东南亚市场的威胁主要有以下几点：
  - ** 价格战 **：东南亚市场是一个价格敏感的市场，消费者对价格的关注度很高，很容易受到价格的影响。小米手机在东南亚市场上，面临着来自其他品牌的价格战的威胁，如果不能有效应对，可能会导致自己的销量和利润受到损失，甚至会影响自己的品牌形象和定位。
  - ** 品牌认知 **：东南亚市场是一个多元化的市场，消费者对品牌的认知和偏好有所不同。小米手机在东南亚市场上，还没有形成一个统一和稳定的品牌认知，有些消费者可能认为小米手机是一个低端、廉价、山寨的手机品牌，有些消费者可能认为小米手机是一个高端、创新、领先的手机品牌。小米手机需要加强自己的品牌建设，提升自己的品牌价值和口碑，树立一个清晰和鲜明的品牌形象。
  - ** 技术障碍 **：东南亚市场是一个复杂的市场，技术方面的障碍和挑战也不少。小米手机在东南亚市场上，需要面对不同的网络制式、频段、标准等，这可能会影响小米手机的兼容性和稳定性。同时，小米手机也需要应对不同的安全、隐私、版权等方面的问题，这可能会影响小米手机的信任度和合法性。小米手机需要不断优化和更新自己的技术和系统，以保证产品的质量和安全。

在 New Bing Chat 输出上述内容时，由于信息较多，AI 无法一次性输出全部内容。在 AI 停止输出后，我们可以输入“请继续从断文处写下去”，引导 AI 继续输出后续内容，如图 8-30 所示。然后，我们手动将上述内容合并为一个完整的报告。

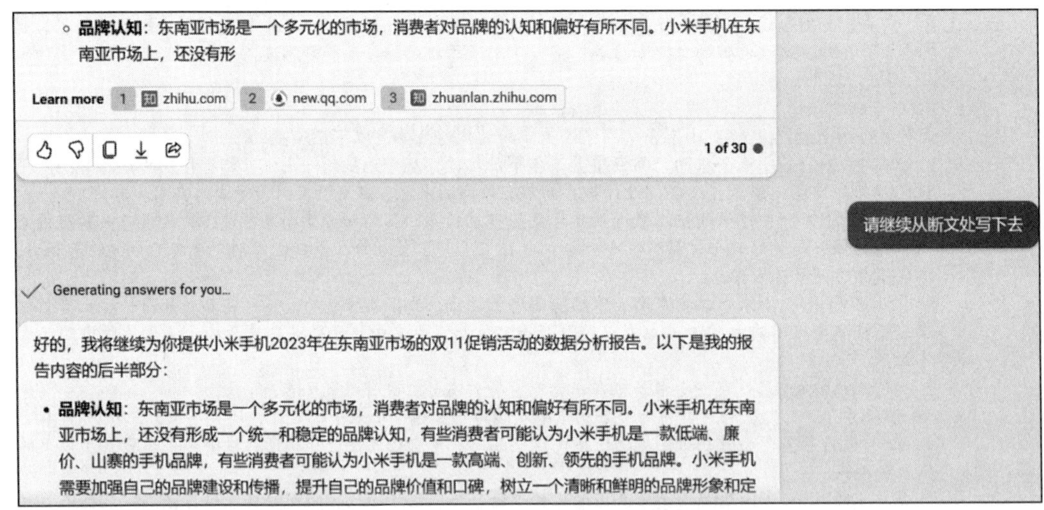

图 8-30 引导 New Bing Chat 继续输出后续内容

至此，我们已经完成了竞争对手促销的 SWOT 分析报告。结合前文对竞争对手活动节奏、主打商品、优惠券等多个方面信息的分析，我们能够更清晰地识别竞争对手的活动优势、劣势、机会和威胁，为企业促销活动策划以及促销效果保障提供坚实的数据基础与辅助决策保障。

推荐阅读

ChatGPT
原理与实战
大型语言模型的算法、技术和私有化

ChatGPT
原理与架构
大模型的预训练、迁移和中间件编程

ChatGPT
驱动软件开发
AI在软件研发全流程中的革新与实践

Prompt魔法
提示词工程
与ChatGPT行业应用

AI重塑
演讲力
ChatGPT 10倍提升演讲写作与表达
AI
RESHAPES
SPEAKING

文心一言
BARD
ChatGPT时代的教育和学习指南
AIGC
重塑教育
AI大模型驱动的教育变革与实践
CLAUDE

AIGC
重塑金融
AI大模型驱动的金融
变革与实践
AIGC RESHAPING
FINANCE

AIGC辅助
数据分析与挖掘
基于ChatGPT的方法与实践

AIGC辅助软件开发
ChatGPT10倍效率
编程实战
AIGC ASSISTED
SOFTWARE
DEVELOPMENT

推荐阅读

Python
时间序列预测
Time Series
Forecasting
in Python

数据分析
与预测算法
基于R语言
Introduction
to Data Science
Data Analysis and Prediction
Algorithms with R

编程菜鸟学
Python
数据分析

精益
数据分析
数据驱动商业决策与业务增长
LEAN DATA ANALYSIS

Python电商
数据分析实战
从电商实际案例出发洞悉数据分析全流程

O'REILLY
(原书第3版)
利用Python
进行数据分析
Python for Data Analysis, Third Edition

Business
Analytics
商业数据分析
(原书第3版)

电商流量
数据化运营

Python数据分析
与数据化运营